21世纪普通高等教育规划教材

交流调速技术与系统

许期英　刘敏军 ◎ 主编　　于 军 ◎ 副主编

宋平岗 ◎ 主审

化学工业出版社

·北京·

本书较为详细地介绍了现代交流调速技术及有关系统的理论及应用。主要内容包括：交流调速技术的概况及发展趋势、交流调速方法及主要应用领域；变频调速技术、脉宽调制控制技术、矢量控制技术、直接转矩控制技术、无换向器电动机技术及其他现代控制技术；各种电动机交-直-交变频调速系统、交-交变频调速系统的基本原理、特性、控制方法及设计计算实例；绕线转子异步电动机双馈调速及串级调速系统；开关磁阻电动机调速系统；变频调速技术的应用。每章含有复习思考题，帮助学生复习和思考。

本书可作为车辆工程、电气传动、轨道交通、自动化、电气工程及其自动化、机械设计及其自动化、机电一体化等专业教材，也可供相关工程技术人员参考。

图书在版编目（CIP）数据

交流调速技术与系统/许期英，刘敏军主编．—北京：化学工业出版社，2010.7（2018.8 重印）
21 世纪普通高等教育规划教材
ISBN 978-7-122-08490-3

Ⅰ．交…　Ⅱ．①许…②刘…　Ⅲ．交流电机-调速-高等学校-教材　Ⅳ．TM344.4

中国版本图书馆 CIP 数据核字（2010）第 115204 号

责任编辑：叶晶磊　唐旭华　　　文字编辑：王　洋
责任校对：陈　静　　　装帧设计：关　飞

出版发行：化学工业出版社（北京市东城区青年湖南街 13 号　邮政编码 100011）
印　　刷：北京虎彩文化传播有限公司
装　　订：北京虎彩文化传播有限公司
787mm×1092mm　1/16　印张 18　字数 474 千字　2018 年 8 月北京第 1 版第 4 次印刷

购书咨询：010-64518888（传真：010-64519686）　售后服务：010-64518899
网　　址：http：//www.cip.com.cn
凡购买本书，如有缺损质量问题，本社销售中心负责调换。

定　　价：48.00 元

版权所有　违者必究

前　言

随着电力电子技术、微电子技术和自动控制理论的发展，交流调速技术日新月异。高性能交流调速系统在冶金、机械、电气、纺织、食品等行业得到了广泛的应用，几乎遍及国民经济各部门的传动领域，交流调速已经进入了快速发展阶段。

交流调速技术是车辆工程、电气传动、轨道交通等专业的重要课程之一，而《交流调速系统》是自动化、电气工程及其自动化、机械设计及其自动化、机电一体化等专业的重要课程之一。《交流调速技术与系统》综合了交流调速技术和交流调速系统这两门课程的内容，使适用专业更为广泛。本书主要依据上述专业对这两门课程的基本要求，结合教育培养目标编写的。在吸收有关教材的长处及本学科领域新技术的基础上，注重课程内容的整合、精选，突出重点。本书的参考教学时数为 48～64 学时，各专业可根据本专业的需要选择教学内容。

全书共 11 章，第 1 章介绍交流调速技术概况及发展趋势、交流调速方法及主要应用领域；第 2 章介绍变频调速技术；第 3 章介绍脉宽调制控制技术；第 4 章介绍矢量控制技术；第 5 章介绍直接转矩控制技术；第 6 章介绍无换向器电动机技术；第 7 章介绍各种交-直-交变频调速系统；第 8 章介绍各种交-交变频调速系统；第 9 章介绍绕线转子异步电动机双馈调速及串级调速系统；第 10 章介绍开关磁阻电动机调速系统；第 11 章介绍变频调速技术的应用。

本书由华东大学许期英、刘敏军主编，兰州交通大学于军为副主编，参加各章编写工作的有叶春华（第 1、6 章）、许期英（第 2 章）；华东交通大学理工学院张绍彪（第 3 章）；华东交通大学王耀（第 4、8 章）、赵莉（第 5 章）、李萍（第 7 章的 1、2、3 节，第 9 章）、胡雯雯（第 7 章的 4、5、6、7 节）、刘敏军（第 10 章）；重庆长江师范学院朱斌（第 11 章的 1、2 节）；兰州交通大学于军（第 11 章的 3、4 节）。全书由许期英、刘敏军、于军统稿，宋平岗教授主审。

对本书给予大力支持的各兄弟院校专家、教授表示诚挚的谢意！

由于编者水平有限，不妥之处在所难免，恳请广大读者批评指正。

编　者

2010 年 5 月

目 录

第一篇 交流调速技术

第二篇 交流调速系统

第一篇　交流调速技术

第1章　概　　论

1.1　交流调速发展的概况与趋势

1.1.1　直流电机与交流电机的比较

随着生产技术的不断发展，直流拖动的薄弱环节逐步显示出来。由于换向器的存在，使直流电动机的维护工作量加大，单机容量、最高转速以及使用环境都受到限制，人们的关注对象开始转向结构简单、运行可靠、便于维护、价格低廉的异步电动机，但异步电动机的调速性能难以满足生产要求，于是，从20世纪30年代开始，人们就致力于交流调速技术的研究，然而进展缓慢。在相当长的时期内，直流调速一直因性能优良而领先于交流调速。20世纪60年代以后，特别是20世纪70年代以来，电力电子技术和控制技术的飞速发展，使得交流调速性能可以与直流调速相媲美、相竞争，目前，交流调速已进入逐步替代直流调速的时代。

1.1.2　电力电力子器件的发展

电力电力子器件的发展为交流调速奠定了物质基础。20世纪50年代末出现了晶闸管，由晶闸管（产生静止变频电流输出方波或阶梯波的交变电压）取代旋转变频机组，实现了变频调速。然而晶闸管属于半控型器件，可以控制导通，但不能由门极控制关断，因此，由普通晶闸管组成的逆变器用于交流调速时必须附加强迫换相电路。20世纪70年代以后，功率晶体管（GTR）、门极关断晶闸管（GTO晶闸管）、功率MOS场效应晶体管（Power MOS-FET）、绝缘栅双极晶体管（IGBT）、MOS控制晶闸管（MCT）等已先后问世，这些器件都是既能控制导通，又能控制关断的自关断器件，又称全控制型器件。它不再需要强迫换相电路，使得逆变器构成简单、结构紧凑。IGBT由于兼有MOSFET和GTR的优点，是目前最为流行的中小功率器件；MCT则综合了晶闸管的高电压、大电流特性和MOSFET的快速开关特性，是极有发展前景的大功率、高频功率开关器件。电力电子器件正在向大功率化、高频化、模块化、智能化发展。20世纪80年代以后出现的功率集成电路（Power IC，PIC）集功率开关器件、驱动电路、保护电路、接口电路于一体，目前已应用于交流调速的智能功率模块（Intelligent Power Module，IPM）采用IGBT作为功率开关，含有电流传感器、驱动电路及过载、短路、超温、欠电压保护电路，实现了信号故障处理、故障诊断、自我保护等多种智能功能，既减少了体积、减轻了重量，又提高了可靠性，使用、维护都更加方便，是功率器件的重要发展方向。

1.1.3 变频技术的发展

随着新型电力电子器件的不断涌现，变频技术获得飞速发展。以普通晶闸管构成的方波形逆变器被全控型高频率开关器件组成的脉宽调制（PWM）逆变器取代后，PWM逆变器及其专用芯片得到了普遍应用。磁通跟踪型PWM逆变器以不同的开关模式在电机中产生的实际磁通去逼近定子磁链的给定轨迹——理想磁通圆，即用空间电压矢量方法决定逆变器的开关状态，形成PWM波形，由于控制简单、数字化方便，已呈现出取代传统SPWM的趋势；电流跟踪型PWM逆变器为电流控制型的电压源逆变器，兼有电压和电流控制型逆变器的优点；滞环电流跟踪型PWM逆变器更因其电流动态响应快、实现方便而受到重视。目前，随着器件开关频率的提高，并借助于控制模式的优化来消除指定谐波，PWM逆变器的输出波形已非常逼近正弦波。但在电网侧，尽管以不控整流器取代了相控整流器，使基波功率因数（位移因数）接近于1，然而电流谐波分量大，总功率因数仍很低，消除对电网的谐波污染并提高功率因数已成为变频技术不可回避的问题。为此，PWM整流技术的研究、新型单位功率因数变流器的开发在国外已引起广泛关注。PWM逆变器工作频率的进一步提高将受到开关损耗的限制，特别是大功率逆变器，工作频率不取决于器件开关速度，而受限于开关损耗。近年研究出的谐振型逆变器是一种新型软开关逆变器，由于应用谐振技术，功率开关在零电压或零电流下进行开关状态转换，开关损耗几乎为零，使效率提高、体积减小、重量减轻、成本降低，是很有发展前景的变频器。

1.1.4 控制技术的发展

在变频技术日新月异发展的同时，交流电动机控制技术取得了突破性进展。由于交流电动机是多变量、强耦合的非线性系统，与直流电动机相比，转矩控制要困难得多。20世纪70年代初提出的矢量控制理论解决了交流电动机的转矩控制问题，应用坐标变换将三相系统等效为两相系统，经过按转子磁场定向的同步旋转变换实现了定子电流励磁分量与转矩分量之间的解耦，从而达到对交流电动机的磁链和电流分别控制的目的。这样就可以将一台三相异步电动机等效为直流电动机来控制，因而获得了与直流调速系统同样优良的静动态性能，开创了交流调速与直流调速相竞争的时代。

直接转矩控制是20世纪80年代中期提出的又一转矩控制方法，其思路是把电机与逆变器看成一个整体，采用空间电压矢量分析方法在定子坐标系进行磁通、转矩计算，通过磁通跟踪型PWM逆变器的开关状态直接控制转矩。因此，无需对定子电流进行解耦，免去了矢量变换的复杂计算，控制结构简单，便于实现全数字化，目前正受到各国学者的重视。

1.1.5 交流调速系统的发展

近10多年来，各国学者致力于无速度传感器控制系统的研究，利用检测定子电压、电流等容易测量的物理量进行速度估算，以取代速度传感器。其关键在于在线获取速度信息，在保证较高控制精度的同时满足实时控制要求。速度估算的方法除了根据数学模型计算，目前应用较多的有模型参考自适应法和扩展卡尔曼滤波法。无传感器控制技术不需要检测硬件，也免去了传感器带来的环境适应性、安装维护等麻烦，提高了系统可靠性，降低了成本。

微处理机引入控制系统，促进了模拟控制系统向数字控制系统的转化。数字化技术使复杂的矢量控制得以实现，大大简化了硬件，降低了成本，提高了控制精度，而自诊断功能和自调速功能的实现又进一步提高了系统可靠性，节约了大量的人力和时间，操作、维修都更加方便。微机运算速度的提高、存储器的大容量化，将进一步促进数字控制系统取代模拟控制系统，数字化已成为控制技术的方向。

随着现代化控制理论的发展，交流电动机控制技术方兴未艾，非线性解耦控制、人工神经网络自适应控制、模糊控制等各种新的控制策略正不断涌现，展现出更为广阔的前景，必将进一步推动交流调速技术的发展。

1.2 交流调速方法

1.2.1 异步电动机（感应电动机）

异步电动机的转速可表示为

$$n=n_1(1-s)=\frac{60f_1}{p_N}(1-s) \tag{1-1}$$

式中 n_1——同步转速，r/min；

f_1——定子电源频率，Hz；

p_N——极对数；

s——转差率。

式(1-1) 表明：异步电动调速可以通过三条途径进行，即改变电源频率、改变极对数以及改变转差率。

1.2.1.1 变频调速

改变供电电源频率 f_1，同步转速 n_1 随之变化，从而改变电动机转速。变频调速调速范围宽、平滑性好、效率最高，具有优良的静态及动态特性，是应用最广的一种高性能交流调速。

1. 变频调速的基本要求及机械性能

(1) 保持磁通为额定值

为了充分利用铁芯材料，在设计电动机时，一般将额定工作点选在磁化曲线开始弯曲处。因此，调速时希望保持每极磁通 Φ_m 为额定值，即 $\Phi_m=\Phi_{mN}$。因为磁通增加将引起铁芯过分饱和、励磁电流急剧增加，导致绕组过分发热，功率因数降低，而磁通减少，将使电动机输出转矩下降，如果负载转矩仍维持不变，势必导致定、转子过电流，也要产生过热，故而希望保持磁通恒定，即实现恒磁通变频调速。

① E_1/f_1 恒定。异步电动机定子每相绕组感应电动势

$$E_1=4.44f_1N_1K_{N1}\Phi_m \tag{1-2}$$

式中 N_1——定子绕组每相串联匝数；

K_{N1}——基波绕组系数；

Φ_m——每极气隙磁通。

为保持 Φ_m 不变，在改变电源频率 f_1 的同时，必须按比例改变感应电动势 E_1，也就是要保持

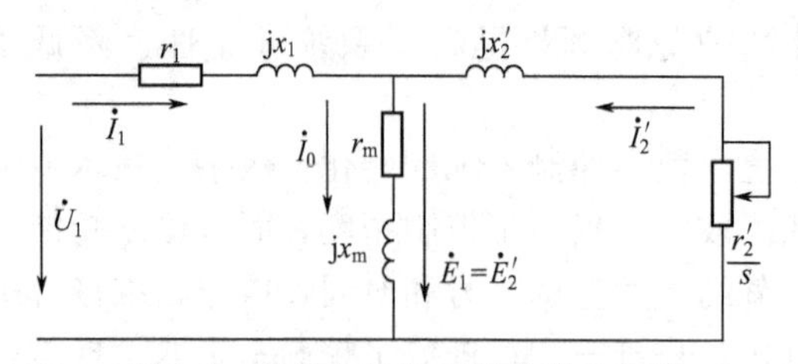

图 1-1　异步电动机的稳态等效电路

$$\frac{E_1}{f_1}=\text{const} \tag{1-3}$$

这就要求对感应电动势和频率进行协调控制。显然，这是一种理想的保持磁通恒定的控制方法。此时的机械特性方程可由异步电动机稳态等效电路导出（见图 1-1）。

转子电流

$$I_2'=\frac{E_2'}{\sqrt{\left(\frac{r_2'}{s}\right)^2+x_2'^2}}=\frac{E_1}{\sqrt{\left(\frac{r_2'}{s}\right)^2+x_2'^2}} \tag{1-4}$$

式中　E_2'——折算到定子频率（即 $s=1$）、定子绕组的转子每相感应电动势；

x_2'——折算到定子频率、定子绕组的转子每相漏抗；

r_2'——折算到定子绕组的转子每相电阻。

电磁功率

$$P_M=m_1 I_2'^2\frac{r_2'}{s} \tag{1-5}$$

式中　m_1——定子相数。

电磁转矩

$$T=\frac{P_M}{\Omega_1}=\frac{P_M}{2\pi f_1/p_N}=\frac{m_1 p_N}{2\pi}\left(\frac{E_1}{f_1}\right)^2\frac{f_1}{\left(\frac{r_2'}{s}\right)^2+x_2'^2} \tag{1-6}$$

式中　Ω_1——同步机械角速度。

式(1-6) 为保持 E_1/f_1 恒定的机械特性方程式。为求得最大转矩，令 $\mathrm{d}T/\mathrm{d}s=0$，由此得到产生最大转矩时的转差率

$$s_m=\frac{r_2'}{x_2'} \tag{1-7}$$

相应的最大转矩

$$T_m=\frac{m_1 p_N}{8\pi^2}\left(\frac{E_1}{f_1}\right)^2\frac{1}{L_{2\sigma}'} \tag{1-8}$$

式中　$L_{2\sigma}'$——转子每相漏感（折算到定子绕组）。

可见，保持 E_1/f_1 恒定进行变频调速时，最大转矩保持不变。

由式(1-6) 可知，当 s 很小时，$r_2'/s\gg x_2'$，此时

$$T\approx\frac{m_1 p_N}{2\pi}\left(\frac{E_1}{f_1}\right)^2\frac{sf_1}{r_2'}\propto s$$

说明 s 很小时，机械特性近似为直线，在此直线上，带负载后产生的转速降为

$$\Delta n=sn_1=\frac{60}{p_N}sf_1=\frac{60}{p_N}\frac{2\pi r_2' T}{m_1 p_N\left(\frac{E_1}{f_1}\right)^2}$$

上式表明：保持 E_1/f_1 恒定进行变频调速时，对应于同一转矩 T，转速降 Δn 基本不变，也就是说直线部分斜率不变（硬度相同），机械特性平行移动，如图 1-2 所示。

在变频调速过程中，即频率变化前后，电动机的过载能力应相等。根据电机学，过载能力

$$k_m=\frac{T_m}{T_N}$$

式中　T_N——额定转矩。

设调速前 $k_m = T_m/T_N$，调速后 $k'_m = T'_m/T'_N$，按照过载能力相等的条件，由式(1-8)可知，保持 E_1/f_1 恒定时，$T_m = T'_m$，则 $T_N = T'_N$。说明输出转矩不变，属于恒转矩调速。

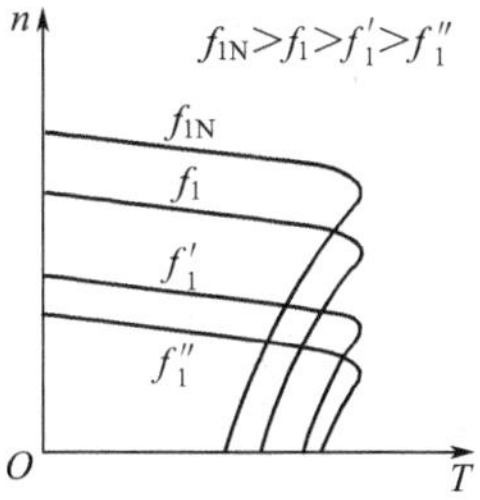

图 1-2　保持 E_1/f_1 恒定时变频调速的机械特性

② U_1/f_1 恒定。实际上，由于感应电动势难以直接控制，保持 E_1/f_1 恒定只是一种理想的控制方法。当忽略定子漏阻抗压降时，近似可以认为定子相电压

$$U_1 \approx E_1 = 4.44 f_1 N_1 K_{N1} \Phi_m \tag{1-9}$$

因此，保持

$$\frac{U_1}{f_1} = \text{const} \tag{1-10}$$

可以近似维持 Φ_m 恒定，从而实现近似的恒磁通调速，这可通过对定子相电压和频率进行协调控制来实现。

由图 1-1 可以导出保持 U_1/f_1 恒定时的机械特性方程。转子电流

$$I'_2 = \frac{U_1}{\sqrt{\left(r_1 + c_1 \frac{r'_2}{s}\right)^2 + (x_1 + c_1 x'_2)^2}}$$

$$c_1 = 1 + x_1/x_m \approx 1$$

式中　x_m——与气隙主磁通相对应的定子每相绕组励磁电抗；

x_1——定子绕组每相漏抗；

r_1——定子绕组每相电阻。

电磁转矩

$$T = \frac{P_M}{\Omega_1} = \frac{m_1 p_N}{2\pi}\left(\frac{U_1}{f_1}\right)^2 \frac{f_1 r'_2/s}{\left(r_1 + \frac{r'_2}{s}\right)^2 + (x_1 + x'_2)^2} \tag{1-11}$$

式(1-11)为保持 U_1/f_1 恒定的机械特性方程式。令 $\mathrm{d}T/\mathrm{d}s = 0$，可以求得产生最大转矩时的转差率

$$s_m = \frac{r'_2}{\sqrt{r_1^2 + (x_1 + x'_2)^2}}$$

相应的最大转矩

$$T_m = \frac{m_1 p_N}{8\pi^2}\left(\frac{U_1}{f_1}\right)^2 \frac{1}{\frac{r_1}{2\pi f_1} + \sqrt{\left(\frac{r_1}{2\pi f_1}\right)^2 + (L_{1\sigma} + L'_{2\sigma})^2}} \tag{1-12}$$

式中　$L_{1\sigma}$——定子每相漏感。

可见，保持 U_1/f_1 恒定进行变频调速时，最大转矩将随 f_1 的降低而降低。此时，直线部分的斜率仍不变，机械特性如图 1-3 中实线所示。

采用 $E_1 \approx U_1$，使控制易于实现，但也带来误差。由图 1-1 的等效电路可知，U_1 扣除定子漏阻抗压降之后的部分由感应电动势 E_1 所平衡。显然，被忽略掉的定子漏阻抗压降在 U_1 中所占比例的大小决定了误差的影响。当频率 f_1 的数值相对较高时，由式(1-9)可知，此时 E_1 数值较大，定子漏阻抗压降在 U_1 中所占比例较小，认为 $E_1 \approx U_1$ 不致引起太大误差；当频率相对较低时，E_1 数值变小，U_1 也变小，此时定子漏阻抗压降在 U_1 中所占比例增大，已经不能满足 $E_1 \approx U_1$，此时若仍以 U_1/f_1 恒定代替 E_1/f_1 恒定，则势必带来较大误差。为此，可以在低频段提高定子电压 U_1，目的是补偿定子漏阻抗压

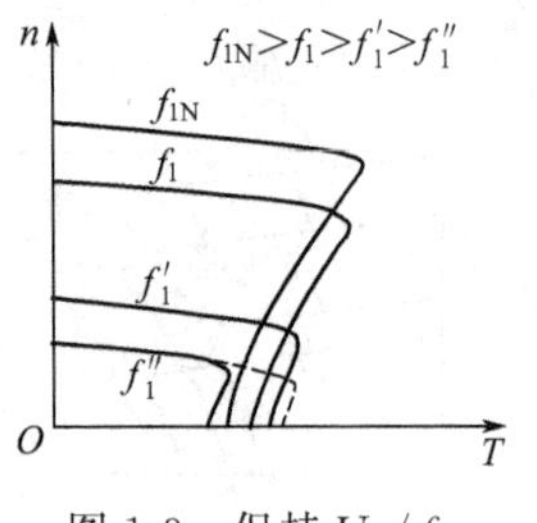

图 1-3　保持 U_1/f_1 恒定时变频调速时的机械特性

降，近似维持 E_1/f_1 恒定。补偿后的机械特性如图 1-3 中虚线所示。

(2) 保持电压为额定值

在额定频率（基频）以上调速时，鉴于电动机绕组是按额定电压等级设计的，超过额定电压运行将受到绕组绝缘强度的限制，因此定子电压不可能与频率成正比的升高，只能保持在额定电压，即 $U_1=U_{1N}$。由式(1-9) 可知，此时气隙磁通将随着频率 f_1 的升高而反比例下降，类似于直流电动机的弱磁升速。

体现定子电压、供电频率及电动机参数关系的机械特性方程式如下。

$$T=\frac{m_1 p_N U_1^2 r_2'/s}{2\pi f_1 \sqrt{\left(r_1+\frac{r_2'}{s}\right)^2+(x_1+x_2')^2}} \tag{1-13}$$

令 $dT/ds=0$ 即可求出产生最大转矩时的转差率

$$s_m=\frac{r_2'}{\sqrt{r_1^2+(x_1+x_2')^2}} \tag{1-14}$$

相应最大转矩为

$$T_m=\frac{m_1 p_N U_1^2}{4\pi}\times\frac{1}{f_1\left[r_1+4\pi^2 f_1{}^2 (L_{1\sigma}+L_{2\sigma}')^2\right]} \tag{1-15}$$

可见，保持电压为额定值进行变频调速时，最大转矩将随 f_1 的升高而减少。

当 s 很小时，有 $r_2'/s\gg r_1$ 及 $r_2'/s\gg x_1+x_2'$，式(1-13) 可简化为

$$T\approx\frac{m_1 p_N U_1{}^2}{2\pi}\times\frac{s}{f_1 r_2'}\propto s \tag{1-16}$$

此时近似为一条直线，在此直线上有

$$s=\frac{2\pi f_1 r_2' T}{m_1 p_N U_1^2}$$

带负载后转速降为

$$\Delta n=sn_1=\frac{60 f_1}{p_N}s=\frac{120\pi r_2' T}{m_1 p_N^2 U_1^2}f_1^2$$

上式说明：保持 $U_1=U_{1N}$ 进行变频调速时，对于同一转矩 T，转速降 Δn 随 f_1 的增加而平方倍加大，频率越高，转速降越大，即直线部分的硬度随 f_1 增加而迅速变软，机械特性如图 1-4 所示。

由式(1-16) 可知：当保持电压为额定值，且 s 变化范围不大时，如果频率 f_1 增加，则转矩 T 减少，而同步机械角速度 $\Omega_1=2\pi f_1/p_N$ 将随频率增加而增加。这就是说，随着频率增加，转矩减少，而转速增加。根据 $p_M=T\Omega_1$，可近视为恒功率调速。

综合额定频率以下及以上两种情况，异步电动机定子电压和气隙磁通的控制特性如图 1-5 所示（图中，曲线 1 不含定子压降补偿；曲线 2 含定子压降补偿）。

2. 变频电源

异步电动机变频调速所要求的变压变频（简写为 VVVF）电源由变频器提供，现代电力电子技术的飞速发展使静止式变频器完全取代了早期的旋转变流机组。变频器有多种分类方法，通常可按结构形式和电源性质分类。

(1) 按结构形式分类

变频器按结构形式可划分为交-直-交变频器和交-交变频器两类。

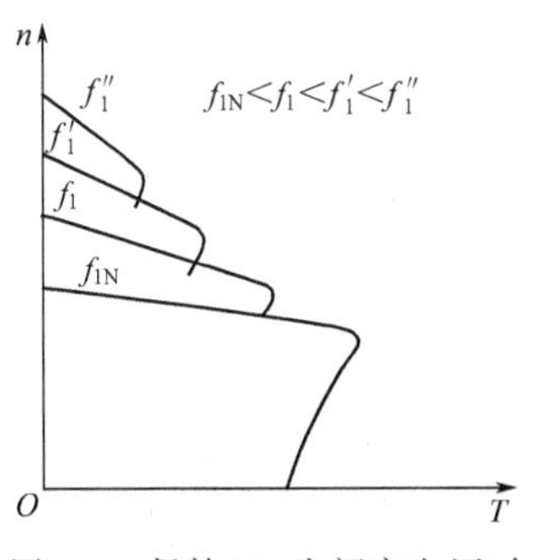

图 1-4　保持 U_1 为额定电压时变频调速时的机械特性图

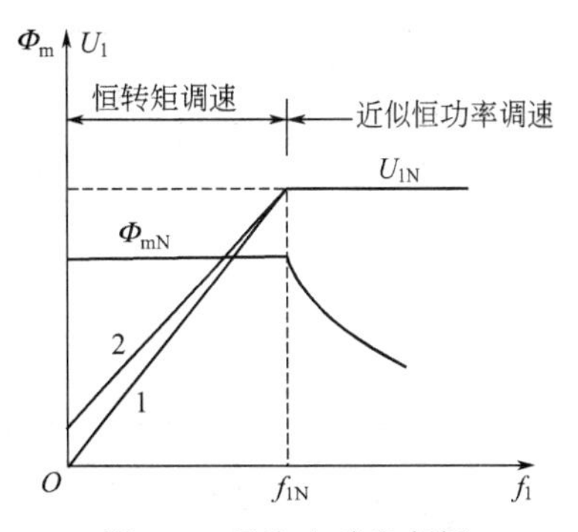

图 1-5　异步电动机变频调速时的控制特性

① 交-直-交变频器。先将电网的工频交流电整流成直流电，再将此直流电逆变成频率可调的交流电，因此又称为间接变频器，如图 1-6 所示。调频功能由逆变器实现，调压功能视其实现环节不同，又对应有不同的结构形式。

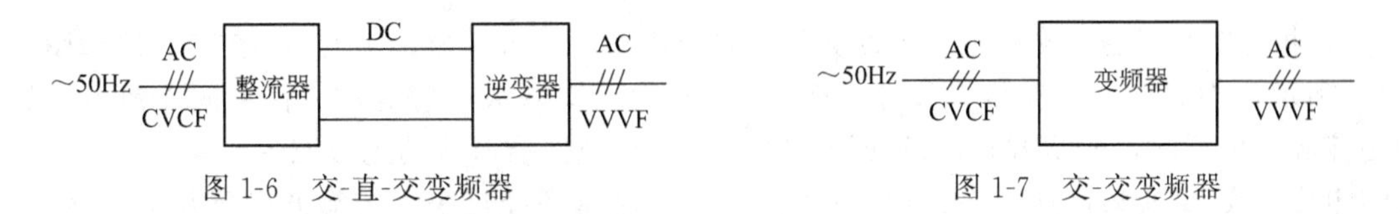

图 1-6　交-直-交变频器

图 1-7　交-交变频器

② 交-交变频器。交-交变频器可将电网的工频交流电直接变成电压和频率都可调的交流电，无需中间直流环节，故又称直接变频器，如图 1-7 所示。

交-直-交变频器与交-交变频器主要特点比较见表 1-1。

表 1-1　交-直-交变频器与交-交变频器主要特点比较

比较项目	交-直-交变频器	交-交变频器
换能方式	两次换能，效率略低	一次换能，效率较高
晶闸管换相方式	强迫换相或负载换相	电网电压换相
所用器件数量	较少	较多
调频范围	频率调节范围宽	一般情况下，输出最高频率为电网频率的 1/3～1/2
电网功率因数	采用可控整流器调压，低频低压时功率因数较低；采用斩波器或 PWM 方式调压，功率因数高	较低
适用场所	可用于各种电力拖动装置，稳频稳压电源和不间断电源	适用于低速大功率拖动

（2）按电源性质分类

变频器按电源性质又可划分为电压型变频器和电流型变频器两类。

① 电压型变频器。又称电压源变频器，具有电压源特性。电压型交-直-交变频器如图 1-8(a) 所示，中间直流环节主要采用大电容滤波，这使中间直流电源近似恒压源，具有低阻抗。经过逆变器得到的交流输出电压是通过开关动作被中间直流电源钳位的矩形波，不受负载性质影响。

电压型交-交变频器如图1-9(a) 所示，图中并没有接入滤波电容器，但供电电网相对于负载具有低阻抗，也具有电压源性质。

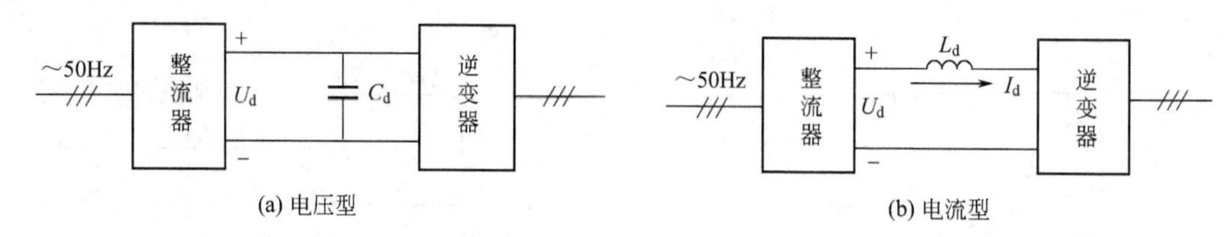

图 1-8 电压型与电流型交-直-交变频器

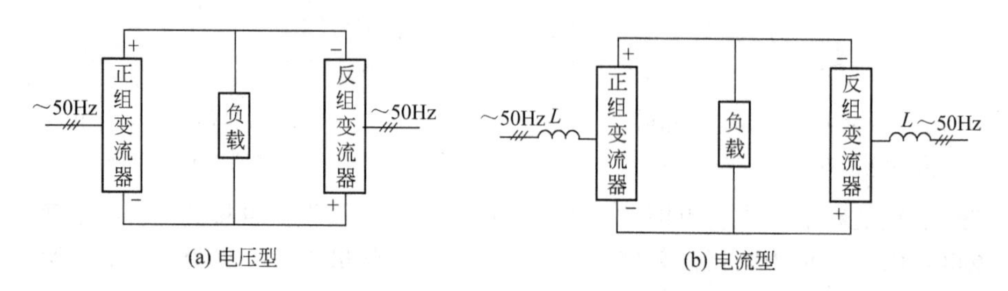

图 1-9 电压型与电流型交-交变频器

② 电流型变频器。又称电流源变频器，具有电流源特性。电流型交-直-交变频器如图 1-8(b) 所示，中间直流电源环节采用大容量电感。由于串联大电感滤波，使中间直流电源近似恒流源。由逆变器向负载输出的交流电流为不受负载性质影响的矩形波。

电流型交-交变频器如图 1-9(a) 所示。两组变流器都经过很大的滤波电感与电网相连，强制输出电流为矩形波，从而具有电流源性质。

电压型与电流型交-直-交变频器主要特点比较见表 1-2。

表 1-2 电压型与电流型交-直-交变频器主要特点比较

比较项目	电压型变频器	电流型变频器
直流回路滤波环节	电容器	电抗器
输出电压波形	矩形波	决定于负载，对于异步电动机负载近似值为正弦波
输出电流波形	决定于负载功率因数有较大的谐波分量	矩形波
输出阻抗	小	大
回馈制动	需在电源侧设置反并联逆变器	方便，主电路不需附加设备
调速动态响应	较慢	快
对晶闸管的要求	关断时间要短，对耐压要求一般较低	耐压高，对关断时间无特殊要求
适用范围	多电动机拖动，稳频稳压电源	单电动机拖动，可逆拖动

1.2.1.2 变极调速

由式(1-1) 可知，改变异步电动机的极对数，同步转速随之变化，因而改变了电动机转速。这种方法适用于笼型异步电动机，因为笼型转子的极对数能随定子极对数的变化而变化，自动适应定子极对数，只需改变定子极对数绕组即可实现调整。

1. 变极原理

改变绕组连接方法，使流过线圈的电流相反，即可达到改变极对数的目的。将一相绕组分为两半，当两半绕组顺接串联时，在气隙中形成 4 极磁场，如果把其中一半绕组的电流反向，即把两半绕组反接串联或反接并联时，气隙中就形成 2 极磁场，同步转速将升高一倍，如图 1-10 所示。

对于三相异步电动机，最常用的两种换接方法是：Y→YY和△→YY，图 1-11 示出了单星形（Y）、双星形（YY）的接线方法，图 1-12 示出了三角形（△）、双星形（YY）的接线方法。由图可见，换接后，每相都有一半绕组中的电流改变了方向，故而极对数减少一半，同步转速增加一倍。由于极对数改变，以电角度表示的各相之间相对位置也随之改变，引起相序变化。为使电动机的转向在变极前后保持一致，换接后需将绕组出线断对调一下，以保持变极前后相序不变。

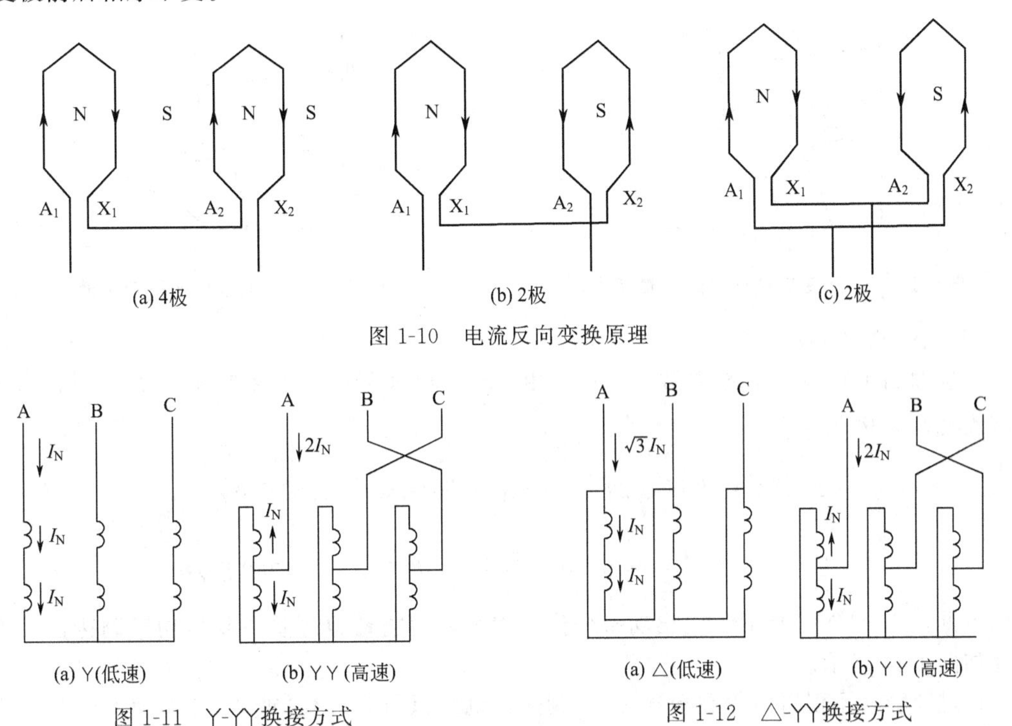

图 1-10 电流反向变换原理

图 1-11 Y-YY换接方式

图 1-12 △-YY换接方式

2. 变极调速时的容许输出与机械特性

为使电动机得到充分利用，应考察高、低速时电动机绕组内都流过额定电流 I_N 时的输出功率与转矩。假定变极前后电动机的功率因数和效率不变，定子线电压 U_1 不变，设定子线电流为 I_1，则电动机的输出功率可表示为

$$P_2=\sqrt{3}U_1 I_1 \eta\cos\varphi_1$$

式中 η——效率；

$\cos\varphi_1$——功率因数。

输出转矩可表示为

$$T_2=9550\frac{P_2}{n}\approx 9550\frac{P_2}{n_1}$$

（1）Y→YY换接

YY接如图 1-11 所示，极对数为 p_N，相应同步转速为 $2n_1$，当绕组电流为 I_N 时，出线端电流为 $2I_N$，因此

$$P_{2YY}=\sqrt{3}U_1(2I_N)\eta\cos\varphi_1$$

$$T_{2YY}\approx 9550\frac{P_{2YY}}{2n_1}$$

Y接如图 1-11 所示，极对数为 $2p_N$，相应同步转速为 n_1，线电流为绕组电流 I_N，因此

$$P_{2\text{Y}}=\sqrt{3}U_1 I_N \eta\cos\varphi_1=\frac{1}{2}P_{2\text{YY}}$$

$$T_{2\text{Y}}\approx 9550\frac{P_{2\text{Y}}}{2n_1}=9550\frac{P_{2\text{YY}}}{2n_1}=T_{2\text{YY}}$$

可见，Y→YY换接时，输出转矩不变，即容许输出恒转矩，属于恒转矩调速。其机械特性如图 1-13 所示。

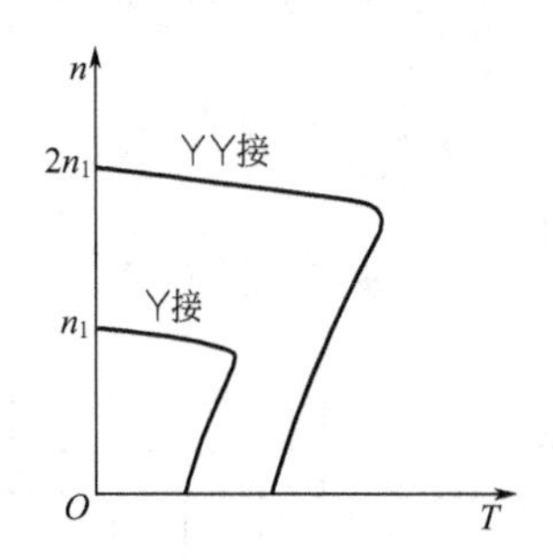

图 1-13　Y-YY变极调速时的机械特性

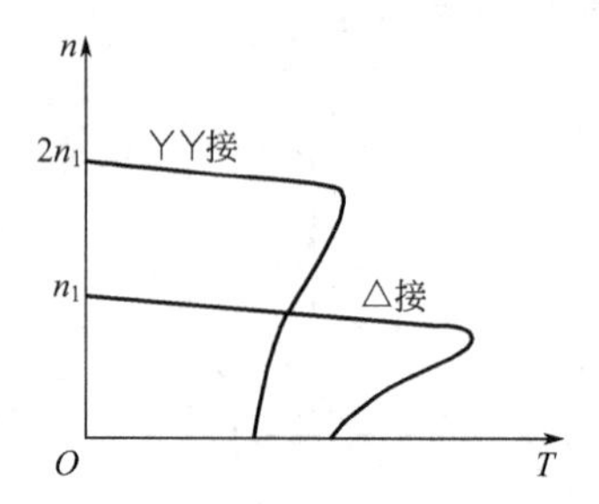

图 1-14　△-YY变极调速时的机械特性

(2) △→YY换接

△接如图 1-12 所示，极对数为 $2p_N$，相应同步转速为 n_1，当绕组电流为 I_N 时，出线端电流为$\sqrt{3}I_N$，因此

$$P_{2\triangle}=\sqrt{3}U_1(\sqrt{3}I_N)\eta\cos\varphi_1=\frac{\sqrt{3}}{2}P_{2\text{YY}}=0.866P_{2\text{YY}}$$

$$T_{2\triangle}\approx 9550\frac{P_{2\triangle}}{n}=9550\frac{\sqrt{3}P_{2\text{YY}}}{2n_1}=\sqrt{3}T_{2\text{YY}}=1.732T_{2\text{YY}}$$

可见，△→YY换接时，输出功率变化不太大，粗略地也可看成是恒功率调速，其机械特性如图 1-14 所示。

通过变极，不仅可以得到上述 2∶1 调速，也可以得到 3∶2 或 4∶3 调速，以及三速甚至四速电动机，但不管有多少种极对数，都只能一级一级改变，因此属于有级调速，相对于无级调速，应用场所受到一定限制。

1.2.1.3　变转差率调速

由式(1-1)，保持同步转速 n_1 不变，改变转差率 s 可以改变电动机转速。

根据电机学原理，异步电动机的电磁功率 P_M 可划分为两部分：一部分构成机械功率 P_{mec}，另一部分则为转差功率 P_S。其中

$$P_{mec}=(1-s)P_M \tag{1-17}$$

$$P_S=sP_M \tag{1-18}$$

前述变频、变极调速都设法改变同步转速以达到调速目的。它们的共同点是：无论调到高速或低速，转差功率仅仅由转子绕组铜损耗构成，基本上不变。故从能量转换角度看，又称为转差功率不变型，效率最高。变转差率调速则不同，转差功率与转差率成正比地改变。根据转差功率是全部消耗掉了，还是能够回馈到电网，又可将其分成转差功率消耗型和转差功率回馈型。转差功率消耗型有绕线转子串电阻调速、定子调压调速和电磁转差离合器调速，由于全部转差功率都转换为热能白白消耗掉，故而效率最低。转差功率回馈型有串级调速与双馈调速，由于转差功率大部分能够回馈到电网，效率介于消耗型与不变型之间。

1. 绕线转子串电阻调速

在绕线转子异步电动机的转子回路串入电阻时，机械特性如图 1-15 所示。串入调速电阻 r_1，

转子回路总电阻变为 r_2+r_1，机械特性由固有特性 1 变为特性 2，机械特性变软。若负载转矩仍为额定值不变，则运行点由 a 变为 b，转差率从 s_N 变为 s_1，转速便由 $n_1(1-s_N)$ 变为 $n_1(1-s_1)$。

为使电机得到充分利用，应使转子电流 I_2 保持额定值 $2I_N$ 不变。根据转子电动势应为转子回路阻抗压降所平衡，转子电流

$$I_2=\frac{s_f E_2}{\sqrt{(r_2+r_f)^2+(s_f x_2)^2}}=\frac{E_2}{\sqrt{\left(\frac{r_2+r_f}{s_f}\right)^2+x_2^2}}$$

式中 E_2——$s=1$ 时的转子每相感应电动势；

x_2——$s=1$ 时的转子绕组每相漏抗；

r_2——转子绕组每相电阻；

r_f——转子回路串入的调速电阻；

s_f——串入 r_1 后的转差率。

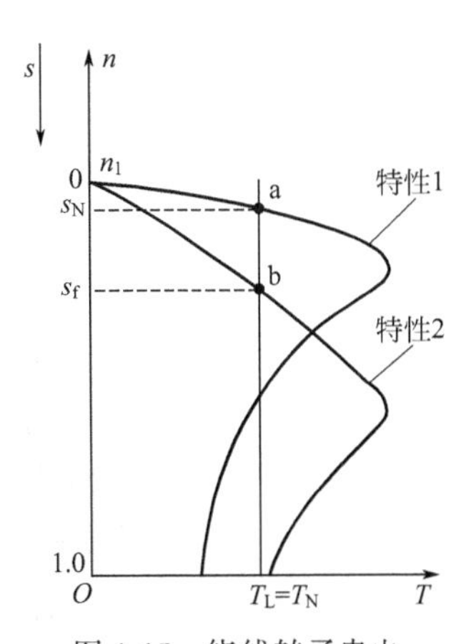

图 1-15 绕线转子串电阻时的机械特性

转子额定电流

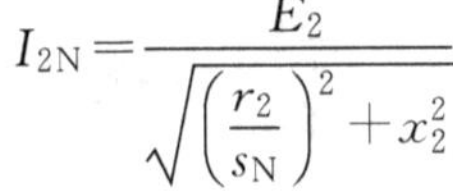
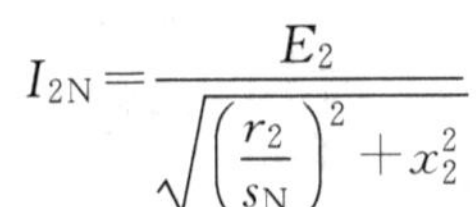

$$I_{2N}=\frac{E_2}{\sqrt{\left(\frac{r_2}{s_N}\right)^2+x_2^2}}$$

式中 s_N——额定转差率。

令 $I_2=2I_N$，则$\frac{r_2}{s_N}=\frac{r_2+r_f}{s_f}$=常数。

由式(1-13) 可知，当其他参数不变时，只要转子回路总电阻与 s 的比值保持不变，不论转子回路串入多大电阻，都有 T=常数。因此，绕线转子串电阻调速属于恒转矩调速。

绕线转子串电阻调速极不经济。转速越低，即转差率 s 越大，需要串入的调速电阻越大，转子回路损耗掉的转差功率就越大，效率越低。在输出恒转矩的条件下，降低转速意味着减少输出功率，这部分输出功率的减少正是转差功率增加所致。换句话说，转速的降低是以转差功率（消耗在调速电阻的铜损耗）作为代价换来的。

绕线转子串电阻调速范围不大，平滑性也不够好，但由于方法简单，仍较多用于断续工作方式的生产机械上，如桥式起重机、轧钢机、辅助机械等。

2. 定子调压调速

改变异步电动机定子端电压，其机械特性如图 1-16(a) 所示，图中 $U_1>U_1'>U_1''$。由图可见，如果带恒转矩负载（图中特性 1），由于稳定运行区限制在 $0\sim s_m$ 范围内，可以调试的范围极小，已无实际意义；如果带通风机型负载（图中特性 2），稳定运行区不受 s_m 限制，相应的调速范围较大。

为了扩大恒转矩负载时的调速范围，应该设法增大 s_m。根据式(1-14)，应该增加转子电阻 r_2，可采用转子电阻大的高转差率电动机。转子电阻增加后，可改变异步电动机的机械特性，如图 1-16(b) 所示。由图可见，调速范围扩大了，但机械特性变得很软，负载变化时静差率很大，难以满足生产机械要求，过载能力则随着电压降低而减少。

为提高特性硬度、减少静差率，采用闭环系统取代开环系统。带转速负反馈的闭环调压调速系统原理图如图 1-17 所示。电动机转速 n 由测速发动机 TG 检测，然后反馈一个正比于 n 的电压 U_n，与转速给定信号 U_n''进行比较，得到偏差 $\Delta U_n=U_n''-U_n$，再经过速度调节器产生控制电压，送至触发电路，使之输出有一定相移的脉冲，从而改变晶闸管调压装置的输出电压。理论上只要有偏差存在，反馈闭环控制系统就会自动纠正偏差，使电动机转速跟随给定转速变化。

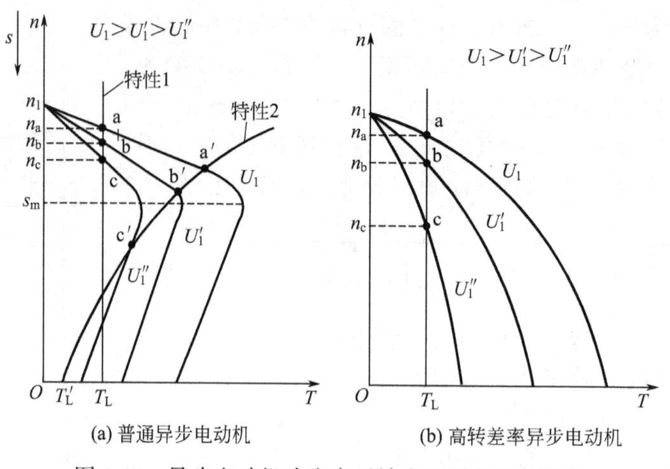

图 1-16　异步电动机改变定子端电压时的机械特性

图 1-18 示出定子调压调速时闭环系统与开环系统的特性比较。图中，虚线为开环系统的机械特性，实线为与之对应的闭环系统的静特性。设定子相电压为 U_1' 时负载转矩为 T_L，稳定转速为 n_a。负载转矩增至 T_L'，若为开环系统，转速将沿着 U_1' 的机械特性降至 n_b，转速降为 Δn。若为闭环系统，反馈信号 $U_n \propto n$ 随之下降，出现偏差，迫使晶闸管调压装置输出电压由 U_1' 上升至 U_1，转速变为 n_b'，相应的闭环静特性如图 1-18 中实线 1，转速降落为 $\Delta n'$。显然，$\Delta n' < \Delta n$，减少了转速降落和静差率，提高了特性硬度。需要调节转速时，只要变速度给定信号 U_1''，即可得到一簇基本上相互平行的特性，如图 1-18 中实线 1、2、3 所示。

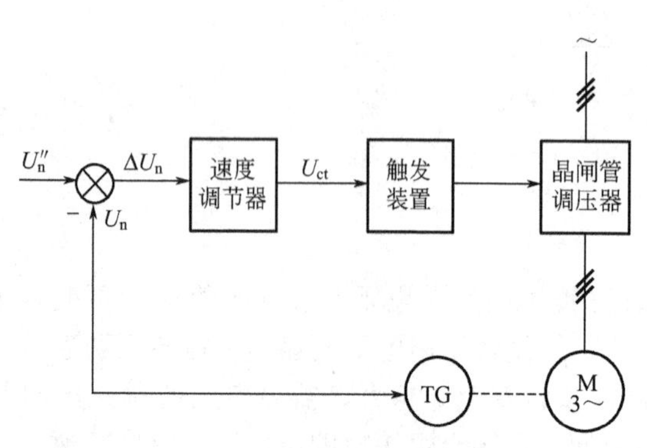

图 1-17　闭环调压调速系统原理图

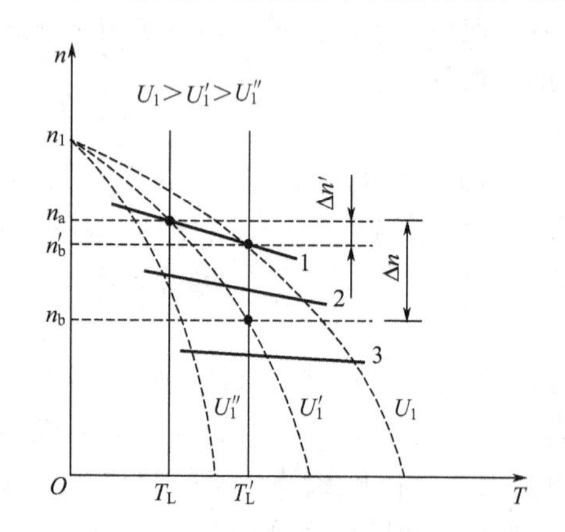

图 1-18　改变端电压时闭环与开环特性比较

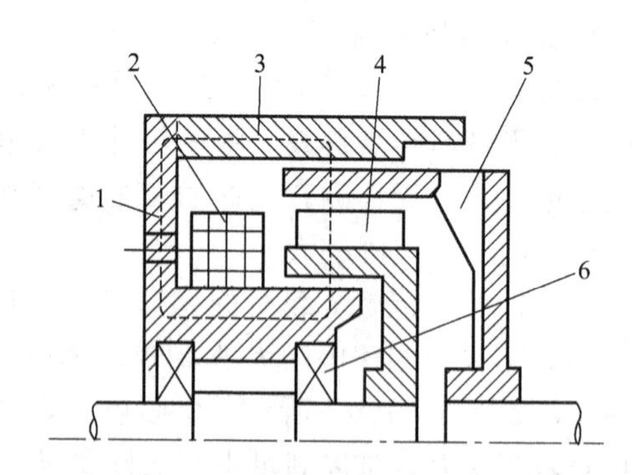

图 1-19　电磁转差离合器的结构

1—导磁体；2—励磁绕组；3—机座；4—齿极；5—电枢；6—轴承

定子调压调速不适用于恒转矩负载，也不适用于恒功率负载，比较适用于通风机型负载。因为，如果忽略空载制动转矩，电动机的容许输出转矩为

$$T_2 \approx T = \frac{P_M}{\Omega_1} = \frac{m_1 I'^2_2 r'_2 / s}{\Omega_1}$$

当保持 $I'_2 = I'_{2N}$，以使电机得到充分利用时，有

$$T \propto \frac{1}{s}$$

即输出转矩随转速降低（s 增加）而降低。相对而言，与通风机型负载转矩特性较为接近。

3. 电磁转差率离合器调速

采用电磁转差离合器调速的异步电动机称为电磁调速电动机，它由三部分组成：笼型异步电动机、电磁转差离合器和控制装置。我国的 YCT 系列电磁调速电动机已将三部分组装起来成套供应。

电磁转差离合器的两个基本组成部分是电枢和磁极。图 1-19 示出了电磁转差率离合器的结构，其电枢部分为圆筒形实心钢体，兼有导磁、导电作用，直接与笼型异步电动机的转轴连接，转速与电动机相同，称为主动部分；磁极部分由齿极和励磁绕组构成，齿极为一齿轮形的实心钢体，凸出部分为磁极，齿极部分与生产机械的转轴连接，称为从动部分。

主动部分与从动部分之间无机械连接，以气隙隔开。当励磁绕组中通入直流励磁电流时，在电磁转差率离合器中产生恒定磁通路径，如图 1-19 中虚线所示。电枢旋转时切割齿极处的气隙磁密，电枢中将有切割电势和涡流产生，该涡流与气隙磁密作用产生电磁转矩，使从动部分随着电枢沿同一方向旋转起来。显然，从动部分与主动部分必须保持一定的转差，否则电枢与磁极之间没有相对运动，不会产生切割电势，也就没有输出转矩，电磁转差离合器也因此得名。

电枢上对应一个磁极范围内所产生的切割电动势 E 可表示为

$$E = BLv = BLR(\Omega_1 - \Omega_2)$$

式中 B——气隙磁密；
L——电枢轴向有效长度；
v——切割速度；
R——电枢平均半径；
Ω_1——电枢旋转角速度（主动轴角速度）；
Ω_2——磁极旋转角速度（从动轴角速度）。

该切割电动势产生的涡流在磁场中受到的力为

$$F = BLI = BL\frac{E}{Z}$$

式中 I——涡流；
Z——一个极下的涡流等效阻抗。

离合器输出的电磁转矩应为

$$T = 2p_N FR = 2p_N \frac{B^2 L^2 R^2}{Z}(\Omega_1 - \Omega_2)$$

式中 p_N——磁极对数。

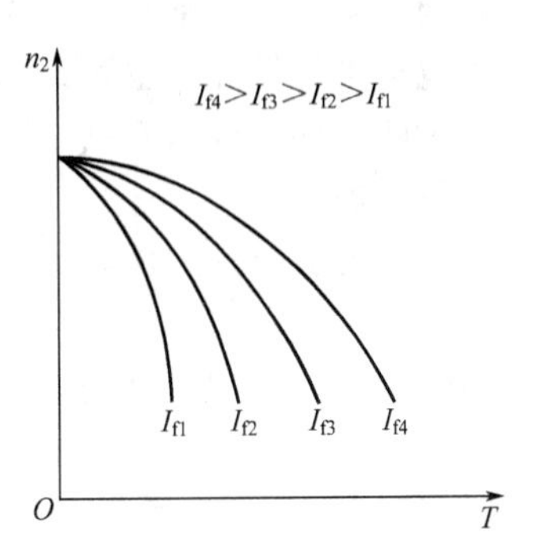

图 1-20 电磁转差率离合器的机械特性

电磁转差率离合器改变励磁电流时的机械特性见图 1-20，它表示离合器从动轴转速 n_2 与其电磁转矩 T 的关系，其中，理想空载点的转速 n_1 就是异步电动机的转速（主动轴转速）。由于离合器的电枢由铸钢制成，电阻较大，故特性较软。改变励磁电流的大小就改变了离合器的气隙磁密，同改变异步

电动机的定子电压就改变了气隙磁密类似，励磁电流越小，特性越软。

由于机械特性很软，当要求静差率较小、调速范围较大时，必须采用闭环控制。带有转速负反馈的闭环控制原理类似于闭环调压调速。

电磁转差率离合器依靠转差进行工作，调速时消耗了全部转差功率，使电枢发热，温升加速，转差越大（转速越低），离合器的效率也越低。显然，调速时的容许输出将要受到离合器的发热限制，为使离合器既能充分利用又不过热，其消耗的转差功率应有个最大限度。

设 P_1 为主动轴输入功率，n_1 为主动轴转速，则

$$P_1=\frac{T_1 n_1}{9550}$$

P_2 为从动轴输出功率

$$P_2=\frac{T_2 n_2}{9550}$$

考虑到主动轴上的输入转矩 T_1 应与从动轴上的输出转矩 T_2 相等，则离合器消耗的转差功率

$$P_S=P_1-P_2=\frac{T_2}{9550}(n_1-n_2)$$

离合器输出转矩为

$$T_2=\frac{9550P_S}{n_1-n_2}$$

可见，当消耗的转差功率 P_S 一定时，从动轴转速越低，离合器容许输出的转矩也越低。因此，这种调速方法也比较适合于通风机型负载，如果用于恒转矩负载，则低速时必须欠载运行、短期运行，或强迫通风冷却。

电磁转差率离合器调速由于结构简单、运行可靠、维护方便，而且价格低廉，能够平滑调速，在低速运行时间不长的生产机械，如纺织、印染、造纸等工业部门得到比较广泛的应用。

4. 双馈调速及串级调速

前述绕线转子串电阻调速，转差功率都消耗在调速电阻上，白白浪费了。为了回收这部分转差功率并加以利用，可以采用双馈调速或串级调速。

（1）双馈调速

双馈调速将定、转子三相绕组分别接入两个独立的三相对称电源，定子绕组接入工频电源；转子绕组接入频率、幅值、相位都可以按照要求进行调节的交流电源，即采用交-交变频器或交-直-交变频器给定子绕组供电。其中，必须保证在任何情况下转子外加电压的频率都要与转子感应电动势的频率保持一致。当改变转子外加电压的幅值和相位时，就可以调节异步电动机的转速，也可以调节定子侧的功率因数。

设转子外加电压 U_2、转子感应电动势 E_{2S}、转子电流 I_2 及定子侧 U_1、E_1、I_1 的正方向如图 1-21 所示。

如果转子外加电压 U_2 与转子感应电动势 $E_{2S}=sE_2$ 相位相反，由于转子回路合成电动势减少，转子电流和电磁转矩随之减小，若负载转矩不变，转子减速，转差率增大，E_{2S}增大，转子电流增加，直到转子电流和电磁转矩又恢复到原来数值，与负载转矩达成新的平衡，电动机稳定运行于较低的转速上。同理，如果 U_2 与 sE_2 同相位，将使转子转速增加。一般情况下，当 U_2'领先 sE_2'某一角度 θ 时（如图 1-22 所示），可以将 U_2'分解为两个分量，其中，领先 sE_2' $90°$的分量 $U_2'\sin\theta$ 可以改善定子侧功率因数，与 sE_2'同相（或反相）的分量 $U_2'\cos\theta$ 则用来调节电动机的转速。

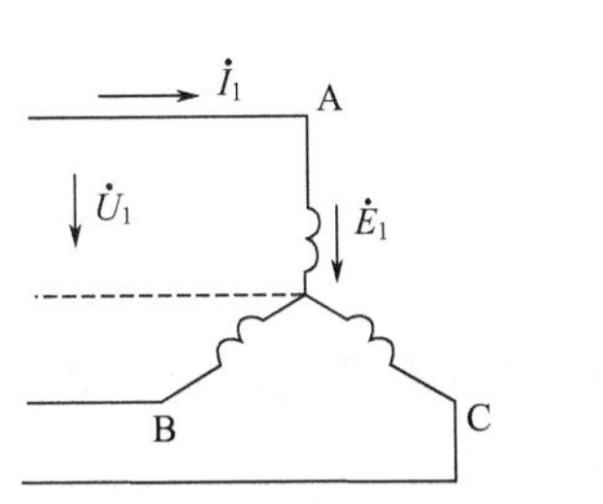

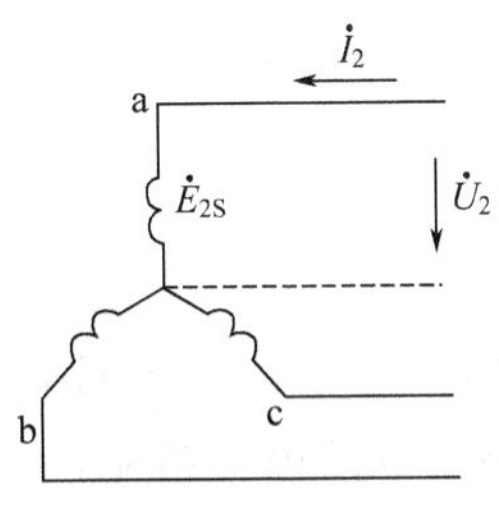

图 1-21 双馈异步电动机定、转子各量的正方向

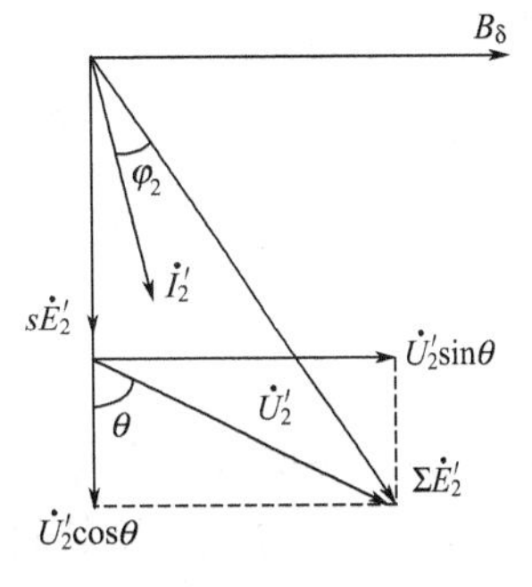

图 1-22 U_2'领先 sE_2'

双馈调速时，异步电动机的机械特性在不涉及调速系统的具体结构且以 U_2'作为转子外接电源电压的情况下有如下讨论。

如图 1-22 所示，设 $sE_2=sE_2'e^{j\theta}$，$U_2=U_2'e^{j\theta}$，转子电流

$$\dot{I}_2'=\frac{s\dot{E}_2'+\dot{U}_2'}{r_2'+jsx_2'}=\frac{s\dot{E}_2'}{z_2'}\left[e^{-j\varphi_2}+\frac{U_2'}{sE_2'}e^{j(\theta-\varphi_2)}\right] \tag{1-19}$$

式中 z_2'——转子漏阻抗的模，$z_2'=\sqrt{r_2'^2+(sx_2')^2}$；

φ_2——转子功率因数角，$\varphi_2=\arctan\dfrac{sx_2'}{r_2'}$。

转子电流有功分量

$$I_{2a}'=\frac{sE_2'}{z_2'}\left[\cos\varphi_2+\frac{U_2'}{sE_2'}\cos(\theta-\varphi_2)\right] \tag{1-20}$$

转子电流无功分量

$$I_{2r}'=-\frac{sE_2'}{z_2'}\left[\sin\varphi_2-\frac{U_2'}{sE_2'}\sin(\theta-\varphi_2)\right] \tag{1-21}$$

显而易见，双馈电动机转子电流有功及无功分量皆由两部分组成：一部分由转差电动势 sE_2'产生，即普通异步电动机（对应于转子短路，$U_2'=0$）的转子电流有功或无功分量；另一部分由转子外加电压 U_2'产生。改变 U_2'的大小及相位角 θ 既能改变转子电流有功分量，也能改变转子电流无功分量，从而达到既调节转速，又调节定子侧功率因数的目的。

根据电机学原理，异步电动机的电磁转矩也可以表示为

$$T=c_m\Phi_m I_2\cos\varphi_2 \tag{1-22}$$

式中 c_m——异步电动机转矩系数，$c_m=\frac{1}{\sqrt{2}}p_N m_2 N_2 K_{N2}$；

m_2、N_2、K_{N2}——转子相数、每相串联匝数及绕组系数。

又考虑到 $I_2=k_i I_2'=\dfrac{m_1N_1K_{N1}}{m_2N_2K_{N2}}I_2'$，代入式(1-22) 中得

$$T=c_m'\Phi_m I_2'\cos\varphi_2=c_m'\Phi_m I_{2a}'=\frac{2T_m}{\dfrac{s}{s_m}+\dfrac{s_m}{s}} \tag{1-23}$$

$$c_m'=\frac{1}{\sqrt{2}}p_N m_1 N_1 K_{N1}$$

式中 m_1、N_1、K_{N1}——定子相数、每相串联匝数及绕组系数。

将式(1-20) 两边同乘以 $c_m'\Phi_m$，得到双馈时的电磁转矩

$$T=c_m{}'\Phi_m \frac{sE_2'}{z_2'}\left[\cos\varphi_2+\frac{U_2'}{sE_2'}\cos(\theta-\varphi_2)\right] \tag{1-24}$$

当 $\theta=0°$，即 U_2 与 sE_2 同相位（$U_2>0$）时，有

$$T=c_m{}'\Phi_m \frac{sE_2'}{z_2'}\cos\varphi_2\left(1+\frac{U_2'}{sE_2'}\right)=T_D\left(1+\frac{U_2'}{sE_2'}\right)=\frac{2T_D}{\frac{s}{s_{mD}}+\frac{s_{mD}}{s}}+\frac{2T_{mD}s_{mD}}{s^2+s_{mD}^2}\times\frac{U_2'}{E_2'}=T_D+T_D' \tag{1-25}$$

式中 T_D——转子外加电压 $U_2'=0$ 时异步电动机的电磁转矩，即 sE_2' 产生的转子电流有功分量与旋转磁场相互作用形成的电磁转矩；

T_{mD}——$U_2'=0$ 时的最大转矩；

s_{mD}——T_{mD} 对应的转差率；

T_D'——转子外加电压 U_2' 产生的转子电流有功分量与旋转磁场相互作用形成的电磁转矩。

当 U_2 与 sE_2 反相位（$U_2<0$）时，有

$$T=c_m{}'\Phi_m \frac{sE_2'}{z_2'}\cos\varphi_2\left(1-\frac{U_2'}{sE_2'}\right)=T_D-T_D' \tag{1-26}$$

图 1-23 示出了双馈调速时的机械特性。其中，图 1-23(a) 为 $U_2=0$ 时异步电动机的机械特性 $n=f(T_D)$。图 1-23(b) 为由 U_2 引起的特性 $n=f(T_D')$，由式(1-25) 可得

$$T_D'=\frac{2T_{mD}s_{mD}}{s^2+s_{mD}^2}\times\frac{U_2'}{E_2'}$$

可见，$U_2>0$（即 U_2 与 sE_2 同相位）时，$T_D'>0$；$U_2<0$（即 U_2 与 sE_2 反相位）时，$T_D'<0$。在 $s=0$（即 $n=n_1$）处将出现最大值 $2T_{mD}U_2'/(s_{mD}E_2')$。图 1-23(c) 为合成机械特性 $n=f(T)$，由图可见，随着 U_2' 的大小和相位不同，机械特性将向上或向下移动，从而实现同步转速以上及以下的调速。

理想空载时，双馈电动机的合成电磁转矩应为零，即转子电流有功分量应为零。根据式(1-20) 可求得理想空载时的转差率 s_0，令 $I_{2a}'=0$，则

$$s_0=-\frac{U_2'}{E_2'}(\cos\theta+\sin\theta\tan\varphi_2) \tag{1-27}$$

显然，改变 U_2' 的大小和相位，就能改变 s_0，也就是说，即使电动机为空载运行，也可以调速。

当 U_2 与 sE_2 同相位（$\theta=0°$）时，$s_0=-\frac{U_2'}{E_2'}$；当 U_2 与 sE_2 反相位（$\theta=180°$）时，$s_0=\frac{U_2'}{E_2'}$。

理想空载转速

$$n_1'=n_1(1-s_0)=n_1\left(1\pm\frac{U_2'}{E_2'}\right) \tag{1-28}$$

式中 n_1——$U_2=0$ 时，异步电动机的同步转速。

当 U_2 与 sE_2 同相位时，取“+”号，$n_1'>n_1$；当 U_2 与 sE_2 反相位时，取“−”号，$n_1'<n_1$。

(2) 串级调速

串级调速的基本思路是：把异步电动机转子感应电动势和转子外加电压都变为直流量，使原来随转差率而变化的可变频率交流量转化为与频率无关的直流量，从而免去了对转差频率的检测、控制，主电路结构和控制系统都要简单得多。由于采用不控整流器整流，转差功率也仅仅是单方向由转子转子侧送出，回馈给电网。串级调速与双馈调速相比，系统结构简

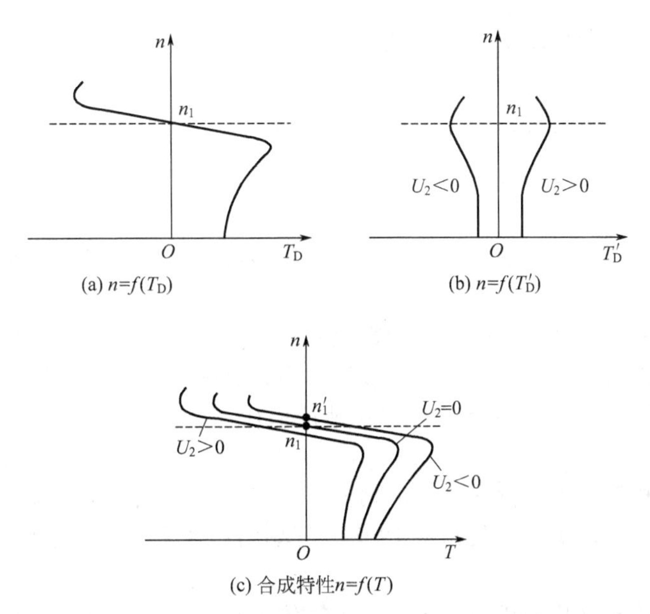

图 1-23　双馈调速时异步电动机的机械特性

单，易于实现，分析、控制都方便，但在相同调速范围和额定负载下，调速装置容量增大一倍，因而往往推荐用于调速范围不太大的场合，另外，其功率因数也较低。

1.2.2　同步电动机

同步电动机的转速就是同步转速 $n_1=60f_1/p_N$，如果接入恒频电源，则由于同步电动机的转速将与电源频率保持严格的同步关系故而不可调。因此，长期以来，同步电动机以转速恒定且功率因数可调而著称，仅用于补偿电网功率因数及不调速的风机、水泵等设备上。随着电力电子变频技术的飞速发展，同步电动机同样可以进行变频调速。而且，由于旋转磁场的转速可以调节，曾经困扰同步电动机的启动、振荡及失步问题也随之得到解决，扩大了应用范围。

同步电动机变频调速可以分为他控式变频调速和自控式变频调速两大类。

1.2.2.1　他控式变频调速

他控式变频调速采用独立的变频器（即输出频率由外部振荡器控制）作为同步电动机的变压变频电源，所用变频器、变频调速的基本原理以及方法都和异步电动机变频调速基本相同。对于同步电动机，定子上有三相绕组，转子上有直流励磁，转子本身以同步转速旋转，因此还需要考虑励磁系统、阻尼绕组以及凸极式同步电动机气隙磁阻的不均匀性等。

1.2.2.2　自控式变频调速（无换向器电动机）

自控式变频调速由电动机轴上所带的转子位置检测器发出信号来控制逆变器的触发换相，即采用输出频率由电动机转子位置来控制的变压变频电源为同步电动机供电，这样就从内部结构和原理上保证了频率与转速必然同步，构成了“自控式”。

自控式变频同步电动机又称为无换向器电动机，这是因为静止变频器取代了直流电动机的机械式换向器，转子位置检测器代替了电刷，由逆变器供电的具有转子位置检测器的三相同步电动机相当于只有三个换相片的直流电动机，具有类似直流电动机的调速特性。

自控式变频调速系统可以采用交-直-交变频电源，称为直流无换向器电动机；也可以采用交-交变频电源，称为交流无换向器电动机。

1.3 交流调速的主要应用领域

交流调速技术的飞速发展扩大了它的应用范围。原来一直由直流调速占领的应用领域现在已逐步由交流调速取代；原来直流调速难以应用的特大容量、极高转速和环境恶劣的场合，现在交流调速发挥了作用；原来使用交流传动但不调速的领域，通过采用交流调速传动，大大节约了能源。目前，交流调速已遍及国民经济各部门的传动领域。

(1) 冶金机械

主要用于轧钢机主传动和高炉热风炉鼓风机等。众所周知，轧钢机主传动是高性能电器传动系统，有的要求大容量、低转速、过载能力强，有的要求速度控制精度高等，过去一直是直流调速独领风骚，现在正为交-交变频调速所取代。

(2) 电气牵引

主要用于电气机车、电动汽车等。电动汽车无需消耗汽油，更不排放废气，噪声又小，目前世界各国竞相开发，美国有的州从1998年开始强制性将2%的燃油汽车改为电动汽车。

(3) 数控机床

主轴传动、进给传动均采用交流传动，主轴传动要求调速范围宽、静差率小；伺服进给系统要求输出转矩大、动态响应好、定位精度高，都正在用异步电动机或同步电动机取代直流电动机。

(4) 矿井提升机械

为保证在较高速度下的安全运行，要求具备优良的调速性能和位置控制能力，以获得平稳、安全的制动运行，消除失控现象，提高可靠性。

(5) 起重、装卸机械

如港口机械要求适应露天操作的具有盐雾、尘土且温差变化大的恶劣环境，并能频繁、迅速启动与调速。

(6) 原子能及化工设备

使用条件恶劣又要求有较大调速范围。

(7) 建筑电气设备

用于空调系统、电梯传动及供水系统等。

(8) 纺织、食品机械

如纺丝卷绕机、肉类搅拌机等。

复习思考题

1. 异步电动机有何优点?
2. 异步电动机有哪几种调速方法?
3. 变频调速有哪些基本要求?
4. 交-直-交和交-交变频器各有何特点?
5. 试述各种变频调速的基本原理。
6. 同步电动机变频调速方法有哪两种？有何不同?
7. 交流调速适用于哪些领域?

第2章　变频调速技术

2.1　交-直-交变频器的基本电路

交-直-交变频器为交-直-交变频调速系统提供变频电源。交-直-交变频器的基本电路包括整流电路和逆变电路，整流电路将工频交流电整流成直流电，逆变电路再将直流电逆变成频率可调的三相交流电。逆变是整流变换的逆过程，其核心部分为逆变器。

随着微电子技术与电力电子技术的迅速发展，逆变技术也从通过直流电动机-交流发电机的旋转方式逆变技术发展到20世纪60、70年代的晶闸管逆变技术，而21世纪的逆变技术多数采用了MOSFET、IGBT、GTO、IGCT、MCT等多种先进且易于控制的功率器件，控制电路也从模拟集成电路发展到单片机控制，甚至采用数字信号处理器（DSP）控制，其应用领域也达到了前所未有的广阔，从毫瓦级的液晶背光板逆变电路到百兆瓦级的高压直流输电换流站；从日常生活的变频空调、变频冰箱到航空领域的机载设备；从使用常规化能源的火力发电设备到使用可再生能源发电的太阳能风力发电设备，都少不了逆变电源。

变频器的分类方法有多种，按照主电路工作方式分类，可以分为电压型变频器和电流型变频器；按照开关方式分类，可以分为PAM控制变频器、PWM控制变频器和高载频PWM控制变频器；按照工作原理分类，可以分为U/f控制变频器、转差频率控制变频器和矢量控制变频器等；按照用途分类，可以分为通用变频器、高性能专用变频器、高频变频器、单相变频器和三相变频器等。

2.1.1　交-直-交电压型变频器

交-直-交电压型变频器的构成如图2-1所示。其中，逆变器是其核心，下面介绍逆变器部分电路工作原理。

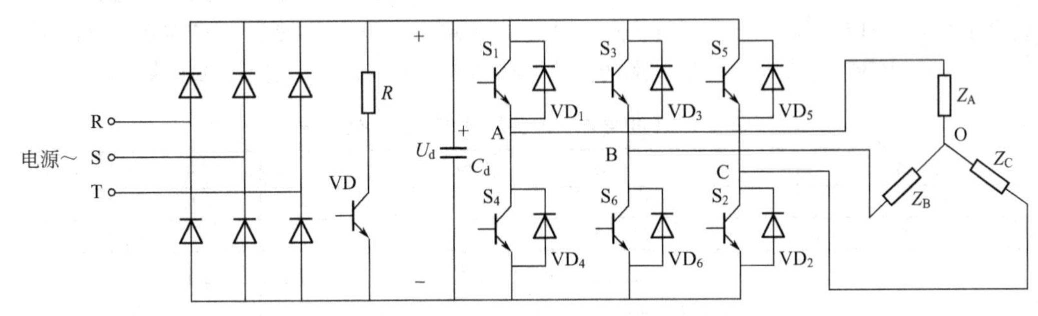

图2-1　交-直-交电压型变频器主电路

1. 电压型逆变器的基本电路

三相电压型逆变器的基本电路如图2-2所示，图中，直流电源并联有大容量滤波电容器C_d。由于存在这个大电容，直流输出电压具有电压源特性，内阻很小。这使逆变器的交流输出电压被钳位为矩形波，与负载性质无关。交流输出电流的波形与相位则由负载功率因数决定。在异步电动机变频调速系统中，这个大电容同时又是缓冲负载无功功率的储能元件。直流回路电感 L_d 起限流作用，电感量很小。

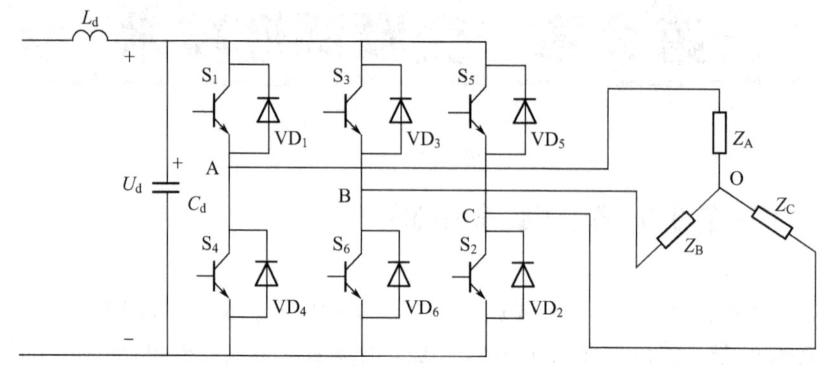

图 2-2 三相电压型逆变器的基本电路

三相逆变电路由六只具有单向导电性的功率半开关 S_1～S_6 组成。每只功率开关上反并联一只续流二极管，为负载的滞后电流提供一条反馈到电源的通路。S_1～S_6 是开关频率较低的开关器件，一般适宜作 0～400Hz 方波逆变。与其反并联的续流二极管可采用普通整流二极管。六只功率开关每隔 60°电角度触发导通一只，相邻两相的功率开关触发导通时间互差 120°，一个周期共换相六次，对应有六个不同的工作状态（又称六拍）。根据功率开关的导通持续时间不同，可以分为 180°导电型和 120°导电型两种工作方式。

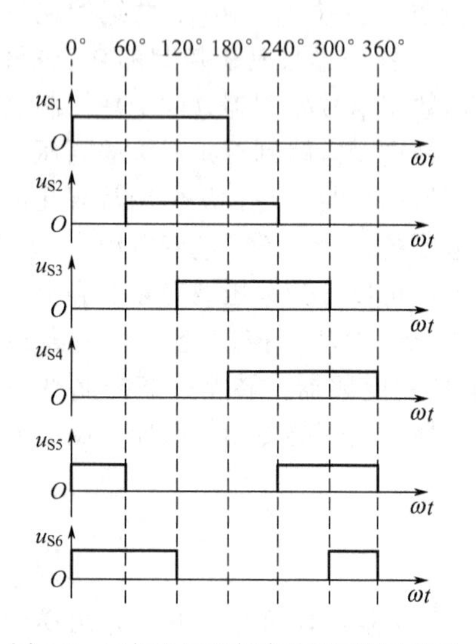

图 2-3 三相电压型方波逆变器驱动波形

现以 180°导电型为例，说明逆变器的输出电压波形。180°导电型各功率元件驱动脉冲波形如图 2-3 所示。由图可见，逆变桥中三个桥臂上部和下部开关元件以 180°间隔交替开通和关断，每只功率开关导通时间皆为 180°。当按 S_1～S_6 的顺序以 60°的相位差依次开通和关断时，每个工作状态下都有三只功率开关同时导通，其中，每个桥臂上都有一只导通，形成三相负载同时通电，导通规律如表 2-1 所示。在逆变器输出端形成 A、B、C 三相电压。逆变输出电压波形与电路接法和导电类型有关，但不受负载影响。

表 2-1 180°导电型逆变器功率开关导通规律

状　态	S_1	S_2	S_3	S_4	S_5	S_6
状态 1(0～60°)	+				+	+
状态 2(60°～120°)	+	+				+
状态 3(120°～180°)	+	+	+			
状态 4(180°～240°)		+	+	+		
状态 5(240°～300°)			+	+	+	
状态 6(300°～360°)				+	+	+

设负载为星形连接的三相对称负载，即 $Z_A=Z_B=Z_C=Z$，假定逆变器的换相为瞬间完成，并忽略功率开关上的管压降，以状态 1 为例，此时功率开关 S_1、S_5、S_6 导通，其等效

电路如图 2-4 所示。

由图 2-4 可求得负载相电压

$$u_{AO}=u_{CO}=U_d\frac{\dfrac{Z_AZ_C}{Z_A+Z_C}}{Z_B+\dfrac{Z_AZ_C}{Z_A+Z_C}}=\frac{1}{3}U_d$$

$$u_{BO}=-U_d\frac{Z_B}{Z_B+\dfrac{Z_AZ_C}{Z_A+Z_C}}=-\frac{2}{3}U_d$$

同理可求得其他状态下的等效电路并计算出相应的输出电压瞬时值，如表 2-2 所示。

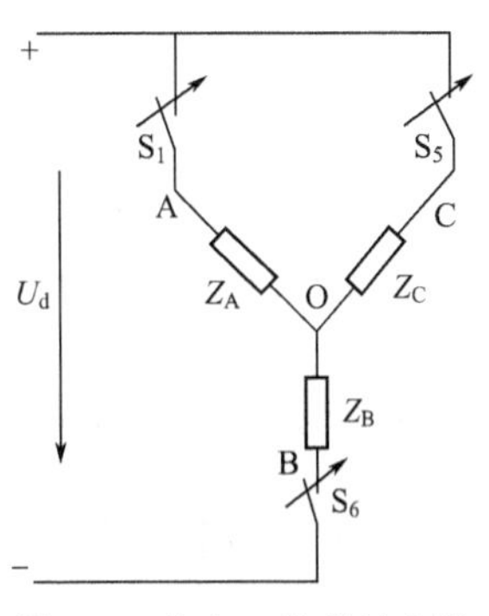

图 2-4 状态 1 的等效电路

表 2-2 负载为Y接时各个工作状态下的输出电压

输出电压		状态 1	状态 2	状态 3	状态 4	状态 5	状态 6
相电压	u_{AO}	$U_d/3$	$2U_d/3$	$U_d/3$	$-U_d/3$	$-2U_d/3$	$-U_d/3$
	u_{BO}	$-2U_d/3$	$-U_d/3$	$U_d/3$	$2U_d/3$	$U_d/3$	$-U_d/3$
	u_{CO}	$U_d/3$	$-U_d/3$	$-2U_d/3$	$-U_d/3$	$U_d/3$	$U_d/3$
线电压	u_{AB}	U_d	U_d	0	$-U_d$	$-U_d$	0
	u_{BC}	$-U_d$	0	U_d	U_d	0	$-U_d$
	u_{CA}	0	$-U_d$	$-U_d$	0	U_d	U_d

负载线电压可按下式求得

$$u_{AB}=u_{AO}-u_{BO}$$

$$u_{BC}=u_{BO}-u_{CO}$$

$$u_{CA}=u_{CO}-u_{AO}$$

将上述各状态下对应的相电压、线电压画出，即可得到 180°导电型的三相电压型逆变器的输出电压波形，如图 2-5 所示。

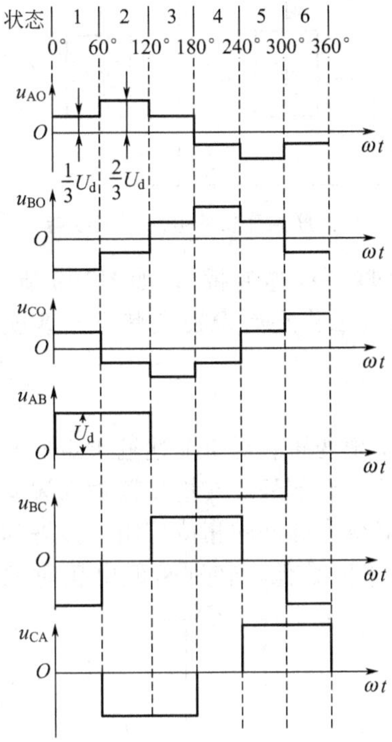

图 2-5 三相电压型逆变器的输出电压波形（180°导电型）

由波形图可见，逆变器输出为三相交流电压，各相之间互差 120°，三相对称，相电压为阶梯波，线电压为方波（矩形波）。输出电压的交变频率取决于逆变器开关元件的切换频率。

选择适当的坐标原点，对输出电压波形进行谐波分析，可以展开成如下的傅氏级数。对相电压（阶梯波），有

$$u_{AO}=\frac{2U_d}{\pi}\left(\sin\omega t+\frac{1}{5}\sin5\omega t+\frac{1}{7}\sin7\omega t+\frac{1}{11}\sin11\omega t+\cdots\right) \tag{2-1}$$

对线电压（矩形波），有

$$u_{AB}=\frac{2\sqrt{3}U_d}{\pi}\left(\sin\omega t-\frac{1}{5}\sin5\omega t-\frac{1}{7}\sin7\omega t+\frac{1}{11}\sin11\omega t+\cdots\right) \tag{2-2}$$

线电压基波有效值 U_1 与直流电压 U_d 的关系为

$$U_1=\frac{\sqrt{6}}{\pi}U_d$$

上述傅氏级数表明：输出线电压和相电压中都存在着 $6k\pm1$ 次谐波，特别是较大的 5 次和 7 次谐波，对负载电动机的运行十分不利。

2. 电压型变频器及电压调节方式

（1）电压型变频器

最简单的电压型变频器由可控整流器和电压型逆变器组成，用可控整流器调压、逆变器调频，如图 2-6 所示。图中，逆变电路使用的功率开关为晶闸管。由图可知，因中间直流电路并联着大电容 C_d，直流极性无法改变。这就是说，从可控整流器到 C_d 之间的直流电流 I_d 的方向和直流电压 U_d 的极性不能改变。因此，功率只能从交流电网输送到直流电路，反之不行。这种变频器由于能量只能单方向传送，不能适应再生制动运行，应用场所受到限制。

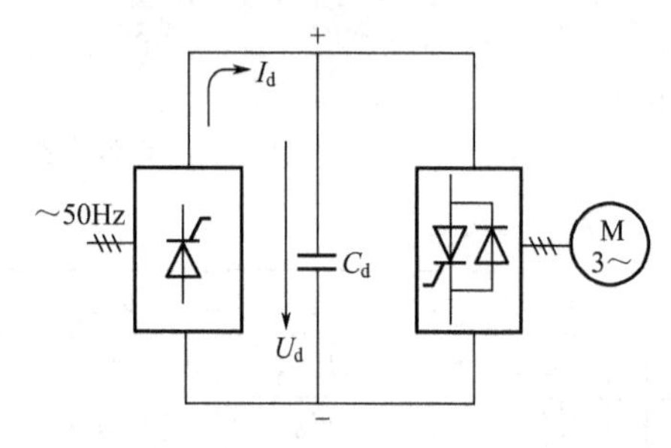

图 2-6　无再生制动功能的电压型变频器

为适应再生制动运行，可在图 2-6 电路的基础上增加附加电路。一种方法是在中间直流电路中设法将再生能量处理掉，即在电容 C_d 的两端并联一条由耗能电阻 R 与功率开关（可以是晶闸管或自关断器件）相串联的电路，如图 2-7 所示。当再生电能经逆变器的续流二极管反馈到直流电路时，电容电压将升高，触发导通与耗能电阻串联的功率开关，再生能量便消耗在电阻上，此法适用于小容量系统。

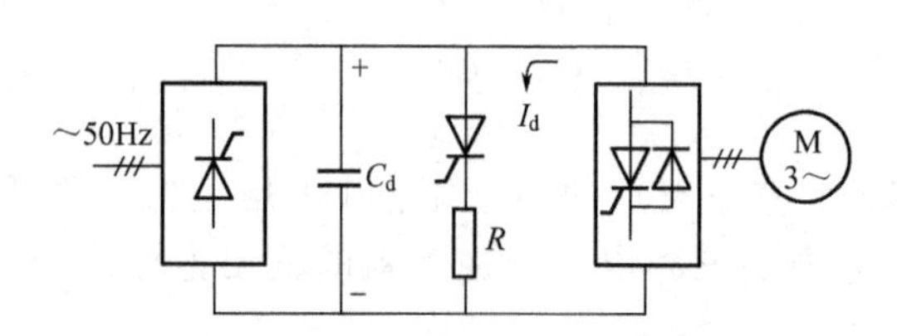

图 2-7　并联耗能电阻的电压型变频器

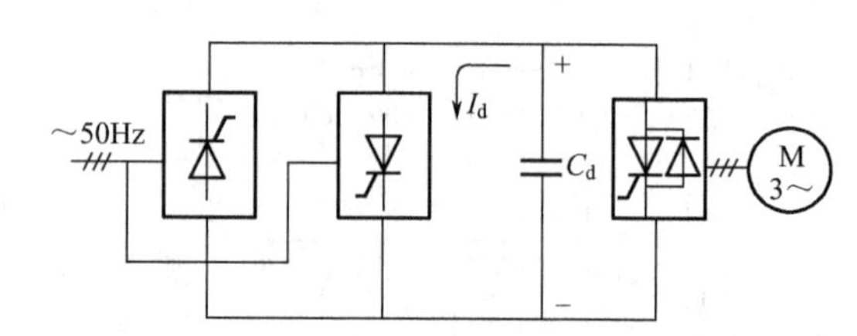

图 2-8　反并联逆变桥的电压型变频器

另一种方法是在整流电路中设置再生反馈通路（反并联一组逆变桥），如图 2-8 所示，此时，U_d 的极性仍然不变，但 I_d 可以借助反并联三相桥（工作在有源逆变状态）改变方向，使再生电能回馈到交流电网，此法可用于大容量系统。

（2）电压调节方式

为适应变频调速的需要，变频电源必须在变频的同时实现变压。对于前述输出矩形波的变频器而言，除了在逆变器输出端利用变压器进行调压或移相调节外，在逆变器输入端调节电压主要有两种方式，一种是采用可控整流器整流，通过对触发脉冲的相位控制直接得到可调直流电压，如图 2-6 所示。此法电路简单，但电网侧功率因数低，特别是低电压时尤为严重。

另一种是采用不控整流器整流，在直流环节增加斩波器，以实现调压，如图2-9 所示。此法由于使用不控整流器，电网侧的功率因数得到明显改善。

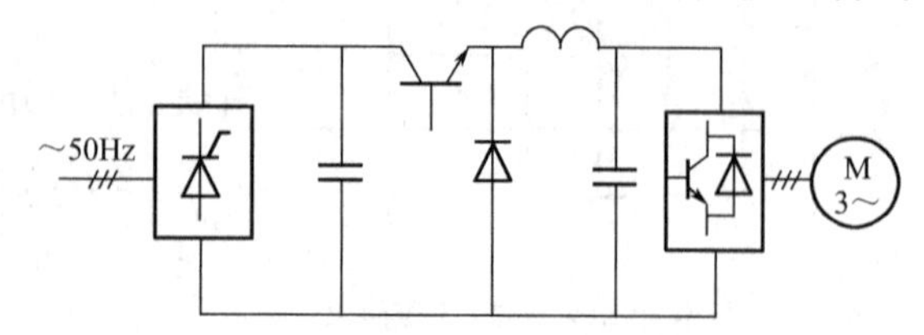

图 2-9　利用斩波器调压的变频器

以上两种方法都是通过调节逆变器输

入端的直流电压来改变逆变器输出电压的幅值的，又称为脉幅调制（Pulse Amplitudel Modulation，PAM）。此时，逆变器本身只调节输出电压的交变频率，调压和调频分别由两个环节来完成。

3. 串联电感式电压型变频器

按照逆变器的工作原理，表 2-1 已经表示出功率开关的导通规律：逆变器中的电流必须从一只功率开关准确转移到另一只功率开关中去，这个过程称为换相。当功率开关采用全控型器件时，由于器件本身具有自关断能力，主电路原理图与图 2-2 所示基本电路完全相同。如果采用晶闸管，由于这种半控型器件不具备自关断能力，用于异步电动机变频调速系统这种感性负载时，必须增加专门的换相电路进行强迫换相，即通过换相电路对晶闸管施加反压，使其关断。采用的换相电路不同，逆变器的主电路也不同，图 2-10 示出了三相串联电感式电压型变频器的主电路。

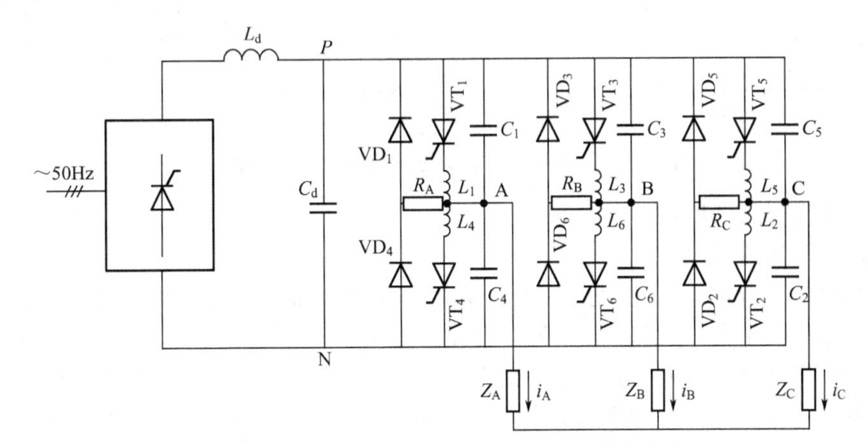

图 2-10　三相串联电感式电压型变频器的主电路

图 2-10 中，C_d、L_d 构成中间滤波环节，通常 L_d 很小，C_d 很大。晶闸管 $VT_1 \sim VT_6$ 作为功率开关取代了图 2-2 中的 $S_1 \sim S_6$。$L_1 \sim L_6$ 为换相电感，位于同一桥臂上的两个换相电感是紧密耦合的，串联在两个主晶闸管之间，因而称为串联电感式。$C_1 \sim C_6$ 为换相电容，$R_A \sim R_C$ 为环流衰减电阻。该电路属于 180°导电型，换相在同一桥臂的两个晶闸管之间进行，采用互补换相方式，即触发一个晶闸管去关断同一桥臂上的另一个晶闸管。

假定换相时间远小于逆变周期，认为换相过程中，负载电流 i_L 保持不变，并且 L、C 皆为理想元件，不计晶闸管触发导通时间及管压降，各元件上电压、电流正方向如图 2-11(a) 所示，以 A 相为例，分析由 VT_1 换相到 VT_4 的过程。

(1) 换相前的状态

换相前状态见图 2-11(a)。VT_1 稳定导通，负载电流 i_L 流经路线如图 2-11(a) 中虚线箭头所示。换相电容 C_4 充电至直流电源电压 U_d，同时导通的晶闸管为 VT_1、VT_3、VT_2（见图 2-10）。

(2) 换相阶段

换相阶段见图 2-11(b)。触发 VT_4，则 C_4 经 L_4 和 VT_4 组成的回路放电，将在 L_4 上感应出电势，两端电压为 U_d，极性上正（+）下负（−）。由于 L_1 和 L_4 为紧密耦合，且 $L_1 = L_4$，必然同时在 L_1 上感应出同样大小的电势，因此，$u_{XY} = u_{XN} = 2U_d$，于是 VT_1 承受反向电压 U_d 而关断，C_4 在经 L_4 放电的同时还通过 A 相、C 相负载放电，维持负载电流 i_L。因 VT_1 关断，C_1 开始充电，C_4 继续放电，并满足 $u_{C1} + u_{C4} = U_d$，至 $u_{C1} = u_{C4} = U_d/2$ 时，X 点电位降至 U_d，VT_1 不再承受反压。只要使 VT_1 承受反压时间 t_0 大于晶间管的关

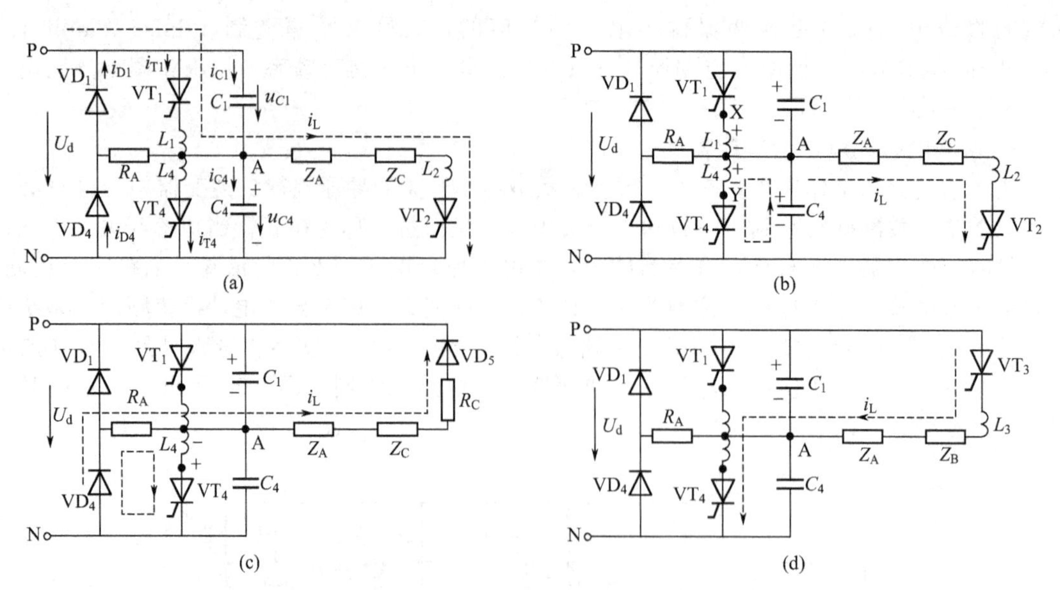

图 2-11　三相串联电感式电压型逆变器的换相过程

断时间 t_{off}，就能保证可靠换相。

（3）环流及反馈阶段

如图 2-11(c) 所示，C_4 放电结束时，$u_{C4}=0$，此时通过 VT_4 的电流 i_{T4} 达到最大值，随后开始下降，于是在 L_4 感应出电势，极性为上负（－）下正（＋），VD_4 因承受正向电压而导通，换相电感 L_4 中储存的电能经 VT_4、VD_4 形成环流，消耗在 R_A 上。与此同时，感性负载中的滞后电流仍维持原来方向，经由 VD_4 和 VD_5 反馈回电源。因而在一段时期中，环流与负载反馈电流在 VD_4 中并存。当环流衰减至零时，VT_4 将关断，VD_4 中仍继续流过负载反馈电流 i_L，直至 i_L 下降至零，VD_4 关断。

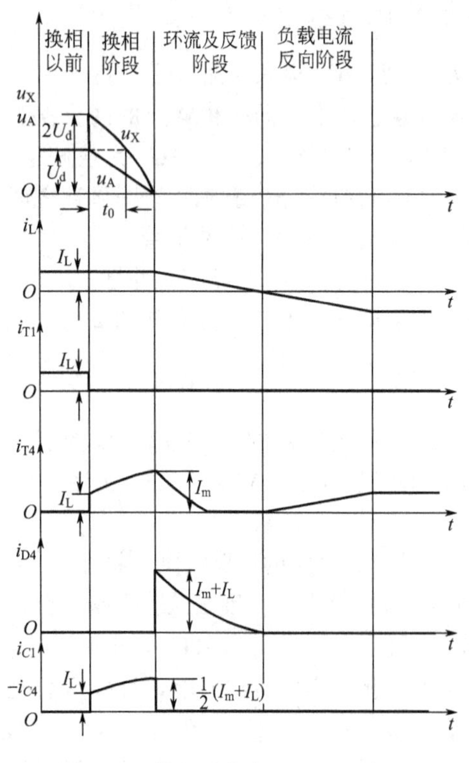

图 2-12　换相时的电压、电流波形

（4）负载电流反向阶段

如图 2-11(d) 所示，VD_4 关断，负载电流 i_L 过零。只要触发脉冲足够宽（大于 90°电角度），一度关断的 VT_4 将再次导通。一旦 VT_4 导通，负载电流立即反向，流经路线如图 2-11(d) 中虚线所示。同时导通的晶闸管为 VT_3、VT_4、VT_2（见图2-10）。整个换相过程结束。

各个阶段中主要元件的电压、电流波形如图 2-12 所示。

2.1.2　交-直-交电流型变频器

电压型变频器再生制动时必须接入附加电路，增加了麻烦，电流型变频器可以弥补上述不足，而且主电路结构简单、安全可靠，受到了重视。

1. 电流型逆变器的基本电路

三相电流型逆变器的基本电路如图 2-13 所

示。与电压型逆变器不同，直流电源上串联了大电感滤波。大电感的限流作用为逆变器提供的直流电流波形平直、脉动很小，具有电流源特性。这使逆变器输出的交流电流为矩形波，与负载性质无关，而输出的交流电压波形及相位随负载而变化。对变频调速系统而言，这个大电感同时又是缓冲负载无功能量的储能元件。

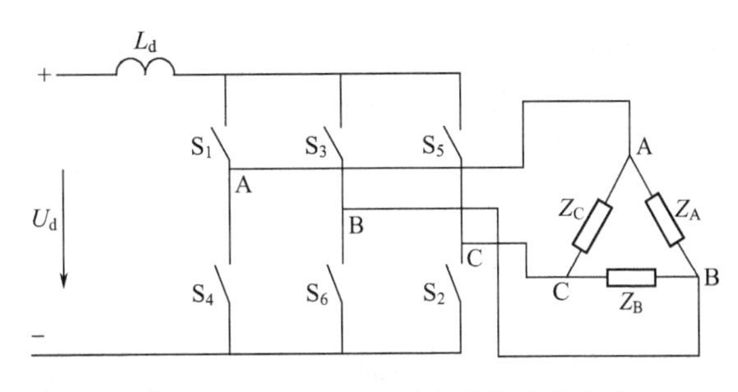

图 2-13　三相电流型逆变器的基本电路

逆变电路仍由六只功率开关 $S_1 \sim S_6$ 组成，但无需反并联续流二极管，因为在电流型变频器中，电流方向无需改变。电流型逆变器一般采用 120°导电型，即每只功率开关导通时间为 120°。每个周期换相六次，共六个工作状态，每个状态共阳极组和共阴极组各有一只功率开关导通，换相在相邻的桥臂中进行。当按 $S_1 \sim S_6$ 的顺序导通时，导通规律如表 2-3 所示。

表 2-3　120°导电型逆变器功率开关导通规律

状　态	S_1	S_2	S_3	S_4	S_5	S_6
状态 1(0～60°)	+					+
状态 2(60°～120°)	+	+				
状态 3(120°～180°)		+	+			
状态 4(180°～240°)			+	+		
状态 5(240°～300°)				+	+	
状态 6(300°～360°)					+	+

下面分析电流型逆变器的输出电流波形。假定滤波电感 L_d 足够大，直流电流平直，设三相负载为△接，各相阻抗对称 $Z_A = Z_B = Z_C = Z$，功率开关为理想元件，以状态 1 为例，此时 S_1 和 S_6 导通，△接负载的端点 C 悬空，三相负载同时通电，其等效电路如图 2-14 所示。

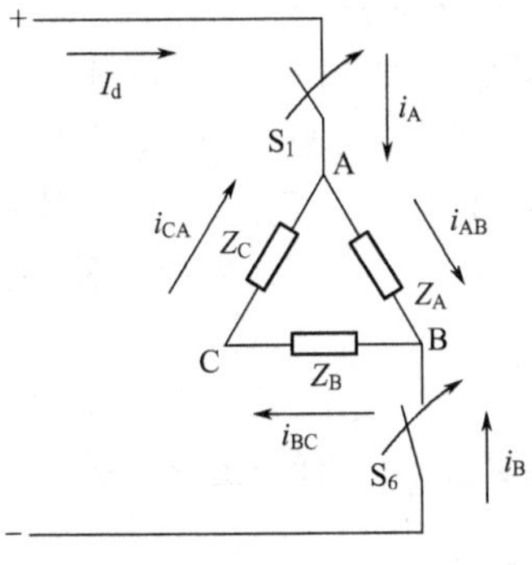

图 2-14　状态 1 的等效电路

相电流为

$$i_{AB} = \frac{Z_B + Z_C}{Z_A + (Z_B + Z_C)} I_d = \frac{2}{3} I_d \tag{2-3}$$

$$i_{BC} = i_{CA} = -\frac{Z_A}{Z_A + (Z_B + Z_C)} I_d = -\frac{1}{3} I_d \tag{2-4}$$

线电流可直接写出或由相电流求出

$$i_A = I_d$$

$$i_B = -I_d$$

$$i_C = 0$$

同理可求得其他状态下的线电流及相电流，如表 2-4 所示。

表 2-4　负载为△接时各个工作状态下的输出电流

输出电流		状态 1	状态 2	状态 3	状态 4	状态 5	状态 6
线电流	i_{AO}	I_d	I_d	0	$-I_d$	$-I_d$	0
	i_{BO}	$-I_d$	0	I_d	I_d	0	$-I_d$
	i_{CO}	0	$-I_d$	$-I_d$	0	I_d	I_d

续表

输出电流		状态 1	状态 2	状态 3	状态 4	状态 5	状态 6
相电流	i_{AB}	$2I_d/3$	$I_d/3$	$-I_d/3$	$-2I_d/3$	$-I_d/3$	$I_d/3$
	i_{BC}	$-I_d/3$	$I_d/3$	$2I_d/3$	$I_d/3$	$-I_d/3$	$-2I_d/3$
	i_{CA}	$-I_d/3$	$-2I_d/3$	$-I_d/3$	$I_d/3$	$2I_d/3$	$I_d/3$

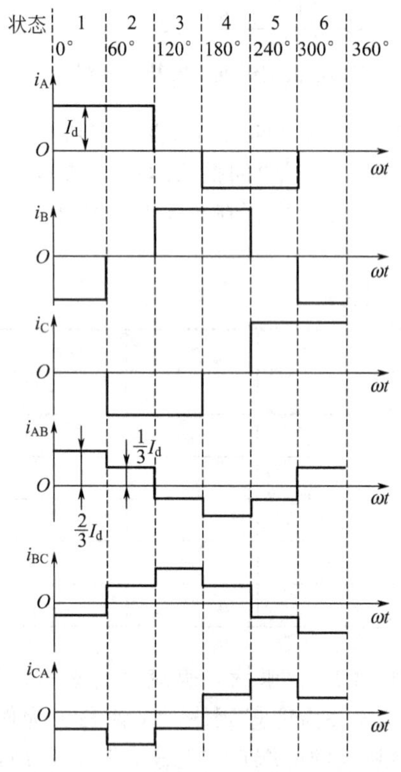

图 2-15　三相电流型逆变器的输出电流波形（120°导电型）

按照表 2-4 可画出负载为△接 120°导电型的三相电流型逆变器的输出电流波形，如图 2-15 所示，由图可知，此时线电流为矩形波。相电流为阶梯波，三相对称。如果负载为Y接，则相电流也为矩形波，与线电流完全相同。

对输出电流波形进行谐波分析，展成傅氏级数，对相电流（阶梯波），有

$$i_{AB}=\frac{2I_d}{\pi}\left(\sin\omega t+\frac{1}{5}\sin5\omega t+\frac{1}{7}\sin7\omega t+\frac{1}{11}\sin11\omega t+\cdots\right) \tag{2-5}$$

对线电流（矩形波），有

$$i_A=\frac{2\sqrt{3}I_d}{\pi}\left(\sin\omega t-\frac{1}{5}\sin5\omega t-\frac{1}{7}\sin7\omega t+\frac{1}{11}\sin11\omega t+\cdots\right) \tag{2-6}$$

基波分量的有效值为

$$I_1=\frac{\sqrt{6}}{\pi}I_d$$

以上分析表明：输出线电流和相电流中都存在 $6k\pm1$ 次谐波。

2. 电流型变频器的再生制动运行

电流型变频器无需附加任何设备即可实现负载电动机的四象限运行。当电动机处于电动状态时[见图2-16(a)]，整流器工作于整流状态，逆变器工作于逆变状态。此时，整流器的控制角 $0°<\alpha<90°$，$U_d>0$。流电路的极性为上正（+）下负（−），电流从整流器的正极流出进入逆变器，能量便从电网输送到电动机。

电动机再生制动状态见图 2-16(b)。可以调节整流器的控制角，使 $0°<\alpha<180°$，$U_d<0$，直流电路的极性立即变为上负（−）下正（+）。此时，整流器工作在有源逆变状态，逆变

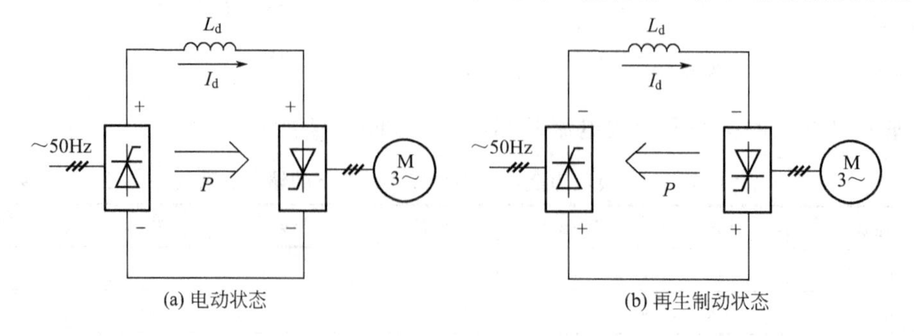

图 2-16　电流型变频器的电动状态与再生制动状态

器工作在整流状态。由于半导体功率开关的单向导电性，电流 I_d 的方向保持不变，再生电能由电动机回馈到交流电网。

3. 串联二极管式电流型变频器

当功率开关采用晶闸管时，必须在图 2-13 示出的基本电路中增加换相电路。电流型变频器的换相电路也有许多形式，图 2-17 示出了三相串联二极管式电流型变频器的主电路。

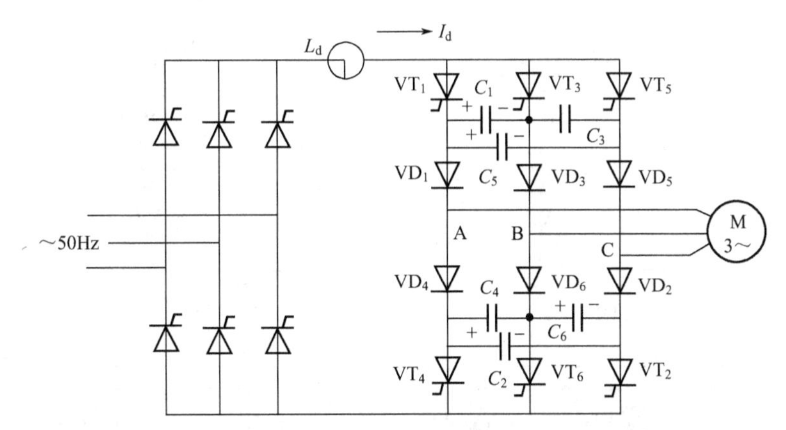

图 2-17　三相串联二极管式电流型变频器的主电路

图 2-17 中，晶闸管 VT_1 ～ VT_6 取代了图 2-13 中的功率开关 S_1 ～ S_6；C_1 ～ C_6 为换相电容；VD_1 ～ VD_6 为隔离二极管，其作用是使换相电容器与负载隔离，防止电容充电电荷的损失，更为有效地发挥电容的换相能力。该电路为 120°导电型，换相在相邻的桥臂中进行。

现以Y接电动机作为负载，忽略电动机铁损耗及定子电阻，假定电动机反电势在换相过程中保持不变，并且直流电流 I_d 恒定，以 VT_1 换相到 VT_3 为例说明换相过程。

（1）换相前的状态

如图 2-18(a) 所示，VT_1 及 VT_2 稳定导通，负载电流 I_d 沿着图中虚线所示路径流通，因电动机为Y接，只有 A 相和 C 相绕组通电，而 B 相不通电，即 $i_A=I_d$，$i_B=0$，$i_C=-I_d$。换相电容 C_1 及 C_5（见图 2-17）被充电至最大值 U_{CO}，极性都是左正（+）右负（－），C_3 上电荷为零。实际上，跨接在 VT_1 与 VT_3 之间的电容应为 C_5 与 C_3 串联后再与 C_1 并联的等效电容（在图 2-18 中，等效电容用 C 表示）。

（2）晶间管换相及恒流充电阶段

如图 2-18(b) 所示，触发导通 VT_3，则 C 上的电压立即反向加到 VT_1 两端，使 VT_1 瞬间关断。I_d 流经路线以虚线标出，等效电容 C 先放电至零，再恒流充电，极性改变为右正（+）左负（－）。VT_1 在 VT_3 导通后到 C 放电至零这段时间（t_0）内一直承受反压。只要 t_0 大于晶闸管关断时间 t_{off}，就能保证可靠关断。当 C 上的充电电压将要超过负载电压 U_{AB} 时，二极管 VD_3 将承受正向电压而导通，恒流充电结束。

（3）二极管换相阶段

如图 2-18(c) 所示，VD_3 导通后开始分流。此时，电流 I_d 逐渐由 VD_1（A 相）向 VD_3（B 相）转移，满足 $i_A+i_B=I_d$，i_A 逐渐减少，i_B 逐渐增加，当 I_d 全部转移到 VD_3 时，VD_1 关断。

4. 换相后的状态

如图 2-18(d) 所示，负载电流 I_d 流经路线以虚线所示，此时 B 相和 C 相绕组通电，A 相不通电，$i_A=0$，$i_B=I_d$，$i_C=-I_d$。换相电容的极性保持右正（+）左负（－），为下次换相做好准备。

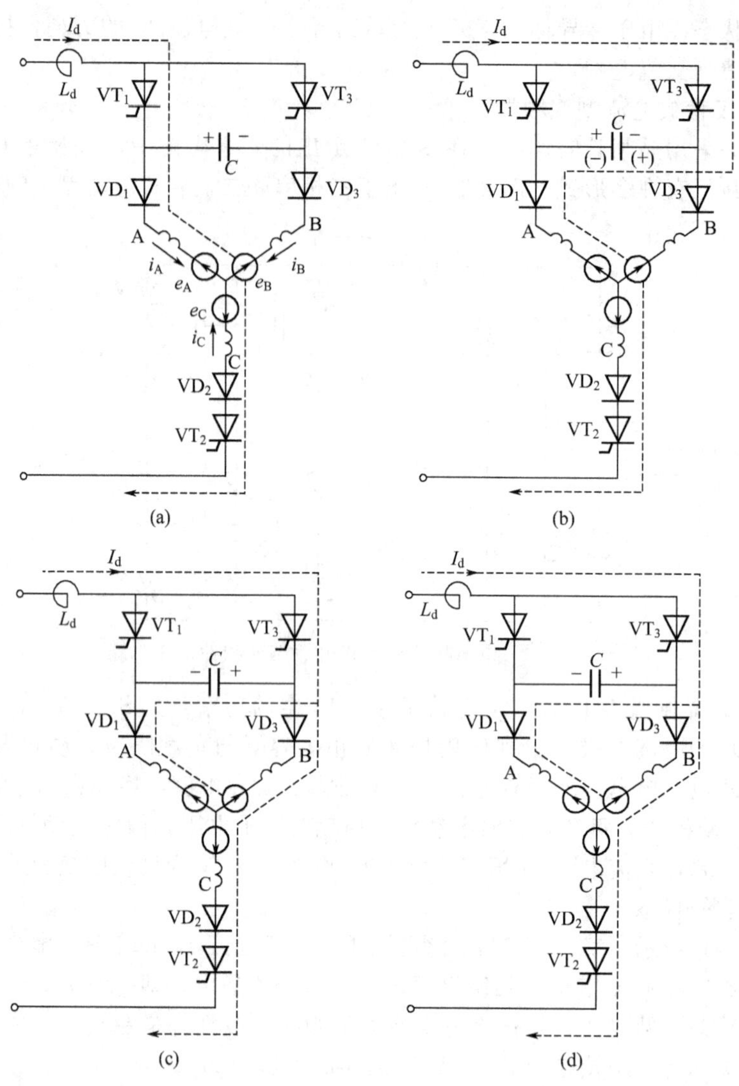

图 2-18　三相串联二极管式电流型逆变器的换相过程

由上述换相过程可知：当负载电流增加时，换相电容充电电压将随之上升，这使换相能力增加。因此，在电源和负载变化时，逆变器工作稳定。但是，由于换相包含了负载的因素，如果控制不好，也可能导致不稳定。

电压型变频器和电流型变频器的区别仅在于中间直流环节滤波器的形式不同，但是这样一来却造成两类变频器在性能上相当大的差异，如表 2-5 所示。

表 2-5　电压型变频器与电流型变频器的性能比较

特点名称	电压型变频器	电流型变频器
储能元件	电容器	电抗器
输出波形的特点	电压波形为矩形波 电流波形为近似正弦波	电流波形为矩形波 电压波形为近似正弦波
回路构成上的特点	有反馈二极管 直流电源并联大容量电容(低阻抗电压源) 电动机四象限运转需要再生用变流器	无反馈二极管 直流电源串联大电感(高阻抗电流源) 电动机四象限运转容易
特性上的特点	负载短路时产生过电流 开环电动机也可能稳定运转	负载短路时能抑制过电流 开环电动机运转不稳定,需要反馈控制

2.2 脉宽调制型变频器

前面介绍的基本逆变器加上可控整流器构成的三相 6 脉波变频器还存在下述不足。

① 调频由逆变器完成，调压由可控整流器实现，两者之间需要协调配合，而且由于中间直流电路采用大惯性环节滤波，电压调节速度缓慢。

② 使用可控整流器，对电网产生谐波污染，网侧功率因数降低，电压和频率调得越低，功率因数越低。

③ 输出波形为矩形波或阶梯波，含有一系列的 $6k\pm1$ 次谐波。尽管可以通过多重连接来消除部分谐波，但要达到较为理想的波形，线路将相当复杂。

脉宽调制（Pulse Width Modulation，PWM）变频器较好地解决了上述问题。脉宽调制变频的设计思想源于通信系统中的载波调制技术，1964 年由德国科学家 Aschonumg 等率先提出并付诸实施。用这种技术构成的变频器基本上解决了常规阶梯波 PAM 变频器中存在的问题，为近代交流调速开辟了新的发展领域。目前，PWM 已成为现代变频器产品的主导设计思想。

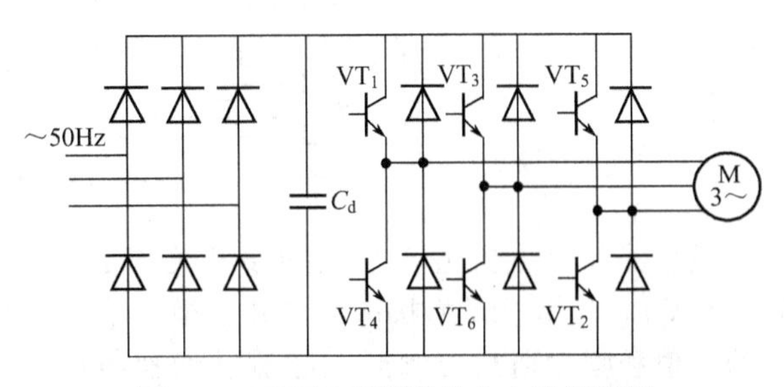

图 2-19　PWM 变频器的主电路原理图

PWM 变频器的主电路原理图如图 2-19 所示，由图 2-19 可知，该变频器的主电路由整流电路部分和逆变电路部分组成。整流电路完成将三相交流电转变为直流电。逆变电路部分再将恒定的直流电转变为电压和频率均可调的三相交流电，以驱动三相异步电动机负载。下面简单介绍一下 PWM 变频器各部分电路工作原理。

2.2.1 交-直部分

PWM 变频器的整流部分采用的是不可控整流桥，它的输出电压经电容滤波（附加小电感限流）后形成不可调的恒定的直流电压 u_d，其主电路如图 2-20 所示。

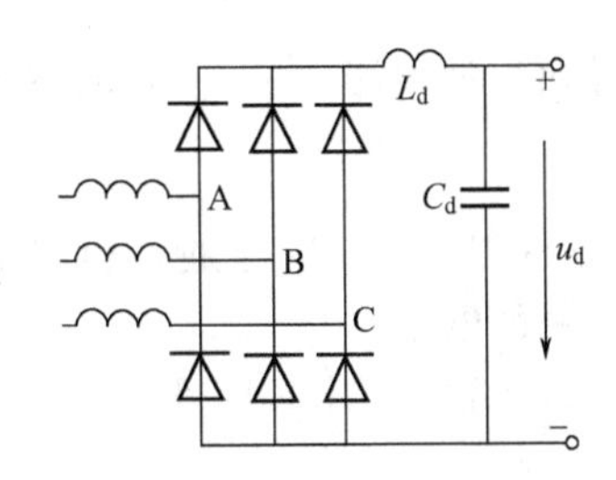

图 2-20　PWM 变频器交-直部分主电路

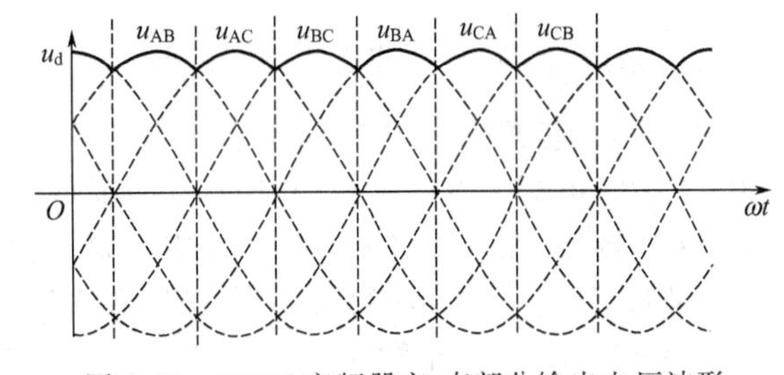

图 2-21　PWM 变频器交-直部分输出电压波形

交-直部分电路的工作原理与普通的三相不可控整流电路的工作原理完全相同，在这里就不再赘述，其输出电压的波形如图 2-21 所示。

2.2.2 直-交部分

PWM 变频器的直-交部分也是逆变电路部分，这是 PWM 变频器的核心部分。逆变电路部分的主体是六只功率开关器件构成的基本逆变电路。PWM 变频器逆变主电路与基本逆变电路的区别在于PWM控制技术（详见第3章）。当采用PWM方法控制逆变器功率开关的通、断时，可获得一组等幅而不等宽的矩形脉冲，改变矩形脉冲的宽度可以改变输出电压幅值，改变调制周期可以改变输出频率。这样，调压和调频同在逆变器内部完成，两者始终配合一致，而且与中间直流环节无关，因而加快了调节速度，改善了动态性能。采用PWM逆变器能够抑制或消除低次谐波，加上使用自关断器件，开关频率的大幅度提高，输出波形可非常逼近正弦波。三相桥式PWM逆变电路的主电路如图2-22所示。

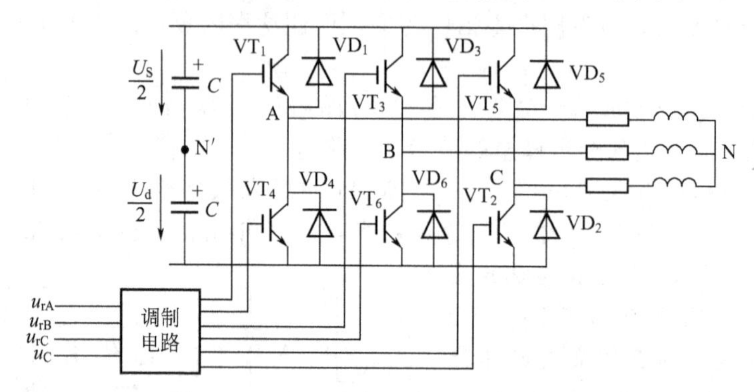

图2-22　PWM变频器直-交部分主电路

逆变器部分主要由6个大功率开关$VT_1 \sim VT_6$和6个续流二极管$VD_1 \sim VD_6$组成。$VT_1 \sim VT_6$工作于开关状态，其开关模式取决于供给基极的PWM控制信号，输出交流电压的幅值和频率通过控制开关脉宽和切换点时间来调节。$VD_1 \sim VD_6$用来提供续流回路，以A相负载为例，当VT_1突然关断时，A相负载电流靠VD_2续流，而当VT_2突然关断时，A相负载又靠VD_1续流，A、C两相续流原理同上。由于整流电源是二极管整流器，能量不能向电网回馈，因此，当电动机突然停车时，电动机轴上的机械能将转化为电能，通过$VD_1 \sim VD_6$的整流流向电容C_d，储存在滤波电容C_d中。为了避免由于C_d储存能量使泵升电压过高，损坏开关器件，一般会在逆变器的主回路中设置泵升电压限制电路。

三相PWM逆变器控制公用三角波载波为u_C，三相的调制信号u_{rA}、u_{rB}和u_{rC}依次相差120°。

当$u_{rA} > u_C$时，给VT_1导通信号，给VT_4关断信号，$u'_{AN} = \frac{U_d}{2}$；当$u_{rA} < u_C$时，给VT_4导通信号，给VT_1关断信号，$u'_{AN} = -\frac{U_d}{2}$。同理可以得到其他两相u'_{AN}、u'_{BN}的波形图和输出线电压的波形，如图2-23所示。

由图2-23可知，当给VT_1（VT_4）加导通信号时，可能是VT_1（VT_4）导通，也可能是VD_1（VD_4）导通。u'_{AN}、u'_{BN}、u'_{CN}的PWM波形只有$\pm U_d/2$两种电平。

u_{AB}波形可由$u'_{AN} - u'_{BN}$得出，当VT_1和VT_6导通时，$u_{AB} = U_d$；当VT_3和VT_4导通时，$u_{AB} = -U_d$；当VT_1和VT_3或VT_4和VT_6导通时，$u_{AB} = 0$。

输出线电压PWM波由$\pm U_d$和0共3种电平构成；负载相电压PWM波由（$\pm 2/3$）U_d、（$\pm 1/3$）U_d和0共5种电平组成。

若逆变器输出端需要升高电压，增大正弦波相对三角波的幅度即可。这时，逆变器输出的矩形脉冲电压的幅值不变而宽度相应增大，达到了调压的要求。通常，采用恒幅的三角波，用改变正弦波幅值的方法得到可调的逆变器输出电压值，因而常称三角波为三角调制波（或称为载波），称正弦波为正弦控制波。

当逆变器输出端需要变频时，只要改变正弦控制波的频率就可以了。在实际系统中，由

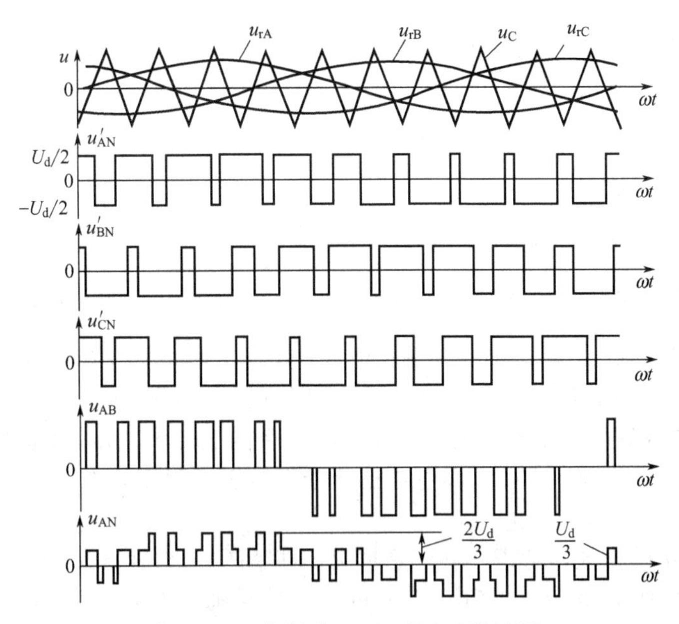

图 2-23　三相桥式 PWM 逆变电路波形

于异步电动机恒转矩控制的需要，在调频时也需要调压。因此，正弦控制波的频率与幅值往往是同时改变的。

目前，PWM 技术被广泛应用于电气传动、不间断电源和有源滤波器等，正在得到越来越深入的研究，已经不限于逆变技术，也覆盖了整流技术。在整流电路中采用自关断器件，进行 PWM 控制，可使电网侧的输入电流接近正弦波，并且功率因数达到 1，可望彻底解决对电网的污染问题。特别值得一提的是：由 PWM 整流器和 PWM 逆变器组成的电压型变频器（也称双 PWM 变流器）无需任何附加电路就可以允许能量双向传送，实现四象限运行。

2.3　谐振型变频器

PWM 逆变器动态响应快，输出波形好，并将继续向高频化发展。但它毕竟是一种在高电压、大电流状态下进行通、断转换的硬开关，开关损耗将随着频率的增加而迅速增加，特别是在大功率逆变器中，开关损耗已经成为制约开关频率提高的关键因素，并且，电磁干扰（EMI）也将随着高频化而变得突出起来。1986 年，美国威斯康星大学 DM. Divan 教授研制的谐振直流环节逆变器解决了上述问题。它利用谐振原理使 PWM 逆变器的开关元件在零电压或零电流下进行开关状态转换，即软开关技术。这样，器件的开关损耗几乎为零，也有效防止了电磁干扰，可以大大提高器件的工作频率，减少装置的体积、重量，同时又保持了 PWM 的优点，是一个发展方向。

2.3.1　谐振直流环节逆变器的基本原理

软开关技术发展很快，电路拓扑结构各式各样，本书只涉及适用于电机调速的拓扑形式，三相谐振直流环节逆变器的原理电路如图 2-24 所示。

图中，L_r、C_r 组成串联谐振电路，插在直流输入电压和 PWM 逆变器之间，为逆变器提供周期性过零电压，使得每一个桥臂上的功率开关都可以在零电压（$u_C=0$）下开通或关断。为便于说明基本概念，将图 2-24 所示系统在每一个谐振周期中对应的等效电路简化为图 2-25 所示。

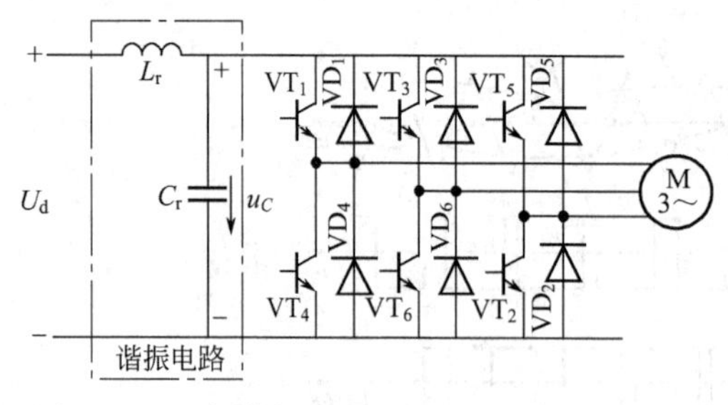

图 2-24　三相谐振直流环节逆变器的原理电路

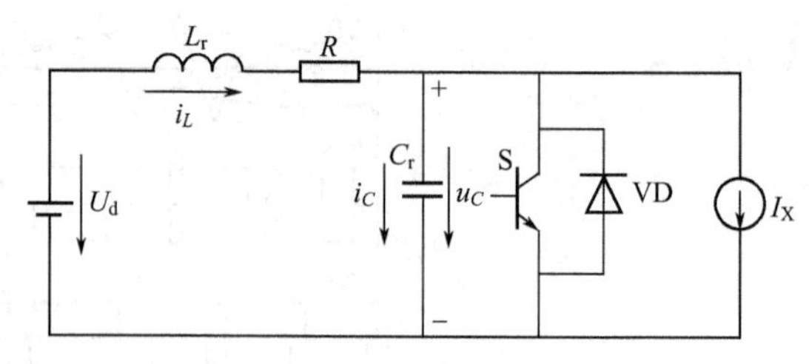

图 2-25　每个谐振周期对应的等效电路

图 2-25 中，L_r、C_r 为谐振电感和谐振电容，R 为电感线圈中的电阻及线路电阻。谐振开关 S 及其反并联二极管代表一个桥臂上两个开关元件中的任一个。电路的负载以等效电流源 I_X 表示，I_X 的数值取决于各相电流。在 PWM 控制方式下，从一个周期转变到下一个周期，I_X 可以发生较大变化，但由于负载电感比谐振电感大得多，在一个谐振周期内，I_X 仍可看成是常数。

① 忽略电路中的损耗，考虑一种理想情况，即令图 2-25 中的 $R=0$。

当开关 S 导通时 u_C 为零，与其反并联的二极管导通，并将 u_C 钳位在 0。i_L 线性增长，电感储能增加。

当 i_L 增至 I_{L0} 时，S 在零电压下关断，此时电路方程为

$$u_C=U_d-L_r\frac{di_L}{dt} \tag{2-7}$$

$$C_r\frac{du_C}{dt}=i_L-I_X \tag{2-8}$$

以上两式整理得

$$\frac{d^2 i_L}{dt^2}+\omega_0^2 i_L=\omega_0^2 I_X \tag{2-9}$$

式中　ω_0——LC 电路的谐振角频率，$\omega_0=2\pi f_0=\dfrac{1}{\sqrt{L_r C_r}}$　(2-10)

解式(2-10) 并考虑初始条件：$t=0$ 时，$i_L=I_{L0}$，$u_C=U_{C0}=0$，于是得到

$$i_L=I_X+(I_{L0}-I_X)\cos\omega_0 t+\frac{U_d}{\omega_0 L_r}\sin\omega_0 t \tag{2-11}$$

$$u_C=U_d-U_d\cos\omega_0 t+\omega_0 L_r(I_{L0}-I_X)\sin\omega_0 t \tag{2-12}$$

如果有 $I_{L0}=I_X$，则有

$$i_L=I_X+\frac{U_d}{\omega_0 L_r}\sin\omega_0 t \tag{2-13}$$

$$u_C=U_d(1-\cos\omega_0 t) \tag{2-14}$$

电感电流 i_L 和电容电压 u_C 的波形如图 2-26(a) 所示。

由图 2-26 可知，在这种理想情况下，当 $\omega_0 t=0$ 时，$i_L=I_X=I_{L0}$，$u_C=0$，谐振一个周期，即 $\omega_0 t=2\pi$ 后，u_C 返回到零，i_L 返回到 I_X。这是因为电路中不存在任何损耗，处于无阻尼状态，一旦振荡开始，即使不再补充电感储能，谐振也能继续下去。由式(2-14) 可知，u_C 的峰值出现在 $\omega_0 t=\pi$ 时，$U_{Cm}=2U_d$。

② 考虑电路中的损耗，即 $R\neq 0$。当 $i_L=I_{L0}$，S 在零电压下关断时，对应的电路方程为

$$u_C=U_d-Ri_L-L_r\frac{di_L}{dt} \tag{2-15}$$

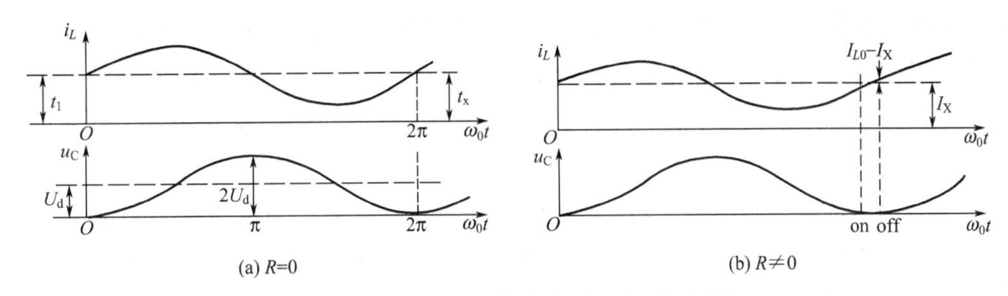

图 2-26　谐振直流环节的电流、电压波形图

$$C_r\frac{du_C}{dt}=i_L-I_X \tag{2-16}$$

将式(2-15) 代入式(2-16)，整理得

$$\frac{d^2i_L}{dt^2}+\frac{R}{L_r}\times\frac{di_L}{dt}+\omega_0^2i_L=\omega_0^2I_X \tag{2-17}$$

解方程并考虑到初始条件：$t=0$ 时，$i_L=I_{L0}$，$u_C=U_{C0}=0$。于是得到

$$i_L=I_X+e^{-\alpha t}(I_{L0}-I_X)\cos\omega t+\frac{2U_d-R(I_{L0}+I_X)}{2\omega L_r}\sin\omega t \tag{2-18}$$

$$u_C=U_d-I_XR+\left\{(I_XR-U_d)\cos\omega t+\left\{\frac{R}{2\omega L_r}\left[U_d-\frac{R(I_{L0}+I_X)}{2}\right]+\omega L_r(I_{L0}-I_X)\right\}\sin\omega t\right\} \tag{2-19}$$

$$\alpha=\frac{R}{2L_r} \tag{2-20}$$

$$\omega_0=\frac{1}{\sqrt{L_rC_r}} \tag{2-21}$$

$$\omega=\sqrt{\omega_0^2-\alpha^2} \tag{2-22}$$

为减少系统损耗，应使 R 尽可能小。因此，可以假定系统处于高度欠阻尼状态，即 $R\ll\omega L_r$，此时，式(2-18) 及式(2-19) 可近似为

$$i_L=I_X+e^{-\alpha t}\left[(I_{L0}-I_X)\cos\omega t+\frac{U_d}{\omega L_r}\sin\omega t\right] \tag{2-23}$$

$$u_C=U_d+e^{-\alpha t}\left[-U_d\cos\omega t+\omega L_r(I_{L0}-I_X)\sin\omega t\right] \tag{2-24}$$

波形如图 2-2(b) 所示。

由图 2-25 及图 2-26(b) 可知：如果 u_C能够回到零，与开关 S 反并联的二极管导通，并将 u_C钳位至零，可使 S 在零电压下导通，补充电感储能，允许 i_L线性增长，i_L 再次上升至 i_{L0}时，便在零电压下关断 S，又进入谐振。

那么，在谐振周期中，u_C是否能返回到零呢？这取决于谐振电感 L_r中是否储存了足够的能量。由式(2-24) 可知：u_C的数值与 $I_{L0}-I_X$的大小有关。当 $I_{L0}>I_X$时，可使 u_C为零。换句话说，开关 S 应当在电感储存了足够能量，即 $i_L>I_X$时关断，才能确保 u_C在下一个谐振周期中返回到零，实现开关元件在零电压下通断，见图 2-26(b)。然而，S 导通时间如果太长，即 i_L-I_X的数值过大，由式(2-24) 可知：谐振电容电压峰值 $U_{Cm}>2U_d$，且随着 i_L 的增加而增加，这将导致开关元件承受的电压增高。因此，需要有一个适当的控制策略：当 S 导通时，监视 i_L-I_X；当 i_L-I_X恰好在所期望的数值时关断 S。

2.3.2　谐振直流环节逆变电路举例

上述谐振直流环节逆变器的基本原理电路应用软开关技术解决了硬开关无法解决的问

题，几乎将器件开关损耗降低到零，提高了逆变器效率和开关频率，也避免了硬开关关断时的高$\frac{\mathrm{d}u}{\mathrm{d}t}$、$\frac{\mathrm{d}i}{\mathrm{d}t}$，因而无需使用缓冲电路，简化了主电路结构。但也存在下述问题。

① 逆变器开关元件承受的电压约为直流电源电压的 2～3 倍，必须使用耐压高的功率开关器件。

② 为实现零损耗，开关器件必须在零电压下通断，但这个零电压到来的时刻与 PWM 控制策略所确定的开关时刻难以一致，造成时间上的误差，导致输出谐波增加。因此，在这个基础上涌现出各种不同的电路拓扑结构。

1. 并联谐振直流环节逆变器

具有并联谐振电路的 DC 环节逆变器如图 2-27(a) 所示，等效电路见图 2-27(b)。

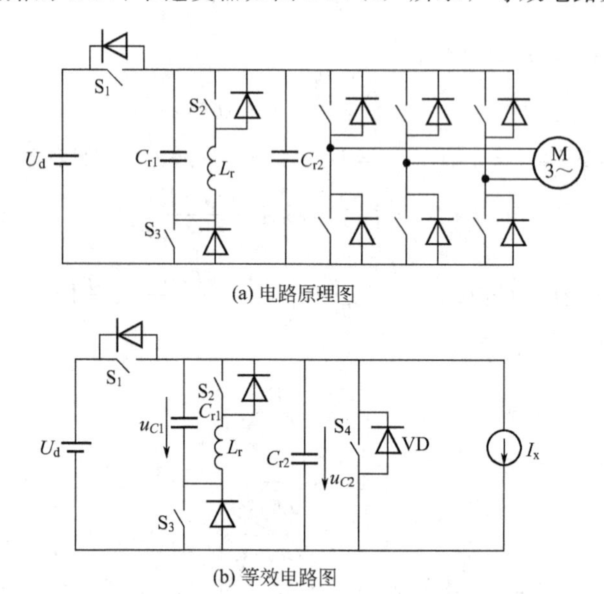

(a) 电路原理图

(b) 等效电路图

图 2-27　并联谐振 DC 环节逆变器

图 2-27 中，L_r为谐振电感，C_r为谐振电容，S_1～S_3 为开关元件，而 S_4 及其反并联二极管代表逆变器桥臂上的开关器件，I_X为负载等效电流。工作原理可以通过图 2-28 及图 2-29 来说明。

图 2-28　电容电压和电感电流的波形

图 2-28 示出了一个工作周期中电容电压 u_{C1}、u_{C2}及电感电流 i_L的波形。对应于波形图中 A、B、C、D、E、F 各个阶段的相应等效电路如图 2-29(a)、图 2-29(b)、图 2-29(c)、图 2-29(d)、图 2-29(e)、图 2-29(f) 所示。

阶段 A 如图 2-29(a) 所示。S_1、S_2、S_3 开通，S_4 关断。此时直流电源 U_d 经 S_1 向逆变桥供电，C_{r1} 充电至 U_d。电感电流 i_L上升，储能增加。

阶段 B 如图 2-29(b) 所示。在逆变桥开关元件开通之前的某一时刻关断 S_1。

由于 C_{r1}已充电至 $u_{C1}=U_d$，S_1 是在零电压下关断的，电路进入谐振，C_{r1}、C_{r2}经 L_r放电，在 u_{C1}、u_{C2}下降的同时 i_L增加。

阶段 C 如图 2-29(c) 所示。当 C_{r2}放电至 $u_{C2}=0$ 时，与 S_4 反并联的二极管导通．将 u_{C2}钳位至零，逆变桥功率开关 S_4 实现零电压下开通。与此同时，当 C_{r1}放电至零时，将 S_3 在零电压下关断，目的是防止 C_{r1} 上电压 u_{C1} 变负时直流母线电压的极性随之变反。此时的 i_L 达到最大值 $i_{L\max}$，然后 i_L 下降，能量向 C_{r1} 转移，i_L 降至零时，$u_{C1}=-u_{C1\max}$，i_L 继续下降，能量又向 L_r 转移。

阶段 D 如图 2-29(d) 所示。当 i_L 降至 $-i_{L\max}$ 时，u_{C1} 返回至零，可将 S_3 在零电压下开通。此时逆变桥功率开关 S_4 在二极管钳位的条件下实现零电压关断。此后，i_L 从负值上升，能量又向 C_{r1}、C_{r2} 转移，u_{C1} 和 u_{C2} 开始上升。

阶段 E 如图 2-29(e) 所示。逆变桥功率开关关断之后，当 u_{C1} 上升至 U_d 时，在零电压下开通 S_1，直流电源恢复向逆变桥供电，i_L 继续上升。

阶段 F 如图 2-29(f) 所示。当 i_L 上升至零时，在零电流下关断 S_2，一个谐振周期结束，并为下一次的逆变桥换相做好准备。

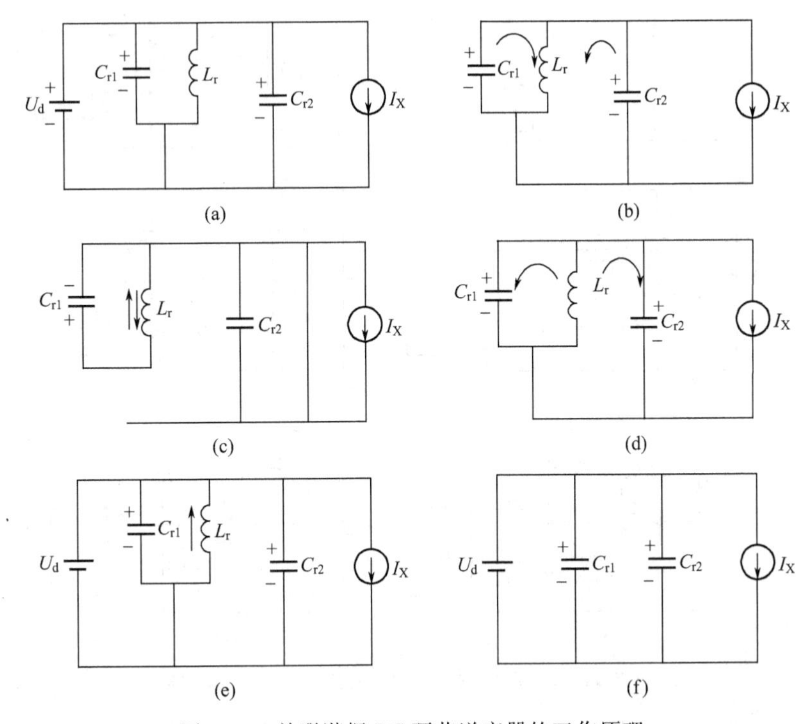

图 2-29 并联谐振 DC 环节逆变器的工作原理

通过上述分析可知，逆变桥功率开关的通断时刻可以完全按照 PWM 控制策略确定，只要在其动作之前，借助开关 S_1、S_2、S_3 的先后动作使 DC 环节预先谐振到零即可。由图 2-28可知，该电路限制了过高的谐振电压峰值，逆变器开关元件所承受的最大电压值仅为直流电源电压 U_d。这样，基本原理电路的两个缺点都被克服了。当然，电路结构和控制策略也复杂了。

2. 结实型谐振直流环节逆变器

前述图 2-24 及图 2-27 所示的谐振型逆变电路在整个工作周期中都存在一个将直流母线短路的操作过程。万一控制电路出现故障，则可能损坏逆变桥的所有功率开关。下面介绍的谐振直流环节逆变器不存在直流母线短路的过程，这也是该电路被称为结实型的原因之一。

结实型谐振直流环节逆变器如图 2-30 所示。图中，L_r 为谐振电感，C_{r1}、C_{r2} 为谐振电容，S_1、S_2 为升关元件，C_1'、C_2' 用来延缓 S_1、S_2 关断后器件两端电压上升的速率，以减少关断损耗。工作原理可通过图 2-31 来说明。

阶段 A 如图 2-31(a) 所示。开关 S_1 导通、S_2 关断、二极管 VT_1 导通，直流电源 U_d 经

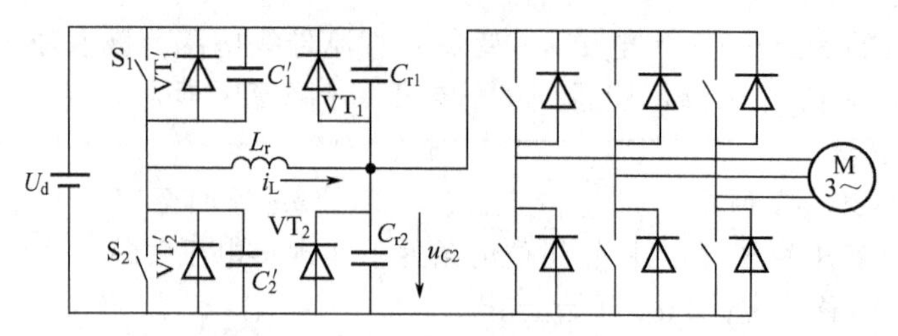

图 2-30　结实型谐振直流环节逆变器

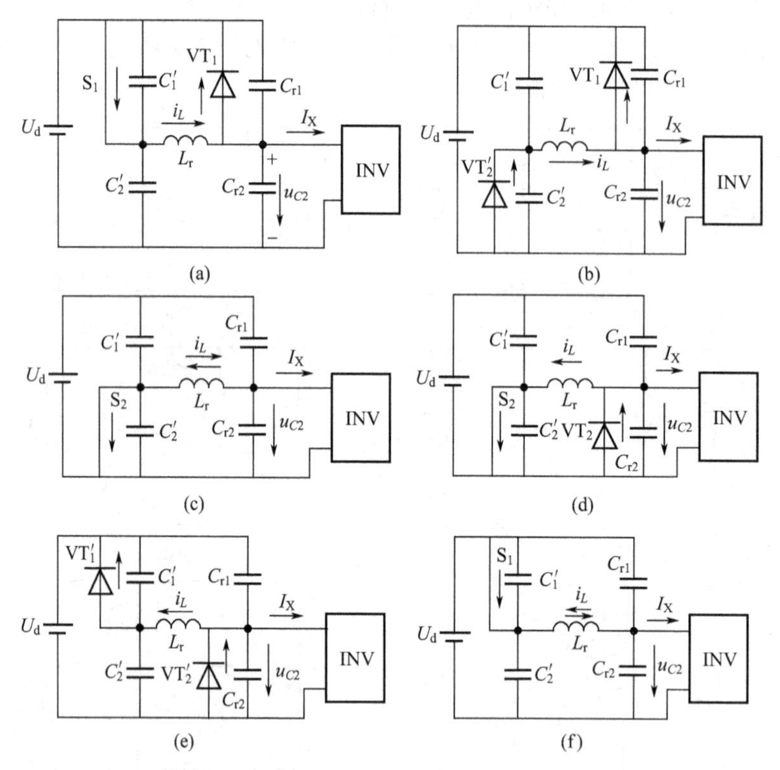

图 2-31　结实型谐振 DC 环节逆变器的工作原理

S_1 向逆变桥 INV 供电，L_r 的压降为零，i_L 达到正向稳定值 $I_{L0}>I_X$，其中，i_L-I_X 部分流经 VT_1、S_1，$u_{C2}=U_d$。

阶段 B 如图 2-31(b) 所示。逆变桥开关动作之前的某一时刻，在 VT_1 导通钳位电压为零的情况下关断 S_1，i_L 向 C_1'转移。C_1'充电延缓 S_1 两端电压上升时间，当 C_1'电压上升到 U_d 时，二极管 VT_2'导通，i_1 经 VT_2'和 VT_1 续流向电源返回能量，并为 S_2 导通创造零电压条件。i_L 线性下降至 I_X 时，VT_1 自然关断。

阶段 C 如图 2-31(c) 所示。L_r 与 C_{r1}、C_{r2} 谐振，这时 i_L 继续下降，u_{C2} 下降，i_L 下降至零并反向变为负值，在此过程中，S_2 在零电压下导通，VT_2' 自然关断。

阶段 D 如图 2-31(d) 所示。当 u_{C2} 谐振至零时，i_L 达到反向稳定值，二极管 VT_2 导通，将 u_{C2} 钳位至零，逆变桥的功率开关可以实现在零电压下切换。此时，I_X 由 VT_2 续流，i_L 流经 S_2、VT_2。

阶段 E 如图 2-31(e) 所示。逆变桥开关动作完成后，S_2 在 VT_2 导通钳位电压为零时关断。C_2'逐渐充电，当 C_2'电压上升至 U_d 时，VT_1'导通，i_L 经 VT_1'续流，并为 S_1 导通创造零电压条件，i_L 线性上升。

阶段 F 如图 2-31(f) 所示。在 i_L 从负值增长至零变为正向的过程中，S_1 在零电压下导通，VT_1' 关断。当 i_L 继续上升至 I_X 时，VT_2 关断。L_r 与 C_{r1}、C_{r2} 再次谐振，当 u_{C2} 再上升至 U_d 时，VT_1 导通，u_{C2} 被钳位至 U_d，i_L 又达正向稳定值，一个工作周期结束，并为下一次的逆变桥换相做好准备。

由上述分析可知，该电路既可限制路振电压峰值为 U_d，又可按 PWM 控制策略选择通断时间。

2.4 交-交变频器的基本原理

交-交变频器是指无直流中间环节、直接将较高固定频率（f_i）的电压变换为频率（f_0）较低而可变的输出电压的变换器。其特点如下。

① 因为是直接变换，故比一般的变频器有更高的效率。

② 由于交-交变频器交流输出电压是直接由交流输入电压波的某些部分包络所构成的，因而其输出频率比输入交流电源的频率低得多的时候，输出波形较好。

③ 变频器按电网电压过零自然换相，可采用普通晶闸管。

④ 因电路构成方式的特点，所用晶闸管元件数量较多。

⑤ 功率因数较低，特别在低速运行时更低，需要适当补偿。

鉴于以上特点，交-交变频器特别适合于大容量的低速传动，在轧钢、水泥、牵引等方面有着广阔的应用前景。

2.4.1 工作原理

将两组极性相反的相控整流器并联，并在直流侧有两种电压极性和两个电流方向的电路称为反并联变换器。如果对反并联变换器的触发角连续进行交变的相位调制，可使反并联变换器的输出端产生一个连续变化的平均电压，它直接将输入电源较高频率（f_i）的输入电压变换为频率（f_0）可变的电压输出，该反并联变换器称为交-交变频器。为了说明交-交变频器的工作原理，以图 2-32 示出的单相输出为例。由图 2-32 可见，交流输出的正半周电流由正组整流器提供，负半周电流则由负组整流器提供。为了使输出电压的谐波减到最小，正、负两组整流器的触发延迟角可按余弦规律进行控制。图 2-32 中所示的波形为采用无环流工作方式时的情况（电流连续），输出电压是由输入电压波形上截取的片段所组成的。显然，交-交变频器完成变频过程必须有两种换流形式，即换流过程和换组（桥）过程。前者利用大家所熟知的电网换相，后者利用输出电流过零信号进行。

图 2-32 中给出的输出电压的基波为正弦（$u_1=U_{1m}\sin\omega_1 t$），则可以使正、负组的触发延迟角 α_p 和 α_n 按下列规律变化。

$$U_{d0}\cos\alpha_p=-U_{d0}\cos\alpha_n=U_{1m}\sin\omega_1 t$$

$$\alpha_p=\pi-\alpha_n$$

或简化为

$$\cos\alpha_p=U_{1m}/(U_{d0}\sin\omega_1 t)=k\sin\omega_1 t$$

$$\alpha_p=\arccos(k\sin\omega_1 t)\quad 0<\alpha_p<\pi;0<k<1 \tag{2-25}$$

式中 ω_1——输出电压基波的角频率；

U_{1m}——输出电压基波的幅值；

U_{d0}——正、负组整流器的理想空载直流电压；

k——调制系数，$k=U_{1m}/U_{d0}$。

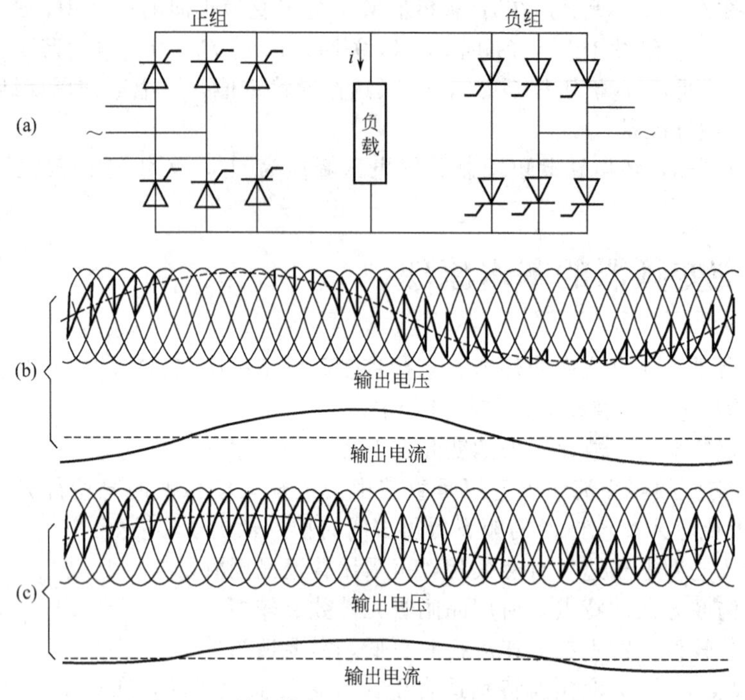

图 2-32　单相输出交-交变频器电路及输出波形

(a) 电路图；(b) 输出电压和电流波形（$k=1$；$f_i/f_0=6$）；(c) 输出电压和电流波形（$k=1$；$f_i/f_0=6$）

从式(2-25) 可见，改变输出电压的频率，只需按要求改变正、负两组整流器触发角变化的调制频率即可。而改变输出电压值，改变调制系数是值即可。当 $k=1$ 时，输出电压为最大；当 $k=0$ 时，输出电压为零。

正、负两组整流器在交流输出的一个周期内的工作状态可用图 2-33 中忽略输出电压高次谐波后的理想化电压和电流的关系来表示。由图 2-33 可见，整流器导通和该组输出电压的极性无关，而是由电流方向所决定。至于导通的那一组是处于整流状态还是逆变状态，必须根据该组电压和电流的极性来决定。

图 2-33 中，Ⅰ为正组逆变，Ⅱ为正组整流，Ⅲ为负组逆变，Ⅳ为负组整流。

在实际整流器的工作中，虽然可以使 $\alpha_p+\alpha_n=\pi$，以保证两组输出的平均电压始终相等，但仍有瞬时值不同而引起的环流问题的情况。而且如采用环流抑制电抗器，则在交-交变频器中还会产生在可逆直流整流器中所不存在的自感环流现象。因此，交-交变频器中两组交替工作的方式有自己的特点。

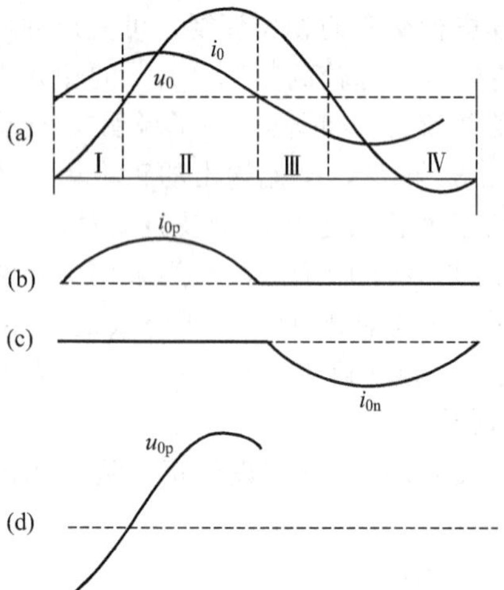

图 2-33　交-交变频器正、负组的工作状态

(a) 输出电压基波和电流；(b) 正组输出电流；(c) 负组输出电流；(d) 正组输出电压；(e) 负组输出电压

2.4.2　运行方式

(1) 无环流运行方式

由于现代控制技术的进步以及在直流电动机

上采用无环流反并联所取得大量经验，无环流反并联交-交变频器（见图 2-34）得到广泛应用。采用这种运行方式的优点是系统简单，成本较低。但缺点也很明显，决不允许两组整流器同时获得触发脉冲而形成环流，因为环流的出现将造成电源短路。由于这一原因，必须等到一组整流器的电流完全消失后，另一组整流器才允许导通。切换延时是必不可少的，而且延时较长。一般情况下这种结构能提供的输出电压的最高频率只是电网频率的 1/3 或更低。

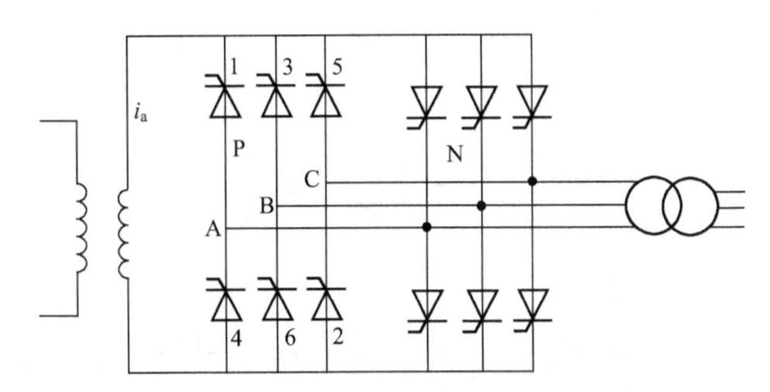

图 2-34　无环流反并联交-交变频器

图 2-34 中，正桥 P 提供交流电流 I_n 的正半波，负桥 N 提供 I_n 的负半波。在进行换桥时，由于普通晶闸管在触发脉冲消失且正向电流完全停止后，还需要 10～50μs 的时间才能够恢复正向阻断能力，所以在测得 I_n 真正等于零后，还需要延时 500～1500μs 才允许另一组晶闸管触发导通。因此，这种变频器提供的交流电流在过零时必然存在着一小段死区，延时时间越长，产生环流的可能性越小，系统越可靠，这种死区也越长。在死区期间，电流等于零，这段时间是无效时间。

无环流控制的重要条件是准确而且迅速检测出电流过零信号。不管主回路的工作电流是大是小，零电流检测环节都必须能对主回路的电流做出正确的响应。过去的零电流检测在输入侧使用交流电流互感器，在输出侧使用直流电流互感器，它们都既能保证电流检测的准确性，又能使主回路和控制回路之间得到可靠的隔离。近几年，由于光隔离器的发展和广泛应用，已有几种由光电隔离器组成的零电流检测器研制出来。这种新式零电流检测器具有很好的性能，比较流行。

（2）自然环流运行方式

和直流可逆调速系统一样，同时对两组整流器施加触发脉冲，且保持 $\alpha_p+\alpha_n=\pi$，这种控制方式称为自然环流运行方式。为了限制环流，在正、负组间接有抑制环流的电抗器。但是，与直流可逆整流器不同，这种运行方式的交-交变频器除有因纹波电压瞬时值不同而引起的环流外，还存在着环流电抗器在交流输出电流作用下引起的自感应环流，如图 2-35 所示，图中忽略了因纹波电压引起的环流。产生自感应环流的根本原因是交-交变频器的输出电流是交流的，其上升和下降在环流电抗器上引起自感应电压，使两组的输出电压产生不平衡，从而构成两倍电流输出频率的低次谐波脉动环流。

根据分析可知，自感应环流的平均值可达总电流平均值的 57%，这显然加重了整流器负担。因此，完全不加控制的自然环流运行方式只能用于特定场合。由图 2-35 可见，自感应环流在交流输出电流靠近零点时出现最大值，这对保持电流连续是有利的。另外，在有环流运行方式中，负载电压为环流电抗器的中点的电压。由于两组输出电压瞬时值中一些谐波分量抵消了，故输出电压的波形较好。

（3）局部环流运行方式

把无环流运行方式和有环流方式相结合，即在负载电流有可能不连续时以有环流方式

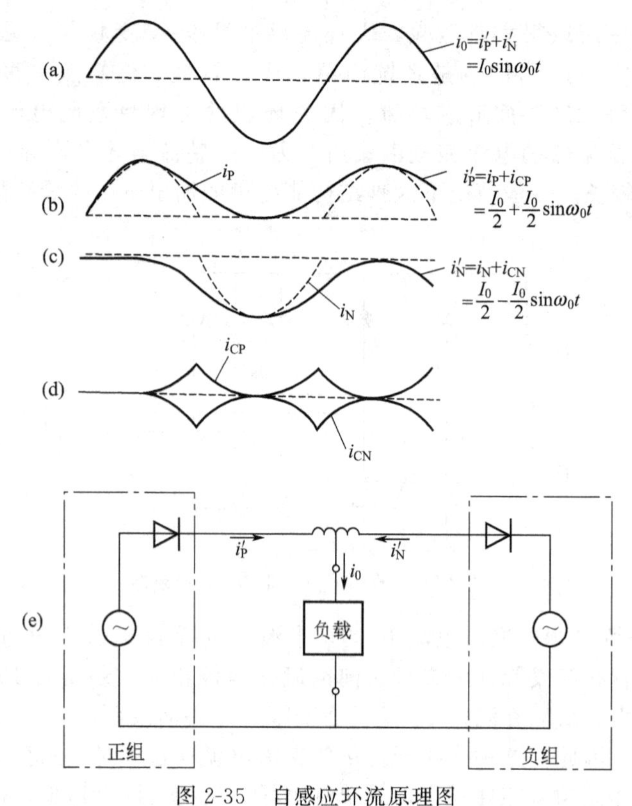

图 2-35　自感应环流原理图

(a) 输出电流；(b) 正组输出电流；(c) 负组输出电流；(d) 自感应环流；(e) 等效电路

工作，而在负载电流连续时以无环流方式工作，这样的运行方式既可使控制简化，运行稳定，改善输出电压波形的畸变，又不至于使环流过大，这就是局部环流运行方式的优点。

图 2-36 是局部环流运行方式的控制方案简单原理图。在负载电流大于某一规定值时，只允许一组整流器工作，即无环流运行；而在负载电流小于某一规定值时（临界连续电流），则使两组整流器同时工作，即有环流运行。

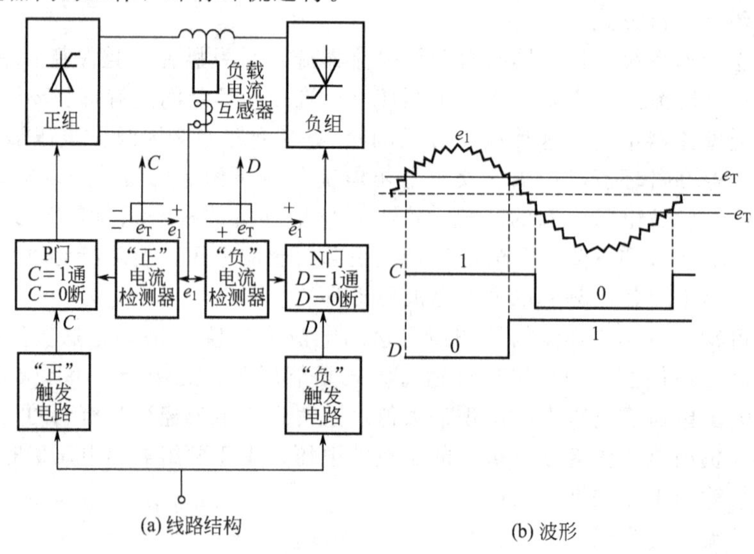

图 2-36　局部环流运行方式的控制系统结构图

2.4.3 主电路形式

本节所列的交-交变频器的主电路形式（见图 2-37 至图 2-42）主要是三相输出的电路，这是因为大容量交流电动机调速应用中，几乎没有采用单相电路的。为了便于对比各电路的特点，表 2-6 列出了相应的定量数据。所有电路中的环流电抗器有时可以省去，这取决于控制方式及使用要求。

表 2-6 各种电路形式的三相输出交-交变频器容量及输入位移因数（负载输入位移为 1、3 相总输出功率为 P_0）

电路形式	调制系数 K	输入位移因数	电网输入容量	变压器容量/(V·A)	
				电网侧绕组	整流侧绕组
3 脉波零式电路	1.0	0.843	$1.32P_0$	$1.32P_0$	$1.32P_0$
	0.1	0.078	$1.32P_0$	$1.32P_0$	$1.32P_0$
6 脉波分离负载桥式电路	1.0	0.843	$1.21P_0$	$1.21P_0$	$1.21P_0$
	0.1	0.078	$1.32P_0$	$1.32P_0$	$1.32P_0$
6 脉波非分离负载桥式电路	1.0	0.843	$1.21P_0$	$1.21P_0$	$1.48P_0$
	0.1	0.078	$1.32P_0$	$1.32P_0$	$1.48P_0$
12 脉波桥式电路	1.0	0.843	$1.19P_0$	$1.19P_0$	$1.48P_0$
	0.1	0.078	$1.29P_0$	$1.29P_0$	$1.48P_0$
3 脉波带中点三角形负载电路	1.0	0.770	$2.20P_0$	$2.20P_0$	$2.60P_0$
3 脉波环行电路	1.0	0.688	$1.75P_0$	$1.75P_0$	$3.76P_0$

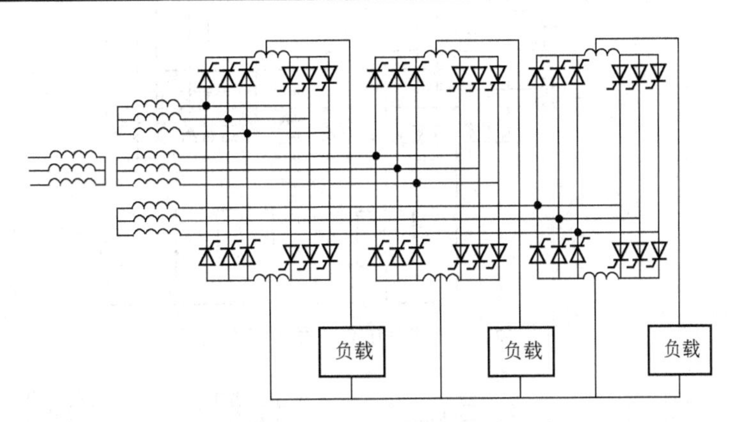

图 2-37　6 脉波非分离负载桥式电路

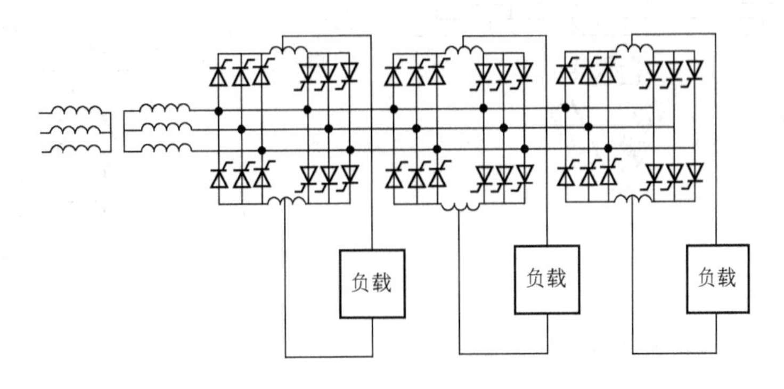

图 2-38　6 脉波分离负载桥式电路

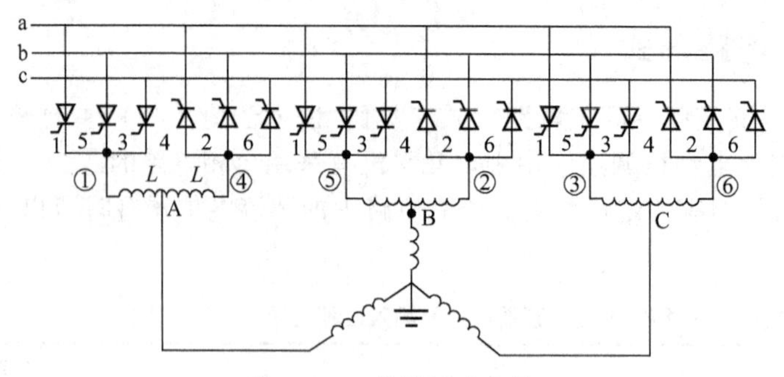

图 2-39　3 脉波零式电路

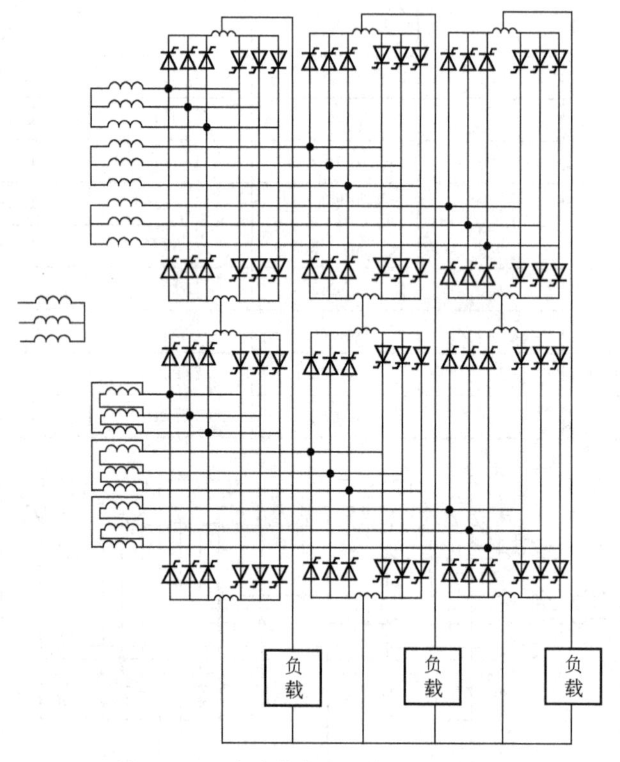

图 2-40　3 脉波带中点三角形负载电路

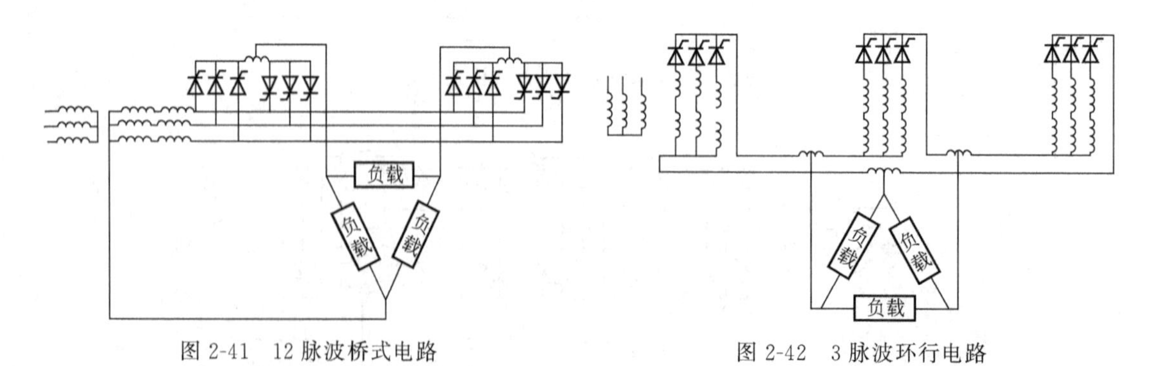

图 2-41　12 脉波桥式电路　　图 2-42　3 脉波环行电路

2.4.4　触发控制方式

为了使交-交变频器的平均输出电压按正弦规律变化，必须对各组晶闸管的触发延迟角 α

进行调制。下面介绍常用的控制方法。

(1) 余弦交点法

电网换相交-交变频器的交流输出电压是由其各相输入电压波形的各个片段组合而成的。理想的调制方法应能使输出电压的瞬时值与正弦波形的差值保持最小。设要求输出电压（理想波形）为 $u=U_m\sin\omega_0 t$，输入的三相交流电压波形 u_1、u_2、……、u_6，如图 2-43 所示。只要原先导通相 u_1 比相继导通相 u_2 更接近要求输出的理想电压，即 $u-u_1<u_2-u$ 或 $u<(u_1+u_2)/2$，则 u_1 应继续出现在输出端。$u-u_1<u_2-u$ 或 $u<(u_1+u_2)/2$ 时，则输出由 u_1 转为 u_2。因此，对于 6 脉波的交-交变频器，以各晶闸管触发延迟角 $\alpha=0$ 为起点的一系列余弦同步电压 $u_{T1}=(u_1+u_2)/2$，$u_{T2}=(u_2+u_3)/2$，……，$u_{T6}=(u_6+u_1)/2$ 与理想输出电压 u 的交点为触发点，即可满足输出电压波形与正弦电压相差最小的要求。可见，理想输出电压 u 与触发延迟角 α 之间保持余弦关系，即 $\cos\alpha=u/U_{d0}$（U_{d0} 为整流器组的理想空载直流电压），就可达到最理想的波形。

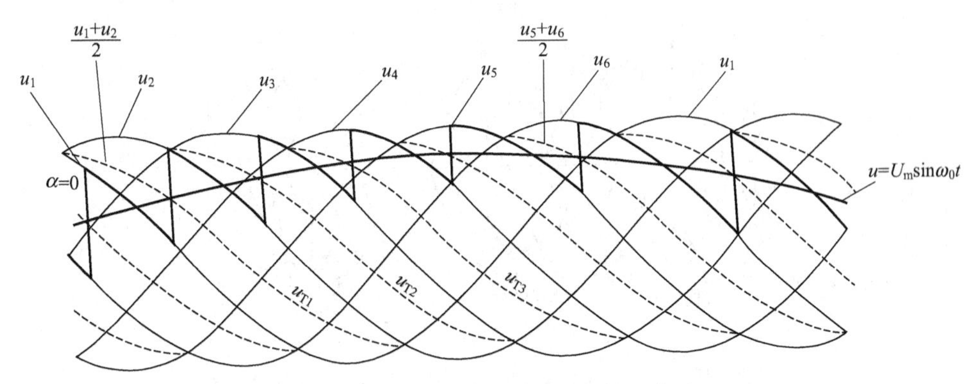

图 2-43 余弦交点法的同步和触发关系

余弦交点法控制的 6 脉波交-交变频器在负载功率因数不同时的波形如图 2-44 所示（无环流运行，T_0 为换组间隙），图 2-44(a) 和图 2-44(b) 上面为输出电压和一组可能有的瞬时输出电压；下面为余弦触发波、控制信号和假设的负载电流。

应用余弦交点法的触发脉冲发生器框图及波形如图 2-45 所示。图中，基准电压 u_R 是与理想输出电压 u 成比例且频率、相位相同的给定电压信号。显然，u_R 为正弦波时，输出电压为正弦波；u_R 为其他波形时，则输出相应的电压波形。余弦交点法的缺点是容易因干扰产生误脉冲；在开环控制时因控制电路的不完善，特别是在电流不连续时，会引起电流的畸变。

(2) 锁相控制法

利用反馈的方法，使触发脉冲的频率和相位与所需的输出相适应，这就是在变频器控制中常采用的锁相控制法。图 2-46 为 3 脉波交-交变频器的触发脉冲发生电路。

锁相控制电路一般含有积分环节，因而产生误脉冲的概率较小，也容易引入闭环控制，是比较常用的方法。

2.4.5 最高输出频率

交-交变频器最高输出频率与输入电源频率之比的允许上限值与电路脉冲数、调制系数及负载允许的畸变量有关。理论上，对三相输入和输出的变频器，要实现输入和输出电流、电压的全波对称，最高极限为

$$f_0/f_i=p/6$$

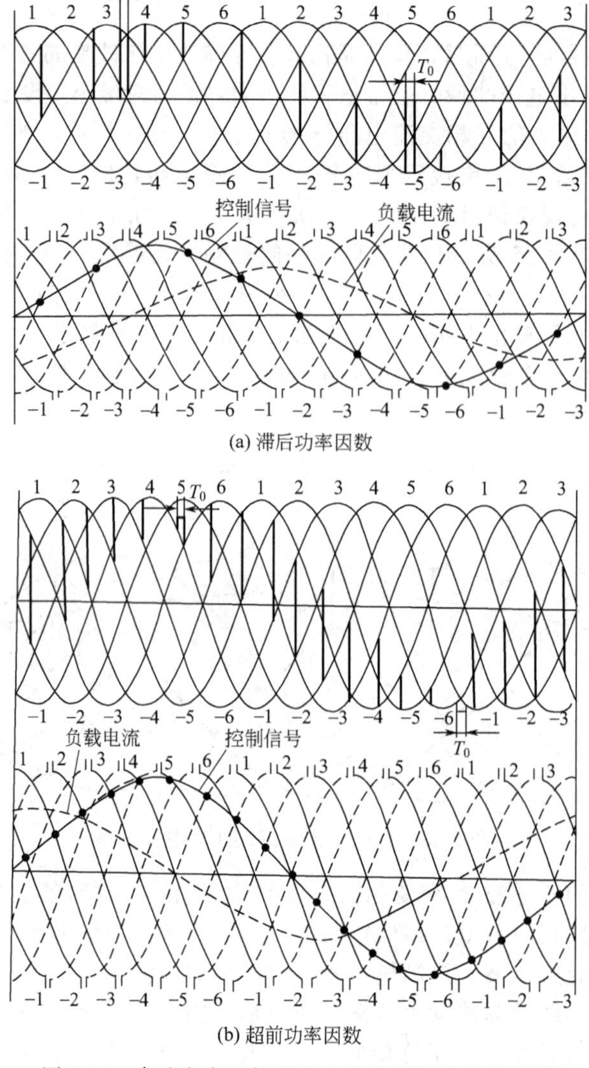

图 2-44 余弦交点法控制的 6 脉波变频器输出波形

式中 f_0——输出频率；

f_i——输入电源频率；

p——变频器的脉冲数。

实际上，变频器输出频率接近上述极限时，输出电压波形畸变显著增大，往往达到无法实际应用的程度。因此，实际允许的输出频率上限受输出电压畸变的限制。定量的研究表明：在输出最高电压且负载功率因素 $\cos\varphi=1$，输出谐波不超过 2.5%的条件下，其允许的最高输出频率与输入频率之比为

$$(f_0/f_i)_{max}=0.33，p=3$$

$$(f_0/f_i)_{max}=0.5，p=6$$

$$(f_0/f_i)_{max}=0.75，p=12$$

如果负载的谐波含量较大，则输出频率还可以增加。上面给出的不同脉波数下的最高输出和输入频率比值至少可以说明各种不同的脉波数的电路的工作极限性能的相对差别。

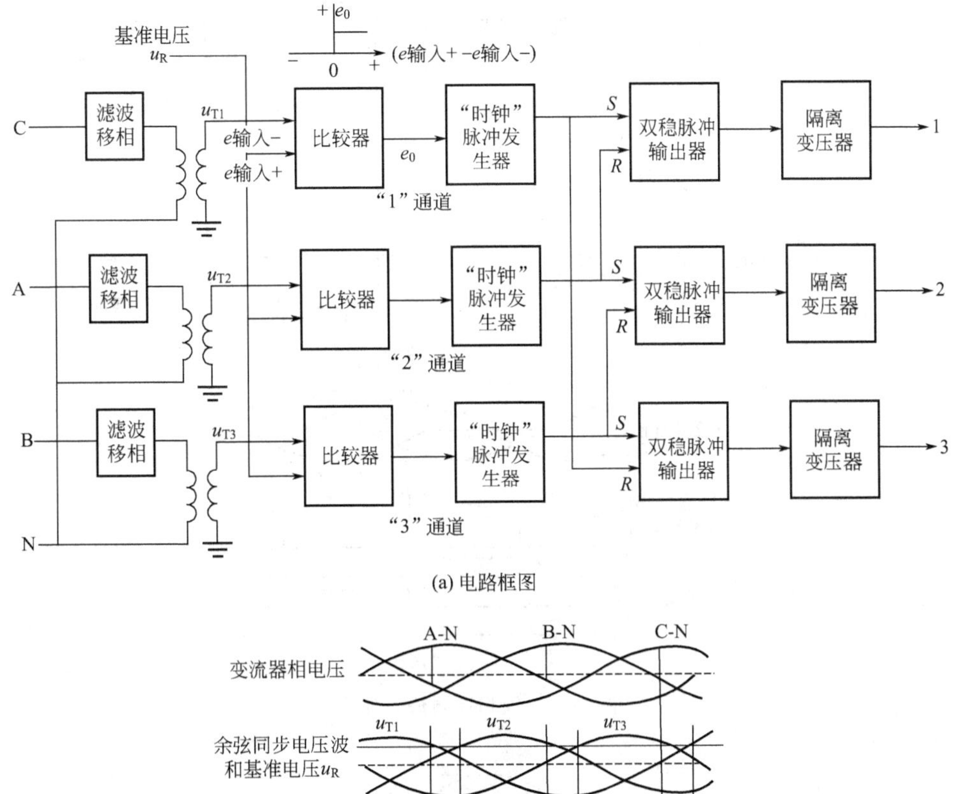

(a) 电路框图

(b) 波形

图 2-45　余弦交点法触发脉冲发生器

2.4.6　晶闸管的电压、电流容量

交-交变频器中的晶闸管所承受的工作电压峰值等于其输入线电压的峰值。与普通的可控整流电路一样，所选用的晶闸管阻断电压应考虑换相所引起的重复过电压及操作引起的非重复过电压，一般应为工作电压峰值的 2～3 倍。

确定晶闸管的电流额定值比较复杂，以典型的无环流工作电路为例，如已考虑电感的作用，电路工作在电流连续状态，与电源频率相对应的脉动可以忽略时，输出半波正弦电流以及提供这一电路的某一特定晶闸管的电流波形如图 2-47 所示。

由图 2-47 可见，晶闸管的电流峰值 I_{TP}等于负载电流峰值 I_{LP}，即 $I_{TP}=I_{LP}$。晶闸管电流的平均值 $I_{tav}=(I_{LP}/\pi)\ P$，P 为电路的脉波数。

当输出频率低到使晶闸管工作在负载电流峰值附近的时间与晶闸管及其冷却系统热时间常数接时，那就必须按峰值电流来考虑。精确的计算可根据瞬态热阻抗曲线，按核算其结温

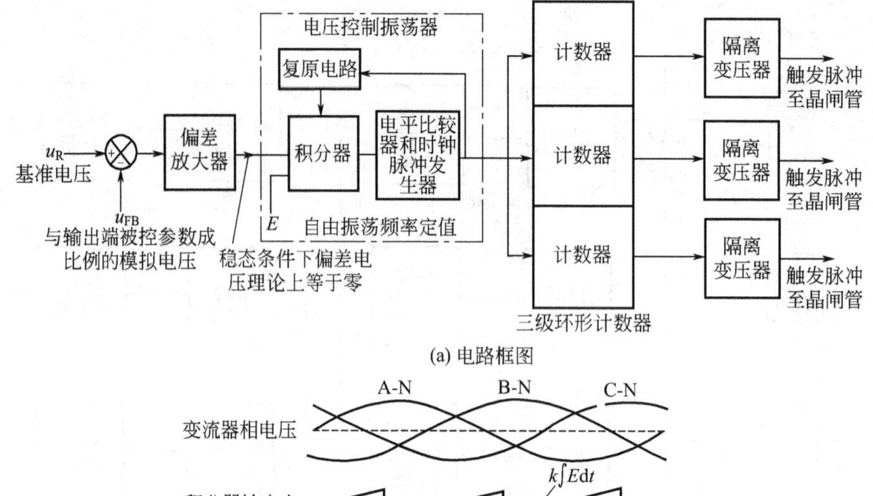

图 2-46 锁相控制法原理图

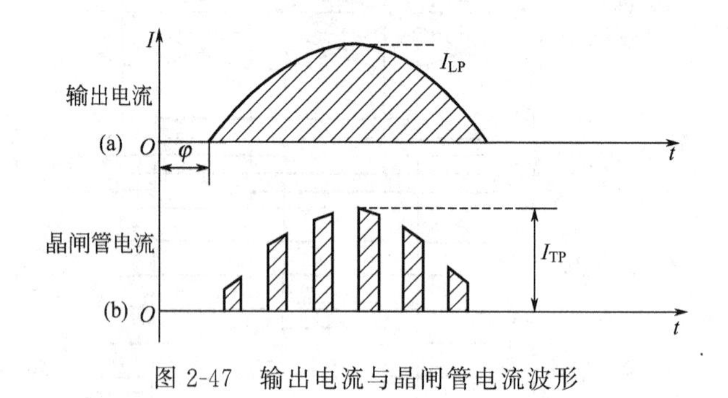

图 2-47 输出电流与晶闸管电流波形

的方法进行。

当变频器输出频率为输入频率的某一次谐波频率，即 $f_0=f_i/n$（n 为正整数）时，或负载在某一确定的相位角下运行时，在某一晶闸管上将出现最恶劣的运行条件，即该晶闸管要重复承受大于负载电流所平均分配给它的电流。如果输出频率稍稍偏离电源的次谐波频率，这种恶劣的条件就会在一个晶闸管及其附近的晶闸管之间周期性交替出现。

综合上述结果，对需要在很广范围的交-交变频器选择晶闸管的电流容量时，最好按可能遇到的最恶劣条件来选择，即按输出电流的峰值来确定晶闸管的额定容量。

2.5 交-交变频器的基本类型

2.5.1 矩形电压波交-交变频器

1. 工作原理

图 2-39 所示为由 18 个晶闸管组成的三相变三相有环流、三相零式交-交变频器。这是

一种比较简单的三相交-交变频器，每一相由两个三相零式整流器组成，提供正相电流的是共阴极组①、③和⑤；提供负相电流的是共阳极组②、④和⑥。为了限制环流，采用了限环流电感 L。

为了便于说明，假定负载是纯电阻。由于采用了零线，各相互相独立。采用纯电阻负载，使电流波形和电压波形完全一致，因此可以只分析输出电压波形。现以 A 相为例进行析，其他两相只和 A 相相位上互差 120°，其他情况基本相同。

假定三相电源电压 u_A、u_B 和 u_C 完全对称。当给定一个恒定的触发角 α 时，例如 $\alpha=90°$，得正组①的输出电压波形如图 2-48 所示。

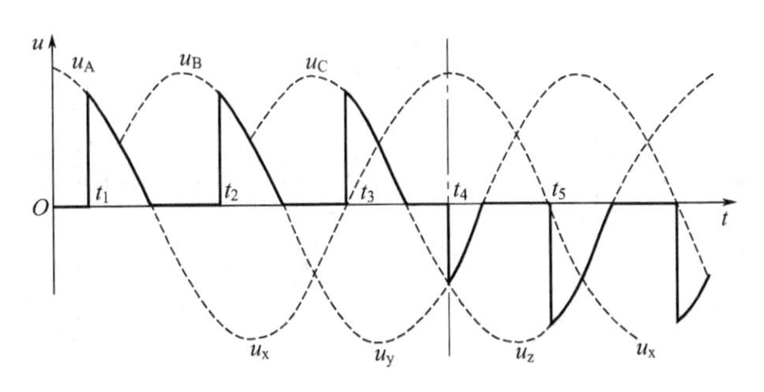

图 2-48 输出电压为方波时的波形

在 $t=0$ 时，正组①获得工作指令，它的三个晶闸管同时获得触发角等于 90°的工作指令。

在 $t=t_1$ 时，A 相满足导通条件，晶闸管 1 导通，u_A 输出。晶闸管 1 导电角 60°，u_A 过零，晶闸管 1 关闭。

在 $t=t_2$ 时，B 相满足导通条件，晶闸管 5 导通，u_B 输出。晶闸管 5 导电角 60°，u_B 过零，晶闸管 5 关闭。

在 $t=t_3$ 时，C 相满足导通条件，晶闸管 3 导通，u_C 输出。晶闸管 3 导电角 60°，u_C 过零，晶闸管 3 关闭。

在 $t=t_4$ 时，发出换相指令，组④的三个晶闸管同时获得触发角为 90°的工作指令，组①的触发脉冲被封锁，退出工作状态。假定触发脉冲是脉冲列，或者说触发脉冲的宽度是 120°，则 $t=t_4$ 时，晶闸管 2 符合导通条件，负载上出现导电角为 30°的 u_y 片段（见图 2-48）。当 $t=t_5$ 时，晶闸管 6 导通，输出 60°的 u_z 片段，以此类推。这就是所谓的组触发，即每组 3 个晶闸管同时获得触发角等于 α 的工作指令。根据相电压的同步作用，谁符合导通条件，谁就被触发导通。晶闸管的关断靠电压自然过零。换组指令按给定的输出频率发生，不去考虑其他因素。

2. 换相过程和换组过程

假定电流是连续的，而且不考虑重叠角。令 $t=0$ 时，组①的三个晶闸管同时获得 $\alpha=60°$的工作指令。晶闸管 1 符合导通条件，负载上出现从最大值到 0.5 的一段 u_A 值，延续时间（用导电角度表示）是 120°。当 $\omega t=120°$时，晶闸管 5 符合导通条件，输出的电压片段为 u_B。当晶闸管 5 被触发导通后，晶闸管 1 受到线电压 u_{BA}的封锁作用，阴极电位高于阳极电位，晶闸管 1 被关断，这就是电源侧的自然换组。所以交-交变频器的换相过程就是普通整流器的换相过程。

当 $\omega t=300°$时，假定根据输出频率的要求，$\omega_0 t$ 此时正好等于 180°，需要发出换桥（组）指令。当采用限环流电感时，换桥指令的内容规定如下。

① 封锁发往组①的触发脉冲。

② 开放发往组④的触发脉冲。

于是，在 $\omega t=300°$时，晶闸管 3 继续导通，晶闸管 2 获得触发脉冲列。在线电压 u_{CB}的作用下，晶闸管 2 导通，形成环流。图 2-49 示出组①和组④输出的电压波形，组①输出电压片段 u_C，组④输出电压片段 u_y，图 2-50 示出了这时的等值电路。在 $300°\leqslant\omega t\leqslant360°$的区间里，$u_{CB}>0$，晶闸管 3 处于正向偏置，电流 i_3 一直存在，也就是环流一直存在。当 $\omega t>360°$时，$u_{CB}<0$，$u_y>0$，故晶闸管 3 被关断，晶闸管 2 继续导通，且 $i_C=i_B$，完成从组①到组④的换组过程。

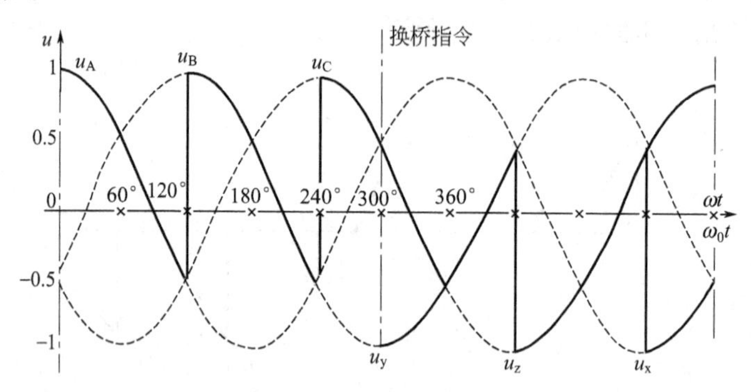

图 2-49　电流连续时组触发得到的输出电压波形

电网角频率 ω 是固定的，但输出电压的角频率 ω_0 是任意值，所以换相时间是随比值 ω/ω_0 变化的。由图 2-49 看出，如果在 $\omega t=240°$时发出换组指令，换组时间将延续 120°电角度，此值为最长。当比值 ω/ω_0 不是整数，例如等于 1.83 时，从负组换到正组的换组时间是 60°，而从正组换到负组的换组时间才 30°，时间相差一倍。电网电压和输出电压之间并无同步关系，所以换组指令何时出现是随机的，例如在图 2-49 中，换组指令是从 $\omega t=0$ 开始的，但这个开始点是随机的，在 0～120°的广大区域内，从任何一点开始都是可能的。图 2-39 的线路也可以不采用限环流电感 L，在这种情况下，换组指令的内容应当这样去约定。

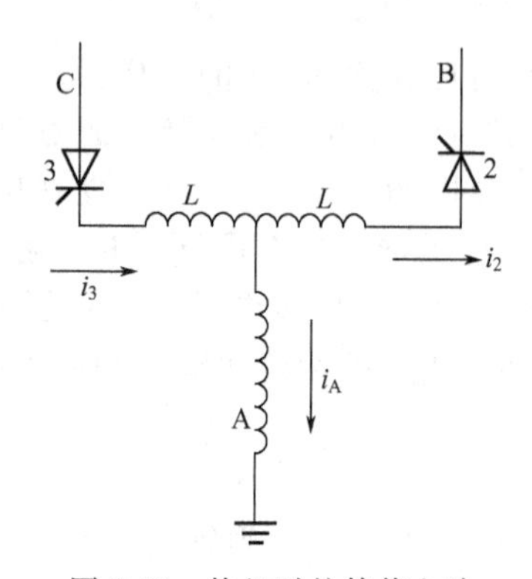

图 2-50　换组时的等值电路

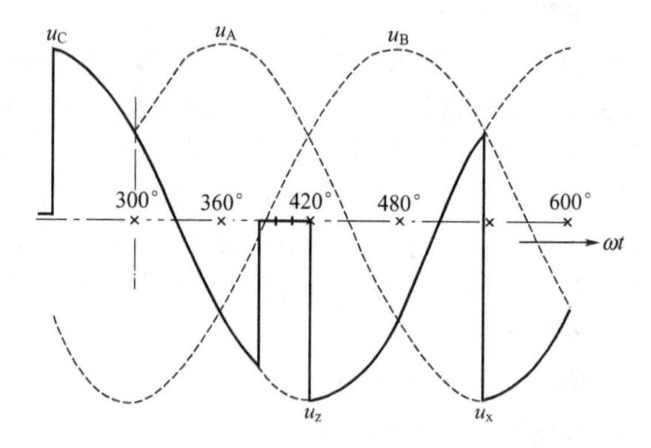

图 2-51　无环流控制时组触发得到的输出电压波形

① 将正在工作的一组推入逆变，把触发角增大为 150°。

② 等待零电流检测环节发回主电路电流过零的信号。在图 2-51 中，仍在 $\omega t=300°$时发出换组指令，组①的触发角推迟到 150°，输出电压沿着 u_C 的片段一直移动。假定在电感电势的作用下，知道 $\omega t=390°$时，正向电流 i_A 才真正等于零，则晶闸管 3 关断，组①退出工作状态。在 $\omega t=390°$时，由零电流检测环节发出电流过零指令，过零指令包括下列内容。

a. 关闭发往组①的触发脉冲，并解除将组①推入逆变的信号。

b. 延时 1ms 或更长时间后，开放发往组④的触发脉冲。在图 2-51 中，从 $\omega t=390°$到

$\omega t=420°$是电流死区，组①和组④全部关闭，负载端子 A 处于悬空状态，端子 A 的电位仅取决于电动机的内生电势。图 2-51 中没有考虑这种电势，只给出从电网电压中截取的各个电压片段。在 $\omega=410°$时开放发往组④的触发脉冲，给定的触发角为 60°。当 $\omega t=420°$时，晶闸管 6 获得触发脉冲开始导通，组④进入工作状态，换组过程结束。在图 2-51 中，从换组过程开始（$\omega t=300°$）到换组结束一共用去了 120°，相当于 5.66ms 的时间。当负载的功率因素发生变化时，换组时间将跟着变化。

2.5.2 正弦电压波交-交变频器

前面已经讨论过用余弦交点法求触发角的给定信号和同步信号。从理论上说，这种余弦交点法控制的交-交变频器输出的电压平均值是正弦函数，输出电流比较接近正弦，具有较好的性能，所以广泛用于大型交-交变频器中。余弦交点法需要三个互差 120°严格对称的给定信号，这种幅值和频率都需要调节的三相正弦给定信号用模拟方法产生是相当困难的。进入 20 世纪 80 年代后，微处理器的迅猛发展使它在电力拖动中的应用由可能走向现实。近几年，正弦波交-交变频器已多半采用微处理器去产生上面所说的给定信号。

理论和实验都证明，余弦交点法并不能提供完全正弦的输出电流，特别是当输出频率超过电网频率的一半时，还会产生危害很大的次谐波。事实上，进行精确求解并不重要，重要的是保持输出电流的对称性和消除次谐波。

图 2-52 示出了三相全控桥反并联采用余弦交点法控制时得到的输出电压波形，这是一种理论曲线。在 t_0 时，输出电压的平均值等于零，$t_0 \sim t_3$ 是输出电压的正半周，$t_3 \sim t_6$ 是输出电压的负半周。假定是感性负载，输出电流滞后于输出电压。输出电压的平均值是按照给定的正弦函数连续变化的，但三相全控桥输出的电流却只能有一个方向，于是输出电流为正的区域是正组 P 的工作区，反之是负组 N 的工作区。在 $t_0 \sim t_1$ 区间，负组 N 在工作，但输出电压为正，输出电流为负，电压和电流反向，负载处于再生发电状态。习惯把 $t_0 \sim t_1$ 区间定为第四象限区间。$t_1 \sim t_2$ 区间，$i_A=0$，属于工作死区，是负桥刚刚关闭、正桥还未导通的换桥死区，输出电压等于零。在 $t_2 \sim t_3$ 区间，电压和电流都为正，正组 P 处于整流状态，能量从电网流向负载，负载是电动状态，定为第一象限。到达 t_3 时，输出电压平均值跟随给定信号下降到零，输出电压完成正半周，相当于 $\omega_0 t=\pi$。$t_3 \sim t_4$ 区间，电流为正，电压为负，正组 P 进入逆变状态，能量由负载流入电网，负载为再生发电状态，定为第二象限。

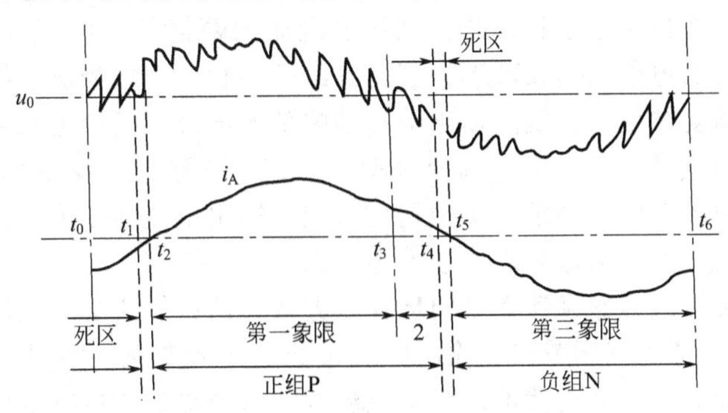

图 2-52 余弦交点法的输出电压和电流波形

在图 2-52 中，$t_0 \sim t_1$ 基本上代表负载的功率因数角。电压型给定信号只控制电压波形，功率因数的大小由负载本身的工作状态决定，所以死区的出现时间由负载工作状态决定。对于异步电动机，从电动状态到再生发电状态，功率因数角的变化范围为 0～180°；对于同步电动机，由于功率因数可以超前，功率因数角的变化范围达到 360°。但只要负载是稳定的，当输出频率较低时，负载电流的正半周和负半周还是比较对称的，即使选取较大的死区也不会发生困难。

在图 2-52 中负载的功率因数角小于 90°，第一象限大于第二象限，电能由电网送入负载的多于负载送回电网的，所以总的效果是电网向负载输送电能，电机处于电动状态。当功率因数角大于 90°时，第一象限的时间小于第二象限的时间，总的效果是从负载送往电网的电能多于从电网返回的电能，所以电机处于再生发电状态。可见，这种余弦交点控制方法可以用于电动机的四象限运行。对异步电动机，当功率因数角小于 90°时，处于电动状态，当功率因数角大于 90°时进入再生发电状态。

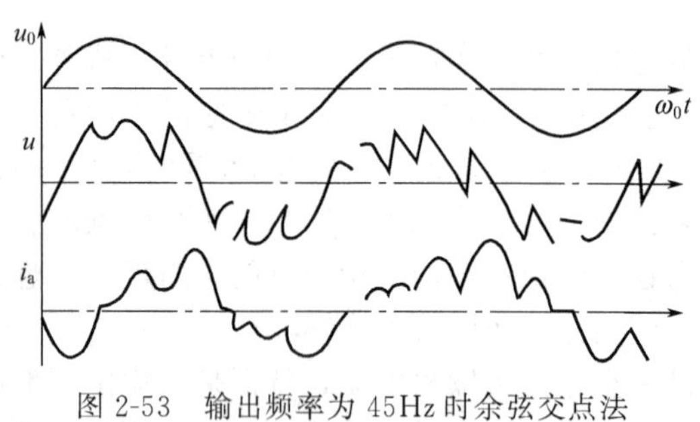

图 2-53 输出频率为 45Hz 时余弦交点法得出的输出电压波形

当输出频率较高时，情况就有所不同，图 2-53 示出 50Hz 的电网频率输出 45Hz 时的情况。u_0 是给定信号，由于 $\omega_0/\omega=0.9$，半个周期内能够截取到的电网电压片段最多也只 5 段，而且正负半波严重不对称，所以负载电流 i_a 并非正弦，而且由于正负半波不对称，产生危害性很大的次谐波。

不难理解，为了提高交-交变频器的输出频率，一个方法是提高电网电压的频率，例如电力机车中将电网电压的频率升为 200Hz；另一方法是增多每个输出电压周期里截取的电网电压片段数，或者说增加整流器输出的波头数。三相零式是 3 个波头输出，三相桥式是 6 个波头输出。为了改善高频下的输出电压波形，提高可以使用的最高输出频率，也有采用 6 相 12 个波头或者 9 相 18 个波头。

2.5.3 正弦电流交-交变频器

对于大型设备，为了获得优良的性能，近几年都采用矢量控制。交-交变频器供电的电力拖动的矢量控制，控制变量多半是频率和幅值都需要变化的三相对称的正弦电流，这就是目前广为流行的电流控制型。

对于晶闸管交-交变频器这样的复杂控制系统，采用电压控制型变频器给交流电动机供电，电机的功率因数变化很大，电流过零点变化无常，而交-交变频器的换桥又必须严格掌握电流过零点。因此，虽然原定目标是控制输出电压的幅值及波形，但在电力拖动系统中，真正起作用的是电机的电流幅值及波形，于是最终仍不得不严格控制掌握电流的大小和过零点，这就使控制问题复杂化了。既然输出电流的幅值及波形才是交流电动机变频调速时需要控制的主要参数，不难理解，由于电流控制型变频器把交-交变频器的输出电流作为主要控制目标，放弃了对输出电压的要求，集中精力去控制输出电流的幅值及波形，所以不但简化了线路，降低了成本，而且工作可靠性也大为提高。

目前采用的电流控制型变频器都是闭环控制方式，即依靠传统的电流负反馈进行闭环调节，三相全控桥加上 PI 电流调节器使输出电流按给定函数变化。如果电流调节器的调节功能达到最佳，全控桥的输出电流就可以跟踪电流调节器的给定值进行变化，问题就转化为如何产生电流调节器给定值 i_R。对于图 2-14 所示的电路，可以只用一个电流调节器，令

$$i_R=I_R\sin\omega_0 t,\quad 0\leqslant\omega_0 t\leqslant\pi$$

在 $0\leqslant\omega_0 t\leqslant\pi$ 的区间内，给定电流 i_R 为正，允许正组 P 的 6 个晶闸管得到触发脉冲。正组 P 跟踪电流给定值，输出交流电流的正半周

$$i_P=I_m\sin\omega_0 t,\quad 0\leqslant\omega_0 t\leqslant\pi$$

当 $\omega_0 t=\pi$ 时，一方面发出指令，正组全控桥推入逆变，迫使主回路电流快速下降到零；另一方面检测主回路电流。当电流检测回路发出零电流信号后，为了印证晶闸管恢复正向阻断能力，需要延时 500～1500μs，等到正组确实退出工作后再发出下面两个信息：其一是让负组立即获得触发脉冲，跟踪电流给定值 i_R，输出交流电流的负半周

$$i_n=I_m\sin\omega_0 t,\ \pi\leqslant\omega_0 t\leqslant 2\pi$$

另一信息是撤销正组的推入逆变信号，让正组重新受到电流调节器的控制。但发往正组的触发脉冲必须立即被封锁住，以便满足无环流反并联所规定的两组不得同时获得触发脉冲的条件。当 $\omega_0 t=2\pi$ 时，应当关闭负组 N，投入正组 P。

采用电流控制型后，只要全控桥的电压调节裕度是足够的，在一定的调节精度下输出电流总能够跟踪给定电流变化，而不必考虑负载的性质。不管负载的功率因数如何变化，不管负载是电动状态还是发电状态，全控桥均有足够的调节能力，总能够通过其输出电压的相应变化去迫使输出电流按规定的轨迹变化。

在电流控制型中，电流给定值等于零的瞬间也就是将全控桥推入逆变的瞬间，且此时主回路的电流已经下降到零值附近。从电流给定值等于零到零电流检测发出换桥信号这段时间不会太长。对于电压控制型，情况就不是这样。给定信号是电压，当电压过零时，由于负载功率因数的随机性，主回路电流有可能仍然很大。因此，电压控制型也只能依靠零电流检测去控制换桥过程。由于无法采用强行推入逆变去控制换桥过程，电压控制型输出的交流波正负两半波更容易不等。换句话说，电压控制型含有更大的次谐波，输出电流的对称性往往不如电流控制型。

电流控制型在全控桥的电流调节器前输入给定电流 i_R，当然，电流给定值也不一定非是正弦波，有时为了简化电路和降低成本，也可以采用其他波形，例如矩形波等，但电流波形偏离正弦将会产生谐波损耗和寄生转矩，电动机的性能将变坏。

1. 交-交变频器的数字仿真

电流控制型变频器主要依靠电流调节器的调节作用迫使主回路的输出电流跟踪电流给定值。因此，电流调节器的性能和参数选择具有重大作用。下面介绍的是三相全控桥向异步电动机供电时电流闭环的数字仿真问题。令 $i_R=I_R\sin\omega_0 t$ 代表电流给定信号，i 代表电流负反馈信号，e_i 代表电流调节器的输入电压，由图 2-54 得到

$$e_i=i_R-i$$

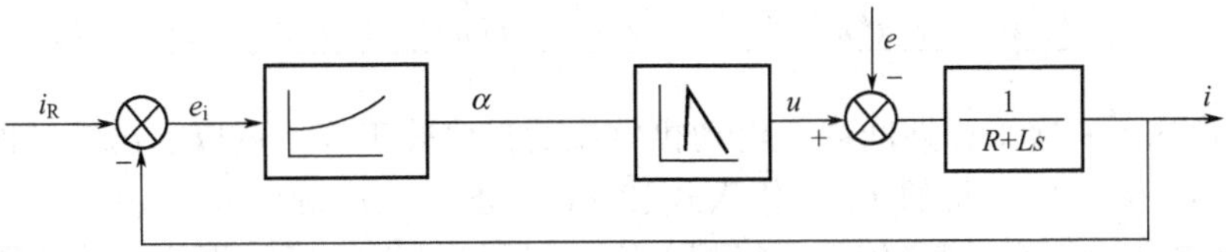

图 2-54 电流环的方框图

如果采用比例积分调节器，电流调节器的输出量可以直接选作触发角 α。这种电流调节器的差分方程为

$$\alpha(n)=\alpha(n-1)+k_p e_i(n-1)-[k_p+k_i T_i]e_i(n) \tag{2-26}$$

触发角的变化范围为 15°～150°，比例系数为 k_p，积分系数 k_i 以及积分时间 T_i（即电流调节器的采样时间，为 1ms 左右）是需要通过仿真决定的参数。

在这种情况下，三相全控桥也是一个自然采样系统，采样时间随触发角的变化而变化，平均值是 60°。当触发角给定后，第 n 拍从电网上截取的电压片段可以写成

$$u_n=\sqrt{6}U\cos(\omega t'-30°-\alpha_n) \tag{2-27}$$

$$0 \leqslant \omega t' \leqslant 60° - \alpha_n + \alpha_{n+1}$$

式中　α_n——第 n 次采样时的触发角；

α_{n+1}——第 $n+1$ 次采样时触发角。

注意：电流调节器的采样时间 T_i 应当远小于晶闸管的平均采样时间 3.3ms。根据采样定理，两者最少要差两倍。实时控制时，多半取 $T_i<1$ms，再小往往受到单板机计算速度的限制。式(2-27) 中，$\sqrt{6}U$是线电压的振幅，为了计算方便，将 $\omega t'=0$ 选在线电压最大值出现的瞬间。异步电动机可以简化为反电势 e、主回路电阻 R 和电枢回路等值电感 L 组成的串联电路。在晶闸管的一次采样时间内，可以写出电压平衡方程式

$$u(t) - e(t) = R(1 + Ts)i(t) \tag{2-28}$$

其中，T 为回路的电磁时间常数，$T=L/R$。

图 2-54 示出的是电流闭环的方框图。为了在计算机上进行仿真，还需要找到主回路的差分方程。假定用 2ms 的电流死区去保证换桥时不会产生环流，令 $t=0$ 时 $i_R=0$，即将给定电流的过零点选为时间坐标的原点，那么在 0～2ms 时间内，电流反馈等于零，则 $e_i=i_R=I_R\sin\omega_0 t$，将此式代入式(2-26) 计算出触发角 $\alpha(t)$。如果采用单板机进行控制，$t=2$ms 时的触发角可以设定为小于 90°的任一值。$t=2$ms 是指定的换桥时间，这时的触发角是可以求出或设定的，例如 $\alpha(2)=80°$。但电网电压和给定电流之间没有同步关系，所以第一对晶闸管何时触发导通还无法确定，这就是交-交变频器初值的随机性。这种随机性的变化范围是 3.3ms，可以任取其中之一作为初值，最简便的方法是将电网上截取的第一段电压片段直接写为

$$u(t) = \sqrt{6}U\cos[\omega t - 30° - \alpha(2)]$$

将电动机的反电势写为

$$e(t) = E_m \sin(\omega_0 t + \alpha_0)$$

这里的 ω_0 就是电流给定 i_R 的角频率，而初始角 α_0 差不多也就是电动机反电势和电流间的相角，它的大小由负载性质决定。

把上述方程代入式(2-25)，可以求解晶闸管第一次采样期间在电动机中产生的电流 i_t。将式(2-26) 积分，得

$$\int[u(t) - e(t)]\mathrm{d}t = \int L\mathrm{d}i + \int Ri(t)\mathrm{d}t$$

整理后得电动机电流的差分方程

$$i(n+1) = \frac{\{[u(n) + u(n+1)] - [e(n) + e(n+1)]\}\Delta t + (2L - R\Delta t)i(n)}{2L + R\Delta t}$$

在晶闸管的第一次采样期间内，电动机电流的初值等于零，可以求出第一次采样期间的电机电流波形 $I(t)$。将求得的 $I(t)$ 代入式(2-24)，求出相应的触发角 $\alpha(t)$。将同步信号规定在 $t=2$ms 之前 $\alpha(2t)$，同步信号严格相差 60°，所以可以根据同步信号的位置去求出晶闸管第二次采样的触发角，从而求出第一次采样的终止时间。这样依次计算，可以求出需要仿真的电流波形。

2. 12 相交-交变频器

对于容量接近 10000kW 的大型同步电动机，例如高速客车使用的牵引电动机，就常使用图 2-55 所示的供电线路。电流检测在交流侧使用交流电流互感器，在直流侧使用光电耦合器组成的直流互感器。图 2-55 所示为一相的主回路结构，属于无环流反并联工作方式。主回路电流何时过零取决于主回路的电磁时间常数、晶闸管的性能、输出电流的大小、频率以及零电流检测器的灵敏度。在这种电流控制方式中，为了减少次谐波产生的转矩冲击，应尽力缩短零电流区间，并使之稳定。

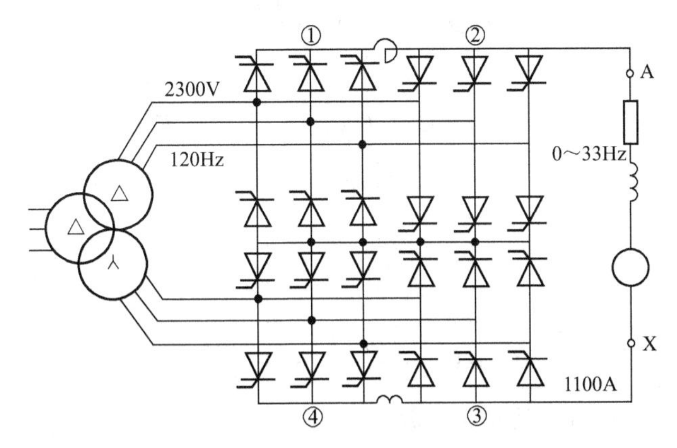

图 2-55　12 相交-交电流型变频器

图 2-56 示出了电流过零时的情况。当 $t=t_0$ 时，电流给定 $i_R=0$，发出推入逆变指令，触发角移向 150°，正向电流 i_A 快速下降。当 $t=t_1$ 时，零电流检测环节发出过零指令（所有零电流检测器都存在不灵敏区，不可能测出真正的过零点），延时环节 TD1 开始计时，在 TD1 延时期间，正向组①及③继续以 150°的触发角迫使主回路电流继续下降。延时 T_1 后，TD1 发出指令，一方面撤销推入逆变信号并封锁发往正向组①及⑧的触发脉冲，另一方面开动延时环节 TD2，使它开始计时。当 $t=t_3$ 时，TD2 延时结束，发出指令让反向组②及④获得触发脉冲，反向电流 i_x 开始上升。零电流死区约为 1.3ms。为了分析电流调节器的校正作用，采用图 2-57 所示的框图。同步电动机的传递函数为

$$G_m(s)=\frac{1}{R+Ls}$$

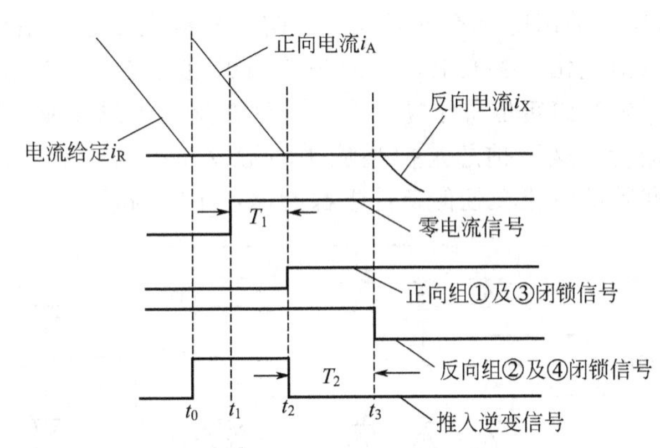

图 2-56　12 相交-交变频器的电流过零区

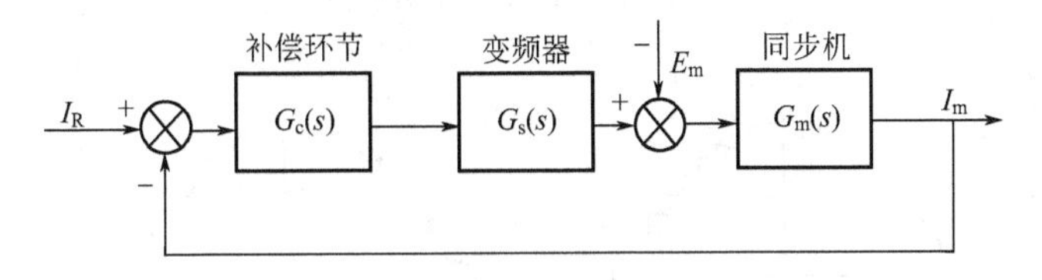

图 2-57　同步电动机的电流环框图

交-交变频器的传递函数为

$$G_s(s)=K_s e^{-sT/2}$$

图 2-57 的开环传递函数为

$$G(s)=G_c(s)G_s(s)G_m(s)$$

故得出输出电流为

$$I_m(s)=\frac{G(s)}{1+G(s)}I_R(s)-\frac{G_m(s)}{1+G(s)}E_m(s) \tag{2-29}$$

采用常用的一阶延迟调节器进行补偿，得电流调节器的传递函数为

$$G_c(s)=K_c\frac{1+T_2 s}{1+T_1 s} \quad (T_1>T_2)$$

得开环传递函数

$$G(s)=\frac{K\mathrm{e}^{-ST/2}}{1+T_a s}\frac{1+T_2 s}{1+T_1 s}$$

式中　T_a——同步电动机的电磁时间常数；

T——交-交变频器的延迟时间，对于 12 相结构，$T=1.6$ms。

T_1、T_2——电流调节器的时间常数；

K——系统的增益，$K=K_cK_s$。

假定 $T_1=0.00668$s，$T_2=0.00143$s，$K=K_cK_s=67$，画出式(2-29) 的伯德图，证明系统是稳定的。零电流区间也是一种干扰，消除它的办法是采用引前补偿，对应 $f_0=33.3$Hz 时采用 3ms 的提前量，即在 $I_R=0$ 前 3ms（相当于 36°）将工作桥推入逆变，迫使定子电流提前下降为零。这种引前补偿减少了反电势的影响，改善了输出电流的响应。

3. 正弦电流变频器

对于大型同步电动机，为了保证定位精度，即使停车时，也需要给定子绕组送入规定的电流。图 2-58 所示为一种正弦电流变频器，图中给出了三相中的一相。全控整流桥是给电动机 A 相绕组供电的电流源，给它规定的电流波形如图 2-59 所示。输出电流的一个周期等分为 60 份。全控整流桥的输出电流不可能改变方向，只能利用它的电流源的强大调节能力迫使电流按照给定的数值变化。事实上，全控桥的输出电流是 30 拍一个循环，在每个循环的开始，例如第一拍，电流给定值等于零。为了保证在这一拍总能使主回路的电流迅速下降为零，绕组换流顺利进行，这一拍总是把整流桥的触发角推向 150°，以便利用整流桥的最大反向电压去迫使主回路的电流在任何条件下都能迅速下降为零。

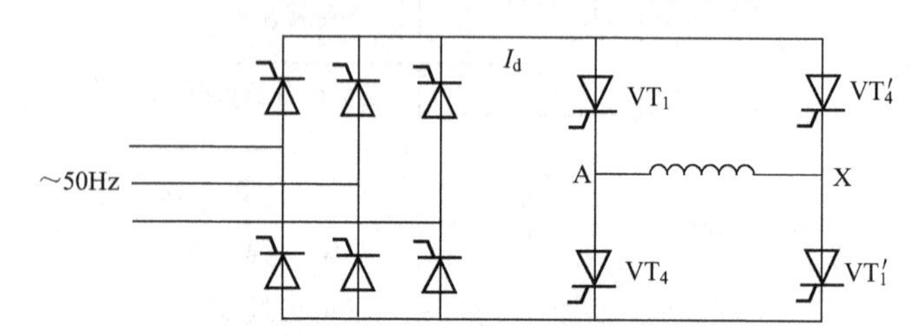

图 2-58　正弦电流变频器

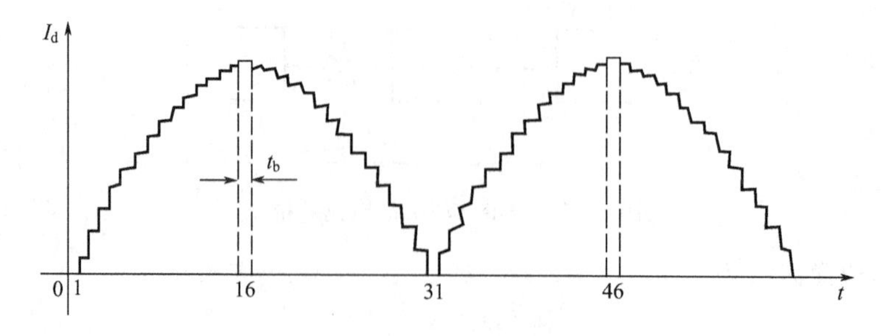

图 2-59　规定的电流输出波形

绕组 AX 中的交流由换向开关 VT_1 和 VT_1'、VT_4 和 VT_4'生成。第 1 拍到第 30 拍属于电流的正半周，由晶闸管 VT_1 和 VT_1'工作，VT_4 和 VT_4'截止。反之，从第 31 拍到第 60 拍属于电流的负半周，晶闸管 VT_4 和 VT_4'工作，VT_1 和 VT_1'截止。这种变频器虽然形式上是交-直-交，但它实质上是交-交变频器，不需要强迫换相环节，也就不会因换相电容而引起高压。它依靠全控桥推入逆变进行换相，换相损耗较小；依靠电流调节器的调节作用将电流钳制在给定值上，并不要求负载电流连续，所以电动机绕组本身的电感已经足够，不需要在直流回路中串入电感。它只用一个整流桥构成电流源，根本不存在环流问题。

实践证明，对于 50 周的电源频率，当输出频率 $f_0 \leqslant 10\text{Hz}$ 时，输出电流具有较好的正弦度，图 2-60 示出了它的输出波形。

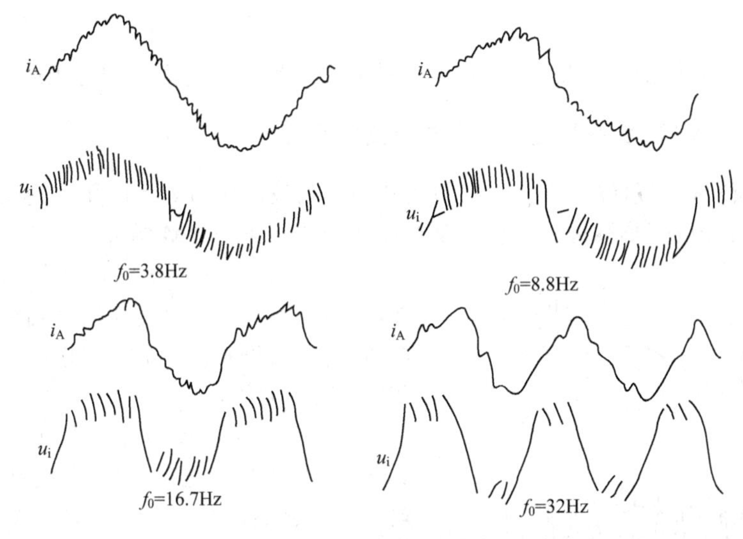

图 2-60　正弦电流变频器的输出波形

复习思考题

1. 简述交-直-交电压型逆变器功率元件的导通规律。

2. 计算交-直-交电压型逆变器在各种状态下，负载为星形接法时输出相电压和线电压，并画出波形图。

3. 调节交-直-交电压型逆变器输出电压的方法有哪些?

4. 试述串联电感式交-直-交电压型逆变器换相过程。

5. 简述交-直-交电流型逆变器功率元件的导通规律。

6. 计算交-直-交电流型逆变器在各种状态下负载为三角形接法时输出相电流和线电流，并画出波形图。

7. 试述串联二极管式交-直-交电流型逆变器换相过程。

8. 脉宽调制型变频器有何优缺点?

9. 什么叫软开关技术? 试述谐振型变频器基本原理。

10. 试述交-交变频器基本原理。

11. 简述余弦交点法原理。

12. 简述矩形电压波交-交变频器换相和换组过程原理。

13. 正弦电压波和正弦电流波交-交变频器在原理上有何异同?

第 3 章　脉宽调制（PWM）控制技术

3.1　PWM 型变频器的工作原理

脉宽调制用脉冲宽度不等的一系列矩形脉冲去逼近一个所需要的电压或电流信号。

3.1.1　PWM 型变频器的基本控制方式

如图 3-1 所示，三角波（△波）调制法利用三角波电压与参考电压（通常为正弦波）相比较，以确定各分段矩形脉冲的宽度，从而得到所需要的 PWM 脉冲。

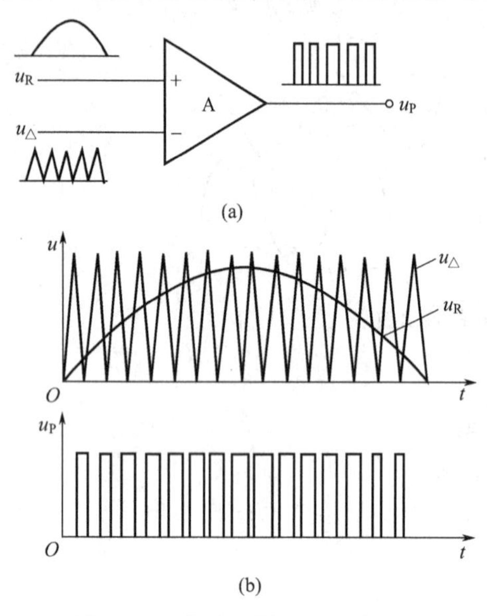

图 3-1　三角波调制法的电路原理

三波波调制法的电路原理如图 3-1(a) 所示，在电压比较器 A 的两输入端分别输入正弦波参考电压 u_R 和三角波电压 $u_\triangle$，在 A 的输出端便得到 PWM 调制电压脉冲。

PWM 脉冲宽度可由图 3-1(b) 看出。由于 $u_\triangle$ 和 u_R 分别接至电压比较器 A 的“－”和“＋”输入端，显然，当 $u_\triangle < u_R$ 时，A 的输出为高电平；反之，$u_\triangle > u_R$ 时，输出为低电平。图 3-1(b) 中，u_R 与 $u_\triangle$ 的交点之间的距离随参考电压 u_R 的大小而变，而交点之间的距离决定了电压比较器输出电压脉冲的宽度，因而可得到幅值相等而脉冲宽度不等的 PWM 电压信号 u_P。

从三角波电压与参考电压的频率来看，PWM 控制方式可分为同步控制式、异步控制式和分段同步控制式。

1. 同步控制方式

三角波电压的频率 $f_\triangle$ 与参考电压的频率 f_R（即逆变器的输出频率）之比 $f_\triangle/f_R$＝常数时称为同步控制方式。

同步控制方式在逆变器输出电压每个周期内所采用的三角波电压数目是固定的，因而所产生的脉冲数是一定的。其优点是在逆变器输出频率变化的整个范围内皆可保持输出波形的正、负半波完全对称，只有奇次谐波存在，而且能严格保证逆变器输出三相波形之间具有 120°相位移的对称关系。然而，同步控制方式的一个严重缺点是：当逆变器低频输出时，每个周期内的 PWM 脉冲数过少，低次谐波分量较大，使负载电动机产生转矩脉动和噪声。

2. 异步控制方式

与同步控制方式不同，异步控制方式采用的是固定不变的三角波电压频率。低速运行时，逆变器输出电压每个周期内的脉冲数相应增多，因而可减少负载电动机的转矩脉动和噪声，使调速系统具有良好的低频特性。然而，异步控制方式也有其缺点：由于三角波电压频率 $f_{\triangle}$ 为定值，当参考电压频率 f_R 连续变化时，则难以保证 $f_{\triangle}/f_R$ 为一整数，特别是能被3整除的数，因而不能保证逆变器输出正负半波以及三相之间的严格对称关系，将会导致负载电动机运行不够平稳。

3. 分段同步控制方式

实际应用中，多采用分段同步控制方式，它集同步和异步控制方式之长，而克服了两者的不足。在低频运行时，使三角波电压与参考电压的频率比 $f_{\triangle}/f_R$ 有级增大，在有级改变逆变器输出电压半波内PWM脉冲数目的同时，仍保持其半波和三角对称关系，从而改善了系统的低频运行特性，并可消除由于逆变器输出电压波形不对称所产生的不良影响。

采用分段同步控制方式，需要增加调制脉冲切换电路，从而增加了控制电路的复杂性。

3.1.2 简单的PWM型变频器工作原理

单相逆变器的主电路如图3-2所示，波形如图3-3所示。

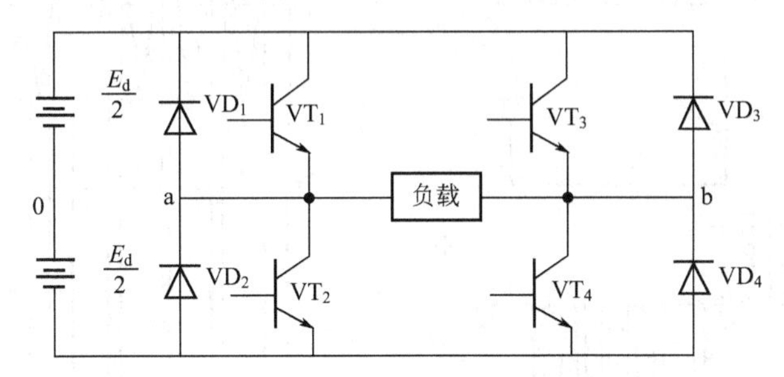

图3-2 单相逆变器（0为直流电源的理论中心点）

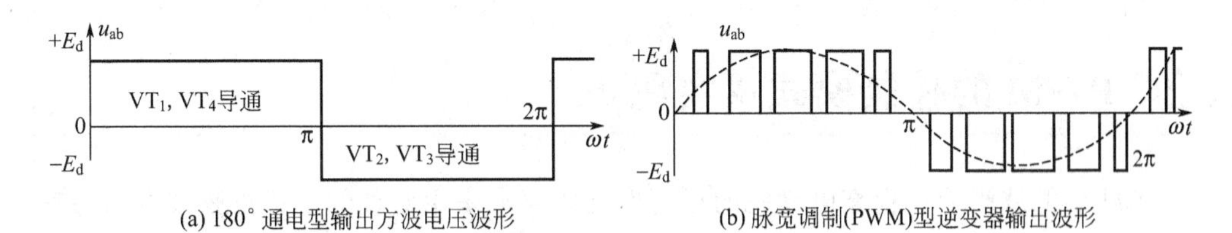

图3-3 电路的波形

PWM控制方式通过改变电力晶体管 VT_1、VT_4 和 VT_2、VT_3 交替导通的时间来改变逆变器输出波形的频率。改变每半周期内 VT_1、VT_4 或 VT_2、VT_3 开关器件的通、断时间比，即通过改变脉冲宽度来改变逆变器输出电压幅值的大小。如果使开关器件在半个周期内反复通断多次，并使每个输出矩形脉冲波电压下的面积接近于对应正弦波电压下的面积，则逆变器输出电压就将很接近基波电压，高次谐波电压将大大减少。若采用快速开关电器，使逆变器输出脉冲数增多，即使输出低频时，输出波形也是比较好的。所以PWM型逆变器特别适用于异步电动机变频调速的供电电源，实现平滑启动、停车和高效率宽范围调速。

3.1.3 单极性PWM调制原理

从调制脉冲的极性看，PWM又可分为单极性与双极性两种控制模式。

产生单极性PWM模式的基本原理如图3-4所示。首先由同极性的三角波电压 $u_{\triangle}$ 与参考电压 u_R 比较［见图3-4(a)］，产生单极性的PWM脉冲［见图3-4(b)］，然后将单极性的PWM脉冲信号与图3-4(c)所示的倒相信号 u_I 相乘，从而得到正负半波对称的PWM脉冲信号 u_P，如图3-4(d)所示。

3.1.4 双极性 PWM 调制原理

双极性 PWM 控制模式采用的是正负交变的双极性三角波电压 $u_{\triangle}$ 与参考波电压 u_{R}，如图 3-5 所示，可通过 $u_{\triangle}$ 与 u_{P} 的比较直接得到的双极性的 PWM 脉冲，而不需要倒相电路。

与单极性模式相比，双极性 PWM 模式控制电路和主电路比较简单，然后对比图 3-4 与图 3-5 可看出，单极性 PWM 模式要比双极性 PWM 模式输出电压中高次谐波分量少得多，这是单极性 PWM 模式的一个优点。

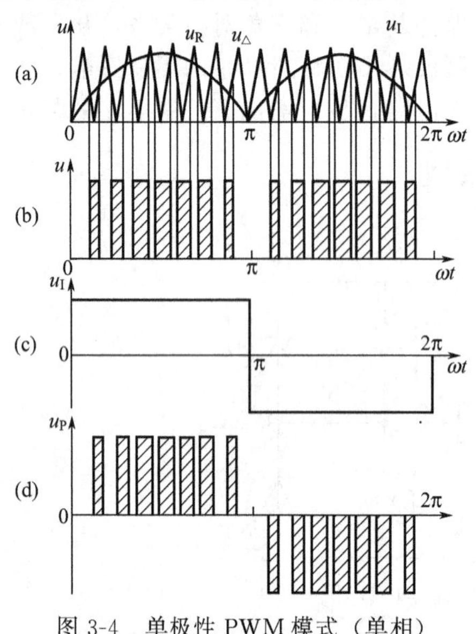

图 3-4　单极性 PWM 模式（单相）

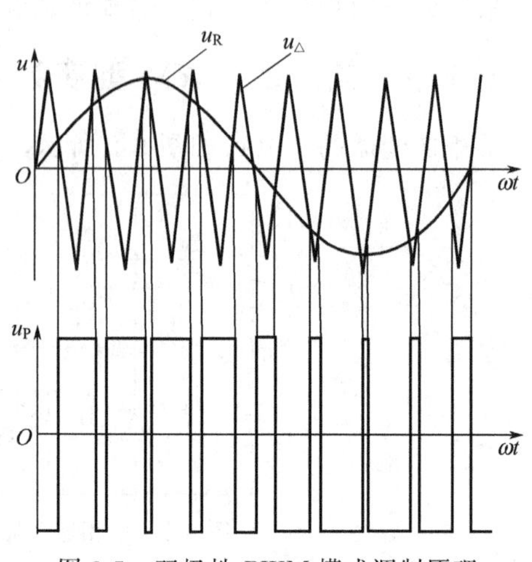

图 3-5　双极性 PWM 模式调制原理

3.2 PWM 的控制模式及实现

为了减小谐波影响，提高电动机的运行性能，要求采用对称的三相正弦波电源为三相交流电电动机供电，因此，PWM 逆变器采用正弦波作为参考信号。这种正弦波脉宽调制型逆变器称为 SPWM 逆变器。目前广泛应用的 PWM 型逆变器皆为 SPWM 逆变器。

3.2.1 SPWM 逆变器的同步调制和异步调制

定义载波的频率 f_{Δ} 与调制波频率 f_{R} 之比为载波比 N，即 $N=f_{\Delta}/f_{R}$。视载波比的变换与否有同步调制与异步调制之分。

1. 同步调制

在同步调制方式中，N=常数，变频时三角载波的频率与正弦调制波的频率同步变化，因而逆变器输出电压半波内的矩形脉冲数是固定不变的。如果取 N 等于 3 的倍数，则同步调制能够保证逆变器输出波形的正、负半波始终保持对称，且能严格保证三相输出波形间具有互差 120°的对称关系。当输出频率很低时，由于相邻两脉冲间的间距增大，谐波会显著增大，使负载电动机产生较大的脉动转矩和较强的噪声，这是同步调制方式的主要缺点。

2. 异步调制

为了消除同步调制的缺点，可以采用异步调制方式。顾名思义，异步调制中，在逆变器的整个变频范围内，载波比 N 是不等于常数的。一般在改变参考信号频率 f_{R} 时保持三角载波频率 f_{Δ} 不变，因而提高了低频时的载波比。这样，逆变器输出电压半波内的矩形脉冲数可随输出频率的降低而增加，可以减少负载电动机的转矩脉冲与噪声，改善了低频工作的特性。

但是，异步调制在改善低频工作的同时又会失去同步调制的优点。当载波比随着输出频率的降低而连续变化时，势必使逆变器输出电压的波形及其相位都发生变化，很难保持三相输出间的对称关系，因而引起电动机工作不平稳。为了扬长避短，可将同步和异步两种调制方式结合起来，因而就有了另一种分段调制方式的出现。

3. 分段同步调制

在一定频率范围内，采用同步调制，保持输出波形对称的优点。当频率降低较多时，使载波比分段有级增加，又采纳了异步调制的长处，这就是分段同步调制方式。具体来说，把逆变器整个变频范围分成若干频段，在每个频段内都维持载波比 N 的恒定，对不同的频段取不同的 N 值，频率低时 N 取大一些，一般按等级比数安排。

3.2.2 SPWM 的控制模式及其实现

实现 SPWM 的控制方式有三类，一是采用模拟电路，二是采用数字电路，三是采用模拟与数字电路相结合的控制方式。

采用模拟电路元件实现 SPWM 控制的原理示意图如图 3-4(a) 所示，首先，由模拟元件构成的三角波和正弦波发生器分别产生三角波信号 $u_{\triangle}$ 和正弦波参考信号 u_R，然后送入电压比较器，产生 SPWM 脉冲序列。这种模拟电路调制方式的优点是完成 $u_{\triangle}$ 与 u_R 信号的比较和确定脉冲宽度所用的时间短，几乎是瞬间完成的，不像数字电路采用软件计算，需要一定的时间。然而，这种方法的缺点是所需硬件较多，而且不够灵活，改变参数和调试比较麻烦。

采用数字电路的 SPWM 逆变器可采用以软件为基础的控制模式。其优点是所需硬件少，灵活性好和智能性强，缺点是需要通过计算确定 SPWM 的脉冲宽度，有一定的延时和响应时间。然而，随着高速度、高精度多功能微处理器、微控制器和 SPWM 专用芯片的发展，采用微机控制的数字化 SPWM 技术已占当今 PWM 逆变器的主导地位。

微机控制的 SPWM 控制模式有多种，常用的有以下两种。

1. 自然取样法

该法与采用模拟电路由硬件自然确定 SPWM 脉冲宽度的方法相类似，故称为自然取样法。微机采用计算的办法寻找三角波 $u_{\triangle}$ 与参考正弦波 u_R 的交点，从而确定 SPWM 脉冲宽度的。

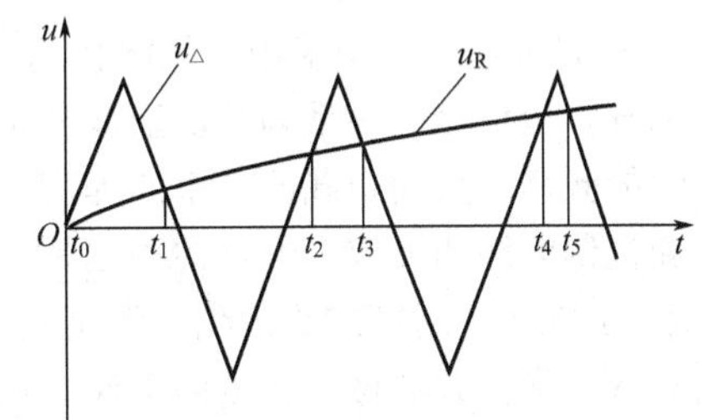

图 3-6　自然取样法 SPWM 模式计算

由图 3-6 可以看出，只要通过对 $u_{\triangle}$ 和 u_R 的数字表达式联立求解，找出其交点对应的时刻 t_0、t_1、t_2、t_3、t_4……便可确定相应 SPWM 的脉冲宽度。虽然微机具有复杂的运算功能，但需要一定的时间，而SPWM逆变器的输出需要适时控制，因此没有充分的时间联立求解方程，准确计算 $u_{\triangle}$ 和 u_R 的交点。一般实际采用的方法是：先将在参考正弦波 1/4 周期内各时刻的 $u_{\triangle}$ 和 u_R 值算好，以表格形式存在计算机内，以后需要计算某时刻的 $u_{\triangle}$ 和 u_R 值时，不用临时计算而采用查表的方法很快得到。由于波形对称，仅需知道参考正弦波 1/4 周期的 $u_{\triangle}$ 和 u_R 值就可以了。在一个周期内，其他时刻的值可由对称关系求得。求 $u_{\triangle}$ 和 u_R 波形的交点可采用逐次逼近的数值解法，即规定一个允许误差 ε，通过修改 t_i 值，当满足 $|u_{\triangle}(t_i)-u_R(t_i)|\leqslant\varepsilon$ 时，则认为找到了 $u_{\triangle}$ 和 u_R 波形的一个交点。根据求得的 t_0、t_1、t_2……值便可确定 SPWM 的脉冲宽度。

采用上述方式，虽然可以较准确的确定 $u_{\triangle}$ 和 u_R 的交点，但计算工作量较大，特别是当变频范围较大时，需要事先对各种频率下的 $u_{\triangle}$ 和 u_R 值计算、列表，将占用大量的内存

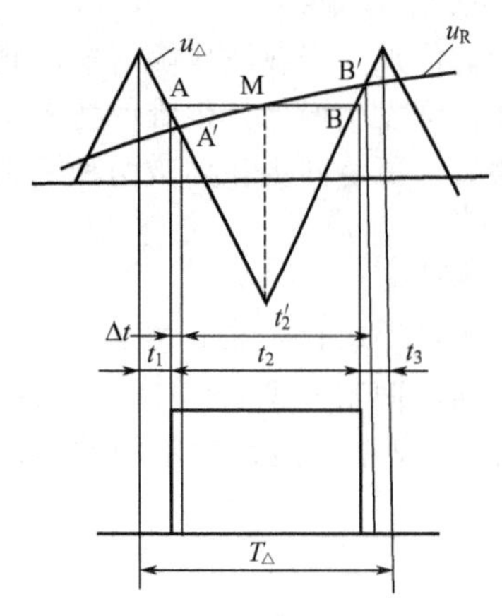

图 3-7　规则取样法 PWM 调制

空间，因而只有在某一变化不大的范围内变频调速时，采用此法才较可行。为了简化计算工作量，可采用对称规则取样法。

2. 对称规则取样法

如图 3-7 所示，按自然取样法求得的 $u_\triangle$ 和 u_R 的交点为 A′和 B′，对应的 SPWM 脉宽为 t_2'。为了简化计算，采用近似的求 $u_\triangle$ 和 u_R 交点的方法：通过两个三角波波峰之间中线与 u_R 的交点 M 作水平线，与两个三角波分别交于 A 和 B 点。由交点 A 和 B 确定 SPWM 脉宽为 t_2，显然，t_2 与 t_2'数值相近。只是 AB 与 A′B 两脉冲相差了一个很小的 Δt 时间。

对称规则取样法就是用 $u_\triangle$ 和 u_R 近似交点 A 和 B 代替实际的交点 A′和 B′，从而确定 SPWM 脉冲信号。这种方法虽然有一定的误差，但却大大减小了计算工作量。由图 3-7 可很容易的求出对称规则取样法的计算公式。

设三角波和正弦波的幅值分别为 $u_{\triangle m}$ 和 u_{sm}，周期分别为 $T_\triangle$ 和 T_s，脉宽 t_2 和间隙时间 t_1 及 t_3 可由下列公式计算。

$$t_2=\frac{T_\triangle}{2}+\frac{T_\triangle}{2}\frac{U_{sm}}{U_{\triangle m}}\sin\left(\frac{2\pi}{T_s}t\right) \tag{3-1}$$

$$t_1=t_3=\frac{1}{2}(T_\triangle-t_2)=\frac{1}{2}\left[\frac{T_\triangle}{2}+\frac{T_\triangle}{2}\frac{U_{sm}}{U_{\triangle m}}\sin\left(\frac{2\pi}{T_s}t\right)\right] \tag{3-2}$$

由式(3-1) 和式(3-2) 可很快的求出 t_1 和 t_2 值，进而确定相应的 SPWM 脉冲宽度。具体计算也可采用查表法，仅需对 $\frac{T_\triangle}{2}\times\frac{U_{sm}}{U_{\triangle m}}\sin\left(\frac{2\pi}{T_s}t\right)$ 值列表存放即可。

另外还有非对称规则取样法（又称阶梯法），其原理可参阅有关资料。

3.3　具有消除谐波功能的 SPWM 控制模式的优化

SPWM 逆变器中采用正弦波作为参考波，虽然在逆变器的输出电压和电流中，基波占主要部分，但仍存在一系列高次谐波分量。如果不使其含有次数较低的谐波分量，则需要提高三角波的频率。然而，载波频率的提高将增加功率元件的开关次数和开关损耗，提高了对功率元件和控制电路的要求。最好的办法是在不增加载波频率的情况下能消除所不希望的谐波分量。所谓 SPWM 控制模式的优化，就是指可消除谐波分量的 SPWM 控制方式。近 20 多年来，人们对各种优化方法做了大量的工作，在此仅对 SPWM 控制模式优化的基本思路做简单介绍。

1. 两电平 SPWM 逆变器

多相 SPWM 逆变器是由单相 SPWM 逆变器构成的，其 SPWM 控制模式的原理是相同的。为了简单明了，下面以单相 SPWM 逆变器为例，说明通过 SPWM 控制模式优化消除给定次数谐波分量的方法。

单相 SPWM 逆变器的原理接线图如图 3-8 所示，其中，功率开关元件用开关 S_1、S_1'、S_2 和 S_2'表示。为了防止电源短路，显然不允许 S_1 与 S_1'或 S_2 与 S_2'同时接通，需要采用互补控制，因此仅分析 S_1 和 S_2 的通断状态即可。

如果用以 1 和 0 分别表示一个开关的接通和断开状态，则 S_1、S_2 的可能操作方式为 00、01、10 和 11，可实际采用的只有两种 SPWM 控制模式。

① S_1、S_2 采用 10 和 01 控制方式构成两电平 SPWM逆变器，由图 3-8 可看出，S_1、S_2 为 10 时，负载电压 $u_L=U_d$；而 S_1、S_2 为 01 时，$u_L=-U_d$，仅有两种电平。

② S_1、S_2 采用 10、00、01 三种控制方式时，构成三电平 SPWM 逆变器，因为除了 10 和 01 对应的两电平外，还多出了一个 00 状态对应的零电平。

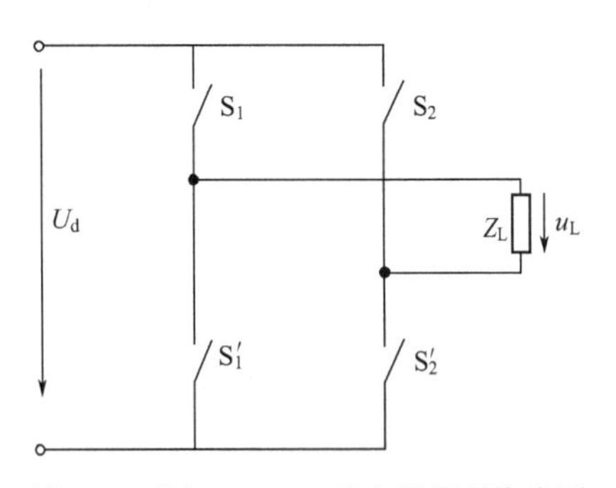

图 3-8　单相 SPWM 逆变器原理接线图

由于两电平和三电平 SPWM 逆变器输出电压波形不同，含有的谐波分量有所不同，故需要分别分析。下面先分析两电平 SPWM 逆变器的谐波消除方法。

如图 3-9 所示，假定两电平 SPWM 逆变器输出电压波形具有基波 1/4 周期对称关系，显然，如将该 SPWM 脉冲电压序列展成傅氏级数，则仅含奇次谐波分量。负载电压 u_L 可表示各次谐波电压之和，即

$$u_L=\sum_{v=1}^{\infty}U_v\sin v\omega t$$

$$U_v=\frac{4U_d}{\pi v}\left[1+2\sum_{k=1}^{N}(-1)^k\cos v\alpha_K\right] \tag{3-3}$$

式中　U_v——v 次谐波电压幅值；

α_K——电压脉冲前沿或后沿与 ωt 坐标的交点，以电角度表示；

N——在 0°～90°范围内 α_K 的个数。

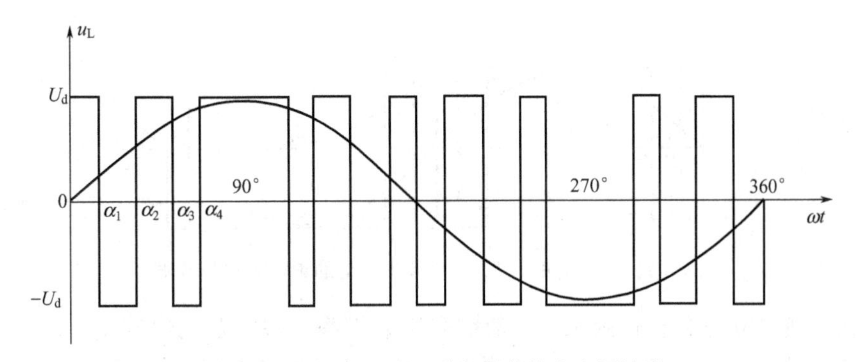

图 3-9　两电平 SPWM 逆变器的输出电压波形

理论上讲，欲想消除第 v 次谐波分量，只要令式(3-3) 中的 $U_v=0$，从而解出相应的 α_K值即可。然而，由式(3-3) 可看出，未知数 α_K的个数有 N 个，需要有 N 个方程联立求解。为此，可同时令 N 个谐波次数的电压为 0，通过优化值 α_K消除 N 个谐波分量。显然，如果想消除的谐波次数少一些，则选取的 N 值也可少一些；反之，要想消除的谐波次数多一些，则必须选取 SPWM 脉冲的个数也要多一些；下面举例说明 α_K 值的具体求解方法。

(1) 消除 5 次和 7 次谐波

一般采用星形接线的三相对称电源供电的交流电动机，相电流中不包含三的倍数次谐波。故在 SPWM 调制时可不必考虑消除 3 次谐波。如前所述，对电动机调速性能影响最大的是 5 次和 7 次谐波，因此，应列其为需要首先消除的谐波。如仅想消除 5 次和 7 次谐波，可选 $N=2$，仅需求解两个联立方程。令 U_5 和 U_7 为 0，可得下面的联立方程。

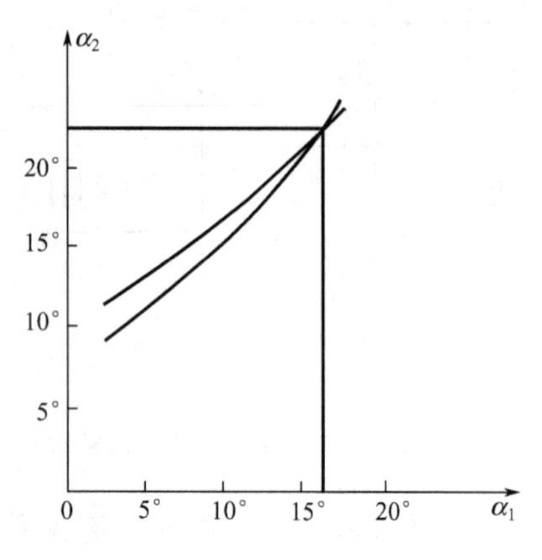

图 3-10　α_1 和 α_2 的数值解法

$$\begin{cases} U_5=\frac{4U_d}{5\pi}(1-2\cos5\alpha_1+2\cos5\alpha_2)=0 \\ U_7=\frac{4U_d}{7\pi}(1-2\cos7\alpha_1+2\cos7\alpha_2)=0 \end{cases} \tag{3-4}$$

由于是超越方程，直接联立求解有一定的困难，可采用数值解法，设定 α_1 值，由式(3-4) 计算出函数关系 $\alpha_2=f_1(\alpha_1)$ 和 $\alpha'_2=f_2(\alpha_1)$，然后根据 $f_1(\alpha_1)$ 和 $f_2(\alpha_1)$ 曲线的交点可求得 α_1 和 α_2 值，如图 3-10 所示。

由上述方法求得 $\alpha_1=16.247°$，$\alpha_2=22.068°$，相应的 SPWM 逆变器的输出波形如图 3-11 所示。

(2) 消除 5 次、7 次、11 次和 13 次谐波

除了 5 次、7 次谐波外，11 次和 13 次谐波对调速性能的影响也较大，故也希望尽可能与 5 次、7 次谐波同时消除，如在基波的 1/4 周期（0°～90°）范围内增加一个脉冲，即有四个未知 α_K 值（$K=4$)，则可同时消除 5 次、7 次、11 次和 13 次谐波。令 U_5、U_7、U_{11} 和 U_{13} 皆为 0，由式(3-3) 可得联立方程，见式(3-5)。

$$\begin{cases} 1-2\cos5\alpha_1+2\cos5\alpha_2-2\cos5\alpha_3+2\cos5\alpha_4=0 \\ 1-2\cos7\alpha_1+2\cos7\alpha_2-2\cos7\alpha_3+2\cos7\alpha_4=0 \\ 1-2\cos11\alpha_1+2\cos11\alpha_2-2\cos11\alpha_3+2\cos11\alpha_4=0 \\ 1-2\cos13\alpha_1+2\cos13\alpha_2-2\cos13\alpha_3+2\cos13\alpha_4=0 \end{cases} \tag{3-5}$$

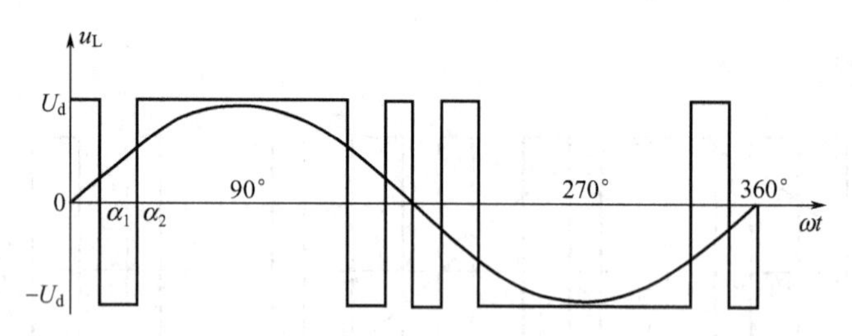

图 3-11　可消除 5 次、7 次谐波分量的 PWM 调制模式

解上面超越联立方程比较困难，一般需采用数值法求解。首先假定 α_1、α_2、α_3 和 α_4 值，代入式(3-5)，如不满足，对 α_1～α_4 进行修正，通过叠代逐渐逼近真值。

2. 三电平 SPWM 逆变器

如图 4-8 所示，SPWM 逆变器当 S_1、S_2 采用 10、00、01 开关模式时，逆变器输出电压具有三种电平，其输出 SPWM 波形如图 3-12 所示。

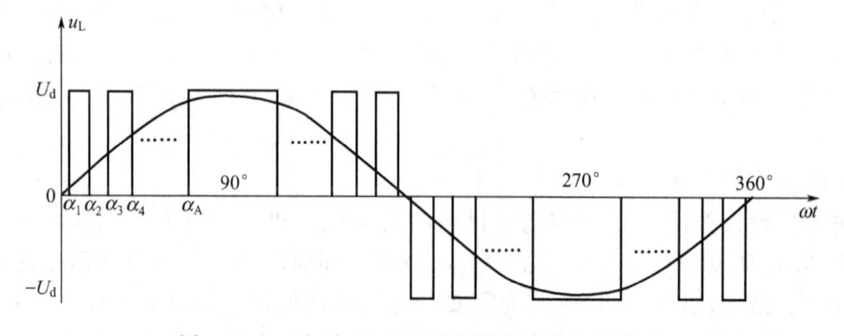

图 3-12　三电平 SPWM 逆变器的输出电压波形

将图 3-12 所示电压波形展开傅氏级数，显然也仅包含奇次谐波，电压幅值为

$$U_v=\frac{4U_d}{\pi v}\sum_{K=1}^{N}(-1)^{K+1}\cos v\alpha_K \tag{3-6}$$

式中　N——在 1/4 周期（0°～90°）内脉冲前沿和后沿数；

α_K——脉冲前沿或后沿在 ωt 轴上的坐标。

为消除 v 次谐波，可令 $U_v=0$，求解式(4-6) 可得优化的 α_K 值。如想同时消除 5 次、7 次和 11 次谐波，则可取 $N=3$，通过设 U_5、U_7 和 U_{11} 为 0，则可由式(3-6) 求得 α_1、α_2 和 α_3。

3.4 电流跟踪型 PWM 逆变器的控制技术

3.4.1 电流跟踪型 PWM 逆变器运行原理

电流跟踪型 PWM 又称电流控制型电源 PWM 逆变器（CRPWM），它兼有电压型和电流型逆变器的优点，结构简单、工作可靠、响应快、谐波小。采用电流控制可实现对电动机定子相电流的在线自适应控制，特别适用于高性能的矢量控制系统。其中，滞环电流跟踪型 PWM 逆变器除上述特点外，还因其电流动态响应快、系统不受负载参数的影响、实现方便而得到广泛的重视。

滞环电流跟踪型 PWM 逆变器的单相结构示意图如图 3-13 所示。

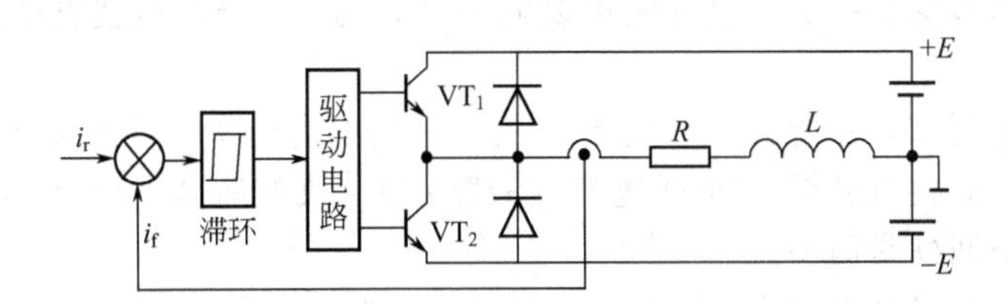

图 3-13　滞环电流跟踪型 PWM 逆变器的单相结构示意图

图 3-13 中，i_r 为给定参考电流，是电流跟踪目标，当实际负载电流反馈值 i_f 与 i_r 之差达到滞环上限值 Δ，即 $i_f-i_r\geqslant\Delta$ 时，VT_2 导通、VT_1 截止，负载电压为 $-E$，负载电流 i_f 下降；当 i_f 与 i_r 之差达到滞环下限值 $-\Delta$，即 $i_f-i_r\leqslant-\Delta$ 时，VT_1 导通、VT_2 截止，负载电压为 $+E$，负载电流 i_f 上升。这样，通过 VT_1、VT_2 的交替通断，使 $|i_f-i_r|\leqslant\Delta$，实现 i_f 对 i_r 的自动跟踪。如 i_r 为正弦电流，则 i_f 也近似为一正弦电流。

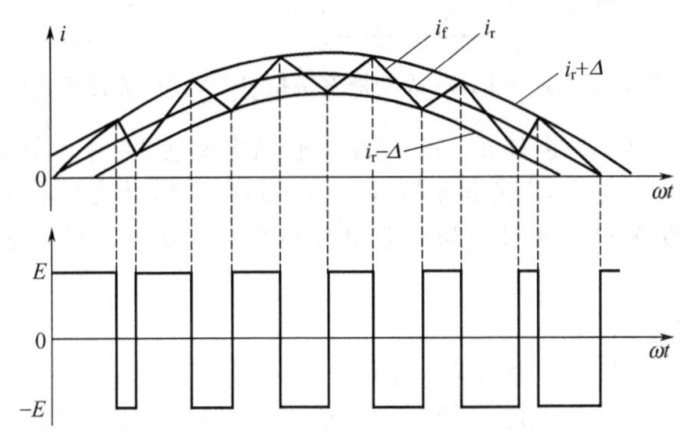

图 3-14　电压 PWM 波形的产生

图 3-14 是滞环电流跟踪型 PWM 逆变器通过反馈电流 i_f 与给定电流 i_r 相比较产生输出 PWM 电压信号的波形图。可以看出，PWM 脉冲频率（即功率管的开关频率）f_T 是变量，与下列因素有关。

① f_T 与滞环宽 Δ 成反比，滞环越宽，f_T 越低。

② 逆变器电源电压 E 越大，负载电流上升（或下降）的速度越快，i_f 到达滞环上限（或下限）的时间越短，因而 f_T 随值 E 增大而增大。

③ 负载电感值 L 越大，电流的变化率 di_r/dt 越小，i_f 到达滞环上限（或下限）的时间越长，因而 f_T 越小。

④ f_T 与参考电流 i_r 的变化率 di_r/dt 有关，di_r/dt 越大，f_r 越小，这可由图 3-14 看出，越接近 i_r 的峰值，di_r/dt 越小，而 PWM 脉宽越小，即 f_T 越大。

由以上分析可以看出：这种具有固定滞环宽度的电流跟踪型 PWM 逆变器存在一个问题，即在给定参考电流的一个周期内，PWM 脉冲频率差别很大，显然，频率低的一段，电流的跟踪性差于频率高的一段。而参考电流的变化率接近于 0 时，功率开关管的工作频率增高，加剧了开关损耗，甚至超出功率器件的安全工作区。相反，PWM 脉冲的频率过低也不好，因为会产生低次谐波，影响电动机的性能。

3.4.2 开关频率恒定的电流跟踪型 PWM 控制技术

如上所述，有固定滞环宽度的电流跟踪型 PWM 逆变器，功率元件的开关频率变化过大，不仅会降低电流跟踪精度和产生谐波影响，而且不利于功率管的安全工作。最好能使逆变器的开关频率基本保持一定，这样便可以减小跟踪误差、降低谐波电流影响和提高逆变器的性能。

由前面的分析可知，保持在参考电流 i_r 的一个周期内功率元件开关频率 f_T 恒定，唯一的办法是随着 di_r/dt 的变化调整滞环宽度（滞宽）Δ。改变滞宽，使 f_T 恒定，可以采用不同的控制方式，下面列举两种。

(1) 随着 di_r/dt 变化调整滞环宽度 Δ，使 f_T 不变

一种用模拟元件由 di_r/dt 计算滞宽的电路如图 3-15 所示。

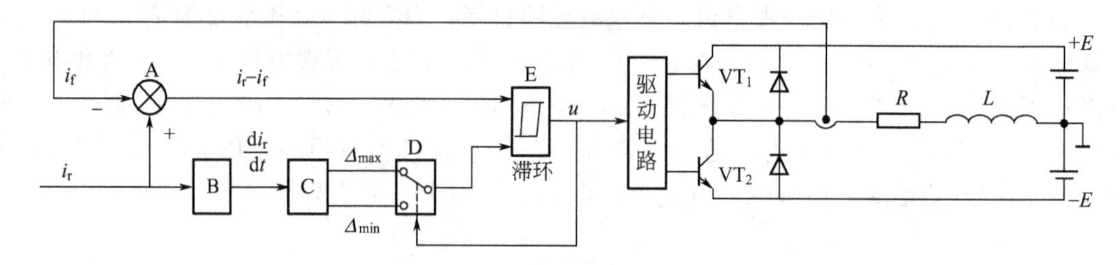

图 3-15 使用 di_r/dt 改变滞宽保持 f_T 恒定的原理电路图

参考电流经微分电路 B 得出 di_r/dt。然后根据电路参数由 C 计算响应的滞宽 Δ_{max} 和 Δ_{min}，再由二选一电路 D 将 Δ_{max} 或 Δ_{min} 与 i_r-i_f 一起送入滞环比较器 E。二选一电路可由滞环比较器输出电平自动选取。通过适当选取电路参数，可实现滞环比较器输出 PWM 脉冲的频率基本不变。

(2) 在电流闭环中增设频率闭环，使 f_T 不变

在常用的电流滞环中增加频率闭环，使 f_T 恒定的原理电路图如图 3-16 所示。根据功率器件的类型、特性和逆变器的性能指标，可以确定最佳开关频率的给定信号 f_T^*。由电流滞环输出测量的 PWM 脉冲信号频率经频率电压变换器 f/V 转换成电压信号 f_T，将 $f_T^*-f_T$

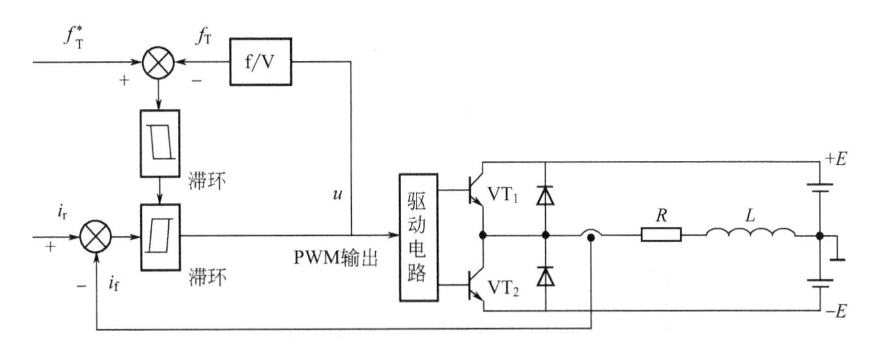

图 3-16　使用频率闭环使 f_T 恒定的原理电路图

送入非线性开关调节器，调节器实时给出电流滞环宽度。当 $f_T^* > f_T$ 时，给出滞环宽 Δ_{min}，使 f_T 提高；反之，当 $f_T^* < f_T$ 时，给出滞环宽 Δ_{max}，使 f_T 下降。

3.5　PWM 脉冲的生成方法

对于 PWM 变频调速系统来说，显然 PWM 脉冲信号的产生是整个控制系统的核心部分。PWM 脉冲信号可由模拟电路控制方式、数字电路控制方式或两种电路相结合的混合控制方式生成。

3.5.1　模拟电路控制方式

PWM 脉冲信号产生电路的主要功能是根据给定的指令（如转速）和对调速特性的要求，通过对调速系统数学模型的解算，产生控制逆变器功率元件通断的 PWM 脉冲信号。由于所采用的数学模型与控制原理不同，所采用的控制方式是多种多样的，如矢量（磁场定向）控制、直接转矩控制、变结构控制、模糊控制、神经元自适应控制等。在此不可能对这些控制方法逐一进行论述，仅就参考信号确定之后，如何采用模拟电路具体产生 PWM 脉冲信号的方法分析。

产生 PWM 脉冲信号的基本和常用的一种方法是用三角载波对给定参考波进行调制。假定所需要的参考电压的频率与幅值已经求出，对于 SPWM 逆变器，需要产生给定频率和幅值的正弦波和三角载波电压信号。如前所述，脉宽调制有同步方式和异步方式之分，它们各有优缺点，而最好的方式是分段同步式，即根据参考正弦波的频率变化范围分段选用同步方式，使三角载波频率为参考波的整数倍，以保证 PWM 输出波形的对称。产生频率和幅值可控正弦波的方法有多种，这里不详细介绍，只讨论如何实现分段同步控制。下面介绍一种采用锁相环产生分段同步控制三角载波的方法。

分段同步控制三角载波产生的电路原理如图 3-17 所示。变频调速需要给定的参考正弦波经整形电路变为方波，然后送入锁相环 14 端，与由 3 端输入的波形进行相位比较，其差值信号由 13 端输出，经低通滤波由 9 端输入送至锁相环内部的 V/f 转换器，产生由 4 端输出的矩形脉冲，经 N 分频变为 3 端输入信号，再次与 14 端信号相比，经反复调整，最后使 3 端输入信号频率和相位与 14 端输入信号一致。此时，由 4 端输出未经 N 分频的矩形脉冲经积分电路后可获得产生 PWM 信号的三角载波，三角载波的频率为参考正弦波频率的 N 倍。显然，通过改变分频值 N，可实现分段同步控制。

可变 N 值的分频电路可用预置端的计数器来实现，如二-N-十进制减计数器 MC14522B，其三级可预置分频电路如图 3-18 所示。每级的预置可通过 D_0～D_3 端电平设置

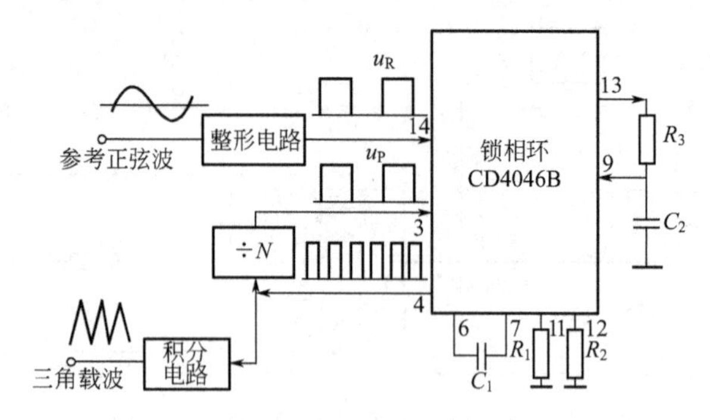

图 3-17　分段同步控制三角载波产生的电路

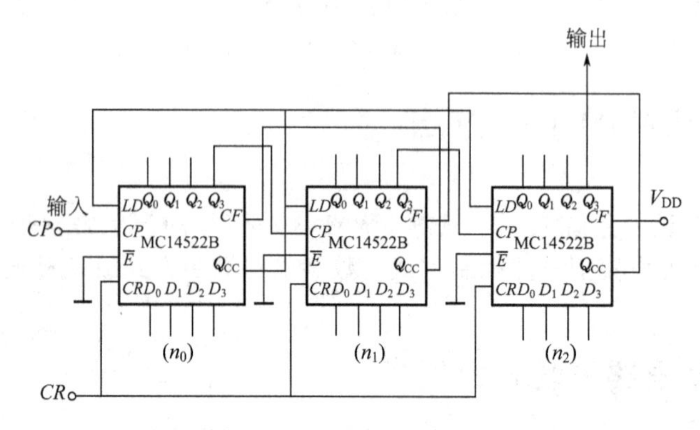

图 3-18　可预置 N 分频器

来实现，高电平为 1，低电平为 0。所需要的分频数 N 值由三位十进制数 $n_2n_1n_0$ 组成。CR 端高电平计数器清零，低电平计数。当 LD 端为高电平时，将预定的分频值 N 值按 $n_2n_1n_0$ 置入各计数器。由 CP 端输入锁相环压频振荡器输出信号作为时钟脉冲，进行减法计数，完成分频功能。当三级计数器均减至零时，由于末级的 CF 接电高电压，故 Q_{CC} 变为高电平，随之，第一级的 CF 和 Q_{CC} 也变为高电平，由于第一级 Q_{CC} 与各级 LD 相接，故又重新开始置数，致使计数器连续对输入脉冲进行分频。通过改变计数器的 D_0～D_3 端子的电平可改变分频数 N 的设置。

值得注意的是：虽然这里只对 PWM 脉冲完全由模拟电路生成做介绍，但总的发展趋势是向全数字化控制方向发展。

3.5.2　数字电路控制方式

采用数字控制方式时，调速系统数学模型的求解、各闭环控制调节器以及 PWM 脉冲信号的产生等功能全部由单片机或微处理器完成。下面简单介绍用于 SPWM 控制的专用芯片及微处理器。

1. 新型 SPWM 专用微处理器的主要性能

SPWM 信号可用多种方法产生，然而，近年来计算机技术的发展使人们倾向于用微处理器或单片机来合成 SPWM 信号。目前用单片机产生 SPWM 信号，通常是根据某种算法计算、查表、定时输出三相 SPWM 波形，再由外部硬件电路加延时和互锁变成六路信号。受运算速度和硬件所限，SPWM 的调制频率以及系统动态响应速度都不是太高。在闭环控制变频调速系统中，采用一般的微处理器实现纯数字的速度和电流闭环控制是相当困难的。

随着大规模集成电路（LSC）技术的发展，近来出现了多种用于电动机控制的新型专用单片微处理器。这些新型专用微处理器具有以下性能指标。

（1）基本指令数、执行时间、内存容量及处理器的可读、写内存容量

为了提高运算速度，几乎所有的新型微处理器的命令都采用管线（pipe line）方式。为了完成复杂的运算，这类微处理器皆具有乘、除法指令或带符号的乘、除法指令。此外，有的微处理器还备有便于进行矩阵运算的求积、求和的指令。

（2）中断功能及中断通信道数

为了对变频器及电动机的运行参数（如电压、电流、温度等）进行适时检测与故障保护，需要微处理器具有很强的中断功能与足够的中断通道数。

（3）PWM 波形生成硬件及调制范围

波形生成硬件单元可设定各种 PWM 调制方式、调制频率及死区时间，可实现的调制频率范围应能满足低噪声变频器和高输出频率的变频器的要求。

（4）A/D 接口

芯片应具有输入模拟信号（可用于电动机的电压、电流信号，各种传感器的二次电信号以及外部的模拟量控制信号）的 A/D 转换接口，A/D 转换器的字长一般为 8 位或 10 位。

（5）通信接口

芯片应备有用于外围设备通信的同步、异步串行接口的硬件或软件单元。

2. 新型单片机微处理器简介

目前，具有代表性的新型 PWM 专用芯片是：美国英特尔（INTEL）公司的 8×196MC 系列，日本电气（NEC）公司的 PD78336 系列和日本日立公司的 SH7000 系列。下面重点介绍 8×C196MC 的功能和特点，同时对三种芯片的主要性能指标做对比、分析。

（1）8×C196MC 系列

Intel 公司的 8×C196MC 系列于 1991 年投放市场，有三种产品：无内部 ROM 的 80C196MC、备有 16KB 一次性写入内部 ROM 的 83C196MC 以及备有 16KB 可重复写内部 ROM 的 87C196MC。8×C196MC 的引脚排列如图 3-19 所示。主要包括算术、逻辑运算部件 RALU、寄存器集、内部 A/D 转换器、PWM 发生器、事件处理阵列 EPA、三相互补 SPWM 输出发生器以及看门狗、时钟和中断控制等电路。

8×C196MC 寄存器阵列包括 512 个字节，分为低 256 字节和高 256 字节两部分。低 256 字节在 RLU 运算过程中可当作 256 个累加器使用，高 256 字节用作寄存器 RAM，也可通过特有的窗口技术，将高 256 字节切换成具有累加器功能的低 256 个字节，从而避免了一般单片机仅使用单个累加器而产生的瓶颈效应，提高了运算速度。在 16MHz 晶振频率下，8×C196MC 完成 16 位×16 位乘法仅需 1.75μs，完成 32 位÷16 位的除法只要 3.0μs，这对于实现控制系统的快速控制非常有利。

8×C196MC 最具特色的是它的三相（六路）互补 SPWM 输出功能、事件处理阵列 EPA 和外设服务功能 PTS，下面分别进行简单介绍。

① SPWM 波形输出。三相 SPWM 波形三由 A、B、C 三个单相 SPWM 波形生成器构成的，其中一相（A 相）电路的原理图如图 3-20 左图所示，它由脉宽发生、脉冲合成及保护电路等单元电路构成。脉宽发生单元则由三角调制波产生、输出脉宽值设定以及脉宽比较和生成电路构成。

为防止逆变器同一桥臂上下两个功率元件发生直通，造成短路，该 SPWM 发生电路通过编程设置死区互锁时间 t_d，如图 3-20 右侧所示，使驱动同一桥臂上下两功率元件的 SPWM 脉冲信号 u^+ 和 u^- 具有互补功能，且在 u^+ 和 u^- 电平切换时，设置皆为高电平的死区时间 t_d，以确保同一桥臂的上下功率元件不会同时导通。在使用 16MHz 晶振时，死区时间

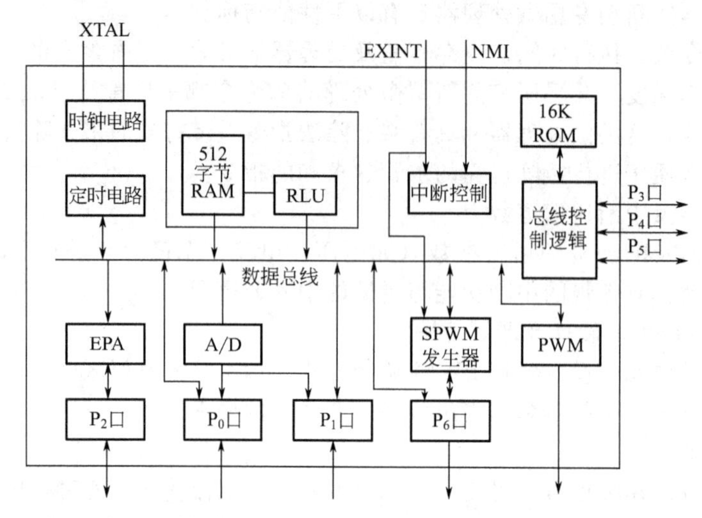

图 3-19　8×C196MC 结构原理图

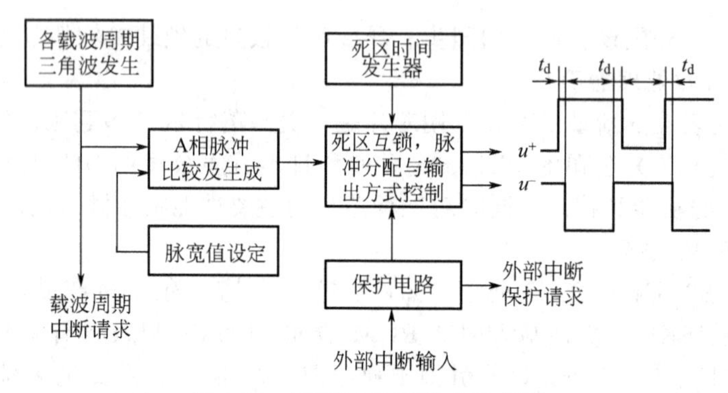

图 3-20　SPWM 波形输出示意图

t_d 的范围为 0.125～125μs。三相互补 SPWM 波形发生器可通过 P6 口直接输出六路 SPWM 信号。每路驱动电流可达 20mA。在使用 16MHz 晶振时，驱动信号频率可达 8MHz。

当出现外部过电流等故障中断信号时，保护电路立即封锁 SPWM 的输出，并发出软件中断请求，向 CPU 报告外部故障的发生。

② 事件处理阵列 EPA。EPA(Event Processor Array) 相当于 8096 单片机的高速输入口 HIS 和高速输出 HSO，但增强了功能。输入方式时可用于捕捉输入引脚的边沿跳变（上升沿、下降沿或任一种跳变），输出方式则可用于定时/计数器与设定常数的比较。8×C196MC 有四个相同的捕捉/比较模块和四个比较模块，可分别设置不同的工作方式。

EPA 有两个 16 位双向定时/计数器 T1 和 T2。其中，T1 可工作在晶振时钟模式，用于直接处理光码输出的两路位移为 90°的脉冲信号，这在速度闭环变频调速系统中非常有用。

③ 外设处理服务功能 PTS。PTS(Periphral Transaction Server) 是一种类似于 DMA 的并行处理方式，较少占用 CPU 时间，可用微指令码来代替中断服务程序，设置后可自动执行，不需要 CPU 干预。

当采用数字电流环时，电流模拟量反馈信号经 A/D 转换变成数字量，送入 CPU，然后进行电流环计算，但这需要较多的时间，不利于快速控制。如将 A/D 转换以 PTS 方式进行，除去 PTS 初始化需要很少的时间外，A/D 转换由 PTS 自动控制完成，CPU 可专门用于电流环的处理，从而提高了电流环的快速性。

（2）PD78366 系列

日本电气公司的 PD78366 系列于 1993 年底投入市场，有三种机型：无内部 ROM 的 PD78365、备有一次性写入 32K 字节内部 ROM 的 PD78366 以及具有可重复写 48K 字节内容 PROM 的 PD78368。

PD78366 系列的主要性能指标列于表 4-1 中的第 2 列，该芯片具有下列特点。

① 与 8×C196MC 系列相比，增加了位操作指令及便于进行矩阵运算的积和演算功能。

② 16 个可屏蔽中断源的优先级可用软件任意设定。

③ 波形生成器类似于 8×C196MC，但难以实现某些特殊的 PWM 调制。内部 CLK 频率最高为 16MHz，调制频率可达 20kHz 以上。

④ 设有同步、异步串行接口、专用硬件和串行通信端子，这一点比 8×C196MC 要优越，后者采用软件方式进行串行通信，将占用 CPU 的时间。

⑤ 在复位状态下，所有 I/O 端子皆处于高阻状态，因而从上电到复位完成的瞬间可防止输出端发生误动作。8×C196MC 系列不具备该项功能。

⑥ 尽管有 8 组 128 字节的通用寄存器，但同时仅可使用一个 ALU，因而仍存在瓶颈现象。这一点不如 8×C196MC 系列。

（3）SH7000 系列

SH7000 系列是日立公司最近推出的为交流电机伺服系统专门设计的单片微处理器。一般伺服系统所需要的位置、速度和电流控制环以及 PWM 波形生成器皆可该芯片完成。

由表 3-1 可看出，SH7000 系列芯片具有以下特点。

① CPU 指令采用 RISC 方式，因而执行速度快，基本指令执行时间仅为一个系统时钟周期。

② 通用寄存器为 32 位并备用硬件乘法器，完成 16 位×16 位乘法运算仅用 3 个系统时钟周期。

③ 内存容量大，为 4G 字节。

④ A/D 转换时间短，仅为 6.7μs。

以上对 8×C196MC 系列的功能和特点做了较详细的分析，对于 PD78366 和 SH7034 系列仅做简要介绍。为了便于对比、分析，将三种微处理器系列的主要性能指标列于表 3-1中。

表 3-1　三种新型微处理器的主要性能比较

		8×C196MC	PD78366	SH7034
运算指令	基本指令	112	115	
	乘、除指令执行时间	16×16:14CLK 周期 32/32:24CLK 周期	16×16:15CLK 周期 32/16:43CLK 周期	16×16:3CLK 周期
	特殊指令	32 位加减运算 带符号除法	16 位字批传送 位操作 积和演算	带符号除法 积和演算
内存	通用寄存器	232 字节	108 字节	32 位×16
	RAM	256 字节	24K 字节	4K 字节
	内存容量	64K	64K 字节	4G 字节
	内存 ROM	16K(83C196MC)	48K(78368)	64K 字节

续表

		8×C196MC	PD78366	SH7034
I/O端子	总端子数	46	57	40
	A/D转换 转换时间	8/10通道,13通道 转换时间可设定	8/10位,8通道 15.25μs	10位,8通道 6.7μs
	PWM波输出	8位,2通道	8/10通道,8通道	
	光电码输入	有	有	有
波形生成器	生成器输出	6通道,任意调制	6通道,任意调制	6通道,任意调制
	最高分辨率 调制频率	125nc 20kHz以上	62.5nc 20kHz以上	50nc 20kHz以上
	保护	有	有	有
中断功能	中断源 外部	2	4	9
	中断源 内部	10	12	31
	中断源 内/外部	4	2	
	宏指令支援数	12	15	
串行口	同步串行	无硬件单元,但备有软件处理	1通道	2通道同步/非同步可指定
	非同步串行		1通道并有波特发生器	
开发环境	在线仿真器性能	一般	较强	不明
	C语言支援	不明	可	可

复习思考题

1. 试述三角波调制法原理。
2. 试述单极性和双极性正弦波PWM调制原理。
3. 试述自然取样法、对称规则取样法和非对称规则取样法原理。
4. 试述两电平PWM逆变器和三电平PWM逆变器消除谐波的方法。
5. 试述电流跟踪型PWM逆变器的运行原理。
6. 改变滞宽使 f_T 恒定，可以采用哪两种常用方法，试分别说明其原理。
7. 试述由模拟电路控制方式和数字电路控制方式生成PWM脉冲信号的原理。

第 4 章　矢量变换控制技术

矢量控制理论由德国的 F·Blaschke 于 1971 年提出，矢量控制技术的应用使得交流调速真正获得了与直流调速同样优良的理想性能。经过多年工业实践的考验、改进与提高，矢量控制理论目前已达到成熟阶段。

4.1　旋转矢量控制的概念与原理

三相笼型异步电动机由于坚固耐用、便于维护、价格便宜，在工业上得到广泛的应用，但长期以来，在调速性能上却远不如直流电动机。直流电动机的原理如图 4-1 所示，其优异的调速性能是因为具备了如下三个条件。

① 磁极固定在定子机座上，在空间能产生一个稳定直流磁场。

② 电枢绕组固定在转子铁芯槽里，在空间能产生一个稳定的电枢磁势，并且电枢磁势总是能保持与磁场相垂直，产生转矩最有效。电枢磁势与磁场保持垂直，主要靠换向器作用使电枢电流在 N 极和 S 极下方发生变化，并采用补偿绕组防止电枢反应使磁场扭歪，保证碳刷位置的正确。

③ 励磁电流和电枢电流在各自回路中分别可控、可调。

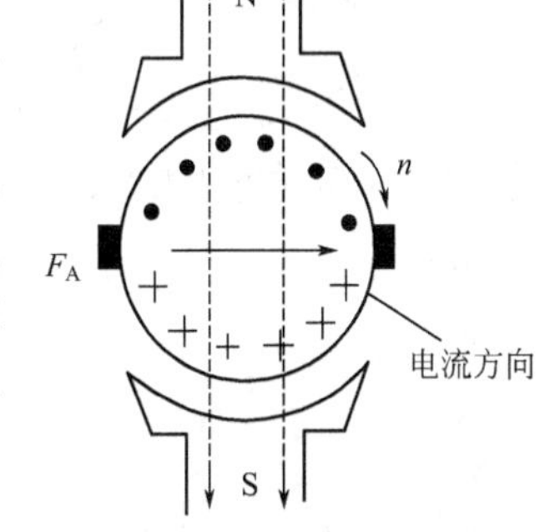

图 4-1　直流电动机原理图

下面分析三相异步电动机的情况。

① 定子通三相正弦对称交流电时产生一个随时间和空间变化的旋转磁场。

② 转子磁势和旋转磁场间不存在垂直关系。

③ 异步电动机转子是短路的，只能在定子方面调节电流。组成定子电流的两个成分——励磁电流和工作电流都在变化，因为存在非线性关系，所以对这两部分电流不可能分别调节和控制。

可见，三相异步电动机所以调速性能差，就是因为它不具备直流电动机优异调速性能的三个条件。如果在控制上想办法能达到那些要求，那么它的调速性能也一定是优异的。

三相异步电动机在空间上产生的是旋转磁场，如果要模拟直流电动机的电枢磁势与磁场垂直，并且电枢磁势大小和磁场强弱分别可调，可设想如图 4-2 所示的异步电动机 M、T 两相绕组模型。该模型有两个互相垂直的绕组：M 绕组和 T 绕组，且以角频率 ω_1 在空间旋转。T、M 绕组分别通以直流电流 i_T、i_M。i_M 在 M 绕组轴线方向产生磁场，i_M 称为励磁电流。调节 i_M 大小可以调节磁场强弱。i_T 在 T 绕组轴线方向上产生磁势，这个磁势总与磁场同步旋转，而且总与磁场方向垂直，调节 i_T 大小可以在磁场不变时改变转矩大小，i_T 称为转矩电流。i_T、i_M 分属于 T、M 绕组，因此分别可调、可控。

三相异步电动机如果按照 M、T 两相绕组模型运行，就可以满足直流电动机调速性能好的三条件。

实际上，三相异步电动机定子三相绕组嵌在定于铁芯槽中，在空间上相互差120°电角度，固定不动。根据电机学原理知道：三相绕组的作用完全可以用在空间上互相垂直的两个静止的α、β绕组所代替。三相绕组的电流和两相静止绕组α、β电流有固定的变换关系。

$$i_\alpha=\sqrt{\frac{2}{3}}\left(i_a+\frac{1}{2}i_b+\frac{1}{2}i_c\right)$$

$$i_\beta=\sqrt{\frac{2}{3}}\left(\frac{\sqrt{3}}{2}i_b-\frac{\sqrt{3}}{2}i_c\right)$$

现在还要找到两相静止绕组α、β的电流与两相旋转绕组M、T的电流的关系（M、T、α、β绕组电流 i_M、i_T、i_α、i_β 都用矢量表示）。如图4-3所示为 α、β 坐标系统与 M、T 坐标系统。

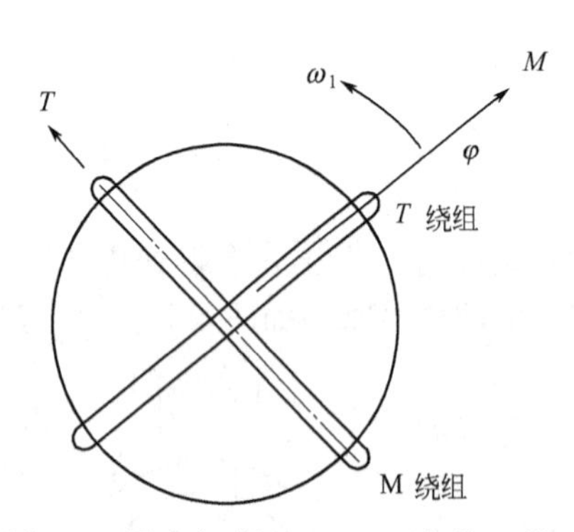

图4-2 异步电动机M、T两相绕组模型

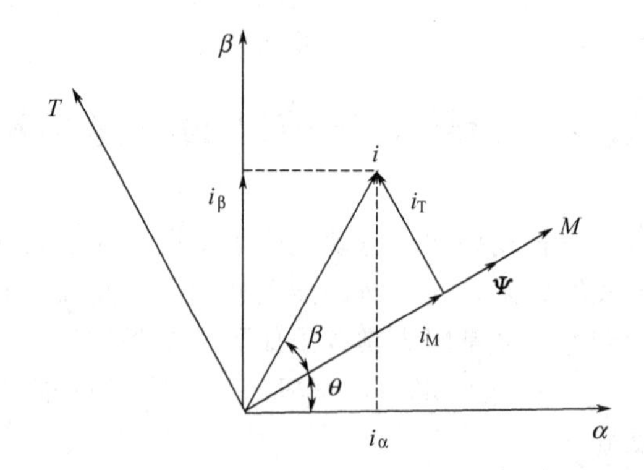

图4-3 α、β坐标系统与 M、T 坐标系统

电流矢量在 α、β 坐标中为 i_α、i_β，换算到以 ω_1 角频率旋转的 M、T 坐标为 i_M、i_T，且有下列关系。

$$i_M=i_\alpha\cos\theta+i_\beta\sin\theta$$

$$i_T=i_\beta\cos\theta-i_\alpha\sin\theta$$

式中 θ——M、T 坐标相对于 α、β 坐标旋转的角度。

这样要调节磁场确定 i_M 值，要调节转矩确定 i_T 值，通过变换运算就知道三相电流 i_a、i_b、i_c 大小，控制 i_a、i_b、i_c 也就达到预想目的，达到控制转矩（i_T）、磁场（i_M）的目的。

4.1.1 矢量变换控制的基本思想

把三相异步电动机等效于两相 α、β 静止系统模型。再经过旋转坐标变换为磁场方向与 M 轴方向一致的同步旋转的两相M、T模型。电流矢量 $\boldsymbol{i}$ 是一个空间矢量，因为它实际上代表电动机三相产生的合成磁势，是沿空间正弦分布的量，不同于在电路中电流是时间相量（随时间按正弦变化）。电流矢量分解为与 M 轴平行的产生磁场的分量——励磁电流 i_M 和与 T 轴平行的产生转矩分量——转矩电流 i_T。前者可理解为励磁磁势，后者可理解为电枢磁势。通过控制 i_M、i_T 的大小，也就是电流矢量 $\boldsymbol{i}$ 的幅值和方向（M、T 坐标系统中的 β 角）去等效控制三相电流 i_a、i_b、i_c 的瞬时值，从而调节电动机的磁场与转矩，以达到调速的目的。

由于是矢量控制，也就是说不仅控制电流幅值大小，而且考虑了方向，这就与以往的调速办法不同，如变压变频（VVVF）的调速方法属于标量控制，必然要经过较长时间调节才能达到稳定运行。矢量控制主要特点是动态响应快，使交流电动机调速性能有质上的提高。

4.1.2 矢量变换控制系统的构想

既然异步电动机经过坐标变换可以等效成直流电动机，那么，模仿直流电动机的控制方法，求得直流电动机的控制量，经过相应的坐标反变换，就能够控制异步电动机了。由于进行坐标变换的是电流（代表磁动势）的中间矢量，所以这样通过坐标变换实现的控制系统就叫做矢量变换控制系统（Transvector Control System）或称矢量控制系统（Vector Control System），设想的矢量控制系统的结构如图 4-4 所示。图中，给定信号和反馈信号经过类似直流调速系统所用的控制器，产生励磁电流的给定信号 i_{m1}^* 和电枢电流的给定信号 i_{t1}^*，经过反旋转变换 VR^{-1} 得到 $i_{\alpha1}^*$ 和 $i_{\beta1}^*$，再经过 2/3 变换得到 i_A^*、i_B^* 和 i_C^*。把这三个电流控制信号和由控制器直接得到的频率控制信号 ω_1 加到带电流控制的变频器上，就可以输出异步电动机调速所需的三相变频电流。

在设计矢量控制系统时，可以认为，在控制器之后引入的反旋转变换器 VR^{-1} 与电动机内部的旋转变换环节 VR 抵消，2/3 变换器与电动机内部的 2/3 变换环节抵消，如果再忽略变频器中可能产生的滞后，则图 4-4 中虚线框内的部分可以完全删去，剩下的部分就和直流调速系统非常相似了。可以想象，矢量控制交流变压变频调速系统的静、动态性能应该完全能够与直流调速系统相媲美。

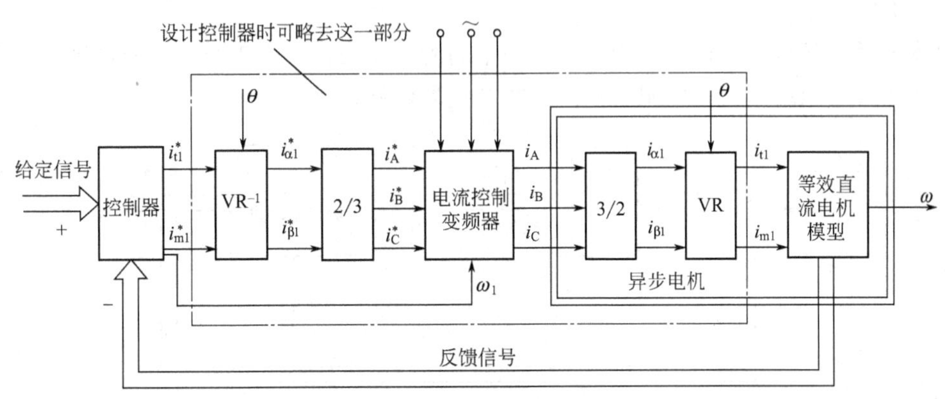

图 4-4　矢量控制系统的构想

4.2　矢量变换控制的异步电动机数学模型

4.2.1　异步电动机动态数学模型的性质

直流电动机的磁通由励磁绕组产生，可以在事先建立起来而不参与系统的动态过程（弱磁调速时除外），因此它的动态数学模型只有一个输入变量（电枢电压）、一个输出变量（转速），在控制对象中，含有机电时间常数 T_m 和电枢回路电磁时间常数 T_l，如果把晶闸管可控整流装置也算进去，则还有晶闸管的滞后时间常数 T_S。在工程上能够允许的一些假定条件下，可以将直流电动机的动态数学模型描述成单变量（单输入单输出）的三阶线性系统，完全可以应用经典的线性控制理论和由它发展出来的工程设计方法进行分析与设计。

但是，同样的理论和方法用来分析、设计交流调速系统时，就不那么方便了。必须在进行很强的假定后，得到近似的动态结构图，才能沿用。因为交流电动机的数学模型和直流电机模型相比有着本质上的区别。

① 异步电动机变压变频调速时需要进行电压（或电流）和频率的协调控制，有电压（电流）和频率两种独立的输入变量，如果考虑电压是三相的，实际的输入变量数目还要多。在输出变量中，除转速外，磁通也得算一个独立的输出变量。电动机只有一个三相电源，磁通的建立和转速的变化是同时进行的，但为了获得良好的动态性能，还希望对磁通施加某种

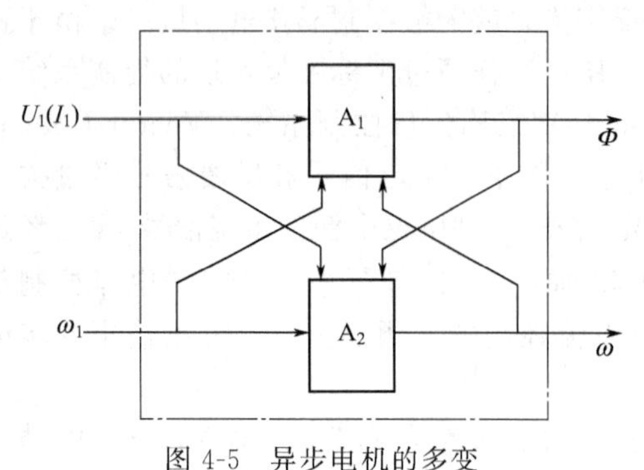

图 4-5 异步电机的多变量、强耦合模型结构

控制，使它在动态过程中尽量保持恒定，才能产生较大的转矩。异步电动机是一个多变量（多输入多输出）系统，而电压（电流）、频率、磁通、转速之间又互相都有影响，所以是强耦合的多变量系统，在没有推导出详细的数学模型以前，可以先用图 4-5 来表示。

② 在异步电动机中，磁通乘电流得转矩，转速乘磁通得到旋转感应电动势，由于它们都是同时变化的，在数学模型中就含有两个变量的乘积项。这样一来，即使不考虑磁饱和等因素，数学模型也是非线性的。

③ 三相异步电动机定子有三个绕组，转子可等效为三个绕组，每个绕组产生磁通时都有自己的电磁惯性，再加上运动系统的机电惯性，即使不考虑变频装置中的滞后因素，至少也是一个七阶系统。

总体来说，异步电动机的数学模型是一个高阶、非线性、强耦合的多变量系统，以它为对象的变压变频调速系统可以用图 4-6 所示的多变量系统来表示。

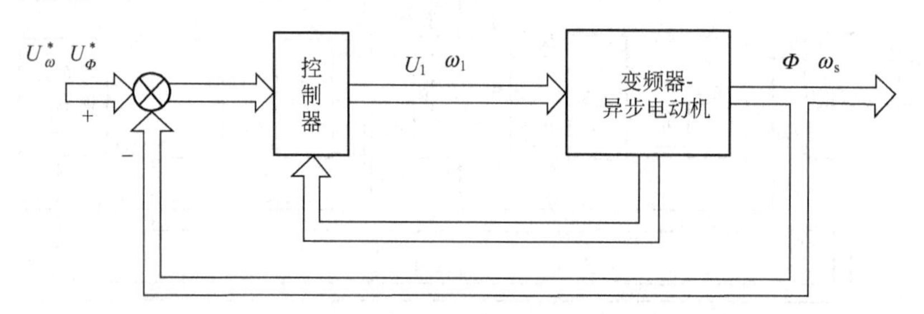

图 4-6 多变量的异步电动机变压变频调速系统控制结构图

4.2.2 三相异步电动机的多变量非线性数学模型

在研究异步电动机的多变量数学模型时，常作如下的假设。

① 忽略空间谐波，设三相绕组对称（在空间互差 120°电角度），所产生的磁动势沿气隙圆周按正弦规律分布。

② 忽略磁路饱和，各绕组的自感和互感都是恒定的。

③ 忽略铁芯损耗。

④ 不考虑频率和温度变化对绕组电阻的影响。

无论电动机转子是绕线型还是笼型的，都将它等效成绕线转子，并折算到定子侧，折算后的每相绕组匝数都相等。这样，实际电动机绕组就等效成图 4-7 所示的三相异步电动机的物理模型。图中，定子三相绕组轴线 A、B、C 在空间中是固定的，以 A 轴为参考坐标轴；转子绕组轴线 a、b、c 随转子旋转，转子 a 轴和定子 A 轴间的电角度 θ 为空间角位移变量。规定各绕组电压、电流、磁链的正方向符合电动机惯例和右手螺旋定则。这时，异步电动机的数学模型由下述电压方程、磁链方程、转矩方程和运动方程组成。

（1）电压方程

三相定子绕组电压方程

$$u_A = i_A r_1 + \frac{d\Psi_A}{dt}$$

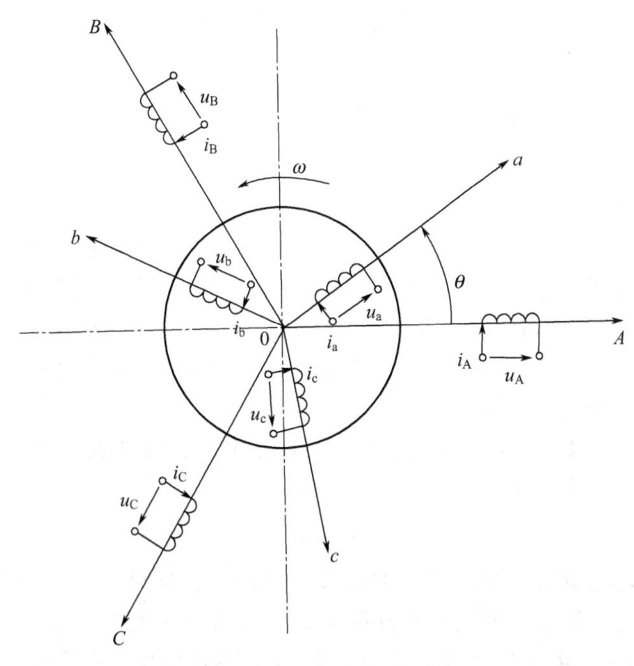

图 4-7　三相异步电动机的物理模型

$$u_B = i_B r_1 + \frac{d\Psi_B}{dt} \tag{4-1}$$

$$u_C = i_C r_1 + \frac{d\Psi_C}{dt}$$

三相转子折算到定子侧的电压方程

$$u_a = i_a r_2 + \frac{d\Psi_a}{dt}$$

$$u_b = i_b r_2 + \frac{d\Psi_b}{dt} \tag{4-2}$$

$$u_c = i_c r_2 + \frac{d\Psi_c}{dt}$$

式中　u_A，u_B，u_C，u_a，u_b，u_c——定子和转子相电压的瞬时值；

i_A，i_B，i_C，i_a，i_b，i_c——定子和转子相电流的瞬时值；

Ψ_A，Ψ_B，Ψ_C，Ψ_a，Ψ_b，Ψ_c——各项绕组的全磁链；

r_1，r_2——定子和转子绕组电阻。

上述各量均已折算到定子侧，为简单起见，表示折算后（u_a、u_b、u_c）的上角标 * 均省略。将电压方程写成矩阵形式，并以微分算子 p 代表微分符号 d/dt，有

$$\begin{bmatrix} u_A \\ u_B \\ u_C \\ u_a \\ u_b \\ u_c \end{bmatrix} = \begin{bmatrix} r_1 & 0 & 0 & 0 & 0 & 0 \\ 0 & r_1 & 0 & 0 & 0 & 0 \\ 0 & 0 & r_1 & 0 & 0 & 0 \\ 0 & 0 & 0 & r_2 & 0 & 0 \\ 0 & 0 & 0 & 0 & r_2 & 0 \\ 0 & 0 & 0 & 0 & 0 & r_2 \end{bmatrix} \times \begin{bmatrix} i_A \\ i_B \\ i_C \\ i_a \\ i_b \\ i_c \end{bmatrix} + p \begin{bmatrix} \Psi_A \\ \Psi_B \\ \Psi_C \\ \Psi_a \\ \Psi_b \\ \Psi_c \end{bmatrix} \tag{4-3}$$

或写成

$$u=ri+\frac{d\Psi}{dt} \tag{4-4}$$

(2) 磁链方程

每个绕组的磁链是它自身的自感磁链和其它绕组对它的互感磁链之和。因此，六个绕组的磁链可表示为

$$\begin{bmatrix}\Psi_A\\ \Psi_B\\ \Psi_C\\ \Psi_a\\ \Psi_b\\ \Psi_c\end{bmatrix}=\begin{bmatrix}L_{AA} & L_{AB} & L_{AC} & L_{Aa} & L_{Ab} & L_{Ac}\\ L_{BA} & L_{BB} & L_{BC} & L_{Ba} & L_{Bb} & L_{Bc}\\ L_{CA} & L_{CB} & L_{CC} & L_{Ca} & L_{Cb} & L_{Cc}\\ L_{aA} & L_{aB} & L_{aC} & L_{aa} & L_{ab} & L_{ac}\\ L_{bA} & L_{bB} & L_{bC} & L_{ba} & L_{bb} & L_{bc}\\ L_{cA} & L_{cB} & L_{cC} & L_{ca} & L_{cb} & L_{cc}\end{bmatrix}\times\begin{bmatrix}i_A\\ i_B\\ i_C\\ i_a\\ i_b\\ i_c\end{bmatrix} \tag{4-5}$$

式中，L_{AA}、L_{BB}、L_{CC}、L_{aa}、L_{bb}、L_{cc}是各绕组的自感系数，其余各项则为绕组间的互感系数，则式(4-3) 可写成：

$$\dot{\Psi}=\dot{L}\dot{i} \tag{4-6}$$

实际上，与电动机绕组交链的磁通主要有两类：一类是只与某一相绕组交链而不穿过气隙的漏磁通；另一类是穿过气隙的相间互感磁通。后者是主要的。定子各相漏磁通所对应的电感称为定子漏感 L_{l1}，由于各相的对称性，各相漏感值均相等；同样，转子各相漏磁通则对应为转子漏感 L_{l2}。与定子一相绕组交链的最大互感磁通对应为定子互感 L_{m1}，与转子-相绕组交链的最大互感磁通对应为转子互感 L_{m2}，由于折算后定子、转子绕组匝数相等，且各绕组间互感磁通都通过气隙，磁阻相同，故可认为 $L_{m1}=L_{m2}$。

对于每一相绕组来说，它所交链的磁通是互感磁通与漏感磁通之和，因此，定子各项自感为

$$L_{AA}=L_{BB}=L_{CC}=L_{m1}+L_{l1} \tag{4-7}$$

转子各项自感为

$$L_{aa}=L_{bb}=L_{cc}=L_{m1}+L_{l2} \tag{4-8}$$

两相绕组之间只有互感，互感又分为以下两类。

① 定子三相彼此之间和转子三相彼此之间位置都是固定的，故互感为常数。

② 定子任一相与转子任一相间的位置是变化的，互感是角位移 θ 的函数。

现在先讨论第一类，由于三相绕组的轴线在空间的相位差是±120°，在假定气隙磁通为正弦分布的条件下，互感值为

$$L_{m1}\cos 120°=L_{m1}\cos(-120°)=-\frac{1}{2}L_{m1} \tag{4-9}$$

于是，

$$L_{AB}=L_{BC}=L_{CA}=L_{BA}=L_{CB}=L_{AC}=-\frac{1}{2}L_{m1} \tag{4-10}$$

$$L_{ab}=L_{bc}=L_{ca}=L_{ba}=L_{cb}=L_{ac}=-\frac{1}{2}L_{m1} \tag{4-11}$$

至于第二类定子、转子绕组间的互感，由于相互位置不同，分别为

$$L_{Aa}=L_{aA}=L_{Bb}=L_{bB}=L_{Cc}=L_{cC}=L_{m1}\cos\theta \tag{4-12}$$

$$L_{Ab}=L_{Ba}=L_{Bc}=L_{cB}=L_{Ca}=L_{aC}=L_{m1}\cos(\theta+120°) \tag{4-13}$$

$$L_{Ac}=L_{cA}=L_{Ba}=L_{aB}=L_{Cb}=L_{bC}=L_{m1}\cos(\theta-120°) \tag{4-14}$$

当定子、转子两相轴线一致时，两者之间的互感值最大，此互感就是每相最大互

感 L_{m1}。

将式(4-7)至式(4-14) 都代入式(4-5)，即得完整的磁链方程。显然，这个矩阵方程是很庞大的。为了方便起见，可以将它写成分块矩阵的形式

$$\begin{bmatrix}\Psi_s\\ \Psi_r\end{bmatrix}=\begin{bmatrix}L_{ss} & L_{sr}\\ L_{rs} & L_{rr}\end{bmatrix}\times\begin{bmatrix}i_s\\ i_r\end{bmatrix} \tag{4-15}$$

$$\Psi_S=[\Psi_A\Psi_B\Psi_C]^T$$

$$\Psi_r=[\Psi_a\Psi_b\Psi_c]^T$$

$$i_S=[i_Ai_Bi_C]^T$$

$$i_r=[i_ai_bi_c]^T$$

$$L_{ss}=\begin{bmatrix}L_{m1}+L_{l1} & -\frac{1}{2}L_{m1} & -\frac{1}{2}L_{m1}\\ -\frac{1}{2}L_{m1} & L_{m1}+L_{l1} & -\frac{1}{2}L_{m1}\\ -\frac{1}{2}L_{m1} & -\frac{1}{2}L_{m1} & L_{m1}+L_{l1}\end{bmatrix} \tag{4-16}$$

$$L_{rr}=\begin{bmatrix}L_{m1}+L_{l2} & -\frac{1}{2}L_{m1} & -\frac{1}{2}L_{m1}\\ -\frac{1}{2}L_{m1} & L_{m1}+L_{l2} & -\frac{1}{2}L_{m1}\\ -\frac{1}{2}L_{m1} & -\frac{1}{2}L_{m1} & L_{m1}+L_{l2}\end{bmatrix} \tag{4-17}$$

$$L_{rs}=L_{sr}^T=L_{m1}\begin{bmatrix}\cos\theta & \cos(\theta-120^\circ) & \cos(\theta+120^\circ)\\ \cos(\theta+120^\circ) & \cos\theta & \cos(\theta-120^\circ)\\ \cos(\theta-120^\circ) & \cos(\theta+120^\circ) & \cos\theta\end{bmatrix} \tag{4-18}$$

值得注意的是，L_{rS}和 L_{Sr}两个分块矩阵互为转置，且与转子位置 θ 有关，它们的元素是变参数，这是系统非线性的一个根源。为了把变参数转换成常参数，需利用坐标变换。如果把磁链方程［式(4-6)］代入电压方程［式(4-3)］，则得展开后的电压方程为

$$u=Ri+p(Li)=Ri+L\frac{\mathrm{d}i}{\mathrm{d}t}+\frac{\mathrm{d}L}{\mathrm{d}t}i=Ri+L\frac{\mathrm{d}i}{\mathrm{d}t}+\frac{\mathrm{d}L}{\mathrm{d}\theta}\omega i \tag{4-19}$$

式中，$L\mathrm{d}i/\mathrm{d}t$ 项属于电磁感应电动势中的脉变电动势（或称变压器电动势），$\frac{\mathrm{d}L}{\mathrm{d}\theta}\omega i$ 项属于电磁感应电动势中与转速 ω 成正比的旋转电动势。

(3) 转矩方程

$$T=-p_NM_{12}\left[(i_Ai_a+i_Bi_b+i_Ci_c)\sin\theta+(i_Ai_b+i_Bi_c+i_Ci_a)\sin\left(\theta+\frac{2\pi}{3}\right)+(i_Ai_c+i_Bi_a+i_Ci_b)\sin\left(\theta+\frac{4\pi}{3}\right)\right] \tag{4-20}$$

式中　p_N——电动机极对数。

式(4-20) 是在磁路为线性、磁动势在空间按正弦分布的假定条件下得出的，但对定子、转子电流的波形未进行任何假定，式中的 i 都是瞬时值。因此，此电磁转矩公式同样适用于由变压变频器供电的三相异步电动机调速系统。

(4) 运动方程

对于恒转矩负载，有

$$T=T_L+\frac{J}{p_N}\frac{d\omega}{dt} \tag{4-21}$$

式中 ω——转子角频率，$\omega=d\theta/dt$；

T_L——负载转矩；

J——机组转动惯量。

5. 三相异步电动机的数学模型

将前述式(4-9)、式(4-21) 归纳起来，便构成在恒转矩负载下三相异步电动机的多变量非线性数学模型。

$$u=Ri+L\frac{di}{dt}+\frac{dL}{d\theta}\omega i \tag{4-22}$$

$$T=T_L+\frac{J}{p_N}\frac{d\omega}{dt} \tag{4-23}$$

$$\omega=\frac{d\theta}{dt} \tag{4-24}$$

4.2.3 三相异步电动机在两相坐标系上的数学模型

前已指出，异步电动机的数学模型比较复杂，通过坐标变换可以简化数学模型。式(4-23)的异步电动机数学模型是建立在三相静止的 A、B、C 坐标系上的，如果把它变换到两相坐标系上，由于两相坐标轴互相垂直，两相绕组之间没有磁的耦合，仅此一点就会使数学模型简单许多。

1. 异步电动机在两相任意旋转坐标系（d、q 坐标系）上的数学模型

两相坐标系可以是静止的，也可以是旋转的，其中以任意转速旋转的坐标系是最一般的情况，有了这种情况下的数学模型，要求出某一具体两相坐标系上的模型就比较容易了。

设两相坐标 d 轴与三相坐标 A 轴的夹角为 θ，而 $p\theta=\omega_{l1}$ 为 d、q 坐标系相对于定子的角转速，ω_{l2} 为 d、q 坐标系相对于转子的角转速。要把三相静止坐标系上的电压方程［式(4-3)］、磁链方程［式(4-6)］和转矩方程［式(4-20)］都变换到两相旋转坐标系上来，可以先利用 3/2 变换将方程式中定子和转子的电压、电流、磁链和转矩都变换到两相静止坐标系 α、β 上，然后再用旋转变换矩阵将这些变量都变换到两相旋转坐标系 d、q 上。具体的变换过程比较复杂，本书从略。变换后得到的数学模型如下。

(1) 电压方程

$$\begin{bmatrix} u_{d1} \\ u_{q1} \\ u_{d2} \\ u_{q2} \end{bmatrix}=\begin{bmatrix} r_1+pL_s & -\omega_{l1}L_s & pL_m & -\omega_{l1}L_m \\ \omega_{l1}L_s & r_1+pL_s & \omega_{l1}L_m & L_m p \\ L_m p & -L_m\omega_{l2} & r_2+pL_r & -\omega_{l2}L_r \\ \omega_{l2}L_m & L_m p & \omega_{l2}L_r & r_2+pL_r \end{bmatrix}\times\begin{bmatrix} i_{d1} \\ i_{q1} \\ i_{d2} \\ i_{q2} \end{bmatrix} \tag{4-25}$$

式中 L_m——d、q 坐标系定子与转子同轴等效绕组间的互感，$L_m=\frac{3}{2}L_{m1}$；

L_s——d、q 坐标系定子等效绕组的自感，$L_s=L_m+L_{l1}$；

L_r——d、q 坐标系转子等效绕组的自感，$L_r=L_m+L_{l2}$。

其中，定子各量均用下角标 1 表示，转子各量用 2 表示。应该注意，两相绕组互感 L_m 是原三相绕组中任意两相间最大互感（当轴线重合时）L_{m1} 的 3/2 倍，这是用两相取代了三相的缘故。

对比式(4-25) 和式(4-3) 可知，两相坐标系上的电压方程是四维的，它比三相坐标系

上的六维电压方程降低了两维。

(2) 磁链方程

数学模型简化的根本原因可从磁链方程和图 4-8 所示的 d、q 坐标系物理模型上看出。

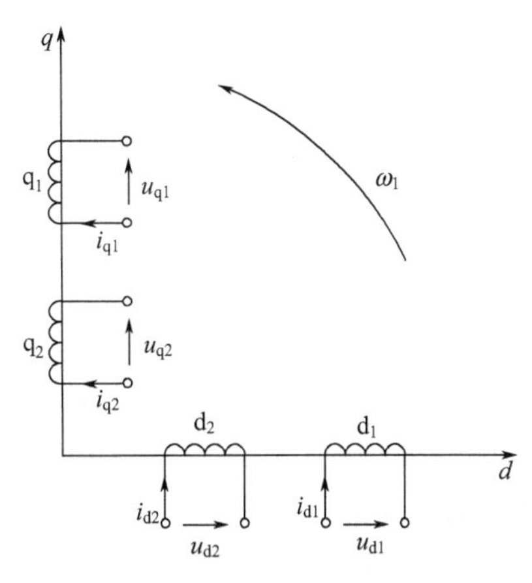

图 4-8 异步电动机变换到 d、q 坐标系上的物理模型

$$\begin{bmatrix}\Psi_{d1}\\\Psi_{q1}\\\Psi_{d2}\\\Psi_{q2}\end{bmatrix}=\begin{bmatrix}L_s & 0 & L_m & 0\\0 & L_s & 0 & L_m\\L_m & 0 & L_r & 0\\0 & L_m & 0 & L_r\end{bmatrix}\times\begin{bmatrix}i_{d1}\\i_{q1}\\i_{d2}\\i_{q2}\end{bmatrix} \tag{4-26}$$

或写成

$$\begin{aligned}\Psi_{d1}&=L_S i_{d1}+L_m i_{d2}\\\Psi_{q1}&=L_S i_{q1}+L_m i_{q2}\\\Psi_{d2}&=L_m i_{d1}+L_r i_{d2}\\\Psi_{q2}&=L_m i_{q1}+L_r i_{q2}\end{aligned} \tag{4-27}$$

由于变换到 d、q 坐标系上以后，定子和转子等效绕组都落在两根轴上，而且两轴互相垂直，它们之间没有互感的耦合关系，互感磁链只在同轴绕组之间存在，所以式中的每个磁链分量只剩下两项了，可是，由于定子、转子绕组与坐标轴之间都有相对运动，它们都属于伪静止绕组，每轴磁通在与之垂直的绕组中还要产生旋转电动势，这些电动势项都与相对转速 ω_{l1} 或 ω_{l2} 成正比，可以在式(4-25) 所示的电压方程中找到。

(3) 转矩和运动方程

$$T=p_N L_m(i_{q1}i_{d2}-i_{d1}i_{q2})=T_L+\frac{J}{p_N}\frac{d\omega}{dt} \tag{4-28}$$

式中　ω——电动机转子的角速度，$\omega=\omega_{l1}-\omega_{l2}$。

式(4-24) 至式(4-27) 就是异步电动机在 d、q 坐标系上的数学模型。显然，它们比 A、B、C 坐标系上的模型简单得多，阶次也降低了。但是，它的非线性、多变量、强耦合性质并未改变。

在电压方程式(4-25) 等号右侧的系数矩阵中，含 r 的项表示电阻压降，含 L_p 的项表示电感压降（即脉变电动势），含 ω 的项表示旋转电动势。为了使物理概念更清楚，可以把它们分开来写，并考虑到式(4-26)（磁链方程），有

$$\begin{bmatrix}u_{d1}\\u_{q1}\\u_{d2}\\u_{q2}\end{bmatrix}=\begin{bmatrix}r_1 & 0 & 0 & 0\\0 & r_1 & 0 & 0\\0 & 0 & r_2 & 0\\0 & 0 & 0 & r_2\end{bmatrix}\times\begin{bmatrix}i_{d1}\\i_{q1}\\i_{d2}\\i_{q2}\end{bmatrix}+\begin{bmatrix}L_s p & 0 & L_m p & 0\\0 & L_s p & 0 & L_m p\\L_m p & 0 & L_r p & 0\\0 & L_m p & 0 & L_r p\end{bmatrix}\times$$

$$\begin{bmatrix}i_{d1}\\i_{q1}\\i_{d2}\\i_{q2}\end{bmatrix}+\begin{bmatrix}0 & -\omega_{l1} & 0 & 0\\\omega_{l1} & 0 & 0 & 0\\0 & 0 & 0 & -\omega_{l2}\\0 & 0 & \omega_{l2} & 0\end{bmatrix}\times\begin{bmatrix}\Psi_{d1}\\\Psi_{q1}\\\Psi_{d2}\\\Psi_{q2}\end{bmatrix} \tag{4-29}$$

令

$$u=[u_{d1}\,u_{q1}\,u_{d2}\,u_{q2}]^T$$

$$i=[i_{d1}\,i_{q1}\,i_{d2}\,i_{q2}]^T$$

$$\boldsymbol{\Psi}=[\Psi_{d1}\ \Psi_{q1}\ \Psi_{d2}\ \Psi_{q2}]^{T}$$

$$r=\begin{bmatrix} r_1 & 0 & 0 & 0 \\ 0 & r_1 & 0 & 0 \\ 0 & 0 & r_2 & 0 \\ 0 & 0 & 0 & r_2 \end{bmatrix}$$

$$L=\begin{bmatrix} L_s & 0 & L_m & 0 \\ 0 & L_s & 0 & L_m \\ L_m & 0 & L_r & 0 \\ 0 & L_m & 0 & L_r \end{bmatrix}$$

旋转电动势矢量

$$e_r=\begin{bmatrix} 0 & -\omega_{l1} & 0 & 0 \\ \omega_{l1} & 0 & 0 & 0 \\ 0 & 0 & 0 & -\omega_{l2} \\ 0 & 0 & \omega_{l2} & 0 \end{bmatrix}\times\begin{bmatrix} \Psi_{d1} \\ \Psi_{q1} \\ \Psi_{d2} \\ \Psi_{q2} \end{bmatrix}=\begin{bmatrix} -\omega_{l1}\Psi_{q1} \\ \omega_{l1}\Psi_{d1} \\ -\omega_{l2}\Psi_{q2} \\ \omega_{l2}\Psi_{d2} \end{bmatrix}$$

则式(4-29) 变成

$$u=Ri+pLi+e_r \tag{4-30}$$

将式(4-29) 变成 (4-26)、式(4-28) 画成多变量系统动态结构图，如图 4-9 所示，其中，$\phi_1(*)$ 表示 e_r 表达式的非线性函数矩阵，$\phi_2(*)$ 表示 T_e 表达式的非线性函数。

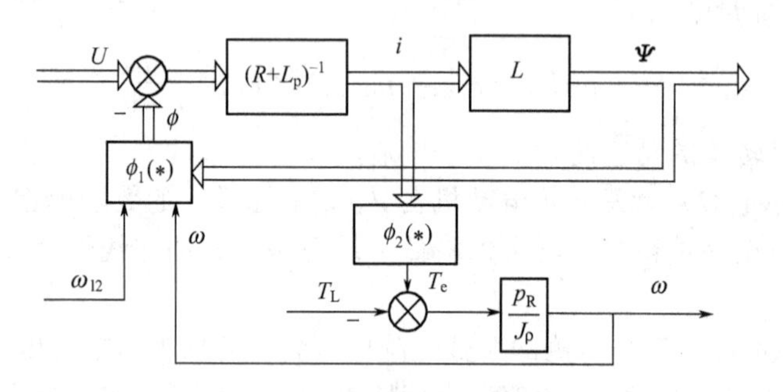

图 4-9 异步电动机的多变量、强耦合动态结构图

图 4-9 是本节开始时提到的异步电动机多变量控制结构的具体体现，它表明异步电动机的数学模型具有以下性质。

① 异步电动机可以看成一个双输入双输出系统，输入量是电压矢量 u 和定子与 d、q 坐标轴的相对角转速 ω_{l1}（当 d、q 轴以同步转速旋转时，ω_{l1} 就等于定子输入角频率 ω_1），输出的是磁链矢量 Ψ 和转子角转速 ω。电流矢量可以看为状态变量，它和磁链矢量之间有由式(4-26) 确定的关系。

② 非线性因素存在于 $\phi_1(*)$ 和 $\phi_2(*)$ 中，即存在于产生旋转电动势和电磁转矩的两个环节上。除此以外，系统的其他部分都是线性关系，这和直流电动机弱磁控制的情况相似。

③ 多变量之间的耦合关系主要体现在旋转电动势上。如果忽略旋转电动势的影响，系统便容易简化成单变量系统了。

将式(4-25) 中的 d、q 轴电压方程绘成动态等效电路，如图 4-9 所示。其中，图 4-10(a) 是 d 轴电路，图 4-10(b) 是 q 轴电路，它们之间靠旋转电动势 $\omega_{l1}\Psi_{q1}$、$\omega_{l2}\Psi_{q2}$、$\omega_{l2}\Psi_{d2}$ 互相耦合，这再次说明了上面第三条性质。图中所有表示电压或电动势的箭头都是按电压降

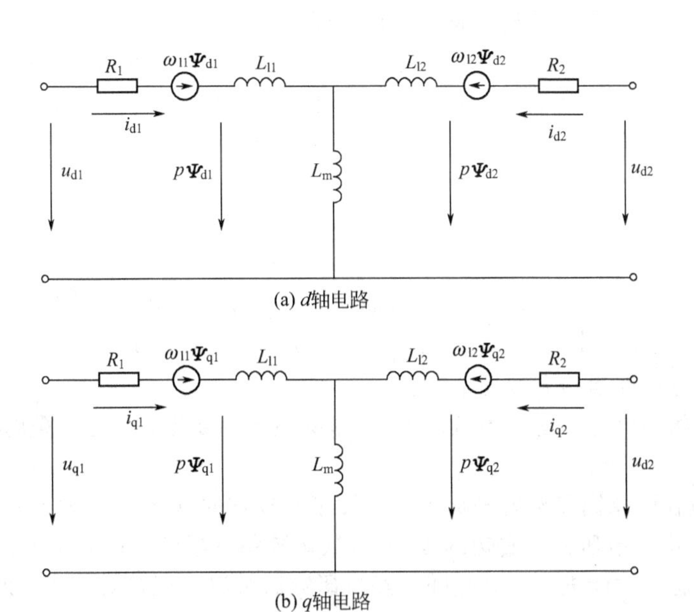

(a) d轴电路

(b) q轴电路

图 4-10　异步电动机在 d、q 坐标上的动态等效电路

的方向绘出来的。

2. 异步电动机在两相静止 α、β 坐标系上的数学模型

在静止坐标系 α、β 的数学模则是任意旋转坐标系 d、q 上数学模型的一个特例，只要在旋转坐标模型中令 $\omega_{l1}=0$ 即可。这时 $\omega_{l2}=-\omega$，即电机转子角转速的负值，下角标中的 d、q 改变成 α、β。于是，式(4-26) 的磁链方程改为

$$
\begin{aligned}
\Psi_{\alpha1}&=L_s i_{\alpha1}+L_m i_{\alpha2}\\
\Psi_{\beta1}&=L_s i_{\beta1}+L_m i_{\beta2}\\
\Psi_{\alpha2}&=L_m i_{\alpha1}+L_r i_{\alpha2}\\
\Psi_{\beta2}&=L_m i_{\beta1}+L_r i_{\beta2}
\end{aligned}
\tag{4-31}
$$

而式(4-25) 的电压矩阵方程变成

$$
\begin{bmatrix} u_{\alpha1}\\ u_{\beta1}\\ u_{\alpha2}\\ u_{\beta2} \end{bmatrix}=
\begin{bmatrix}
r_1+pL_s & 0 & pL_m & 0\\
0 & r_1+pL_s & 0 & L_m p\\
L_m p & L_m\omega & r_2+pL_r & \omega L_r\\
-\omega L_m & L_m p & -\omega L_r & r_2+pL_r
\end{bmatrix}\times
\begin{bmatrix} i_{\alpha1}\\ i_{\beta1}\\ i_{\alpha2}\\ i_{\beta2} \end{bmatrix}
\tag{4-32}
$$

利用两相旋转变换的反变换式，可得

$$
\begin{aligned}
i_{d1}&=i_{\alpha1}\cos\theta+i_{\beta1}\sin\theta\\
i_{q1}&=-i_{\alpha1}\sin\theta+i_{\beta1}\cos\theta\\
i_{d2}&=i_{\alpha2}\cos\theta+i_{\beta2}\sin\theta\\
i_{q2}&=-i_{\alpha2}\sin\theta+i_{\beta2}\cos\theta
\end{aligned}
$$

代入式(4-28) 并整理得到 α、β 坐标系上的电磁转矩

$$
T=p_N L_m(i_{\beta1}i_{\alpha2}-i_{\alpha1}i_{\beta2})
\tag{4-33}
$$

式(4-32) 和式(4-33) 再加上和前面一样的运动方程便成为 α、β 坐标上的异步电机数学模型。这种在两相静止坐标上的数学模型又称为 Kron 的异步电动机方程式成双轴原型电动机（Two Axis Primitive Machine）基本方程式。

3. 异步电机在两相同步旋转坐标系上的数学模型

另一很有用的坐标系是两相同步旋转坐标系，其坐标轴仍用 d、q 表示，只是旋转速度等于定子频率的同步角转速 ω_1，也就是坐标系相对定子的角转速。而转子的转速为 ω，d、q 轴相对转子的角转速叫 $\omega_{12}=\omega_1-\omega=\omega_s$，即转差。代入式(4-25)，得同步旋转坐标系上的电压方程

$$\begin{bmatrix} u_{d1} \\ u_{q1} \\ u_{d2} \\ u_{q2} \end{bmatrix}=\begin{bmatrix} r_1+pL_s & -\omega_1 L_s & pL_m & -\omega_1 L_m \\ \omega_1 L_s & r_1+pL_s & \omega_1 L_m & L_m p \\ L_m p & -L_m\omega_S & r_2+pL_r & -\omega_s L_r \\ \omega_s L_m & L_m p & \omega_s L_r & r_2+pL_r \end{bmatrix}\times\begin{bmatrix} i_{d1} \\ i_{q1} \\ i_{d2} \\ i_{q2} \end{bmatrix} \tag{4-34}$$

磁链方程，转矩方程和运动方程均不变。

这种坐标系的突出优点是，当 A、B、C 坐标系中的变量为正弦函数时，d、q 坐标系中的变量是直流。

4. 异步电机在两相同步旋转坐标系上按转子磁场定向（M、T 坐标系）的数学模型

在式(4-34) 中，电压方程右边的 4×4 系数矩阵每一项都是占满了的，也就是说，系统仍是强耦合的。怎样才能进一步简化呢？经过研究后可以发现，对于所用的两相同步旋转坐标系只规定了 d、q 两轴的垂直关系和旋转速度，并未规定两轴与电动机旋转磁场的相对位置，对此仍有选择的余地。

现在规定 d 轴沿着转子总磁链矢量 $\boldsymbol{\Psi}_2$ 的方向，并称为 M（Magnetization）轴；而 q 轴则逆时针转 90°，即垂直于矢量 $\boldsymbol{\Psi}_2$，称为 T（Torque）轴。这样，两相同步旋转坐标系就具体规定为 M、T 坐标系，即按转子磁场定向的坐标系。将式(4-34) 和式(4-28) 中的坐标轴符号改变一下，即得 M、T 坐标系上的数学模型。

$$\begin{bmatrix} u_{m1} \\ u_{t1} \\ u_{m2} \\ u_{t2} \end{bmatrix}=\begin{bmatrix} r_1+pL_s & -\omega_1 L_s & pL_m & -\omega_1 L_m \\ \omega_1 L_s & r_1+pL_s & \omega_1 L_m & L_m p \\ L_m p & -L_m\omega_s & r_2+pL_r & -\omega_s L_r \\ \omega_s L_m & L_m p & \omega_s L_r & r_2+pL_r \end{bmatrix}\times\begin{bmatrix} i_{m1} \\ i_{t1} \\ i_{m2} \\ i_{t2} \end{bmatrix} \tag{4-35}$$

$$T=p_N L_m(i_{t1}i_{m2}-i_{m1}i_{t2}) \tag{4-36}$$

由于 ψ_2 本身就是以同步转速旋转的矢量，显然有

$$\Psi_{m2}=\Psi_2\text{；}\Psi_{t2}=0$$

也就是说

$$L_m i_{m1}+L_r i_{m2}=\Psi_2 \tag{4-37}$$

$$L_m i_{t1}+L_r i_{t2}=0 \tag{4-38}$$

把式(4-38) 代入式(4-35)，得

$$\begin{bmatrix} u_{m1} \\ u_{t1} \\ u_{m2} \\ u_{t2} \end{bmatrix}=\begin{bmatrix} r_1+pL_s & -\omega_1 L_s & pL_m & -\omega_1 L_m \\ \omega_1 L_s & r_1+pL_s & \omega_1 L_m & L_m p \\ L_m p & 0 & r_2+pL_r & 0 \\ \omega_s L_m & 0 & \omega_s L_r & r_2 \end{bmatrix}\times\begin{bmatrix} i_{m1} \\ i_{t1} \\ i_{m2} \\ i_{t2} \end{bmatrix} \tag{4-39}$$

在第三、第四行中出现了零元素，减少了多变量之间的耦合关系，使模型得到简化。

将式(4-37)、式(4-38) 代入式(4-36)，得转矩方程

$$\begin{aligned} T &=p_N L_m(i_{t1}i_{m2}-i_{m1}i_{t2})=p_N L_m\left[i_{t1}i_{m2}-\frac{\Psi_2-L_r i_{m2}}{L_m}\left(-\frac{L_m}{L_r}i_{t1}\right)\right] \\ &=p_N L_m\left[i_{t1}i_{m2}+\frac{\Psi_2}{L_r}i_{t1}-i_{t1}i_{m2}\right]=p_N\frac{L_m}{L_r}i_{t1}\Psi_2 \end{aligned} \tag{4-40}$$

4.3 交流电动机矢量变换变频调速系统基本原理

4.3.1 矢量控制基本方程式

式(4-39)、式(4-40) 给出了异步电动机在同步旋转坐标系上按转子磁场定向的数学模型。对于笼型异步电动机，转子是短路的，$u_{m1}=u_{t1}=0$，电压矩阵方程可进一步写成

$$\begin{bmatrix} u_{m1} \\ u_{t1} \\ 0 \\ 0 \end{bmatrix} = \begin{bmatrix} r_1+pL_s & -\omega_1 L_s & pL_m & -\omega_1 L_m \\ \omega_1 L_s & r_1+pL_s & \omega_1 L_m & L_m p \\ L_m p & 0 & r_2+pL_r & 0 \\ \omega_s L_m & 0 & \omega_s L_r & r_2 \end{bmatrix} \times \begin{bmatrix} i_{m1} \\ i_{t1} \\ i_{m2} \\ i_{t2} \end{bmatrix} \tag{4-41}$$

在矢量控制系统中，被控制的是定子电流，因此，必须从数学模型中找到定子电流的分量与其他物理量的关系。将式(4-37) 中的 Ψ_2 表达式代入式(4-41) 第三行中，得

$$0=R_2 i_{m2}+p(L_m i_{m1}+L_r i_{m2})=R_2 i_{m2}+p\Psi_2$$

所以

$$i_{m2}=-\frac{p\Psi_2}{R_2} \tag{4-42}$$

再代入式(4-37)，解出 i_{m1}，得

$$i_{m1}=\frac{pT_2+1}{L_m}\Psi_2 \tag{4-43}$$

或

$$\Psi_2=\frac{L_m}{T_2 p+1}i_{m1} \tag{4-44}$$

式中　T_2——转子励磁时间常数，$T_2=\dfrac{L_r}{R_2}$。

式(4-44) 表明，转子磁链 Ψ_2 仅由 i_{m1} 产生，与 i_{t1} 无关，因而 i_{m1} 被称为定子电流的励磁分量。该式还表明：Ψ_2 与 i_{m1} 之间的传递函数是一阶惯性环节（p 相当于拉氏变换变量 S)。其含义是：当励磁分量 i_{m1} 突变时，Ψ_2 的变化要受到励磁惯性的阻挠，这和直流电动机励磁绕组的惯性作用是一致的。再考虑式(4-42)，更能看清楚励磁过程的物理意义。当定子电流励磁分量 i_{m1} 突变而引起 Ψ_2 变化，当即在转子中感生转子电流励磁分量 i_{m2} 时，阻止 Ψ_2 的变化，使 Ψ_2 只能按时间常数 T_2 的指数规律变化。当 Ψ_2 达到稳态时，$p\Psi_2=0$，因而 $i_{m2}=0$；$\Psi_{2\infty}=L_m i_{m1}$，即 Ψ_2 的稳态值由 i_{m1} 唯一决定。

T 轴上的定子电流 i_{t1} 和转子电流 i_{t2} 的动态关系应满足式(4-38)，或写成

$$i_{t2}=-\frac{L_m}{L_r}i_{t1} \tag{4-45}$$

式(4-45) 说明，如果 i_{t1} 突然变化，i_{t2} 立即跟着变化，没有什么惯性，这是因为按转子磁场定向后，在 T 轴上不存在转子磁通。

再看式(4-40) 的转矩公式

$$T=p_N\frac{L_m}{L_r}i_{t1}\psi_2$$

可以认为，I_{t1} 是定子电流的转矩分量。当 i_{m1} 不变，即 Ψ_2 不变时，如果 i_{t1} 变化，转矩 T 立即随之成正比变化，没有任何滞后。

总而言之，由于 M、T 坐标按转子磁场定向，在定子电流的两个分量之间实现了解耦

(矩阵方程中出现零元素的效果)，i_{m1}唯一决定磁链 Ψ_2，i_{t1}则只影响转矩，与直流电动机中的励磁电流和电枢电流相对应，这样就大大简化了多变量强耦合的交流变频调速系统的控制问题。

关于频率控制如何与电流控制协调的问题，由式(4-39) 第四行可得

$$0=R_2 i_{t2}+\omega_s(L_m i_{m1}+L_r i_{m2})+R_2 i_{t2}=R_2 i_{t2}+\omega_s \Psi_2$$

所以

$$\omega_s=-\frac{R_2}{\Psi_2} i_{t2} \tag{4-46}$$

将式(4-45) 代入式(4-46)，并考虑到 $T_2=\frac{L_r}{R_2}$，则

$$\omega_s=\frac{L_m}{T_2 \Psi_2} i_{t1} \tag{4-47}$$

式(4-47) 说明：当 Ψ_2 恒定时，矢量控制系统的转差频率在动态中也能与转矩成正比。

式(4-43) [或式(4-44)]、式(4-40) 和式(4-47) 就是矢量控制的基本方程式。利用式(4-43) 和式(4-39) 可将异步电动机的数学模型绘成图 4-10 的形式，前述的等效直流电动机。模型（见图 4-11）被分解成 Ψ_2 和 ω 两个子系统。可以看出：虽然通过矢量变换将定子电流分解成 i_{m1}和 i_{t1}两个分量，但是，从 Ψ_2 和 ω 两个子系统来看，由于 T 除受 i_{t1}控制外，还受到 Ψ_2 的影响，两个子系统并未完全解耦。

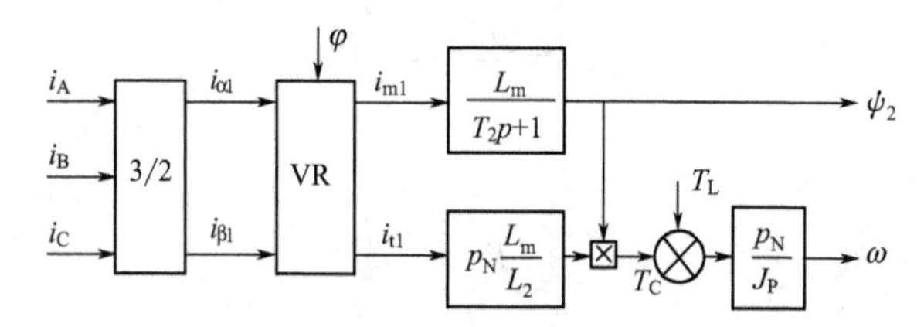

图 4-11　异步电动机的矢量变换与解耦数字模型

按照图 4-4 的矢量控制系统构想模仿直流调速系统进行控制时，可设置磁链调节器 AΨR 和转速调节器 ASR（见图 4-12)，分别控制 Ψ_2 和 ω。为了使两个子系统完全解耦，除了坐标变换以外，还应设法抵消转子磁链 Ψ_2 对电磁转矩 T 的影响。比较直观的办法是把 ASR 的输出信号除以 Ψ_2，当控制器的坐标反变换与电动机中的坐标变换对消，且变频器的滞后作用可以忽略时，此处的（$\div\Psi_2$）便可与电动机模型中的（$\times\Psi_2$）对消，两个子系统就完全解耦了。这时，带除法环节的矢量控制系统可以看成是两个独立的线性子系统，可以采用经典控制理论的单变量线性系统综合方法或相应的工程设计方法来设计两个调节器 AΨR 和 ASR。

图 4-12 中，$C_{2r,3s}$为两相旋转坐标到三相静止坐标的变换，AΨR 为磁链调节器，ASR

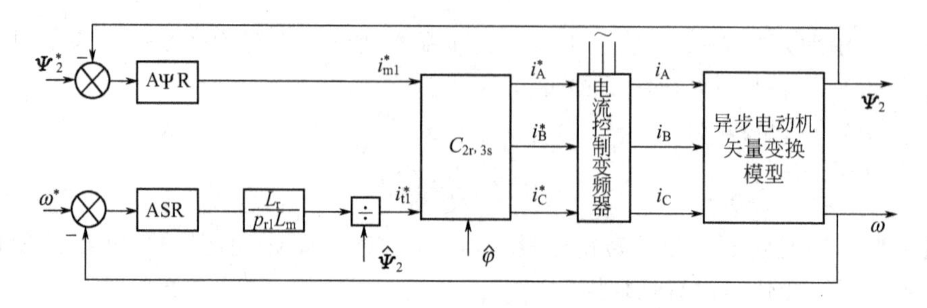

图 4-12　带除法环节的解耦矢量控制系统

为转速调节器应该注意：在异步电动机矢量变换模型中，转子磁链 Ψ_2 和它的定向相位角 φ 都是实际的；而在控制器中，这两个量都难以直接检测，只能采用观测值或模型计算值，在图 4-12 中冠以符号“^”，以示区别。因此，两个子系统的完全解耦只有在下述三个假定条件下才能成立。

① 转子磁链的计算值 $\hat{\psi}_2$ 等于其实际值 Ψ_2；

② 转子磁场定向角的计算值 $\hat{\varphi}$ 等于其实际值 φ。

③ 忽略流控制变频器的滞后作用。

4.3.2 磁链开环转差控制的矢量控制系统

鉴于在磁链闭环控制系统中，转子磁链反馈信号是从磁链模型获得的，其幅值和相位都受到电动机参数 T_2 和 L_m 变化的影响，造成控制的不准确，例如，由于电动机温度变化和转子频率不同时集肤效应的变化会影响转子电阻，由于饱和程度的不同而影响电感，这些都是不可避免的。于是有人认为，与其采用磁链闭环控制而反馈不准，不如采用磁链开环控制，使系统更简单。在这种情况下，常利用矢量控制基本方程式中的转差公式［式(4-47)］，形成转差型的矢量控制。它继承了转差频率控制系统的优点，同时用矢量控制规律克服了它大部分的不足之处，它是矢量控制系统的一种结构简单的基本形式。图 4-13 绘出了转差型矢量控制系统的原理图，其中主电路采用了交-直-交电流源型变压变频器，适用于数千千瓦的大容量装置，中、小容量的多采用 SPWM 变压变频器。

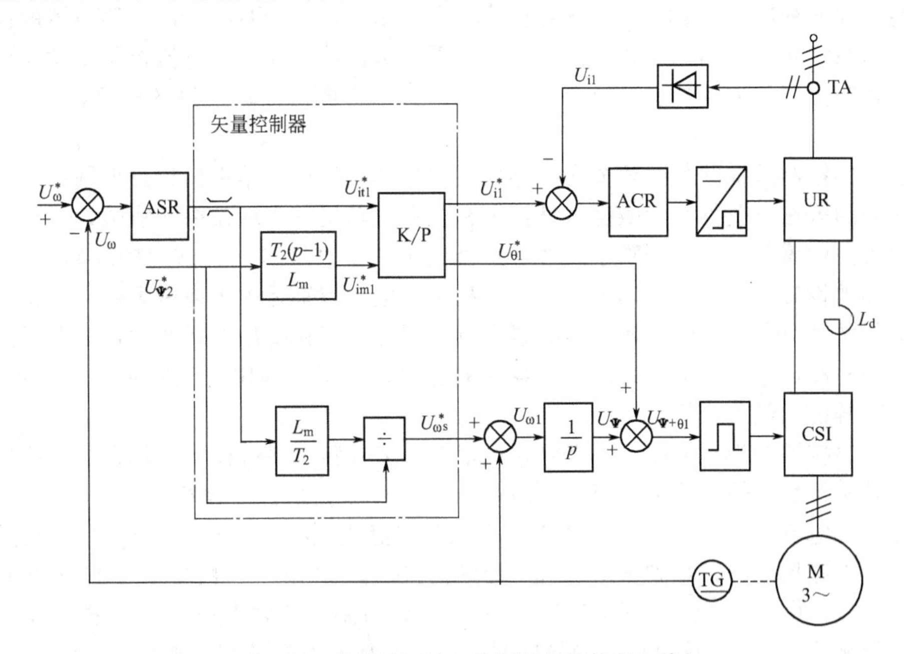

图 4-13　磁链开环转差控制的矢量控制系统

图 4-13 中，ASR 为转速调节器，ACR 为电流调节器，K/P 为直角坐标-极坐标变换器。这个系统的主要特点如下。

① 转速调节器 ASR 的输出是定子电流转矩分量的给定信号，与双闭环直流调速系统的电枢电流给定信号相当。

② 定子电流励磁分量给定信号 U^*_{im1} 和转子磁链给定信号 $U^*_{\Psi2}$ 之间的关系是靠矢量控制方程式(4-43) 建立的。其中的比例微分环节使 i_{m1} 在动态中获得强迫励磁效应，从而克服

实际磁通的滞后。

③ U_{it1}^*和U_{im1}^*经直角坐标/极坐标（K/P）变换器合成后产生定子电流幅值给定信号U_{i1}^*和相角给定信号$U_{\theta 1}^*$。前者经电流调节器ACR控制定子电流的大小，后者则控制逆变器换相的触发时刻，用以决定定子电流的相位。定于电流相位是否得到及时的控制对于动态转矩的发生极为重要。极端来看，如果电流幅值很大，但相位落后90°，所产生的转矩只能是零。

④ 转差频率给定信号$U_{\omega s}^*$按矢量控制方程式(4-47）算出，实现了转差频率控制的功能。

磁链开环转差控制的矢量控制系统的磁场定向由给定信号确定，靠矢量控制方程保证，不需要实际计算转子磁链及其相位，属于间接磁场定向。但由于矢量控制方程中包括电动机参数T_2和L_m，其定向精度同样受参数变化的影响。

按转子磁场定问的矢量控制系统是20年来实际应用最为普遍的高性能交流调速系统，其调节器设计方便，动态件能好，调速范围宽，采用一般的转速传感器时可达1∶100。但控制性能受电动机参数变化的影响是其主要缺点。为了解决这个问题，在参数识别和自适应控制等方面做过许多研究工作，获得不少成果，但还很少得到实际应用。近年来，各种智能控制方法在提高系统的鲁棒性能上有过一些尝试，有很好的应用前景。

4.3.3 转速磁链闭环控制的电流滞环型PWM变频调速系统

图4-13是典型的转速、磁链闭环控制的矢量控制系统。转速调节器输出带除法环节，使系统在前面所列的三个假定条件下变换成完全解耦的两个子系统，两个调节器的设计方法和直流调速系统相似。调节器和坐标变换都可采用微机数字控制。电流控制变频器可以采用电流滞环跟踪控制的PWM变压变频器，也可以采用带电流内环控制的电压源型SPWM变换器。

磁链闭环控制系统的关键环节是磁链反馈信号的获得。开始提出矢量控制系统时，曾尝试直接检测的方法以获得实际磁链信号，一种是在电动机槽内埋没探测线圈，一种是利用贴在定子内表面的霍尔片或其他磁敏元件。从理论上说，直接检测应该比较准确。但实际上，埋设线圈和敷设磁敏元件都遇到不少工艺和技术问题，特别是由于齿槽影响，使检测信号中含有较大的脉动分量，越到低速时影响越严重。因此，现在实用的系统中，多采用间接观测的方法，即检测出电压、电流或转速等容易测得的物理量，利用转子磁通（磁通）的模型，实时计算磁链的幅值和相位。

利用能够实测的物理量的不同组合，可以获得多种转子磁链模型。现在只介绍按磁场定向两相旋转坐标系上的转子磁链模型，图4-14是转子磁链模型的运算框图。

三相定子电流i_A、i_B、i_C经3/2变换变成两相静止坐标系电流$i_{\alpha 1}$、$i_{\beta 1}$，再经同步旋转变换并按转子磁场定向，得到M、T坐标上的电流i_{m1}和i_{t1}。利用矢量控制方程可以获得Ψ_2和ω_s信号，由ω_s信号与实测转速信号ω相加，得到定子频率信号ω_1，再经积分，即为转子磁链的相位信号φ。这个相位信号同时就是向步旋转变换的旋转相位角。

这种转子磁链模型在实用中都比较普遍，但受电动机参数T_2和L_m的影响。参数变化将导致磁链幅值和相位信号失真，而反馈信号的失真必然使磁链闭环控制系统的性能降低，这是磁链闭环控制系统的不足之处。

另外一种提高转速、磁链闭环控制系统解耦性能的办法是在转速环内增设转矩控制内环，这时，磁链对转矩的影响相当于对转矩内环的一种扰动作用，因而受到转矩内环的抑制，从而改造了转速子系统，使它少受磁链变化的影响。这样的系统如图4-15所示。作为一个示例，主电路采用了电流滞环跟踪控制的PWM变频器。图中还考虑了正、反向和弱磁

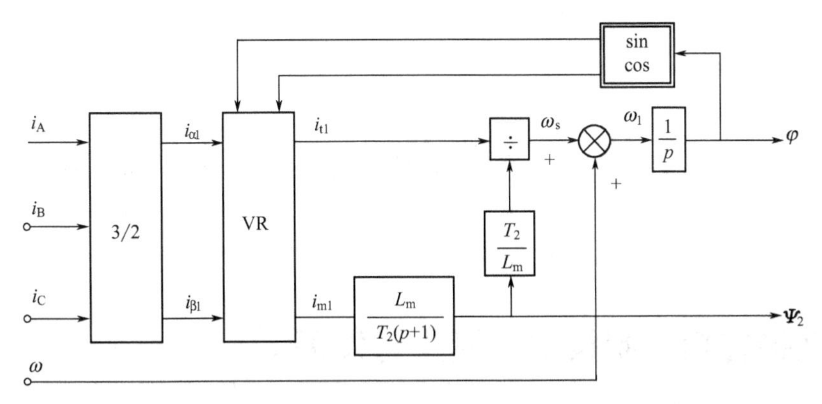

图 4-14　在按磁场定向两相旋转坐标系上的转子磁链模型

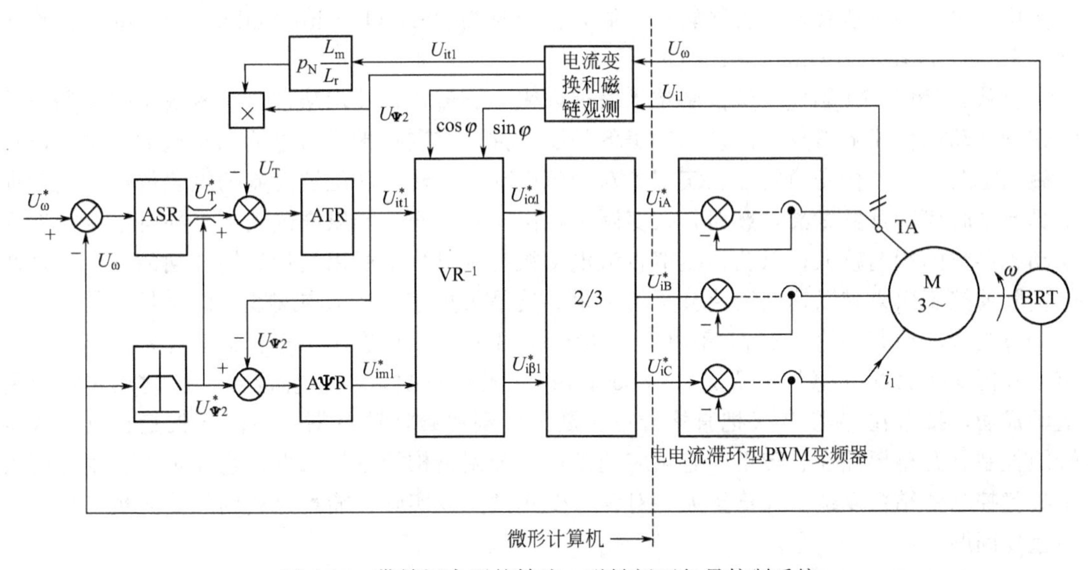

图 4-15　带转矩内环的转速、磁链闭环矢量控制系统

升速，磁链给定信号由函数发生环节获得，转矩给定信号由 ASR 的输出获得，弱磁时也受到磁链给定信号的控制。

图中，ASR 为转速调节器；AΨR 为磁链调节器；ATR 为转矩调节器；BRT 为转速传感器。

复习思考题

1. 异步电动机矢量控制的基本思想是什么？

2. 什么是按磁场定向的矢量坐标变换？按转子磁场定向后有什么好处？

3. 从异步电动机按转子磁场定向的电压控制方程中说明 i_T、i_M 有何特点，和直流电动机的 I_L、I_a 有何相似之处？

4. 异步电动机矢量控制系中，为什么要设置直角坐标/极坐标变换器，矢量旋转器和 3/2 变换器？它们的作用是什么？

5. 异步电动机矢量控制系统中，如何体现恒功率变换？恒功率变换的条件是什么？

第 5 章　直接转矩控制技术

5.1　直接转矩控制技术的诞生与发展

直接转矩控制技术是在 20 世纪 80 年代中期继矢量控制技术之后发展起来的一种高性能异步电动机变频调速技术。直接转矩控制，德语称为 DSR（Direkte Selbst Regelung），英语称为 DTC（Direct Torque Control）。

自从 20 世纪 70 年代矢量控制技术发展以来，交流传动技术从理论上解决了交流调速系统在静、动态性能上与直流传动相媲美的问题。矢量控制技术模仿直流电动机的控制，以转子磁场定向，用矢量变换的方法实现了对交流电动机的转矩和磁链控制的完全解耦，它的提出具有划时代的重要意义。然而，在实际上，由于转子磁链难以准确观测，并且系统特性受电动机参数的影响较大，以及在模拟直流电动机控制过程中所用矢量旋转变换的复杂性，使得实际的控制效果难以达到理论分析的结果，这是矢量控制技术在实践上的不足之处。

直接转矩控制理论于 1977 年由美国学者 A. B. Plunkett 在 IEEE 杂志上首先提出，1985 年由德国鲁尔大学的德彭布罗克（Depenbrock）教授首次取得了直接转矩控制在实际应用上的成功，接着在 1987 年又把直接转矩控制推广到弱磁调速范围。不同于矢量控制，直接转矩控制具有鲁棒性强、转矩动态响应速度快、控制结构简单等优点，它在很大程度上解决了矢量控制中结构复杂、计算量大、对参数变化敏感、实际性能难以达到理论分析结构的一些重要问题。

目前在德国，直接转矩控制技术已成功应用于兆瓦级的电力机车牵引上。日本研制成功的 1.5kW 直接转矩控制变频调速装置，其转矩响应频率高达 2kHz，冲击转矩可瞬时达到额定转矩的 20 倍，使电机从＋500～－500r/min 的反转时间只有 4ms，在电气传动领域中，这几项指标均居目前世界最高纪录。当前，德国、日本、美国等都竞相发展该项技术，今后的发展趋势是采用第四代电力电子器件（IGBT、IGCT……）及数字化控制元件（如 TMS320CXX 数字信号处理及其他 32 位专用数字化模块），向工业生产应用推出全数字化最优直接转矩控制的异步电机变频调速装置。

5.2　异步电动机直接转矩控制技术的理论基础

5.2.1　直接转矩控制（DTC）的基本思想

按照生产工艺要求控制和调节电动机的转速是直接转矩控制的最终目的。然而，转速是通过转矩来控制的，电动机转速的变化与电动机的转矩有着直接而又简单的关系，转矩的积分就是电动机的转速，积分时间常数由电动机的机械系统惯性所决定，只有电动机的转矩影响其转速。可见，控制和调节电动机转速的关键是如何有效控制和调节电动机的转矩。

任何电动机，无论是直流电动机还是交流电动机，都由定子和转子两部分组成。定子产生定子磁势矢量 $\boldsymbol{F}_s$，转子产生转子磁势矢量 $\boldsymbol{F}_r$，两者合成得到合成磁势矢量 $\boldsymbol{F}_\Sigma$。$\boldsymbol{F}_\Sigma$ 产生磁链矢量 $\boldsymbol{\Psi}_m$。由电机统一理论可知，电动机的电磁转矩是由这些磁势矢量的相互作用而产生的，即等于它们中任何两个矢量的矢量积。

$$\begin{aligned}T_{ei}&=C_m(\boldsymbol{F}_s\times\boldsymbol{F}_r)=C_mF_sF_r\sin\angle(\boldsymbol{F}_s,\boldsymbol{F}_r)\\&=C_m(\boldsymbol{F}_s\times\boldsymbol{F}_\Sigma)=C_mF_sF_\Sigma\sin\angle(\boldsymbol{F}_s,\boldsymbol{F}_\Sigma)\\&=C_m(\boldsymbol{F}_r\times\boldsymbol{F}_\Sigma)=C_mF_rF_\Sigma\sin\angle(\boldsymbol{F}_r,\boldsymbol{F}_\Sigma)\end{aligned}\tag{5-1}$$

式中 F_s、F_r、F_Σ——矢量 $\boldsymbol{F}_s$、$\boldsymbol{F}_r$、$\boldsymbol{F}_\Sigma$ 的模；

$\angle(\boldsymbol{F}_s,\boldsymbol{F}_r)$、$\angle(\boldsymbol{F}_s,\boldsymbol{F}_\Sigma)$、$\angle(\boldsymbol{F}_r,\boldsymbol{F}_\Sigma)$——矢量 $\boldsymbol{F}_s$ 和 $\boldsymbol{F}_r$、$\boldsymbol{F}_s$ 和 $\boldsymbol{F}_\Sigma$、$\boldsymbol{F}_r$ 和 $\boldsymbol{F}_\Sigma$ 之间的夹角。

异步电动机的 $\boldsymbol{F}_s$、$\boldsymbol{F}_r$、$\boldsymbol{F}_\Sigma(\boldsymbol{\Psi}_m)$ 在空间以同步角速度 ω_s 旋转，彼此相对静止。因此，可以通过控制两磁势矢量的幅值和两磁势矢量之间的夹角来控制异步电动机的转矩。但是，由于这些矢量在异步电动机定子轴系中的各个分量都是交流量，故难以进行计算和控制。

矢量变换控制技术借助矢量旋转坐标变换（定子静止坐标系→空间旋转坐标系）把交流量转化为直流控制量，然后再经过相反矢量旋转坐标变换（空间旋转坐标系→定子静止坐标系）把直流控制量变为定子轴系中可实现的交流控制量。显然，矢量变换控制技术虽然可以获得很高的调速特性，但是往复的矢量旋转坐标变换及其他变换大大增加了计算工作量和系统的复杂性，而且由于异步电动机矢量变换系统采用转子磁场定向方式，设定的磁场定向轴易受电动机参数变化的影响，因此，异步电动机矢量变换控制系统的鲁棒性较差，当采取参数自适应控制策略时，又进一步增加了系统的复杂性和计算工作量。

直接转矩控制技术不需要往复的矢量旋转坐标变换，直接在定子坐标系上用交流量计算转矩的控制量。

由式(5-1) 知道，转矩等于磁势矢量 $\boldsymbol{F}_s$ 和 $\boldsymbol{F}_\Sigma$ 的矢量积，而 $\boldsymbol{F}_s$ 与定子电流矢量 $\boldsymbol{i}_s$ 成比例，$\boldsymbol{F}_\Sigma$ 与磁链矢量 $\boldsymbol{\Psi}_m$ 也成比例，因而可以知转矩与定子电流矢量 $\boldsymbol{i}_s$ 及磁链矢量 $\boldsymbol{\Psi}_m$ 的模值大小和两者之间的夹角有关，并且定子电流矢量 $\boldsymbol{i}_s$ 的模值可直接检测得到，磁链矢量 $\boldsymbol{\Psi}_m$ 的模值可从电动机的磁链模型中获得。在异步电动机定子坐标系中求得转矩的控制量后，根据闭环系统的构成原则，设置转矩调节器，形成转矩闭环控制系统，可获得与矢量变换控制系统相接近的静、动态调速性能指标。

从控制转矩角度看，只关心电流和磁链的乘积，并不介意磁链本身的大小和变化。但是，磁链大小与电动机的运行性能有密切关系，与电动机的电压、电流、效率、温升、转速、功率因数有关，所以，从电动机合理运行角度出发，仍希望电动机在运行中保持磁链一值恒定不变，因此还需要对磁链进行必要的控制。同控制转矩一样，设置磁链调节器，构成磁链闭环控制系统，以实现控制磁链幅值为恒定的目的。目前，控制磁链有两种方案，一种是日本学者高桥勋教授提出的方案，让磁链矢量基本上沿圆形轨迹运动；另一种是德国学者提出的方案，让磁链矢量沿六边形轨迹运动。

由以上的叙述可以初步了解异步电动机直接转矩控制系统的基本控制思想。图 5-1 概括了直接转矩控制系统控制的思路，以便在深入研究直接转矩控制系统之前，在概念上对其有一形象的认识。

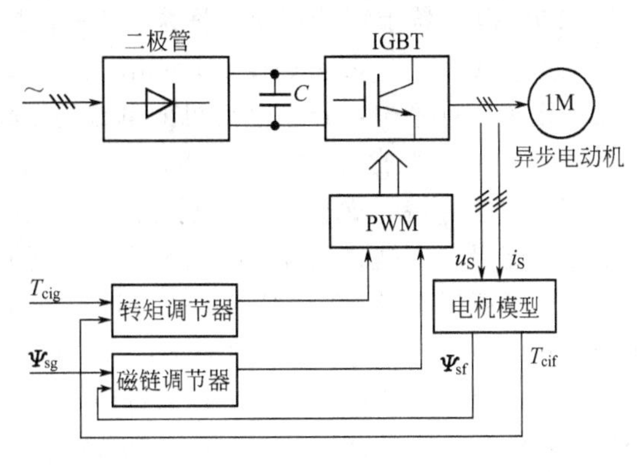

图 5-1 直接转矩控制系统控制思路

5.2.2 异步电动机定子轴系的数学模型

在 DTC 系统中，采用空间矢量的数学分析方法，在电动机的定子坐标系上描述异步电动机，这使模型变得特别简单、清晰。

1. 异步电动机的电磁转矩模型

异步电动机各量的空间矢量关系如图 5-2 所示，并且规定将旋转空间矢量在 α 轴（见图 5-3）上的投影称为 α 分量，在正交的 β 轴上的投影称为 β 分量。

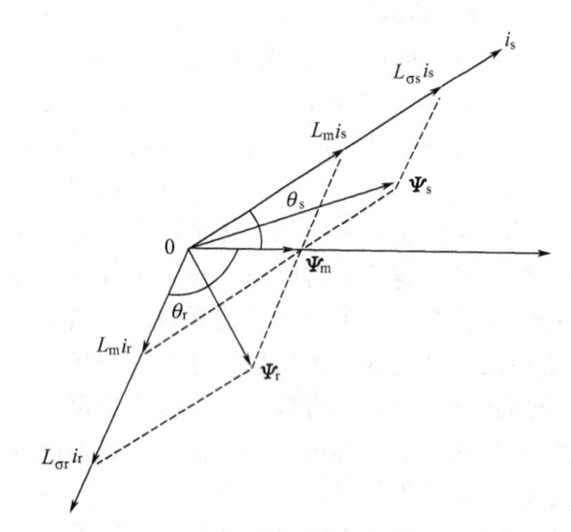

图 5-2 异步电动机各量的空间矢量关系

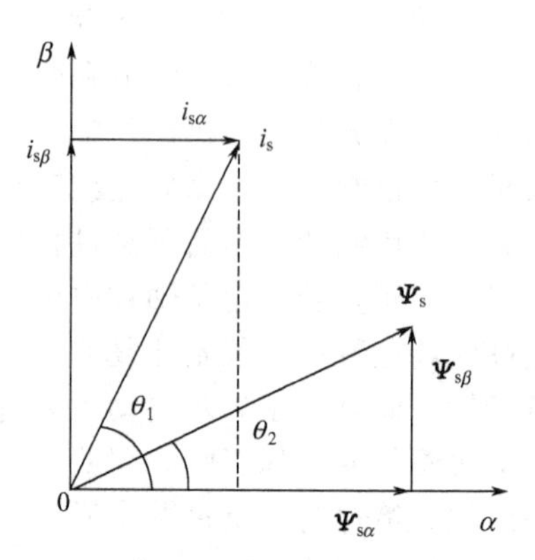

图 5-3 旋转空间矢量在 α 轴

根据以上规定，异步电动机在定子坐标系上由式(5-2) 表示定、转子磁链

$$\left.\begin{aligned}&\text{定子磁链}\quad \Psi_s = L_s i_s + L_m i_r = (L_m + L_{\sigma s}) i_s + L_m i_r \\ &\text{转子磁链}\quad \Psi_r = L_m i_s + L_r i_r = (L_m + L_{\sigma r}) i_r + L_m i_s\end{aligned}\right\} \tag{5-2}$$

气隙磁链 $\Psi_s = L_s i_s + L_m i_r$

不同于矢量变换控制系统，直接转矩控制方法以定子磁链矢量为基准，并维持其幅值为恒定，为此，按式(5-1) 中第二式计算异步电动机的电磁转矩 T_{ei}。

$$T_{ei} = C_m(\boldsymbol{F}_s \times \boldsymbol{F}_r) = C_m F_s F_r \sin\angle(\boldsymbol{F}_s、\boldsymbol{F}_r) = K_m \Psi_m i_s \sin\angle(\boldsymbol{\Psi}_m, \boldsymbol{i}_s)$$

由于 $\Psi_m i_s \sin\angle(\psi_m, i_s) = \Psi_s \sin\angle(\boldsymbol{\Psi}_s, \boldsymbol{i}_s)$，所以

$$T_{ei} = K_m \Psi_s i_s \sin\angle(\boldsymbol{\Psi}_s, \boldsymbol{i}_s) \tag{5-3}$$

式中 K_m——转矩系数。

把 $\boldsymbol{\Psi}_s$ 和 $\boldsymbol{i}_s$ 置于定子正交坐标系 α-β 中，如图 5-3 所示，得到

$$\sin\angle(\Psi_s, i_s) = \sin(\theta_1 - \theta_2) = \sin\theta_1 \cos\theta_2 - \cos\theta_1 \sin\theta_2$$

从而在定子坐标系中，异步电动机的电磁转矩模型可表达为

$$T_{ei} = K_m(\Psi_{s\alpha} i_{s\beta} - \Psi_{s\beta} i_{s\alpha}) \tag{5-4}$$

其中，$i_{s\alpha}$、$i_{s\beta}$、$\Psi_{s\alpha}$、$\Psi_{s\beta}$分别是 $\boldsymbol{i}_s$、Ψ_s 在 α、β 轴系上的分量。需要明确的是：这些分量都是交流量。根据式(5-4) 构成的转矩观测模型框图如图 5-4 所示。

以定子磁链矢量 $\boldsymbol{\Psi}_s$ 为基准的优越性是：在定子坐标系中计算定子磁链，受电动机参数影响最小（只受定子电阻 R_s 的影响)，而且定子电流可以直接测取。

由式(5-3) 可以看出：在实际运行中，保持定子磁链矢量 $\boldsymbol{\Psi}_s$ 的幅值为额定值，可充分利用电动机。$i_s \sin\angle(\boldsymbol{\Psi}_s, \boldsymbol{i}_s)$ 为定子电流矢量 $\boldsymbol{i}_s$ 的转矩分量，它由负载决定，异步电动机的转矩可以通过改变定子磁通角$\angle(\boldsymbol{\Psi}_s, \boldsymbol{i}_s)$ 来实现。

式(5-4) 可作为异步电动机电磁转矩的观测模型来求取转矩的观测值。

2. 异步电动机的磁链模型

异步电动机的定子磁链可以根据式(5-5) 来确定

$$\boldsymbol{\Psi}_{s}=\int e_{s}\mathrm{d}t=\int(\boldsymbol{u}_{s}-\boldsymbol{i}_{s}R_{s})\mathrm{d}t$$

$$\boldsymbol{\Psi}_{s\alpha}=\int(\boldsymbol{u}_{s\alpha}-\boldsymbol{i}_{s\alpha}R_{s})\mathrm{d}t$$

$$\boldsymbol{\Psi}_{s\beta}=\int(\boldsymbol{u}_{s\beta}-\boldsymbol{i}_{s\beta}R_{s})\mathrm{d}t \tag{5-5}$$

用式(5-5) 来确定异步电动机的定子磁链的方法有一个优点，就是在计算过程中唯一需要了解的电动机参数是易于确定的定子电阻，定子电压 $\boldsymbol{u}_s$ 和定子电流 $\boldsymbol{i}_s$ 同样也是易于确定的物理量，它们能以足够的精度被检测出来。计算出定子磁链后，再把定子磁链和测量所得的定子电流代入式(5-4)，就可以计算出电动机的转矩。

用定子电压与定子电流来确定定子磁链的方法叫电动机的磁链电压模型法，简称为 u-i 模型，其结构如图 5-5 所示。

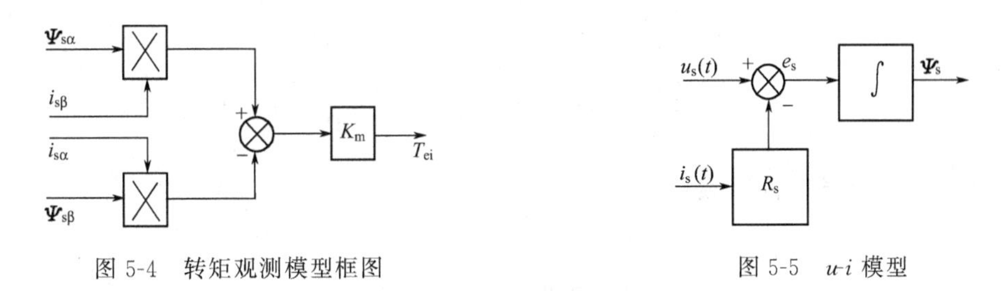

图 5-4 转矩观测模型框图

图 5-5 u-i 模型

由式(5-5) 可知，用两个积分器便可计算电动机磁链，但实现起来存在下列问题。

① 积分器存在漂移，为抑制漂移需引入反馈通道，反馈通道使输出信号幅值和相移减小，随电动机转速和频率的降低，积分器误差增大。

② 随电动机转速和频率的降低，$\boldsymbol{u}_s$ 的模值减小，由 $\boldsymbol{i}_sR_s$ 项补偿不准确带来的误差就越大。

③ 电动机不转时 $\boldsymbol{e}_s=0$，无法按式(5-5) 计算磁链，也无法建立初始磁链。

借助电动机的电流模型（简称 i-n 模型）可以解决上述问题，电流模型用定子电流计算磁链，精度与转速有关，也受电动机参数，特别是转子时间常数的影响，在高速时不如电压模型，但低速时比电压模型准确，因此两模型必须配合使用，高速时用电压模型，低速时用电流模型。如何实现两模型的过渡呢？简单的切换不行，由于两模型计算结果不可能一样，简单切换会在切换点附近造成冲击和振荡。采用图 5-6 示出的模型既解决了两模型的过渡，又解决了电压模型积分器漂移问题。

电流模型算出的磁链值为 Ψ'_s，电压模型算出的磁链值为 Ψ_s。若两模型均准确，两磁链值相等，$\Delta\Psi_s=\Psi'_s-\Psi_s$ 为零，积分器反馈通道不起作用，无积分误差；但当积分器漂移时，Ψ'_s 中无信号抵消它，反馈通道起作用，抑制漂移。实际上，两模型计算结果不可能完全相等，$\Delta\Psi_s\neq0$ 反馈通道对积分仍有一些影响，但比无电流模型小得多，图 5-6 所示模型可表示为

$$\Psi_s=\frac{a}{1+ap}\left(e_s+\frac{1}{a}\Psi'_s\right) \tag{5-6}$$

式中，Ψ'_s 的大小与转速有关，$\boldsymbol{e}_s$ 与转速成比例，低速时$<0.5\Psi'_s$，以电流模型为主；

高速时 $\boldsymbol{e}_s>0.5\boldsymbol{\Psi}'_s$，以电压模型为主，$\alpha$ 值决定过渡点，通常 $\alpha=10$，在 10%额定速度过渡。

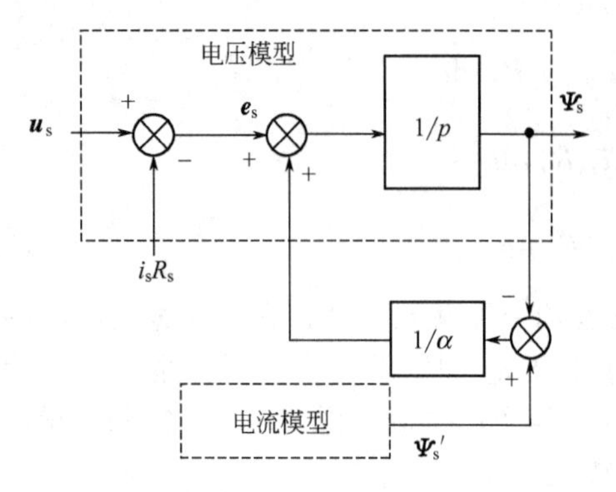

图 5-6　电流-电压混合模型

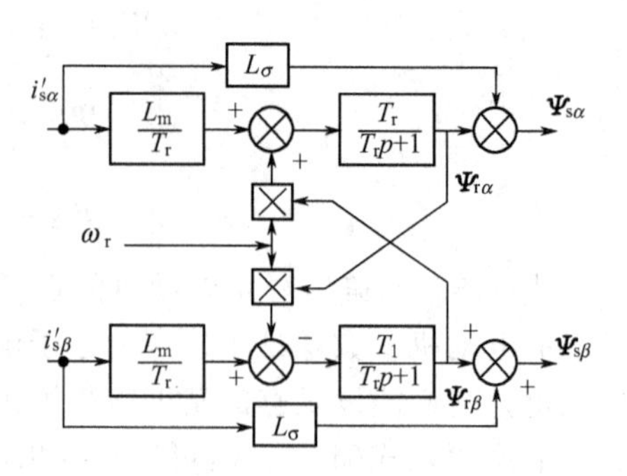

图 5-7　i-n 模型

电机的电流模型表示为

$$T_r\frac{d\Psi_{r\alpha}}{dt}+\Psi_{r\alpha}=L_m i'_{s\alpha}+T_r\omega_r\Psi_{r\beta}$$

$$T_r\frac{d\Psi_{r\beta}}{dt}+\Psi_{r\beta}=L_m i'_{s\beta}-T_r\omega_r\Psi_{r\alpha} \tag{5-7}$$

式中　$T_r=\frac{L_r}{R_r}$——转子时间常数；

ω_r——转子角速度。

$$\Psi_{s\alpha}\approx\Psi_{r\alpha}+L_\sigma i'_{s\alpha}$$
$$\Psi_{s\beta}\approx\Psi_{r\beta}+L_\sigma i'_{s\beta} \tag{5-8}$$
$$L_\sigma=L_{\sigma s}+L_{\sigma r}$$

由式(5-7) 和式(5-8) 得电流模型（i-n 模型），如图 5-7 所示。

u-i 模型与 i-n 模型相互切换使用，经实验证明是可行的。但是，由于 u-i 模型向 i-n 模型进行快速平滑切换的难题仍未得到解决，而且实际上两模型计算结果不可能完全相等，所以当 $\Delta\Psi_s\neq0$ 时，反馈通道对积分仍有一些影响，磁链计算结果仍存在一定的误差，只不过比无电流模型时小得多而已。取代这两种模型的是在全速范围内都适用的高精度磁链模型，称为 u-n 模型，也叫电动机模型。

u-n 模型由定子电压和转速来获得定子磁链。它综合了 u-i 模型和 i-n 模型的特点。为了表达清楚，重列 u-n 模型所用到的数学方程式，如下。

$$T_r\frac{d\Psi_{r\alpha}}{dt}+\Psi_{r\alpha}=L_m i_{s\alpha}+T_r\omega_r\Psi_{r\beta}$$

$$T_r\frac{d\Psi_{r\beta}}{dt}+\Psi_{r\beta}=L_m i_{s\beta}-T_r\omega_r\Psi_{r\alpha} \tag{5-9}$$

$$\boldsymbol{\Psi}_s=\int(\boldsymbol{u}_s-i_sR_s)dt$$

$$\boldsymbol{\Psi}_{s\alpha}=\int(\boldsymbol{u}_{s\alpha}-i_{s\alpha}R_s)dt$$

$$\boldsymbol{\Psi}_{s\beta}=\int(\boldsymbol{u}_{s\beta}-i_{s\beta}R_s)dt \tag{5-10}$$

$$\Psi_{s\alpha}\approx\Psi_{r\alpha}+L_\sigma i'_{s\alpha}$$

$$\Psi_{s\beta} \approx \Psi_{r\beta} + L_\sigma i'_{s\beta} \tag{5-11}$$

根据上面三组方程构成 u-n 模型，如图 5-8 所示。

图 5-8 同图 5-7 一样，分为两个通道（α 通道和 β 通道），以分别获得磁链的两个分量 $\Psi_{s\alpha}$、$\Psi_{s\beta}$。下面以 α 通道为例来进行说明。

根据式(5-9) 得到转子磁链 $\Psi_{r\alpha}$ 信号；根据式(5-10) 得到定子磁链 $\Psi_{s\alpha}$ 信号；根据式(5-11) 得到定子电流 $i'_{s\alpha}$ 信号。由此可见，u-n 模型的输入量是定子电压和转速信号，可以获得电动机的其他各量。如果再联合式(5-4)，则还能获得电动机的转矩。因此 u-n 模型也可称为电动机模型，它很好地模拟了异步电动机的各个物理量。

图 5-8 中虚框内的单元是电流调节器 PI，它的作用是强迫电动机模型电流和实际的电动机电流相等。如果电动机模型得到的电流 $i'_{s\alpha}$ 与实际测量到的电动机电流 $i_{s\alpha}$ 不相等，就会产生一个差值 $\Delta i = i_{s\alpha} - i'_{s\alpha}$ 送入到电流调节器的输入端。电流调节器就会输出补偿信号，加到"Ⅰ"单元的输入端，以修正 $\Psi_{s\alpha}$ 的电流值，直至 $i'_{s\alpha}$ 完全等于 $i_{s\alpha}$，Δi 才为零，电流调节器才停止调节。由此可见，由于引入了电流调节器，使得电动机模型的仿真精度大大提高了。

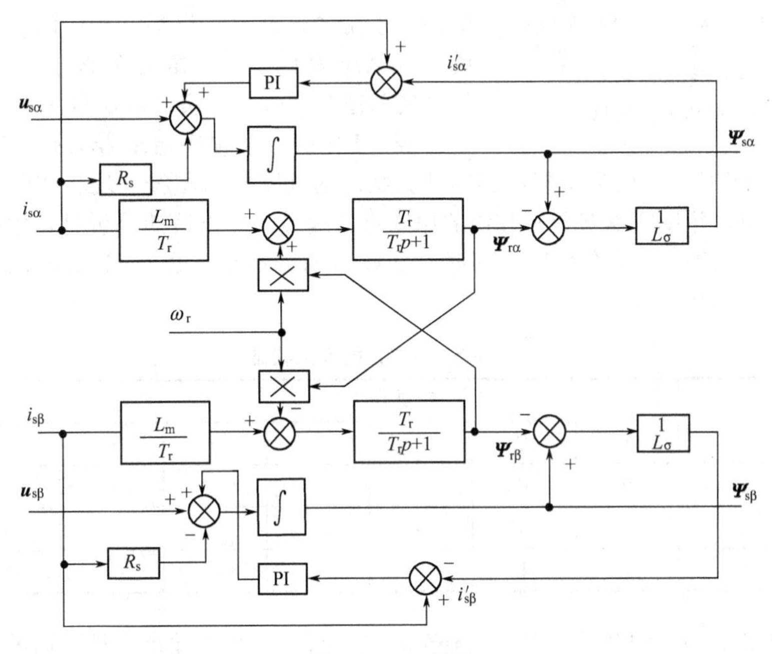

图 5-8 u-n 模型

电动机模型综合了 u-i 模型和 i-n 模型的优点，又很自然地解决了切换问题。高速时，电动机模型实际工作在 u-i 模型下，磁链实际上只是由定子电压与定子电流计算得到，由定子电阻误差、转速测量误差以及电动机参数误差引起的磁链误差在这个工作范围内将不再有意义；低速时，电动机模型实际工作在 i-n 模型下。

5.2.3 逆变器的八种开关状态和逆变器的电压状态

一台电压型逆变器（见图 5-9），由三组、六个开关（S_A、$\overline{S}_A$、S_B、$\overline{S}_B$、S_C、$\overline{S}_C$）组成。由于 S_A 与 $\overline{S}_A$、S_B 与 $\overline{S}_B$、S_C 与 $\overline{S}_C$ 之间互为反向，即一个接通，另一个断开，所以三组开关有 $2^3=8$ 种可能的开关组合。

把开关 S_A、$\overline{S}_A$ 称为 A 相开关，用 S_A 表示；S_B、$\overline{S}_B$ 称为 B 相开关，用 S_B 表示；把 S_C、$\overline{S}_C$ 称为 C 相开关，用 S_C 表示。也可用 S_{ABC} 同时表示三相开关 S_A、S_B 和 S_C。若规定

A、B、C三相负载的某一相与“+”极接通时，该相的开关状态为“1”态；反之，与“—”极接通时，为“0”态，则8种可能的开关状态见表5-1。

表5-1 逆变器的8种开关状态

状态	0	1	2	3	4	5	6	7
S_A	0	1	0	1	0	1	0	1
S_B	0	0	1	1	0	0	1	1
S_C	0	0	0	0	1	1	1	1

8种可能的开关状态可以分成两类：一类是6种所谓的工作状态，即表5-1种的状态1～状态6，它们的特点是三相负载并不都接到相同的电位上去；另一类开关状态是零开关状态，如表5-1中的状态0和状态7，它们的特点是三相负载都接到相同的电位上去。当三相负载都与“+”极接通时，得到的状态是“111”，三相都有相同的正电位，所得到的负载电压为零；当三相负载都与“—”极接通时，得到的状态是“000”，负载电压也是零。

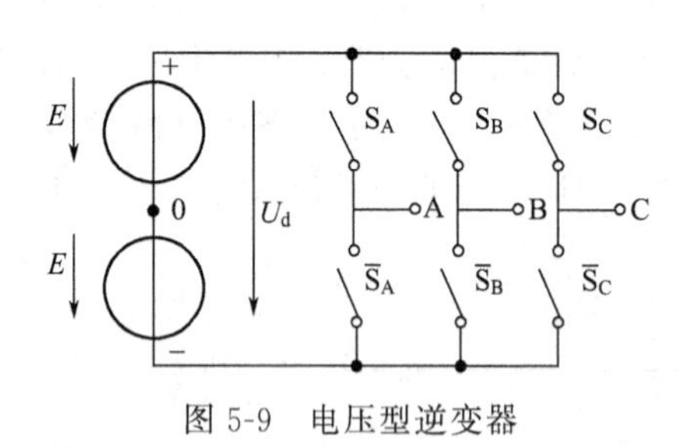

图5-9 电压型逆变器

表5-1中的开关顺序与编号只是一种数学上的排列顺序，它与DTC工作时逆变器的实际开关状态的顺序并不相符。现将实际工作的开关顺序列于表5-2中，并按照本书分析方便的原则重新编号。在以后的分析过程中可以看到，这样的编排正符合DTC的工作情况。同时，在以后的分析中，也将采用表5-2的编号次序。下面分析逆变器的电压状态。

表5-2 逆变器的开关状态

状　　态		工作状态						零状态	
		1	2	3	4	5	6	7	8
开关组	S_A	0	0	1	1	1	0	0	1
	S_B	1	0	0	0	1	1	0	1
	S_C	1	1	1	0	0	0	0	1

对应于逆变器的8种开关状态，对外部负载来说，逆变器输出7种不同的电压状态。这7种不同的电压状态也分成两类：一类是6种工作电压状态，它对应于开关状态1～6，分别称为变压器的电压状态1～状态6；另一类是零电压状态，它对应于零开关状态7～状态8（见表5-2）由于对外部来说，输出的电压都为零，因此统称为逆变器的零电压状态7。

如果用符号$\boldsymbol{u}_s(t)$表示逆变器的输出电压（或简称为逆变器的电压）状态的空间矢量，那么逆变器的电压状态可用$\boldsymbol{u}_{s1}$～$\boldsymbol{u}_{s7}$表示；对应于开关状态还可以用$\boldsymbol{u}_s(011)$—$\boldsymbol{u}_s(001)$—$\boldsymbol{u}_s(101)$—$\boldsymbol{u}_s(100)$—$\boldsymbol{u}_s(110)$—$\boldsymbol{u}_s(010)$—$\boldsymbol{u}_s(000)$—$\boldsymbol{u}_s(111)$表示；或者可以简化用1～7表示。当然，这要在场景清楚而不易引起误解的情况下采用。关于逆变器电压状态的表示与开关的对照关系见表5-3。

表5-3中的开关状态S_{ABC}对应于表5-2中的开关状态S_A、S_B和S_C，例如表5-3中的$S_{ABC}=011$，对应于表5-2中，$S_A=0$、$S_B=1$、$S_C=1$。表5-3中的电压状态的各种表示法以后经常要用到。

图5-9所示电压型逆变器在不输出零状态电压的情况下，根据逆变器的基本理论，其输

出的 6 种工作电压状态的电压波形见图 5-10。图 5-10 示出了逆变器的相电压波形、幅值、开关状态和电压状态的对应关系。由图 5-10 可得到以下结论。

① 相电压波形的极性和逆变器开关状态的关系符合本节开始时作出的规定，即某相负载与“+”极接通时（对照图 5-9），该相逆变器的开关状态为“1”态，反之为“0”态。因此，由相电压 u_A、u_B、u_C 的波形图可直接得到逆变器的各开关状态。

表 5-3　逆变器的电压状态与开关状态的对照关系

状态		工作状态						零状态	
		1	2	3	4	5	6	7	8
开关状态 S_{ABC}		011	001	101	100	110	010	000	111
电压状态	表示一 $\boldsymbol{u}_s(t)$	$\boldsymbol{u}_s(011)$	$\boldsymbol{u}_s(001)$	$\boldsymbol{u}_s(101)$	$\boldsymbol{u}_s(100)$	$\boldsymbol{u}_s(110)$	$\boldsymbol{u}_s(010)$	$\boldsymbol{u}_s(000)$	$\boldsymbol{u}_s(111)$
	表示二 $\boldsymbol{u}_s(t)$	$\boldsymbol{u}_{s1}$	$\boldsymbol{u}_{s2}$	$\boldsymbol{u}_{s3}$	$\boldsymbol{u}_{s4}$	$\boldsymbol{u}_{s5}$	$\boldsymbol{u}_{s6}$	$\boldsymbol{u}_{s7}$	
	表示三 $\boldsymbol{u}_s(t)$	1	2	3	4	5	6	7	

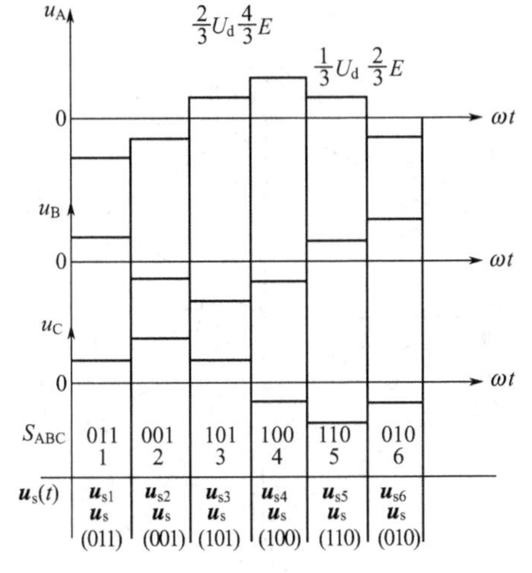

图 5-10　无零状态输出时相电压波形及对应的开关状态和电压状态

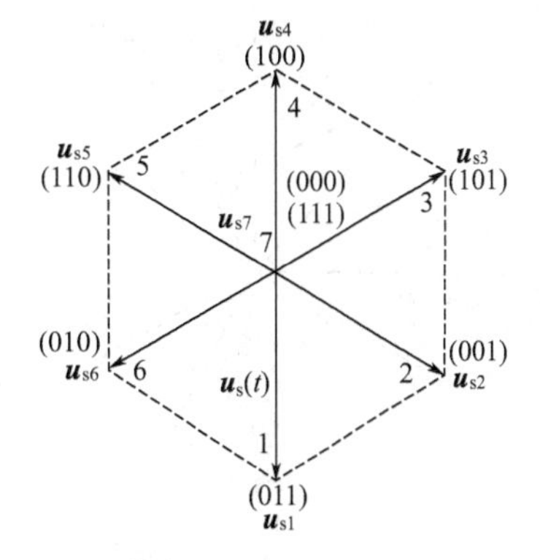

图 5-11　用电压空间矢量表示的 7 个离散的电压状态

② 由相电压波形得到的开关状态顺序与表 5-2 中所规定的顺序完全一致。

③ 电压状态和开关状态都是 6 个状态为一个周期，从状态 1～状态 6，然后再循环。

④ 相电压波形的幅值是：$\pm 2U_d/3=\pm 4E/3$。

以上分析了逆变器的电压状态及其相电压波形。如果把逆变器的输出电压用电压空间矢量来表示，则逆变器的各种电压状态和次序就有了空间的概念，理解起来一目了然。下面将分析电压空间矢量的概念。现先直接给出电压状态的空间顺序，如图 5-11 所示。

由图 5-11 可见，逆变器的 7 个电压状态若用电压空间矢量 $\boldsymbol{u}_s(t)$ 来表示，则形成了 7 个离散的电压空间矢量。每两个工作电压空间矢量在空间的位置相隔 60°，6 个工作电压空间矢量的顶点构成正六边形的 6 个顶点。矢量的顺序正是从状态 1 到状态 6 逆时针旋转，所对应的开关状态是 011—001—101—100—110—010，所对应的逆变器电压状态，或称电压空间矢量是 $\boldsymbol{u}_{s1}$—$\boldsymbol{u}_{s2}$—$\boldsymbol{u}_{s3}$—$\boldsymbol{u}_{s4}$—$\boldsymbol{u}_{s5}$—$\boldsymbol{u}_{s6}$，或者表示为 $\boldsymbol{u}_s(011)$—$\boldsymbol{u}_s(001)$—$\boldsymbol{u}_s(101)$—$\boldsymbol{u}_s(100)$—$\boldsymbol{u}_s(110)$—$\boldsymbol{u}_s(010)$—$\boldsymbol{u}_s(000)$—$\boldsymbol{u}_s(111)$。零电压矢量 7 则位于六边形的中心点。

由上面叙述可知，用电压空间矢量进行分析，形象简明，这是DTC进行分析的基本方法。那么，逆变器的三相输出电压怎样能表示成一个电压空间矢量呢？它们在空间的位置以及顺序为什么是图5-11所示的状况呢？这些问题在下面说明，也就是说要引入电压空间矢量的概念。

5.2.4 电压空间矢量的概念

在对异步电动机进行分析和控制时，均需对三相进行分析和控制，若引入Park矢量变换会带来很多的方便。Park矢量将三个标量（三维）变换为一个矢量（二维）。这种表达关系对于时间函数也适用。如果三相异步电动机中对称的三相物理量如图5-12所示，选三相定子坐标系的A轴与Park矢量复平面的实轴α重合，则其三相物理量$X_A(t)$、$X_B(t)$、$X_C(t)$的Park矢量$X(t)$为

$$X(t)=\frac{2}{3}[X_A(t)+\rho X_B(t)+\rho^2 X_C(t)]$$

式中　ρ——复系数，称为旋转因子，$\rho=e^{j2\pi/3}$。

旋转空间矢量$X(t)$的某个时刻在某相轴线（A、B、C轴上）的投影就是该时刻该相物理量的瞬时值。

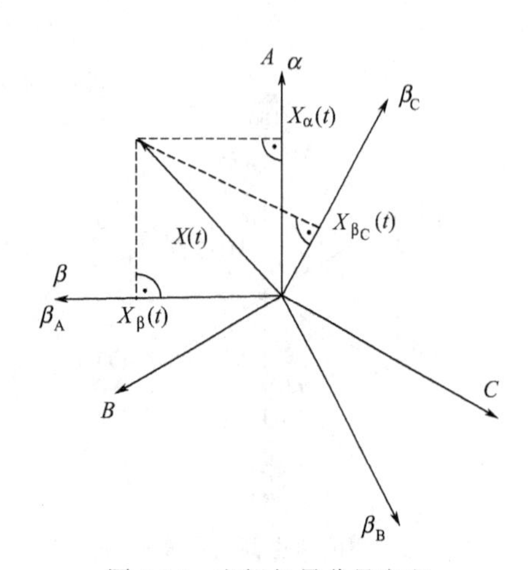

图5-12　空间矢量分量定义

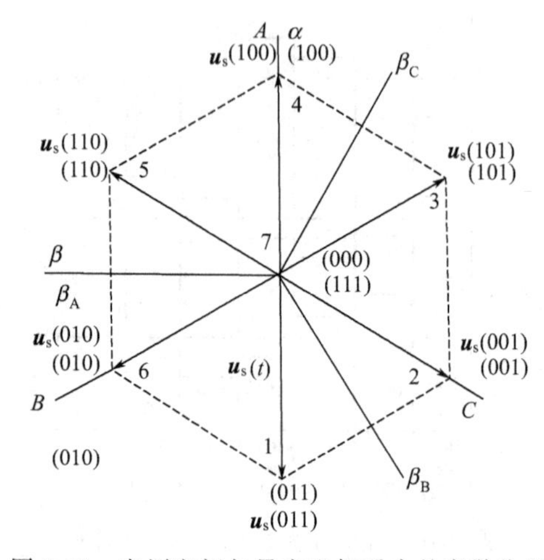

图5-13　电压空间矢量在坐标系中的离散位置

就图5-9所示的逆变器来说，若其A、B、C三相负载的定子绕组接成星形，其输出电压空间矢量$\boldsymbol{u}_s(t)$的Park矢量变换表达式应为

$$\boldsymbol{u}_s(t)=\frac{2}{3}[u_A+u_B e^{j2\pi/3}+u_C e^{j4\pi/3}] \tag{5-12}$$

其中，u_A、u_B、u_C分别是A、B、C三相定子负载绕组的相电压。在逆变器无零状态输出的情况下，其波形、幅值及与逆变器开关状态的对应情况如图5-10所示，这在上面已经分析过，这样就可以用电压空间矢量$\boldsymbol{u}_s(t)$来表示逆变器三相输出电压的各种状态。

对于式(5-12)的电压空间矢量$\boldsymbol{u}_s(t)$的理解可以举例说明。把图5-12与图5-11合并在一张图上，构成图5-13，以便描述电压空间矢量$\boldsymbol{u}_s(t)$在α、β坐标系和定子三相坐标系（A-B-C坐标系）上的相对位置。图5-13中，三相坐标系中的A轴与复平面正交的α、β坐标系的实轴α轴重合。各电压状态的空间矢量的离散位置见图5-13。下面根据式(5-12)对电压空间矢量在坐标系中的离散位置举例说明。

对于状态1，$S_{ABC}=011$，由图5-10可知

$$u_A = -2u_d/3 = -4E/3$$
$$u_B = u_C = u_d/3 = 2E/3$$

将 u_A、u_B、u_C 代入式(5-12) 得

$$\begin{aligned}\boldsymbol{u}_s(011) &= \frac{2}{3}\left[\left(-\frac{4}{3}E\right)+\frac{2}{3}Ee^{j2\pi/3}+\frac{2}{3}Ee^{j4\pi/3}\right]\\ &= \frac{2}{3}\left[\left(-\frac{4}{3}E\right)+\frac{2}{3}E\left(-\frac{1}{2}+j\frac{\sqrt{3}}{2}\right)+\frac{2}{3}E\left(-\frac{1}{2}-j\frac{\sqrt{3}}{2}\right)\right]\\ &= \frac{2}{3}\left[\left(-\frac{4}{3}E\right)+\left(-\frac{2}{3}E\right)\right]=-\frac{4}{3}E=\frac{4}{3}Ee^{j\pi}\end{aligned}$$

对照图 5-13 可知，$\boldsymbol{u}_s(011)$ 位于 α 轴的负方向上。

对于状态 2，$S_{ABC}=001$ 时

$$u_A = u_B = -\frac{2}{3}E$$

$$u_C = \frac{4}{3}E$$

将 u_A、u_B、u_C 代入式(5-12) 得

$$\begin{aligned}\boldsymbol{u}_s(001) &= \frac{2}{3}\left[\left(-\frac{2}{3}E\right)+\left(-\frac{2}{3}E\right)e^{j2\pi/3}+\frac{4}{3}Ee^{j4\pi/3}\right]\\ &= \frac{2}{3}\left[\left(-\frac{2}{3}E\right)+\left(-\frac{2}{3}E\right)\left(-\frac{1}{2}+j\frac{\sqrt{3}}{2}\right)+\frac{4}{3}E\left(-\frac{1}{2}-j\frac{\sqrt{3}}{2}\right)\right]\\ &= \frac{2}{3}[(-E)+(-j\sqrt{3}E)]=\frac{4}{3}E\left[-\frac{1}{2}-j\frac{\sqrt{3}}{2}\right]=\frac{4}{3}Ee^{j4\pi/3}\end{aligned}$$

再计算一个 e^{j0} 的矢量，即状态 4，$S_{ABC}=100$ 时

$$u_A = \frac{4}{3}E$$

$$u_B = u_C = -\frac{2}{3}E$$

将上述值代入式(5-12) 得

$$\begin{aligned}\boldsymbol{u}_s(100) &= \frac{2}{3}\left[\frac{4}{3}E+\left(-\frac{2}{3}E\right)e^{j2\pi/3}+\left(-\frac{2}{3}E\right)e^{j4\pi/3}\right]\\ &= \frac{2}{3}\left[\frac{4}{3}E+\left(-\frac{2}{3}E\right)\left(-\frac{1}{2}+j\frac{\sqrt{3}}{2}\right)+\left(-\frac{2}{3}E\right)\left(-\frac{1}{2}-j\frac{\sqrt{3}}{2}\right)\right]=\frac{4}{3}Ee^{j0}\end{aligned}$$

依次计算各开关状态的电压空间矢量，可以得到上面所直接给出的有关电压空间矢量的结论，这里再综述如下。

① 逆变器的 6 个工作电压状态给出了 6 个不同方向的电压空间矢量。它们以周期性顺序出现，相邻两个矢量之间相差 60°。

② 电压空间矢量的幅值不变，都等于 $4E/3$。因此 6 个电压空间矢量的顶点构成了正六边形的六个顶点。

③ 6 个电压空间矢量的顺序是：$\boldsymbol{u}_s(011)$—$\boldsymbol{u}_s(001)$—$\boldsymbol{u}_s(101)$—$\boldsymbol{u}_s(100)$—$\boldsymbol{u}_s(110)$—$\boldsymbol{u}_s(010)$。它们依次沿逆时针方向旋转。

④ 零电压状态 7 位于六边形的中心。

5.2.5 电压空间矢量与磁链空间矢量的关系

这里引出六边形磁链的概念。逆变器的输出电压 $\boldsymbol{u}_s(t)$ 直接加到异步电动机的定子上，

则定子电压也为 $\boldsymbol{u}_s(t)$。定子磁链 $\boldsymbol{\Psi}_s(t)$ 与定子电压 $\boldsymbol{u}_s(t)$ 之间的关系为

$$\boldsymbol{\Psi}_s(t)=\int[\boldsymbol{u}_s(t)-\boldsymbol{i}_s(t)R_s]\mathrm{d}t \tag{5-13}$$

若忽略定子电阻压降的影响，则

$$\boldsymbol{\Psi}_s(t)\approx\int\boldsymbol{u}_s(t)\mathrm{d}t \tag{5-14}$$

式(5-14) 表示定子磁链空间矢量与定子电压空间矢量之间为积分关系，该关系见图 5-14。

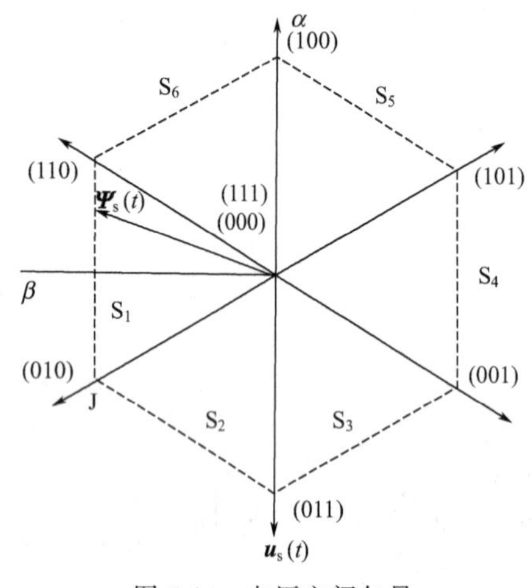

图 5-14　电压空间矢量与磁链空间矢量的关系

图 5-14 中，$\boldsymbol{u}_s(t)$ 表示电压空间矢量，$\boldsymbol{\Psi}_s(t)$ 表示磁链空间矢量，S_1、S_2、S_3、S_4、S_5、S_6 是正六边形的六条边。当磁链空间矢量如图 5-14 中 $\boldsymbol{\Psi}_s(t)$ 所示位置时（其顶点在边 S_1 上），如果逆变器加到定子上的电压空间定量 $\boldsymbol{u}_s(t)$ 为 $\boldsymbol{u}_s(011)$，如图 5-14所示（在 $-\alpha$ 轴方向），则根据式(5-14)，即定子磁链空间矢量与定子电压空间矢量的积分关系，定子磁链空间矢量的顶点将沿着 S_1 边的轨迹，朝着电压空间矢量 $\boldsymbol{u}_s(011)$ 所作用的方向运动。当 $\boldsymbol{\Psi}_s(t)$ 沿着 S_1 边运动到 S_1 与 S_2 交点 J 时，如果给出电压空间矢量 $\boldsymbol{u}_s(001)$ [它与电压空间矢量 $\boldsymbol{u}_s(011)$ 成 60°夹角]，则磁链空间矢量 $\boldsymbol{\Psi}_s(t)$ 的顶点会按照与 $\boldsymbol{u}_s(001)$ 相平行的方向，沿着边 S_2 的轨迹运动。若在 S_2 与 S_3 交点时给出电压 $\boldsymbol{u}_s(101)$，则 $\boldsymbol{\Psi}_s(t)$ 的顶点将沿着边 S_3 的轨迹运动。同样的方法，依次给出 $\boldsymbol{u}_s(100)$、$\boldsymbol{u}_s(110)$、$\boldsymbol{u}_s(010)$，则 $\boldsymbol{\Psi}_s(t)$的顶点依次沿着边 S_4、S_5、S_6 的轨迹运动。至此可以得到以下结论。

① 定子磁链空间矢量顶点的运动方向和轨迹 [以后简称为定子磁链的运动方向和轨迹，或 $\boldsymbol{\Psi}_s(t)$ 的运动方向和轨迹]，对应于相应的电压空间矢量的作用，$\boldsymbol{\Psi}_s(t)$ 的运动轨迹平行于 $\boldsymbol{u}_s(t)$ 指示的方向。只要定子电阻压降 $|\boldsymbol{i}_s(t)|R_s$ 比 $|\boldsymbol{u}_s(t)|$ 足够小，那么这种平行就能得到很好的近似。

② 在适当的时刻依次给出定子电压空间矢量 $\boldsymbol{u}_{s1}$—$\boldsymbol{u}_{s2}$—$\boldsymbol{u}_{s3}$—$\boldsymbol{u}_{s4}$—$\boldsymbol{u}_{s5}$—$\boldsymbol{u}_{s6}$，则得到定子磁链依次沿边 $S_1-S_2-S_3-S_4-S_5-S_6$ 运动，形成了正六边形磁链。

③ 正六边形的六条边代表着磁链空间矢量一个周期的运动轨迹。每条边代表一个周期磁链轨迹的 1/6，本书称为一个区段。六条边分别称为磁链轨迹的区段 S_1，区段 S_2，……，区段 S_6。区段这个名称，在以后的分析汇总经常要用到。

直接利用逆变器的 6 种工作状态，简单地得到六边形的磁链轨迹以控制电动机，这就是 DTC 控制的基本思路。

5.2.6　电压空间矢量对电动机转矩的影响

直接转矩控制技术的控制机理是通过电压空间矢量 $\boldsymbol{u}_s(t)$ 来控制定子磁链的旋转速度，从而改变定、转子磁链矢量之间的夹角，达到控制电动机转矩的目的。为了便于弄清电压空间矢量 $\boldsymbol{u}_s(t)$ 与异步电动机电磁转矩之间的关系，明确电压空间矢量 $\boldsymbol{u}_s(t)$ 对电动机转矩的影响，用定、转子磁链矢量的矢量积来表达异步电动机的电磁转矩，即

$$T_{ei}=K_m[\Psi_s(t)\times\Psi_r(t)]=K_m\Psi_s\Psi_r\sin\angle[\Psi_s(t),\Psi_r(t)]=K_m\Psi_s\Psi_r\sin\theta(t) \tag{5-15}$$

式中　Ψ_s、Ψ_r——定、转子磁链矢量 $\Psi_s(t)$、$\Psi_r(t)$ 的模值；

　　$\theta(t)$ ——$\Psi_s(t)$ 与 $\Psi_r(t)$ 之间的夹角，称为磁通角。

在实际运行中，保持定子磁链矢量的幅值为额定值，以充分利用电动机铁芯；转子磁链矢量的幅值由负载决定。要改变电动机转矩的大小，可以通过改变磁通角 $\theta(t)$ 的大小来实现，见图 5-15。

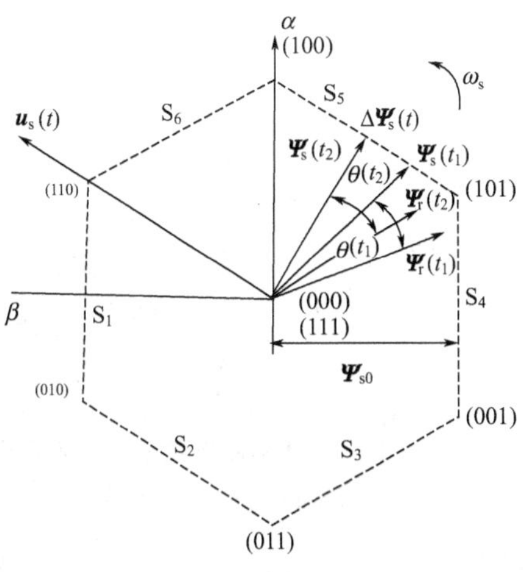

图 5-15　电压空间矢量对电动机转矩的影响

t_1 时刻的定子磁链 $\Psi_s(t_1)$、转子磁链 $\Psi_r(t_1)$ 以及磁通角 $\theta(t_1)$ 的位置如图 5-15 所示。从 t_1 时刻考察到 t_2 时刻，若此时给出的定子电压空间矢量 $\boldsymbol{u}_s(t)=\boldsymbol{u}_s(110)$，则定子磁链矢量从 $\Psi_s(t_1)$ 的位置旋转到 $\boldsymbol{\Psi}_s(t_2)$ 的位置，其运动轨迹 $\Delta\Psi_s(t)$ 沿着区段 S_5，与 $\boldsymbol{u}_s(110)$ 的指向平行，见图 5-15。

这个期间，转子磁链的旋转情况受该期间定子旋转角频率的平均值$\overline{\omega}_s$ 的影响。因此在 $t_1 \sim t_2$ 这段时间里，定子磁链旋转速度大于转子磁链旋转速度，磁通角 $\theta(t)$ 加大，由 $\theta(t_1)$ 变为 $\theta(t_2)$，相应转矩增大。

如果在 t_2 时刻给出零电压空间矢量，则定子磁链空间矢量 $\Psi_s(t_2)$ 保持在 t_2 时刻的位置静止不动，而转子磁链空间矢量却继续以$\overline{\omega}_s$ 的速度旋转，则磁通角减小，从而使转矩减小。通过转矩两点式调节来控制电压空间矢量的工作状态和零状态的替出现，就能控制定子磁链空间矢量的平均角速度$\overline{\omega}_s$ 的大小。通过这样的瞬态调节就能获得高动态响应的转矩特性。

5.2.7　电压空间矢量的正确选择

正确选择电压空间矢量，可以形成六边形磁链。所谓正确选择，包括两个含义：一是电压空间矢量顺序的正确选择；二是各电压空间矢量给出时刻的正确选择。

定子磁链空间矢量的运动轨迹取决于定子电压空间矢量。反过来，定子电压空间矢量的选择又取决于定子磁链空间矢量的运动轨迹。要想得到六边形磁链，就要对六边形磁链进行分析，为此观察六边形轨迹的定子旋转磁链空间矢量在 β 三相坐标系 β_A、β_B 和 β_C 轴上的投影（β 坐标系见图 5-16），则可以得到三个相差 120°相位的梯形波，它们分别被称为定子磁链的 $\Psi_{\beta A}$、$\Psi_{\beta B}$ 和 $\Psi_{\beta C}$ 分量。图 5-17(a) 是这三个定子磁链分量的时序图。为了加强理解，现举例说明如下。

图 5-16 的区段分别向 β_A 轴、β_B 轴、β_C 轴投影，得到该区段内的三个磁链分量，见图 5-17(a) 中区段的磁链波形 $\Psi_{\beta A}$、$\Psi_{\beta B}$ 和 $\Psi_{\beta C}$。其中，在 S_1 的整个区段内，$\Psi_{\beta A}$ 保持正的最大值，$\Psi_{\beta B}$ 从负的最大值变到零，$\Psi_{\beta C}$ 从零变到负的最大值。接着投影 S_2 区段，得 $\Psi_{\beta A}$ 分量从正的最大值变为零，$\Psi_{\beta B}$ 分量从零变为正的最大值，$\Psi_{\beta C}$ 分量保持负的最大值不变。同样，投影区段 S_3、S_4、S_5、S_6 得磁链分量 $\Psi_{\beta A}$、$\Psi_{\beta B}$ 和 $\Psi_{\beta C}$ 的波形，见图 5-17(a)。从 $S_1 \sim S_6$ 区段循环一个周期之后，又重复出现已有的波形。

图 5-18 中，施密特触发器的容差是 $\pm\Psi_{sg}$，$\pm\Psi_{sg}$ 作为磁链给定值，它等于图 5-15 中的 Ψ_{s0}。通过三个施密特触发器，用磁链给定值 $\pm\Psi_{sg}$ 分别与三个磁链分量 $\Psi_{\beta A}$、$\Psi_{\beta B}$ 和 $\Psi_{\beta C}$ 进行比较，得到图 5-17(b) 所示的磁链开关信号 $\overline{S\Psi_A}$、$\overline{S\Psi_B}$、$\overline{S\Psi_C}$。对照图 5-17(a) 和图 5-17(b) 可见，当 $\Psi_{\beta A}$ 上升达到正的磁链给定值 Ψ_{sg} 时，施密特触发器输出低电平信号，$\overline{S\Psi_A}$ 为低电平；当 $\Psi_{\beta A}$ 下降到负的磁链给定值 Ψ_{sg} 时，$\overline{S\Psi_A}$ 为高电平。由此得到磁链开关信号的时序图，同理可得到 $\overline{S\Psi_B}$、$\overline{S\Psi_C}$ 的时序图。

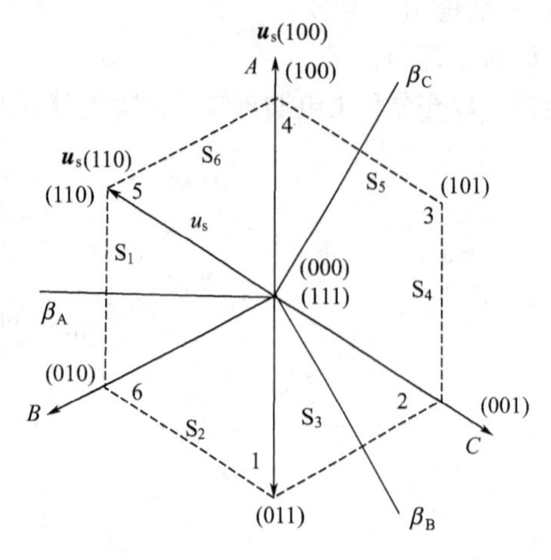

图 5-16　六边形磁链及 β 三相坐标系 β_A 轴、β_B 轴、β_C 轴

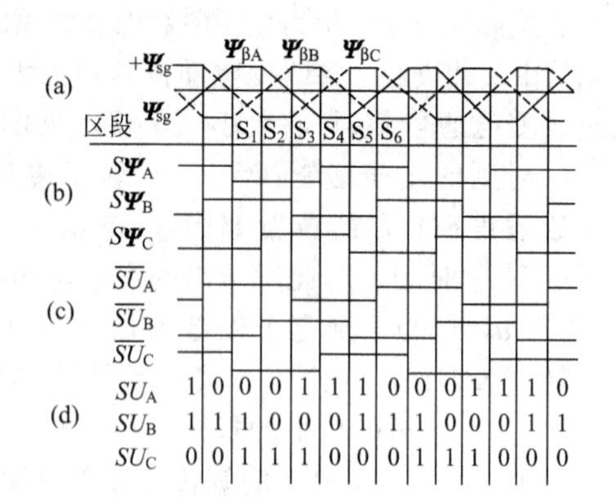

图 5-17　DSC 控制开关信号及电压空间矢量的正确选择

(a) 定子磁链的三个 β 分量；(b) 磁链开关信号
(c) 电压开关信号；(d) 电压状态信号

磁链开关信号 $\overline{S\Psi_A}$、$\overline{S\Psi_B}$、$\overline{S\Psi_C}$ 可以很方便地构成电压开关信号 $\overline{SU_A}$、$\overline{SU_B}$、$\overline{SU_C}$，其关系是

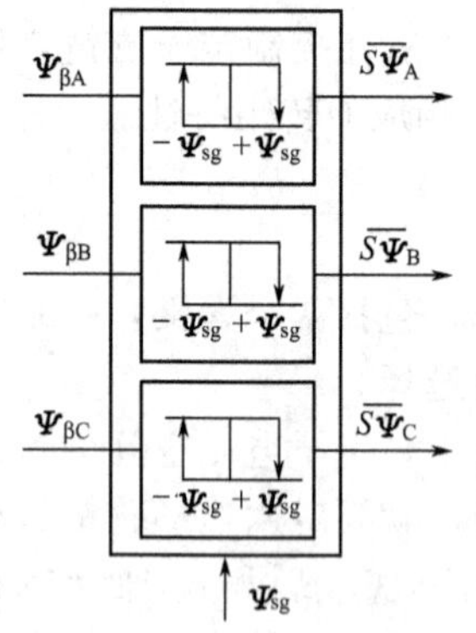

图 5-18　用作磁链比较器的施密特触发器

$$\overline{S\Psi_A}=\overline{SU_C}$$
$$\overline{S\Psi_B}=\overline{SU_A}$$
$$\overline{S\Psi_C}=\overline{SU_B}$$

电压开关信号 $\overline{SU_A}$、$\overline{SU_B}$ 和 $\overline{SU_C}$ 的时序图见图 5-17(c)。电压开关信号与磁链开关信号的关系可对比图 5-17(b) 和图 5-17(c)。

把电压开关信号 $\overline{SU_A}$、$\overline{SU_B}$ 和 $\overline{SU_C}$ 反相，便直接得到电压状态信号 SU_A、SU_B 和 SU_C，见图 5-17(d)。

对比图 5-17(a) 和图 5-17(b) 可以清楚地看到，由以上分析已经得到了电压开关状态顺序的正确选择。所得到的电压开关状态的顺序是 011—001—101—100—110—010。正好对应于六边形磁链的六个区段。这个顺序与前面的分析的顺序是一致的。换句话说，按顺序依次给出电压空间矢量 $\boldsymbol{u}_s(011)$—$\boldsymbol{u}_s(001)$—$\boldsymbol{u}_s(101)$—$\boldsymbol{u}_s(100)$—$\boldsymbol{u}_s(110)$—$\boldsymbol{u}_s(010)$ 就可以得到按逆时针旋转的正六边形磁链轨迹，其相对应的顺序是 S_1—S_2—S_3—S_4—S_5—S_6，这是前面分析的问题。现在所分析的问题正好是逆方向的，从逆时针旋转的六边形磁链 S_1—S_2—S_3—S_4—S_5—S_6 得到了应正确选择的电压状态 011—001—101—100—110—010，或者说得到了应正确选择的电压空间矢量 $\boldsymbol{u}_s(011)$—$\boldsymbol{u}_s(001)$—$\boldsymbol{u}_s(101)$—$\boldsymbol{u}_s(100)$—$\boldsymbol{u}_s(110)$—$\boldsymbol{u}_s(010)$，两者的结果完全一致。

对比图 5-17(a) 至图 5-17(d) 还可以清楚地看到：通过以上分析，解决了所选电压空间矢量的给出时刻问题。这个时刻就是各 β 磁链分量 $\Psi_{\beta A}$、$\Psi_{\beta B}$ 和 $\Psi_{\beta C}$ 到达磁链给定值 Ψ_{sg} 的时刻。通过磁链给定值比较器得到相应的磁链开关信号 $\overline{S\Psi_A}$、$\overline{S\Psi_B}$ 和 $\overline{S\Psi_C}$，再通过电压开关信号 $\overline{SU_A}$、$\overline{SU_B}$ 和 $\overline{SU_C}$ 得到电压状态信号 SU（SU_A、SU_B 和 SU_C），也就得到了电压空间矢量 $\boldsymbol{u}_s(t)$。在这里，磁链给定值 Ψ_{sg} 是一个很重要的参考值，它决定电压空间矢量的切换时间。当磁链的 β 分量变化达到 $+\Psi_{sg}$ 值时，电压状态信号发生变化，进行切换。磁链给定值

Ψ_{sg}的几何概念是六边形磁链的边到中心的距离，就是图 5-15 中的 Ψ_{s0}。

为了获得定子磁链的 β 分量，必须对于定子磁链进行检测，本节中已介绍了定子磁链的检测问题。

由检测出的定子磁链向 β 三相坐标系投影得到磁链的 β 分量，通过施密特触发器与磁链给定值比较，得到正确的电压状态信号，以控制逆变器的输出电压，并产生所期望的六边形磁链。以上整个过程，称为磁链自控制过程。而图 7-18 所示的单元称为磁链自控制单元。

5.2.8　异步电动机直接转矩控制的基本结构

前面阐述了直接转矩控制系统的基本概念、基本控制原理。所谓直接转矩控制，其本质是：在异步电动机定子坐标系中，采用空间矢量的数学分析方法，直接计算和控制电动机的电磁转矩。一台电压型逆变器处于某一工作状态时，定子磁链轨迹沿着该状态所对应的定子电压矢量方向运动，速度正比于电压矢量的幅值 $\frac{4}{3}E$（E 为逆变器直流输入电压的一半）。利用磁链的离散的两点式调节（Bang-Bang）控制切换电压矢量的工作状态，可使磁链轨迹按六边形（或近似圆形）运动。如果要改变定子磁链矢量 $\boldsymbol{\Psi}_s(t)$ 的旋转速度，可引入零电压矢量。在零状态下，电压矢量等于零，磁链停止旋转不动。利用转矩的 Bang-Bang 控制交替使用工作状态和零状态，使磁链走走停停，从而改变了磁链的平均旋转速度 $\overline{\omega}_s$ 的大小，也就改变了磁通角 $\theta(t)$ 的大小，达到控制电动机转矩的目的。转矩、磁链闭环控制所需要的反馈控制量由电动机定子侧转矩、磁链观测模型计算给出。根据上述内容，可以构成直接转矩控制的基本结构，如图 5-19 所示。

1. 直接转矩控制的基本结构

如图 5-19 所示，磁链自控制单元 DMC 的输入量是定子磁链在 β 三相坐标系上的三相分量 $\Psi_{\beta A}$、$\Psi_{\beta B}$ 和 $\Psi_{\beta C}$。DMC 的参考比较信号是磁链给定值 Ψ_{sg}。通过 DMC 内的三个施密特触发器分别把三个磁链分量与 Ψ_{sg} 相比较，在 DMC 输出端得到三个磁链开关信号：$\overline{S\Psi_A}$、$\overline{S\Psi_B}$ 和 $\overline{S\Psi_C}$。三相磁链开关信号通过开关 S 换相，得到三相电压开关信号 $\overline{SU_A}$、$\overline{SU_B}$ 和 $\overline{SU_C}$。其中，开关 S 的换相原则就是前面介绍过的原则：$\overline{S\Psi_A}=\overline{SU_C}$，$\overline{S\Psi_B}=\overline{SU_A}$，$\overline{S\Psi_C}=\overline{SU_B}$。图 5-19 中的电压开关信号 $\overline{SU_A}$、$\overline{SU_B}$ 和 $\overline{SU_C}$ 经反相后变成电压状态信号 SU_A、SU_B 和 SU_C（图中未画出），可直接去控制逆变器 UI，输出相应的电压空间矢量，从而产生所需的六边形磁链。

β 磁链分量 $\Psi_{\beta A}$、$\Psi_{\beta B}$ 和 $\Psi_{\beta C}$ 可通过坐标变换单元 UCT 的坐标变换得到。UCT 的输入量是定子磁链在 α、β 坐标系上的分量 Ψ_α 和 Ψ_β。UCT 的输出量则是三个 β 磁链分量。UCT 单元的输入量与输出量之间的关系也就是 α、β 坐标系与 β 三相坐标系之间的变换关系

$$\boldsymbol{\Psi}_{\beta A}=\boldsymbol{\Psi}_{s\beta} \tag{5-16}$$

$$\boldsymbol{\Psi}_{\beta B}=-\frac{\sqrt{3}}{2}\psi_{s\alpha}-\frac{1}{2}\boldsymbol{\Psi}_{s\beta} \tag{5-17}$$

$$\boldsymbol{\Psi}_{\beta C}=\frac{\sqrt{3}}{2}\boldsymbol{\Psi}_{s\alpha}-\frac{1}{2}\boldsymbol{\Psi}_{s\beta} \tag{5-18}$$

定子磁链在 α-β 坐标系上的分量 $\Psi_{s\alpha}$、$\Psi_{s\beta}$ 可以由磁链模型单元 AMM 得到。AMM 的输入量是定子电动势在 α-β 坐标系上的分量 $e_{s\alpha}$、$e_{s\beta}$，AMM 的输出量和输入量之间的关系，也就是磁链模型，可由式(5-19) 得到

$$\boldsymbol{\Psi}_{s\alpha}=\int e_{s\alpha}\mathrm{d}t=\int(u_{s\alpha}-i_{s\alpha}R_s)\mathrm{d}t \tag{5-19}$$

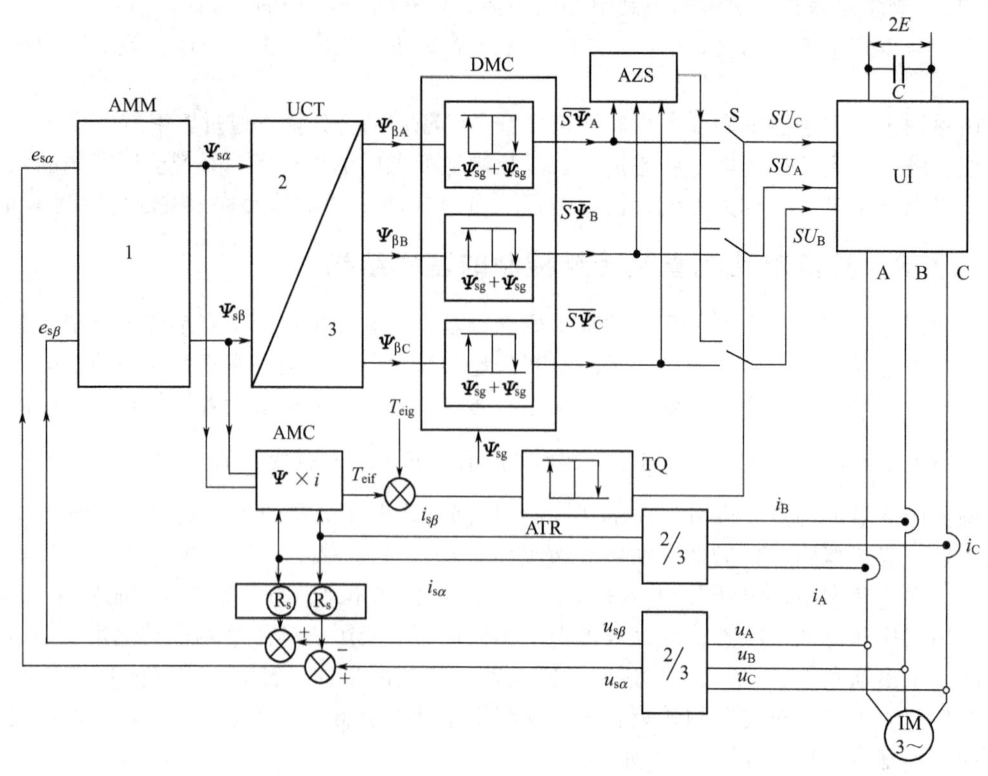

图 5-19　DSC 的基本结构原理框图

$$\boldsymbol{\Psi}_{s\alpha}=\int e_{s\beta}\mathrm{d}t=\int(u_{s\beta}-i_{s\beta}R_s)\mathrm{d}t \tag{5-20}$$

式中，$u_{s\alpha}$、$u_{s\beta}$可通过检测三相定子电压 u_A、u_B、u_C，并经 3/2 变换得到，见图 5-19；$i_{s\alpha}$、$i_{s\beta}$可同理求得。

下面再来分析转矩调节部分。前面章节已经介绍过，转矩的大小可以通过改变定子磁链运动轨迹的平均速度来控制。要改变定子磁链沿轨迹运动的平均速度，就要引入零电压空间矢量来进行控制。零状态选择单元 AZS 提供零状态电压信号，它的给出时间由开关 S 来控制。开关 S 又由转矩调节器 ATR 的输出信号 TQ 来控制。转矩调节器的输入信号是转矩给定值 T_{eig}和转矩反馈值 T_{eif}的差值。转矩调节器 ATR 也是与磁链比较器一样的施密特触发器，它的容差是$\pm\varepsilon_m$，它对转矩实行离散式的两点式调节（或称为双位式调节）：当转矩实际值和转矩给定值的差值小于$-\varepsilon_m$，即 $T_{eif}-T_{eig}<-\varepsilon_m$ 时，ATR 的输出信号 TQ 变为“1”态，控制开关 S 接通磁链自控制单元 DMC 输出的磁链开关信号$\overline{S\Psi_{ABC}}$，把工作电压空间矢量加到电动机上，使定子磁链旋转，磁通角 θ 加大，转矩加大；当转矩实际值和转矩给定值的差值大于$+\varepsilon_m$，即 $T_{eif}-T_{eig}>+\varepsilon_m$ 时，ATR 的输出信号 TQ 变为“0”态，控制开关 S 接通零状态选择单元 AZS 提供的零电压信号，把零电压加到电机上，使定子磁链停止不动，磁通角 θ 减小，转矩减小。该过程即所谓的转矩直接自调节过程。通过直接自调节作用，使电压空间实际的工作状态与零状态交替接通，控制定子磁链走走停停，从而使转矩动态稳定保持在给定值的$\pm\varepsilon_m$（容差）的范围内，这样既控制了转矩，又形成了 PWM 的调制过程。

转矩直接自调节又称为转矩两点式调节或转矩双位式调节，转矩直接控制的名称由此而来。但是现在所谓的转矩直接控制已有了更广泛的意义。它不只是指转矩的自调节，而是广义指有关的整个控制系统。

转矩实际值 T_{eif} 由转矩计算单元AMC根据式(5-4)计算得到。AMC的输入量是磁链模型单元(AMM)的输出量 $\Psi_{s\alpha}$ 和 $\Psi_{s\beta}$ 以及被测量 $i_{s\alpha}$ 和 $i_{s\beta}$。

图5-19所示的基本结构可以控制异步电动机的转速从10%~100%的范围内实现高动态的转矩调节。图5-19所示的DSC基本结构还有两个值得注意的问题：一个是弱磁过程中的转矩特性；另一个是定子电阻压降对定子磁链的影响。这两个问题在下面分别讨论。

2. 弱磁过程中的转矩特性

图5-19所示的基本结构中的DMC，其磁链给定值为 Ψ_{sg}。如果改变磁链给定值 Ψ_{sg} 的大小，就可以任意调节电动机定子磁链的幅值，达到弱磁调速的目的。

弱磁时，根据式(5-15)，$|\Psi_s|$ 减小，转矩要减小，如何在弱磁过程中加大转矩，保持弱磁过程中的高动态转矩特性？在磁链自控制中采用减小给定值 Ψ_{sg} 方法就能自动做到这一点，分析如图5-20所示。弱磁前，磁链给定值是 Ψ_{sg1}，定子磁链与转子磁链以相同的平均角速度沿正六边形轨迹逆时针旋转。如果在 t_1 时刻把磁链给定值从 Ψ_{sg1} 减小到 Ψ_{sg2}，则逆变器的开关状态在 t_1 时刻应这样改变，即使得定子磁链空间矢量的顶点由P′点直接向P点移动。此时，由于转子不直接受切换的影响，因此仍保持原正六边形的运动轨迹。定子磁链 $\Psi_s(t)$ 从 t_1 时刻开始由拐点P′直接向P点运动。从P′到P点之间的距离比转子磁链 $\Psi_r(t)$ 从 t_1 时刻沿原六边形的边运动到P点的距离缩短了 $\Delta\Psi$（见图5-20），因此，$\Psi_s(t)$ 比 $\Psi_r(t)$ 早到达P点。这就意味着在定子磁链和转子磁链之间建立了一个角度的增量，相应的转矩加大，达到了弱磁过程中加大转矩的目的。

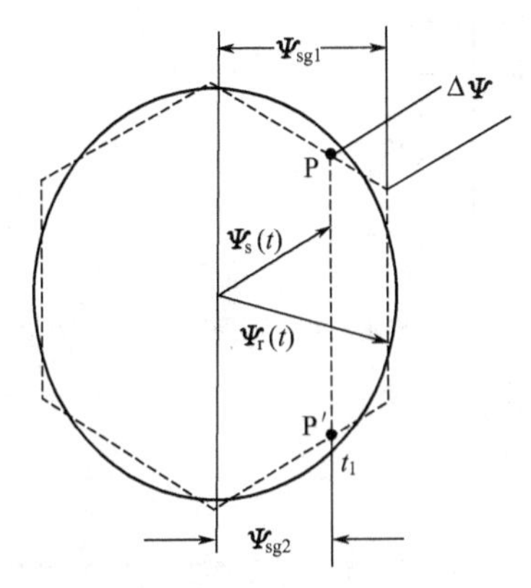

图5-20 弱磁过程中的转矩变化

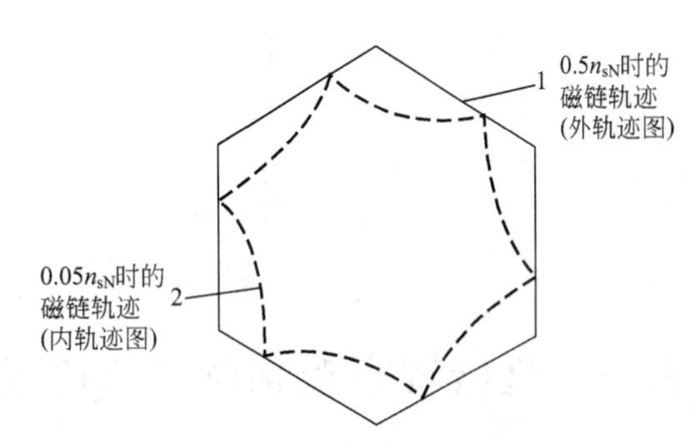

图5-21 定子电阻压降对定子磁链的影响

利用磁链自控制方法，在改变磁链给定值时，由于新的六边形与原六边形同心，所以在切换过程中不会产生电动机转矩的波动，对磁链的切换也不需要采取特别的措施。

3. 定子电阻压降对定子磁链幅值的影响

定子电阻压降对定子磁链的影响见图5-21。

图5-21中，外轨迹是0.5倍的理想频定空载转速 n_{sN} 时的六边形磁链的轨迹。内轨迹是0.05倍 n_{sN} 时的轨迹。可以看到，外轨迹是一个近似得很好的正六边形轨迹，内轨迹则扭曲得很厉害。

事实上，对于容量较大（P_m>50kW）的电动机，在额定工作状态下，其定子内阻压降一般小于额定电压的3.5%。这意味着大约在大于30%的理想空载转速 n_{sN} 的范围内，定子电阻压降对定子磁链的影响很小。从而定子磁链空间矢量的顶点基本上按定子电压空间矢量 $\boldsymbol{u}_s(t)$ 作用的方向运动。定子磁链很好的近似正六边形轨迹。六边形轨迹的边到六边形中心的距离与磁链给定值 Ψ_{sg} 基本相一致。这正如图5-21中的外轨所示的情况。相反，当转速较小时，定子电阻压降对定子磁链的影响也加大了，例如，当转速为 $0.05n_{sN}$ 时，如图 5-21 中的内轨迹所示，定子电阻压降的影响通过定子磁链六边形轨迹的扭曲可以很清楚地看出来。图中带点的时刻是定子电压的零状态电压起作用的时刻，此时定子磁链不继续转动，但由于定子电阻压降的作用，定子磁链空间矢量的顶点偏离原正六边形轨迹，向六边形中心移动，磁链幅值明显减小，磁链轨迹发生畸变，内轨迹中各带点处都是这样的时刻。当定子电压空间矢量 $\boldsymbol{u}_s(t)$ 的工作状态接通时，定子电阻压降的影响很小，因而可以忽略，定子磁链空间矢量的顶点则继续沿着电压空间矢量的方向运动，也就是沿着与原正六边形轨迹平行的方向继续旋转。两种情况不断交替出现，就产生了图 5-21 所示内轨迹的畸变轨迹。

为了更清楚理解定子电阻压降的影响，采用图 5-22 表示该现象的放大情况。其中，图 5-22(a) 是电压和电流的空间矢量，图 5-22(b) 是定子磁链在定子电阻压降影响下的畸变过程，当然是放大的情况。图 5-22(b) 中，在 $t_1 \sim t_2$ 期间，零电压状态起作用，定子磁链幅值由于定子电阻压降的影响从 $\alpha(t_1)$ 减小到 $\alpha(t_2)$；在 t_2 时刻，给出图 5-22(a) 所示的电压空间矢量 $\boldsymbol{u}_{s1}$；从 $t_2 \sim t_3$ 时刻，在电压 $\boldsymbol{u}_{s1}$ 的作用下，定子磁链沿 $\boldsymbol{u}_{s1}$ 的方向从 $\alpha(t_2)$ 运动到 $\alpha(t_3)$。其中，$t_1 \sim t_2$ 的时间大于 $t_2 \sim t_3$ 的时间，即零电压状态起作用的时间大于工作电压起作用的时间。如果定子频率进一步减小，则零电压状态起作用的时间要得更长，这样定子磁链的幅值就要减小很多。

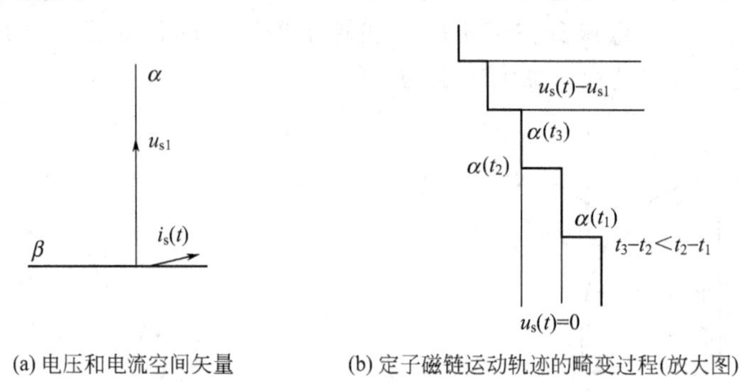

(a) 电压和电流空间矢量　　(b) 定子磁链运动轨迹的畸变过程(放大图)

图 5-22　低速时定子磁链畸变的放大图

5.3　直接转矩控制技术的特点

实际应用表明，采用直接转矩控制技术的异步电动机变频调速系统，电动机磁场接近圆形，谐波小，损耗低，噪声及温升均比一般逆变器驱动的电动机小得多。直接转矩控制技术的主要特点如下。

① 直接转矩控制是直接在定子坐标系下分析交流电动机的数学模型，控制电动机的磁链和转矩。它不需要将交流电动机与直流电动机进行比较、等效、转化，既不需要模仿直流电动机的控制，也不需要为解耦而简化交流电动机的数学模型，省掉了矢量旋转变换等复杂的变换与计算。因此，它所需要的信号处理工作比较简单，所用的控制信号易于观察，且易对交流电动机的物理过程做出直接和明确的判断。

② 直接转矩控制的磁场定向采用的是定子磁链轴，只要知道定子电阻，就可以把定子磁链观测出来。而矢量控制的磁场定向所用的是转子磁链轴，观测转子磁链需要知道电动机转子电阻和电感。因此，直接转矩控制大大减少了矢量控制技术中控制性能易受参数变化影响的问题。

③ 直接转矩控制采用空间矢量的概念来分析三相交流电动机的数学模型和控制各物理

量，使问题变得简单明了。

④ 直接转矩控制强调的是转矩的直接控制效果。与著名的矢量控制的方法不同，直接控制转矩不是通过控制电流、磁链等量来间接控制转矩，而是把转矩直接作为被控量进行控制，强调的是转矩的直接控制效果。其控制方式是：通过转矩两点式调节器把转矩检测值与转矩给定值做滞环比较，把转矩波动限制在一定的容差范围内，容差的大小由频率调节器来控制。它的控制既直接又简单。对转矩的这种直接控制方式也称为直接自控制。这种直接自控制的思想不仅用于转矩控制，也用于磁链量的控制，但以转矩为中心来进行综合控制。

综上所述，直接转矩控制技术用空间矢量的分析方法，直接在定子坐标系下计算与控制交流电动机的转矩，采用定子磁场定向，借助于离散的两点式调节产生 PWM 信号，直接对逆变器的开关状态进行最佳控制，以获得转矩的高动态性能。它省掉了复杂的矢量变换运算与电动机数学模型的简化处理过程，控制结构简单，控制手段直接，信号处理的物理概念明确。该控制系统的转矩响应迅速，限制在一拍以内，且无超调，是一种具有较高动态响应的交流调速技术。

复习思考题

1. 试述直接转矩控制的基本思想。
2. 试推导异步电动机的电磁转矩模型和磁链模型。
3. 简述逆变器的八种开关状态和逆变器的电压状态。
4. 什么是电压空间矢量？电压空间矢量与磁链空间矢量之间有何关系？
5. 试述直接转矩控制的特点。

第6章 无换向器电动机技术

6.1 概述

1. 无换向器电动机的定义及分类

无换向器电动机是20世纪70年代迅速发展起来的一种新型调速电动机，它是一种用半导体开关器件控制的变频调速同步电动机；也可认为是一种用半导体电子开关线路代替换向器和电刷作用的直流电动机。半导体器件可以是晶体管、晶闸管、门极关断晶闸管（GTO）等。使用晶闸管的无换向器电动机也称为晶闸管电动机。为区别于一般的独立变频调速系统（其频率由电动机外部控制），又称这种调速系统为同步电动机的自控式变频调速系统。

一般低压、小容量的无换向器电动机多是晶体管电动机，小型晶体管电动机在商业上通常称为无刷直流电动机。而高压、大容量的无换向器电动机则多为晶闸管电动机。

无换向器电动机根据所采用的控制元件和控制方式的不同而有多种结构。根据所采用的控制方式可以分为直流无换向器电动机和交流无换向器电动机。直流无换向器电动机采用交-直-交控制系统或直-交控制系统，通常把50Hz的交流电整流成直流电或将直流电由半导体变流器转变成频率可调的交流电，供给同步电动机，以实现变频调速。交流无换向器电动机采用交-交控制系统，它利用半导体变流器直接把50Hz的交流电转变成频率可调的交流电，供给同步电动机，以实现调速。

2. 无换向器电动机的特点和适用范围

无换向器电动机的特性和普遍直流电动机十分相近，可在四个象限运行，效率和技术经济指标也相近。但它没有电刷和换向器，因而比直流电动机结构简单，维护方便，容易做到低转速大容量、高转速大容量，调速方便，不失步，因而适用范围广泛。在易燃、易爆、高气压等环境比较恶劣的场合，如水泥厂、化工厂、矿山、油田及潜艇上都适用；也适于安装在人不可及的装备上，如原子能设备、高空飞行器及偏僻海岛等地方。

交-直-交高速大容量无换向器电动机多用于风机、水泵及压缩机类调速和大型同步电动机、蓄能电站发电-电动机的启动。

交-交电压型低速大容量无换向器电动机多用于大型轧钢机、矿井卷扬机、水泥磨机等设备的调速传动，具有可直接传动（省去减速机）、过载能力强、快速性好、功率因数高和效率高等优点。

6.2 无换向器电动机的基本原理

6.2.1 工作原理

无换向器电动机相当于有三个换向片的直流电动机，只不过换向是由晶闸管（或晶体管）来进行的。因结构上的限制，电枢绕组及变频器静止不动，而磁极旋转，如图 6-1 所示。其工作原理可用图 6-2 说明。图 6-2(a) 为直流电动机当电枢依次转过 60°时的一些位置的情形。根据运动的相对性，可以认为电枢和换向器在空间位置不动，而磁极和电刷向相反方向依次转过，这样电枢中各导体的电流并不会有变化，如图 6-2(b) 所示。现在进一步将机械的换向器用半导体开关来代替，并依次触发相应的晶闸管，如图 6-2(c) 所示，顺次使晶闸管 6、晶闸管 1→晶闸管 1、晶闸管 2→晶闸管 2、晶闸管 3→……导通，则磁极（转子）也会依次转过 60°。现在再从磁场角度看一下电动机的运动情形：当晶闸管 6、晶闸管 1 导通时，电流从电源正极→晶闸管 1→A 相绕组→B 相绕组→晶闸管 6→电源负极这条回路流通，此时，电枢磁场指向垂直于 C 相绕组轴线的位置，如图 6-2(c) ①中 F_a 所示。此时，磁极位置如图 6-2(c) 中 F_0 方向所示，则励磁磁场与电枢磁场 F_a 夹角为 120°，转子向顺时针方向旋转到 F_{01} 位置时，F_{01} 与 F_a 的夹角为 90°，电动机产生的转矩最大。转子继续旋转，当转到 F_{02} 位置，即 F_{02} 与 F_a 夹角为 60°时，通过控制电路触发晶闸管 2，使其导通，同时关断晶闸管 6，电枢电流转换为从电源正极→晶闸管 1→A 相绕组→C 相绕组→晶闸管 2→电源负极这条回路流通，F_a 转过 60°，变成图 6-2(c) 所示情况，此时 F_0 与 F_a 的夹角又为 120°。如此重复进行，F_0 与 F_a 的夹角始终在 60°～120°范围内变化，则电动机转子在旋转的电枢磁场和励磁磁场的相互作用下连续转动。

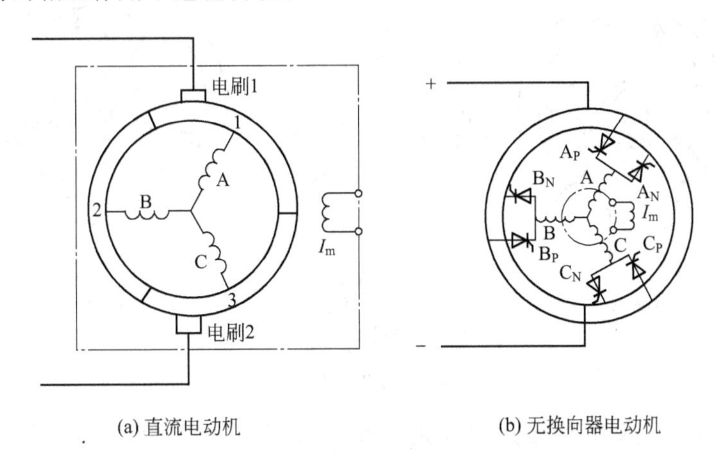

图 6-1　无换向器电动机与直流电动机对比电路

电动机正反向转动时，晶闸管的导通情况及电枢绕组的电流方向如表 6-1 和表 6-2 所示。

表 6-1　正转时电枢电流方向与晶闸管导通顺序

时间(电角度)	0°～120°		120°～240°		240°～360°	
电枢绕组电流方向	A→B	A→C	B→C	B→A	C→A	C→B
(+)侧导通的晶闸管	1		3		5	
(−)侧导通的晶闸管	6	2		4		6

表 6-2　反转时电枢电流方向与晶闸管导通顺序

时间(电角度)	0°～120°		120°～240°		240°～360°	
电枢绕组电流方向	A→B	A→C	B→C	B→A	C→A	C→B
(+)侧导通的晶闸管	1	5		3		1
(−)侧导通的晶闸管	6		4		2	

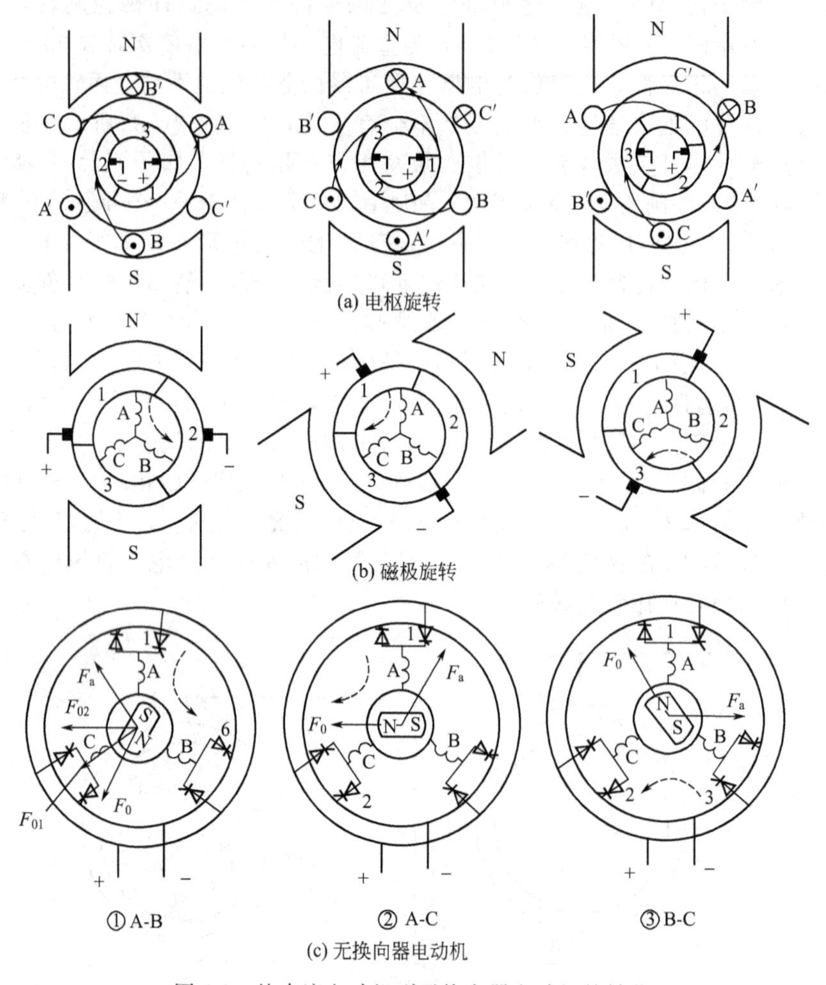

(a) 电枢旋转

(b) 磁极旋转

(c) 无换向器电动机

图 6-2 从直流电动机到无换向器电动机的转化

综上可以看出：晶闸管的导通时间是 120°电角度，关断时间是 60°电角度，而每转过 60°电角度就有一只晶闸管换相。为此，要求随转子的旋转周期性触发或关断相应的晶闸管，使得电枢磁场和励磁磁场保持同步，此任务由位置检测器来完成。图 6-3 示出了无换向器电动机的原理图，它是一个受控于位置检测器（PS）的自控式半导体变频器和同步电动机（MS）组成的调速系统。由于电动机定子电枢电流是直接由转子转速控制的，这样，电动机速度升高或降低时，位置检测器输出信号的频率也升高或降低，电枢电流频率及其旋转磁场速度随之升高或降低，始终能够保持与励磁磁场相对位置不变的关系，因此这种电动机不会有失步的问题。这是自控式同步电动机的特点，所以无换向器电动机又称为频率自控的同步电动机。

6.2.2 电磁转矩

无换向器电动机的电枢绕组一般是三相的，晶闸管逆变器常用桥式接法，如图 6-4(a) 所示。在小容量电动机中也可用半波中零式接法，如图 6-4(b) 所示。在三相半波接法时，各相绕组中电流只沿着一个方向轮流通电 $\frac{1}{3}$ 周期，即 120°电角度，电动机绕组的利用率较差；而桥式接法时，由于绕组中正反两个方向均通电 120°电角度，电动机的利用率较高，

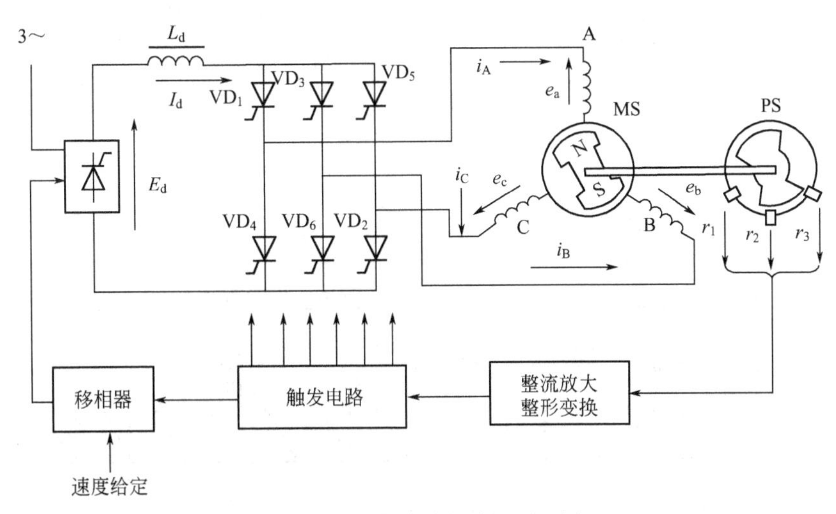

图 6-3 无换向器电动机原理图

产生的转矩也较大。

假设转子励磁所产生的磁场在电动机气隙中是按正弦规律分布的，如果在定子一相（例如 A 相）绕组中通入一持续的直流电流，则在这个电流和转子磁场作用之下所产生的转矩也将随着转子位置的不同而按正弦规律变化。

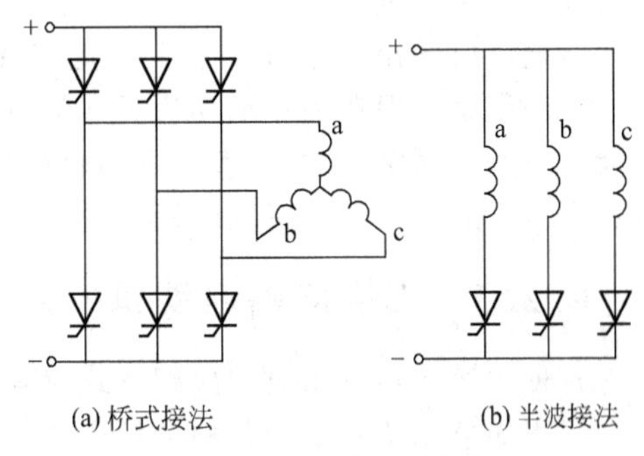

图 6-4 无换向器电动机接法

在实际的无换向器电动机运行时，每相绕组中通过的并不是持续的直流电流。在采用三相半波逆变器时，由于每相绕组只通电$\frac{1}{3}$周期，则在每相绕组电流和转子磁场作用下所产生的转矩也只是正弦曲线上相当于$\frac{1}{3}$周期长的一段，而且这一段曲线与该相绕组开始通电时的转子相对位置有关。显然，在图 6-5(a) 中①所示的瞬间触发晶闸管，从产生转矩的角度来看最为有利。因为在绕组通电的时间里，载流导体正好处在比较强的磁场中，所以它所产生的转矩平均值最大，脉动也比较小。习惯上把这一点选为晶闸管触发相位的基准点，定为 $\gamma_0=0°$。

在 $\gamma_0=0°$的情况下，电动机三相绕组轮流通电所产生的总转矩如图 6-5(a) 中②所示。如果晶闸管的触发时间提前或延后，则均导致转矩的脉动增加，平均值减小。可以证明，在三相半波接法的情况下，当 $\gamma_0=30°$时，电动机的瞬时转矩过零点。这就是说，当转子转到某几个位置时，电动机产生的转矩为零。这会在电动机启动时出现死点。因此，在三相半波接法的情况下，特别是在启动时，γ_0 的值不能大于 30°。

在采用三相桥式逆变器时，由于任何一个瞬间在三相绕组中产生转矩的情况和上述三相半波接法时相同，只不过每一相正负电流所产生的转矩在时间上要相差 180°，如图 6-5(b) 中①所示。电动机的合成转矩是三相电流所产生的两个转矩之和。$\gamma_0=0°$时的电动机转矩曲线如图 6-5(b) 中②所示；而在 $\gamma_0=60°$时的转矩如图 6-5(b) 中③所示。

把三相桥式接法与半波接法相比，可以看出以下两点。

① 桥式接法转矩较大，脉动较小。

② 桥式接法时，γ_0 角增大到 60°转矩曲线才过零点，而三相半波接法中，$\gamma_0=30°$时转

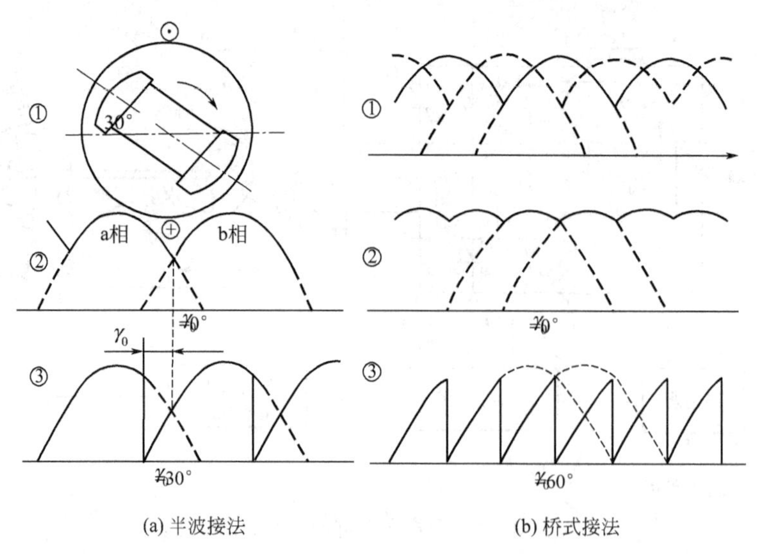

(a) 半波接法　　(b) 桥式接法

图 6-5　三相电流产生的转矩

矩曲线已过零点。因此，在三相桥式接法时，电机可以在 $\gamma_0=60°$左右运行，这对提高电机的负载能力是有利的。

从电动机转矩的角度来看，采用三相桥式接法，$\gamma_0=0$ 比较有利，这时转矩平均值最大，脉动最小。但在利用电动机反电势自然换相的无换向器电动机中，$\gamma_0=0$ 时电动机是不可能运行的。通常 γ_0 必须有一定的超前角度。目前最常选用的是 $\gamma_0=60°$，或者 γ_0 按负载自动调节。此时，电动机的转矩脉动一般是比较大的。

6.2.3　无换向器电动机的换相

各种无换向器电动机的换相方式及其特点示于表 6-3 中。

采用如第二章介绍的各种全控型器件可以制成各种容量的无换向器电动机，由于器件本身具有自关断能力，利用器件换相可使逆变器结构简单且控制灵活。

采用晶闸管制成的无换向器电动机由于普通晶闸管不具备自关断能力，必须借助外部条件或设置专门的换相电路才能完成换相。晶闸管无换向器电动机可有如下一些换相方式。

（1）反电势换相

反电势换相即利用电动机本身产生的反电势进行自然换相。这种方式不但不需要电容器等复杂的换相电路，而且可以降低对晶闸管关断时间和耐压等级的要求，这对于晶闸管无换向器电动机来说，可使控制系统价格大幅度下降，因而是一个重要优点。

反电势换相原理图见图 6-6，设在换相以前是晶闸管 VD_A、VD_Z 导通，现欲利用电动机的反电动势将电流由晶闸管 VD_A 自然转移至 VD_B，其条件是 $e_a>e_b$，即换相的时刻应比 a、b 两相电压（反电势）波形的交点提前一个换相超前角 γ_0，例如图 6-6(b) 中的 S 点。在该点，$U_{ab}=U_a-U_b>0$。若在此时由转子位置检测器所产生的触发信号使晶闸管 VD_B 导通，则在两个导通的晶闸管 VD_A、VD_B 及电机的 a、b 两相绕组之间会出现一个短路电流 i_{s1}，其方向如图 6-6(a) 中箭头所示。当这个短路电流 i_{s1} 达到原来通过晶闸管 VD_A 的负载电流 I_d 时，晶闸管 VD_A 就会因流过的实际电流下降至零而开始关断，负载电流就全部转移至晶闸管 VD_B，a、b 两相之间的换相至此完成。如果换相时刻不是发生在提前于 k 点，而是滞后于 k 点，则由于 $U_{ab}=U_a-U_b<0$ 而阻止晶闸管 VD_B 导通，使 VD_A 继续通电，因此就不能实现换相。

表 6-3　无换向器电动机的换相方式

型　式	换相方式	系统结构	工作原理	特点
直流无换向器电动机	器件换相 基波脉冲	MS PS	(1)依靠全控型器件本身的自关断能力实现换相 (2)借控制电源侧整流器的相位来调速	(1)由于能可靠进行换相,因而过载能力强 (2)无需换相电路,可靠性高 (3)对元件本身的容量和耐压有要求
	强迫换相 门极脉冲	MS PS	(1)逆变器换相采用电容器等的强迫换相方式 (2)借控制电源侧整流器的相位来调速	(1)启动转矩大 (2)过载能力强 (3)需要强迫换相电路 (4)适用于中、小型电动机
	反电势换相 +继续换相 门极脉冲	MS PS	(1)由电动机的反电势使逆变器换相 (2)由于逆变器在启动时换相困难,因而须用电流断续法启动 (3)借控制电源侧整流器的相位来调速	(1)交流装置的结构简单与交流式相比所需的晶闸管少,晶闸管的耐压要求不高 (2)由于无需强迫换相部分,因而晶闸管少,适用于大容量电机 (3)由于启动转矩不是过大,因而对负载随速度提高而增加的情况有利 (4)和直流供电或不停电电源组合起来使用时,比交流式有利
交流无换向器电动机	反电势换相 +电网换相 门极脉冲	MS PS	(1)交-交直接变频 (2)启动时进行电网换相 (3)借控制对应于电源侧的相位来调节电枢电压,从而进行调速	(1)由于在电动机电压还未建立时也能维持用电源电压换相,因而容易启动 (2)启动转矩大,快速性好 (3)用电源频率和电动机频率之间的关系来改变晶闸管的利用率

反电势换相过程中晶闸管正负两极间的电压波形如图 6-7(a) 所示，空载的情形以实线表示。在 γ_0 的一段范围内，晶闸管承受了负偏压，它能使晶闸管关断。电动机带负载时，一方面由于换相重叠角的影响，使晶闸管通电的时间增加；另一方面由于电枢反应的影响，同步电动机端电压的相位将提前一个功角 θ，于是有负载时的实际换相超前角 γ 减小，如图 6-7(a) 中虚线所示。晶闸管承受反压的角度 $\gamma_R=\gamma-\mu=\gamma_0-\theta-\mu$ 称为换相剩余角。为保证可靠换相,必须使 γ_R 满足：

$$\gamma_R=\gamma_0-\theta-\mu=K\omega t_0 \tag{6-1}$$

式中　γ_0——空载换相超前角，(°)；

θ——同步电动机的功角，(°)；

μ——换相重叠角，(°)；

K——大于 1 的安全系数；

ω——逆变器工作角频率的最大可能值，rad；

t_0——晶闸管的关断时间，s。

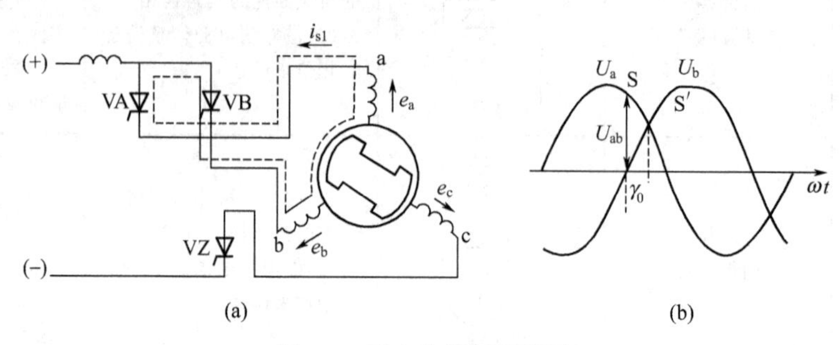

图 6-6　反电势换相原理图

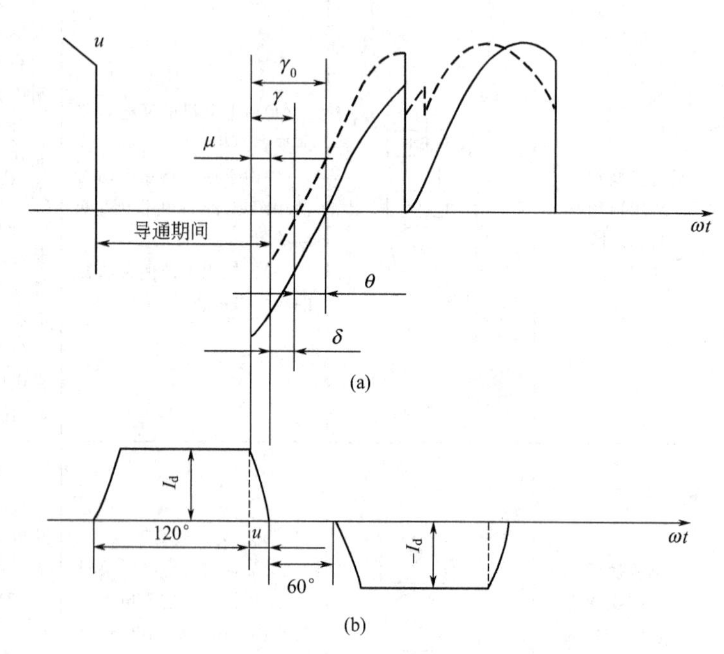

图 6-7　反电势换相晶闸管上电压电流波形

可见，γ_0 太小，则换相不可靠；γ_0 太大，则在同样的负载电流下电动机转矩会减小，转矩脉动分量会增大。故 γ_0 一般不宜超过 70°，实用中一般取 $\gamma_0=60°$，现在则多采用 γ_0 随负载而调节的办法，以减小电动机轻载时 γ_0 的值，提高系统在轻载时的功率因数和力能指标。

式(6-1) 中的 θ 及 μ 值随负载电流增加而增加；其中，换相重叠角可以用式(6-2) 计算。

$$\mu=\gamma-\arccos\left(\cos\gamma+\frac{2X_c I_d}{\sqrt{2}U}\right) \tag{6-2}$$

式中　X_c——电动机每相的换相电抗，Ω；

U——电动机输入线电压，V；

I_d——电动机负载电流，A。

在电动机励磁电流不变情况下，γ、μ 随负载电流 I_d 变化的关系见图 6-8。

电动机在启动或低速运行时反电势很小，甚至没有反电势，不可能利用反电势进行自然换相。此时需利用断续换相法或者电网换相法进行换相。

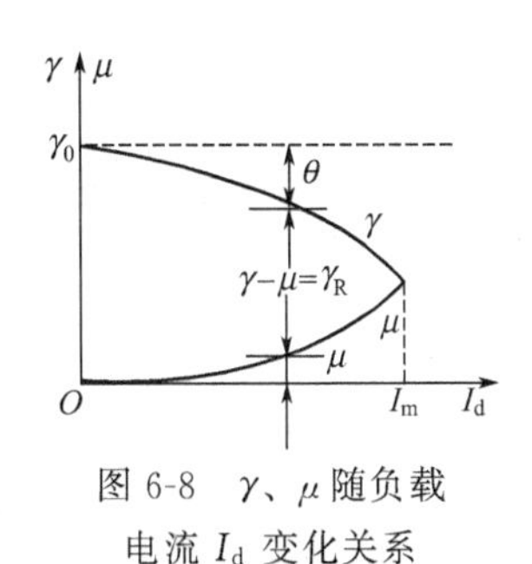

图 6-8　γ、μ 随负载电流 I_d 变化关系

（2）断续换相

在直流无换向器电动机（直-交系统或交-直-交系统）中，采用电流断续换相法是解决启动和低速运行时换相问题最简单、经济的办法。这种方法当晶闸管需要换相时，先设法使逆变器的输入电流下降到零，使逆变器的所有晶闸管均暂时关断，然后再给换相后应该导通的晶闸管加上触发脉冲，则在断流后重新通电时，电流将根据所加的触发信号流经该导通的晶闸管，从而实现从一相换到另一相。

在采用恒压直流电源（如蓄电池）供电的直-交系统中，多通过斩波器来调压，通过逆变器来调频，如图 6-9 所示。在采用断续换相法时，主电路的换相可通过封锁直流斩波器晶闸管的触发脉冲来实现。

对于交流供电的交-直-交系统，在采用断续换相法时，主电路的断流通常采用把整流器推入逆变器状态来实现。由于直流回路中所接平波电抗器将延缓断流过程，因此一般在平波电抗器两端接一个续流晶闸管，如图 6-10 所示。当回路电流衰减时，触发续流晶闸管 VD_0，使其导通，电抗器中的电流将经此晶闸管而续流，减小电流回路的时间常数，加快断流及复流过程，同时减少对电网的无功需求；而在正常工作时，电抗器两端极性使续流晶闸管承受反压，自行关断，不影响电抗器的平波功能。

电动机采用电流断续换相法时，电动机侧逆变器的触发相位 γ_0 对换相不启作用。为了增大启动转矩，减小转矩脉动，一般取 $\gamma_0=60°$。当电动机进入高速阶段，采用反电势换相时，则 γ_0 改为 60°或随负载变化进行控制。

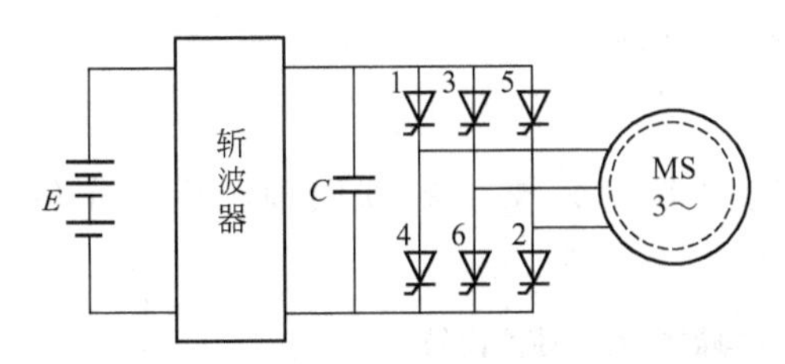

图 6-9　直-交系统无换向器电动机

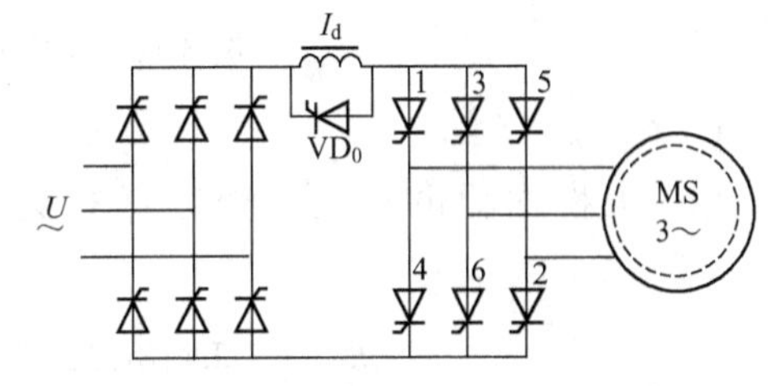

图 6-10　交-直-交系统无换向器电动机

（3）电网换相

交-交系统无换向器电动机在启动和低速运行时，电机侧的晶闸管利用电网换相。由于此时电机侧频率很低，在电机侧一相通电的过程中，电源侧往往要经历几次换相过程。如图 6-11 所示，设换相前晶闸管 VR_A 和 VT_Z 导通，在晶闸管 VR_B 的门极上加上触发信号，若电机在低速运行，$e_a\approx0$、$e_b\approx0$，则仅靠反电势 e_{ab} 不能产生足够的换相电流关断 VR_A，于是出现晶闸管 VR_A 继续导电的情形。但这个连续导电的时间最多持续相当于电源周期的 $\frac{1}{3}$，晶闸管 VS_B 就会触发导通。由于电源工作在整流状态，触发导通必然使 $e_S>e_R$，从而形成两个环流：i_{sc}［如图 6-11(a) 所示和 i_{ssl} 图 6-11(b) 所示］。i_{sc} 使 VS_B 导通、VR_B 关断；i_{ssl} 使 VR_A 关断，从而完成电动机侧的电流由 a 相过渡到 b 相的换相过程。

当电动机速度变高后，通过逻辑控制，使其进入反电势换相的运行方式。故其运行频率不受电源频率的限制，甚至可以高于电源频率运行。

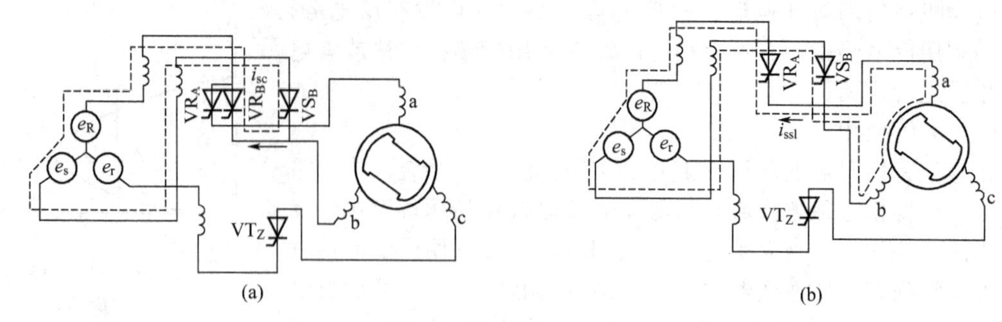

图 6-11　电网换相原理图

(4) 强迫换相

强迫换相即采用专门的换相电路实现换相，已有多种方案，但由于电路复杂、元件数量多、经济性差而在无换向器电动机实际运行中少有采用。

6.3　无换向器电动机调速系统的结构

无换向器电动机是典型的机电一体化的新型调速系统，见图 6-12。除门极触发电路外，还有变频器、同步电动机和位置检测器三大部分。

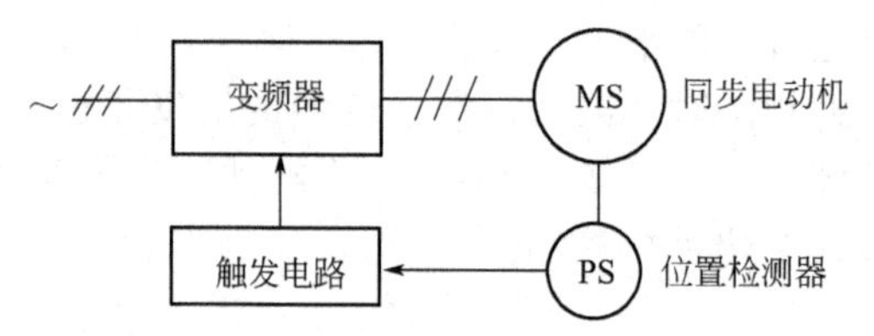

图 6-12　无换向器电动机基本结构图

1. 变频器

用于无换向器电动机的变频器有交-直-交变频器和交-交变频器两种，特点比较见表 6-4。

表 6-4　采用不同变频器的无换向器电动机性能比较

		交-直-交变频器	交-交变频器
基本电路结构			
晶闸管	数量	13 个	18 个
	耐压	较低	较高
	电流容量	较大	较小
	价格	较低	较高
电机系统运行特性	启动性能	采用断续换相法时，电动机转矩脉动大，加速性能差；采用强迫换相时经济性较差	利用电网电压换相，电动机启动和加速特性较好
	效率	二次换能，效率略低	一次换能，效率较高

续表

	交-直-交变频器	交-交变频器
运转速度限制	在堵转和低速运行时晶闸管连续通电时间长，温升会升高，在一般速度下无限制	当电源频率和电动机频率同步时，某一桥臂晶闸管温度会升高，需设同步检测电路
过载能力改善方法	能方便地接入串励线圈，以提高过载能力	为改善过载能力，串励线圈要设三个，利用率低

2. 同步电动机

在无换向器电动机中使用的同步电动机目前应用较普遍的有以下三种。

① 爪极式同步电动机。

② 旋转磁极式同步电动机。

③ 旋转电枢式同步电动机。

3. 位置检测器

位置检测器是用来检测电动机转子位置，并向逆变器发出控制信号的装置，它有直接式和间接式两类。

(1) 直接式位置检测器

直接式位置检测器由于其检测精度和可靠性高而被广泛采用。典型的直接式位置检测器有下列四种，见表6-5。

① 接近开关式。利用磁性旋转圆盘的远近来改变固定部分的电感，而利用振荡条件的变化建立通断信号。这种方式结构简单，输出电平高，适用于大中型电动机。

② 光电式。由发光二极管和光敏晶体管等光电元件组成，利用有槽口的旋转圆盘的位置进行通断变化。这种方法检测分辨率高，适用于高速运转的电动机。

表6-5 各种同步电动机的比较

	优　　点	缺　　点
爪极式	(1)完全无电刷，检查、维修方便 (2)转子中无绕组，线圈绝缘方便，适于高速运行	(1)磁路长，气隙比其他形式电动机多，因此，对于大型电机来说，在体积、重量、经济性等方面都不利 (2)由于在转子的爪极间安放非磁性轴来进行磁绝缘，因此，从轴的强度来看，不适于大型电动机
旋转磁极式	(1)完全无电刷，检查、维修方便 (2)对于大型电动机来说，结构上不存在什么问题，与爪极相比，体积小，重量轻 (3)可采用通常的同步电动机设计	(1)由于附加了旋转变压器，因而对于小型电动机来说不经济 (2)由于在转子上有励磁磁极，因此，难以放置附加极、补偿绕组、串励绕组等
旋转电枢式	(1)容易放置附加极、补偿绕组、串励绕组等，可提高过载能力 (2)体积小，质量轻，转动惯量小	装有给电枢供电的滑环

③ 电磁感应式（差动变压器式）。由随电动机转子转动的带缺口的导磁圆盘和固定不动的三只差动变压器组成。转盘体现转子位置信号，差动变压器作为检测元件检测转子位置信号，并向逆变器的控制电路输出控制信号。这种位置检测器结构简单、检测可靠，国内常用。

④ 霍尔元件式（磁敏式）。转子是永磁结构，其极数与同步电动机的一样，而定子用霍尔元件等磁敏元件来感受转子磁极位置，发出相应信号。这种位置检测器信号较弱，但体积较小，多用于中小型电动机。

（2）间接式位置检测器

间接式位置检测器利用电枢绕组的感应电势间接检测转子位置。虽然只能在有感应电势的情况下有效，但其优点是容易使运行中的有效超前控制角保持恒定。图 6-13 示出的是一种电压检测电路，其中，有源二阶低通滤波器用来消除电压信号中含有的换流瞬变过程。过零检测器可在小至 100mV 的输入信号下工作，其灵敏度足以检测出电动机刚开始旋转时的转子位置。

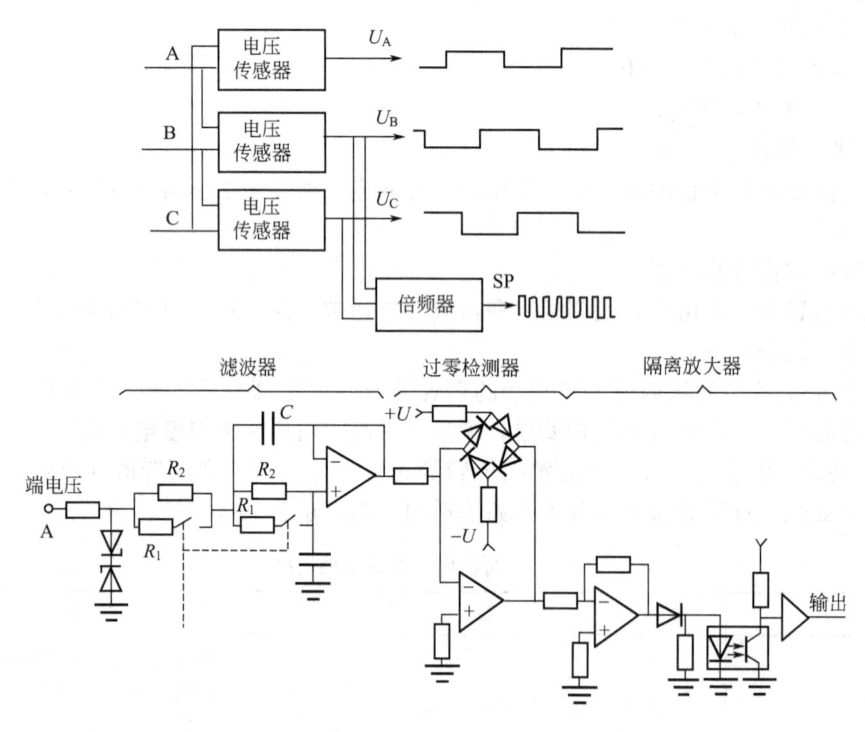

图 6-13　电压检测电路

在没有感应电势的静止状态，确定转子初始位置的方法有如下。

① 增装一个简单的仅用于检测电动机转子初始位置的光电或霍尔元件位置检测器。

② 将一个数千赫的信号加入辅助绕组并分析定子所感应的电压，或分析当励磁绕组加一阶跃电压时所感应的电压，从而确定转子初始位置。

6.4　无换向器电动机的运行性能

6.4.1　无换向器电动机的运行特性

无论是交-交系统还是交-直-交系统，无换向器电动机的基本运行特性是相同的。下面以交-直-交系统为例分析其性能。

图 6-14 为无换向器电动机主电路图，其中各符号意义如下。

① R_{Σ} 为主电路等效总电阻，包括平波电抗器电阻、电枢绕组两相的电阻和晶闸管正向

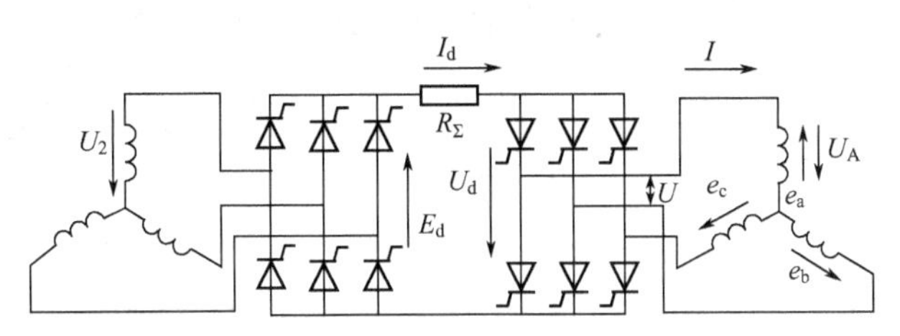

图 6-14 无换向器电动机主电路

压降的等效电阻。

② E_d 为直流电源电势或晶闸管空载输出电压平均值。

③ U_d、I_d 为逆变器直流输入电压和电流平均值。

④ U 为电动机相电压有效值。

⑤ γ_0 为晶闸管逆变器的换相超前角。

⑥ U_2 为三相交流电源变压器二次侧绕组相电压有效值。

(1) 调速特性

无换向器电动机的转速表达式为

$$n=\frac{E_d-I_dR_\Sigma}{K_E\Phi\cos\left(\gamma_0-\frac{\mu}{2}\right)\cos\frac{\mu}{2}}=\frac{2.34U_2\cos\alpha-I_dR_\Sigma}{K_E\Phi\cos\left(\gamma_0-\frac{\mu}{2}\right)\cos\frac{\mu}{2}} \tag{6-3}$$

式中 α——整流器的延迟角；

K_E——电势常数，$K_E=\frac{\sqrt{3}}{10}p_NN_k$；

p_N——电动机极对数；

N_k——电动机每相绕组的等效匝数；

Φ——每极磁通。

无换向器电动机的转速与直流电动机的转速特性 $n=\frac{U-IR_a}{C_e\Phi}$ 十分相似，这表明无换向器电动机的调速特性和直流电动机基本相同，可以改变 α 角，即改变直流电势 E_d 调速；改变每极磁通 Φ 调速；此外，改变 γ_0 角也可以改变电动机的转速。其中，方法改变 α 角最常用，改变 γ_0 角的方法较少用。

(2) 转矩特性

无换向器电动机的转矩特性表达式为

$$T=K_M\Phi I_d\cos\left(\gamma_0-\frac{\mu}{2}\right)\cos\frac{\mu}{2} \tag{6-4}$$

$$K_M=\frac{3\sqrt{3}}{\pi}p_NN_k$$

式中 K_M——转矩常数。

与直流电动机的转矩特性 $T=C_m\Phi I$ 也很相似，但 γ_0 对于无换向器电动机平均转矩的大小影响较大。

(3) 机械特性

无换向器电动机的机械特性表达式为

$$n=\frac{E_d}{K_EI_d\cos\left(\gamma_0-\frac{\mu}{2}\right)\cos\frac{\mu}{2}}-\frac{R_\Sigma}{K_EK_M\Phi^2\cos^2\left(\gamma_0-\frac{\mu}{2}\right)\cos^2\frac{\mu}{2}}T \tag{6-5}$$

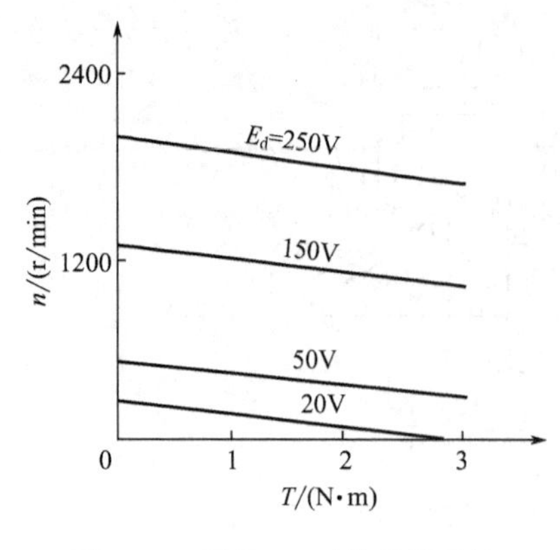

图 6-15　调节 E_d 时的机械特性

这与直流电动机的机械特性

$$n=\frac{U}{C_e\Phi}-\frac{R_\Sigma}{C_e C_M \Phi^2}T$$

也很相似。

当励磁磁通 Φ 和换相超前角 γ_0 保持不变，调节 α，即改变 E_d 时，无换向器电动机的机械特性为一组相互平行的曲线，见图 6-15。由图可见，这一曲线和他励直流电动机的机械特性曲线十分相似，机械特性较硬，有较宽的调速范围。

一般无换向器电动机在开环控制时调速范围可达到 $D=(10:1)\sim(20:1)$。

6.4.2　无换向器电动机的四象限运行

无换向器电动机在任何速度下都可以平滑地实现电动、再生发电制动以及可逆运转方式的无触点自动切换。它不需要两组整流桥或转换开关来实现可逆运转，而只要通过适当的控制逆变器的触发方式来实现可逆运行，并有效利用制动特性即可，这是无换向器电动机用于可逆系统中所具有的明显优点。

无换向器电动机四象限运行状态如图 6-16 所示。其中，Ⅰ、Ⅲ象限分别对应于电动机的正、反转运行状态，其共同点是：$\alpha<90°$，$E_d>U_d$，相电流 I 与电势 E 方向相反（吸收电能），转矩 T 与转速 n 方向一致（输出机械能）；不同点是：正转时 $\gamma_0=0°$（低速运行）或 $\gamma_0=60°$（高速运行），而反转时 $\gamma_0=180°$（低速）或 $\gamma_0=120°$（高速）。Ⅱ、Ⅳ象限则分别对应于电动机的正、反转再生发电（制动）运行状态，其共同点是：$\alpha>90°$，$E_d<U_d$，I

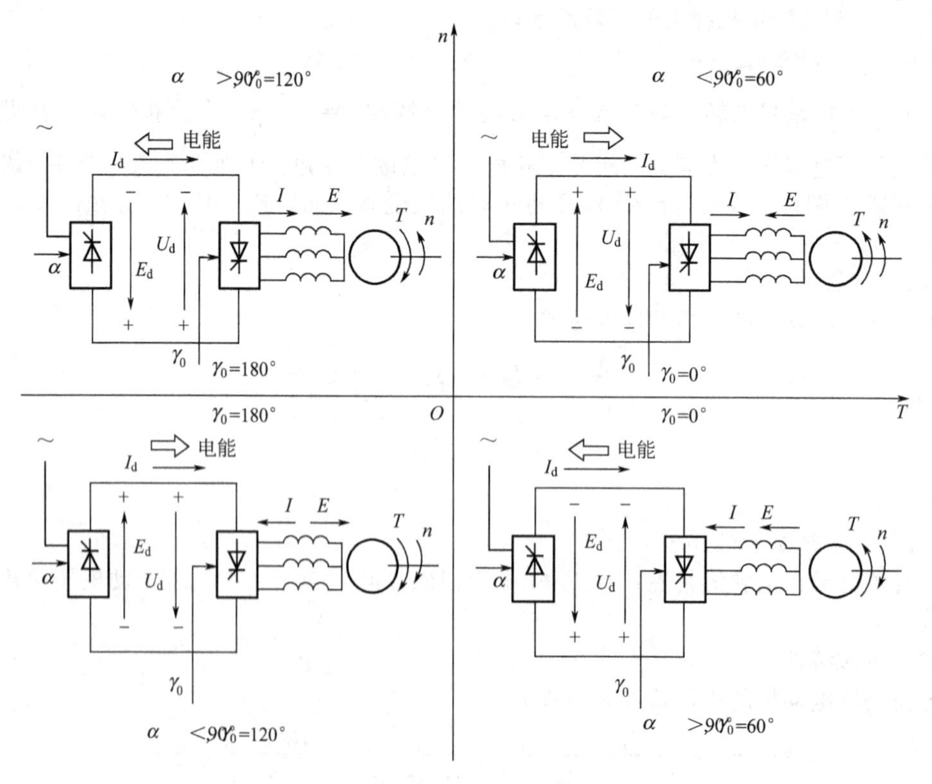

图 6-16　无换向器电动机四象限运行状态图

与 E 方向相同（输出电能），T 与 n 方向相反（吸收机械能）；不同点是：正转时 $\gamma_0=180°$（低速）或 $\gamma_0=120°$（高速），而反转时 $\gamma_0=0°$（低速）或 $\gamma_0=60°$（高速）。

近年来，在无换向器电动机中较多的采用了励磁电流和换相超前角随负载进行调节的办法，可以使电动机的力能指标更好，此时，电动机的四象限运行中空载换相超前角 γ_0 将不再保持恒定，而是略有改变。

无换向器电动机通过控制 α 进行调速；通过控制 γ_0实现正反转；通过协调控制 α、γ_0 实现再生发电（制动）运行。

6.5 提高过载能力及抑制转矩脉动的措施

1. 提高过载能力

利用反电势换相的无换向器电动机有一个较大的问题是它的过载能力较低，仅为 $\lambda_m\leqslant 1.5$。

（1）限制过载能力的因素

无换向器电动机的过载能力主要受换相极限的限制。这是因为随着负载转矩的增大，同步电动机的功角 θ 增大，换相重叠角 μ 也将增大，那么在空载换相超前角整定在 γ_0 的情况下，换相剩余角 $\gamma_R=\gamma_0-\theta-\mu$ 将减小。当 γ_R 减小到零时，无换向器电动机达到其理论负载极限 I_m，见图 6-8。此外，晶闸管允许通过的最大电流也是限制电动机过载能力的一个因素。

（2）提高过载能力的措施

由上述分析可见，提高过载能力可以从增大 γ_0、减小 θ、减小 μ 等方面入手。

① 增大换相超前角 γ_0。增大 γ_0 会使换相剩余角增大，换相极限加大。但 γ_0 太大的话，会使转矩脉动加剧，当 $\gamma_0>60°$时，会使被关断的晶闸管承受的反压减小，不利于换相。现在很多控制采用了 γ_0 自动调节策略，实现了 γ_0 恒定的控制，效果更好。

② 减小功角 θ。这种方法主要目的是减少或抵消同步电动机的电枢反应，以减小 θ，增加换相能力，具体措施如下。

a. 加补偿绕组，以抵消交轴反应。

b. 加串励绕组，以抵消直轴电枢反应。

③ 减小换相重叠角 μ。只能从减小换相电抗方面考虑，要求设计电动机时尽量减小漏抗或在磁极上加装阻尼绕组。

④ 增加励磁电流 I_f。在 γ_0 确定的情况下，增加励磁可以使 $\gamma(\gamma=\gamma_0-\theta)$ 及 μ 的变化趋势变缓，从而提高换相极限，提高过载能力，见图 6-17。

研究结果表明，恒角变磁方案，即保持换相超前角恒定，而使励磁电流随负载而变，是一种无换向器电动机比较理想的控制策略，可以大幅度提高电动机的过载能力。

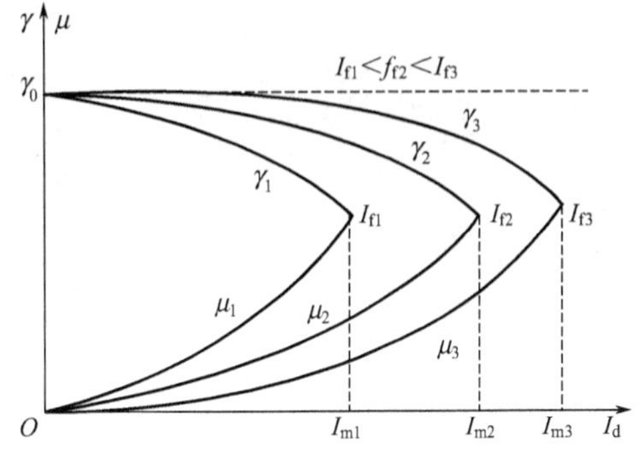

图 6-17　励磁电流与换相极限的关系

2. 抑制转矩脉动

无换向器电动机还存在一个较大的转矩脉动的问题。

（1）转矩脉动的原因

由于无换向器电动机中的电枢电流是方波，

它所产生的电枢磁势是跳跃前进的，而转子励磁磁势是等速旋转的，两者有周期性相对运动，它们相互作用所产生的转矩中，除平均转矩外，还有相当大的脉动转矩。这个脉动转矩会引起转速不均、机械振动，在大中型电动机中还可能引起严重事故，必须设法予以抑制。

(2) 抑制转矩脉动的措施

① 换相超前角控制。在确保换相安全的条件下尽量减小换相超前角 γ_0，可明显减小转矩的脉动。

② 多相化。电动机采用六相 30°相带绕组，用两套三相桥式逆变器形成 12 脉波逆变电路供电。这样可使合成转矩中的脉动分量减少到三相电动机的 1/2。但此种方法所用晶闸管数量大，故只适用于大容量的场合。

③ 多重化。普通的三相电动机由 12 脉波逆变器多重供电，可使流入电动机绕组的电流接近正弦波，于是脉动转矩降低。但此法在输出频率较高时控制较困难，故通常只在低频范围内采用这种多重化工作方式，而在进入高频运行时变成两套普通的三相逆变器并联运行。

复习思考题

1. 什么是无换向器电动机？它有何特点？
2. 试述无换向器电动机的工作原理。
3. 试述无换向器电动机的换相原理。
4. 无换向器电动机由哪几部分组成？各有何作用？
5. 试述无换向器电动机的运行原理。
6. 试述提高无换向器电动机过载能力及抑制转矩脉动的措施。

第二篇　交流调速系统

第7章　交-直-交变频调速系统

7.1　转差频率控制的转速闭环变频调速系统

交-直-交变频调速系统由交-直-交变频器提供变频电源。最简单的变频调速系统是用电压、频率协调控制的转速开环系统，但其静态性能和动态性能都不太理想。采用转速闭环可以改善系统性能，但要改善动态性能，关键还在于如何实现转矩控制，转差频率控制提供了这样一种转矩控制方法。

7.1.1　转差频率控制的基本思想

转速开环、电压或电流闭环的变频调速系统只能用于调速精度不太高的一般平滑调速场合，要继续提高系统的静、动态性能，就必须进行转速闭环控制。由于异步电动机的电磁转矩与气隙磁通、转子电流、转子功率因数均有关，其中的主要参变量——转差率又难以直接测量，增加了对异步电动机变频调速系统进行闭环控制来进一步提高系统动态性能的难度。本节论述的转差频率控制系统是一种模拟控制拖动转矩，近似保持控制过程中磁通恒定的转速闭环变频调速方案，理论上可以获得与直流电动机闭环调速系统相似的调速性能。

三相异步电动机的电磁转矩可以表示为

$$T=C_m'\Phi_m I_2'\cos\varphi_2 \tag{7-1}$$

$$C_m'=\frac{1}{\sqrt{2}}m_1 N_1 K_{N1} p_N$$

式中　p_N——极对数；

m_1——定子绕组相数；

N_1——每相绕组串联匝数；

K_{N1}——绕组系数；

Φ_m——每极气隙磁通；

I_2'——转子相电流（折算到定子侧）；

$\cos\varphi_2$——转子电路功率因数。

可见，异步电动机的转矩与气隙磁通、转子电流以及转子电路功率因数都有关系，而且这些量又不是独立变量，都和转速有关，因此，转矩控制要比直流电动机困难得多。

忽略铁损耗时，三相异步电动机的稳态等效电路见图 7-1。

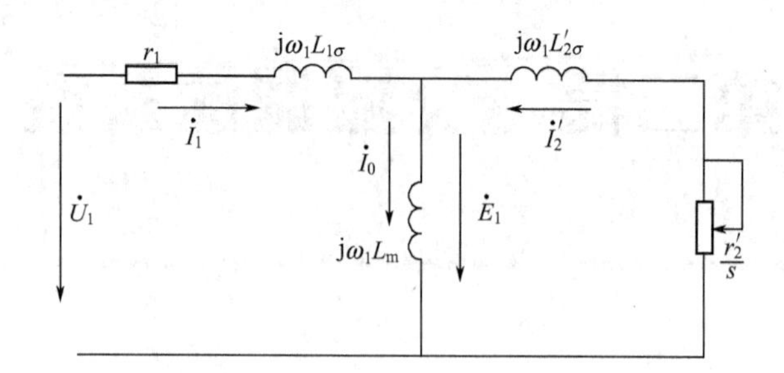

图 7-1　忽略铁损耗的异步电动机稳态等效电路

由图 7-1 可知，折算到定子侧的转子相电流

$$I'_2=\frac{E_1}{\sqrt{\left(\frac{r'_2}{s}\right)^2+(\omega_1 L'_{2\sigma})^2}}=\frac{sE_1}{\sqrt{r'^2_2+(s\omega_1 L'_{2\sigma})^2}} \tag{7-2}$$

而定子每相感应电动势

$$E_1=\sqrt{2}\pi f_1 N_1 K_{N1}\Phi_m=\frac{1}{\sqrt{2}}\omega_1 N_1 K_{N1}\Phi_m \tag{7-3}$$

根据异步电动机相量图可知

$$\cos\varphi_2=\frac{\frac{r'_2}{s}}{\sqrt{\left(\frac{r'_2}{s}\right)^2+(\omega_1 L'_{2\sigma})^2}}=\frac{r'_2}{\sqrt{r'^2_2+(s\omega_1 L'_{2\sigma})^2}} \tag{7-4}$$

将式(7-4) 代入式(7-1)，经整理，并且定义转差角频率 $\omega_s=s\omega_1$，得

$$T=K_M\Phi_m^2\frac{\omega_s r'_2}{r'^2_2+(\omega_s L'_{2\sigma})^2} \tag{7-5}$$

$$K_M=\frac{1}{2}m_1 N_1^2 K_{N1} p_N$$

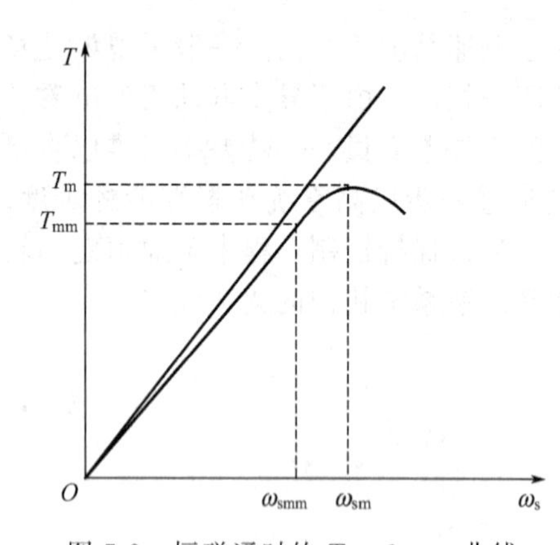

图 7-2　恒磁通时的 $T=f(\omega_s)$ 曲线

由式(7-5) 可知，当气隙磁通 Φ_m 为常数，且电动机参数一定时。电磁转矩 T 是转差角频率 ω_s 的函数。按照式(7-5) 画出的 $T=f(\omega_s)$ 曲线如图 7-2 所示。

令 $dT/d\omega_s=0$，可求得对应于最大转矩 T_m 的转差角频率

$$\omega_{sm}=\frac{r'_2}{L'_{2\sigma}}=\frac{r_2}{L_{2\sigma}} \tag{7-6}$$

相应的最大转矩为

$$T_m=\frac{K_M\Phi_m^2}{2L'_{2\sigma}} \tag{7-7}$$

稳态运行时，s 很小，ω_s 也很小，$(\omega_s L'_{2\sigma})^2$ 项可以忽略，式(7-5) 可近似为

$$T\approx K_M\Phi_m^2\frac{\omega_s}{r'_2} \tag{7-8}$$

这是一条过原点的直线，如图 7-2 中的直线所示。

由此可见，当 s 很小时，如能保持气隙磁通 Φ_m 不变，电磁转矩 T 基本上与转差角频率 ω_s 成正比，如他励直流电动机的电磁转矩与电枢电流成正比一样。因此，可以通过控制转

差角频率来控制异步电动机的电磁转矩。

7.1.2 Φ_m 恒定对定子电流的控制要求

要实现上述转矩控制，必须满足气隙磁通 Φ_m 恒定的条件。当忽略铁损耗且不考虑磁路饱和时，气隙磁通 Φ_m 与励磁电流 I_0 有正比关系。因此，可以通过控制定子电流 I_1 来保持 I_0（即 Φ_m）恒定，由图 7-1 可知

$$\dot{I}_1=\dot{I}_0-\dot{I}'_2 \tag{7-9}$$

$$\dot{I}_0=\frac{-\dot{E}_1}{j\omega_1 L_m}$$

$$-\dot{I}'_2=\frac{-\dot{E}_1}{\frac{r'_2}{s}+j\omega_1 L'_{2\sigma}}$$

消去 $\dot{I}'_2$，得到

$$\dot{I}_1=\dot{I}_0\frac{r'_2+j\omega_s\ (L_m+L'_{2\sigma})}{r'_2+j\omega_s L'_{2\sigma}}$$

于是

$$I_1=I_0\sqrt{\frac{r'^2_2+\omega_s^2(L_m+L'_{2\sigma})^2}{r'^2_2+\omega_s^2 L'^2_{2\sigma}}} \tag{7-10}$$

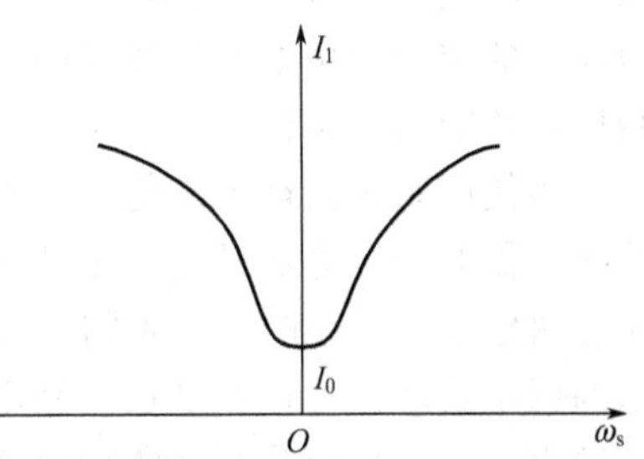

图 7-3 满足 Φ_m 恒定条件的 $I_1=f(\omega_s)$ 函数

对于式(7-10)，不考虑磁路饱和，则励磁电感 L_m 为常数，保持 Φ_m 恒定即保持 I_0 恒定。当 I_0 恒定且参数不变时，$I_1=f(\omega_s)$ 函数曲线如图 7-3 所示。

显然，只要按照图 7-3 的函数关系控制定子电流 I_1，就能保持气隙磁通 Φ_m 恒定。

7.1.3 转差频率控制的转速闭环变频调速系统

图 7-4 示出的是转差频率控制的转速闭环电流型变频调速系统结构原理图。

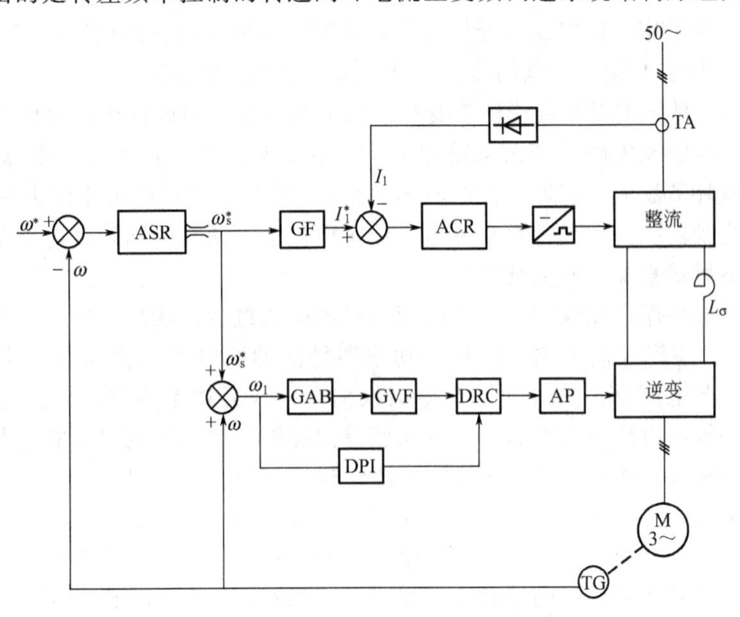

图 7-4 转差频率控制的转速闭环电流型变频调速系统结构原理图

图中，ASR 为转速调节器，GF 为函数发生器，ACR 为电流调节器，GAB 为绝对值变换器，GVF 为电压频率变换器，DRC 为环行分配器，AP 为脉冲放大器，DPI 为极性鉴别器。

该系统主电路由可控整流器和电流型逆变器组成，逆变电路采用 120°导电型，负载为Y接三相异步电动机。

控制系统由转速外环和电流内环组成。转速调节器的输出即为转差频率给定位值 ω_s^*，由式(7-8) 可知，它也代表了转矩给定位。ω_s^* 分为两路，一路输入 $I_1=f(\omega_s)$ 函数发生器 GF，其输出作为电流调节器的给定值 I_1^*，通过电流调节器作用到可控硅整流器上，去控制定子电流 I_1，使 I_1 始终跟随给定值 I_1^*，从而保持气隙磁通 Φ_m 恒定；另一路则与转速正反馈信号 ω 合成定子频率给定信号 $\omega_1=\omega_s^*+\omega$，经过电压频率变换器、环形分配器、脉冲放大器去控制电流型逆变器的输出频率。这样，一方面使电流、频率控制得以协调，另一方面又通过转差频率 ω_s 将定子频率给定信号 ω_1 与电动机实际转速 ω 联系起来，这种包含实际转速在内的定子频率给定信号和前一节中仅由恒压频比确定而与转速无关的定子频率给定信号相比，性能要优越得多。

为使该系统实现可逆传动，在频率控制部分增加了两个环节：绝对值变换器 GAB 和极性鉴别器 DPI。这是因为：在可逆传动中，转速给定信号 ω^* 可正可负，ω_1 也是可正可负，而在决定频率大小时，并不需要这种正、负极性，故用绝对值变换器将其变换为以绝对值表示的频率给定信号；但是在控制电动机转向时，又必须检测出 ω_1 的极性，故用极性鉴别器的输出来决定环形分配器的输出相序，以实现正、反转。

为了确保电磁转矩 T 与转差角频率 ω_s 的正比关系，应使电动机运行于 $T=f(\omega_s)$ 曲线的近似直线段。为此，设置转速调节器的限幅值 $\omega_{smm}<\omega_{sm}$（见图 7-2），以保证 T 与 ω_s 基本上成正比。

7.2 谐振型交-直-交变频调速系统

本节介绍两种采用电流控制的谐振直流环节变频器供电的交流调速系统。

1. 谐振直流环节变频器供电的异步电动机磁场定向控制系统

图 7-5 示出的是采用谐振直流环节变频器供电的异步电动机磁场定向控制系统原理图。

变频器由不控整流电路、谐振电路和 PWM 电压型逆变电路组成。谐振电路由 L_r、C_r 构成，插在直流环节滤波电容器 C_d 与逆变器之间，逆变器的开关元件为功率 MOSFET。由于采用谐振型变频器，开关元件系在零电压或零电流下开通与关断，该电路不需要缓冲电路以及防止上、下桥臂直通的开关死区。

逆变器的开关顺序由比较器对基准电流和检测电流进行比较后决定。比较器的输出信号送入图 7-6 所示的逻辑控制电路，以保证功率器件的通断时刻与直流环节电压过零时刻同步；每当直流环节电压谐振过零时，产生门极信号，开通功率器件，故又称为整数脉冲调制，即逆变器的输出电压是由整数倍的准正弦谐振脉冲组成的。逻辑控制电路的输出波形如图 7-7 所示，其输出频率与 CLK2 同步，可调到接近于谐振电路的谐振频率。

调速系统采用间接磁场定向控制，属于磁链开环的转差型控制系统。与电压、电流等易测物理量运用磁链观测模型（电流模型或电压模型）求出实际转子磁链相位不同，间接磁场定向是根据给定信号按磁场定向原理计算得出的。如图 7-5 所示，根据转矩给定值 $i_{1T}{}^*$ 和磁通给定值 $\Phi_2{}^*$ 计算转差角频率 $\omega_s{}^*$，经过积分得到转差角 $\theta_s{}^*$，加上转子位置角 θ 得到转子

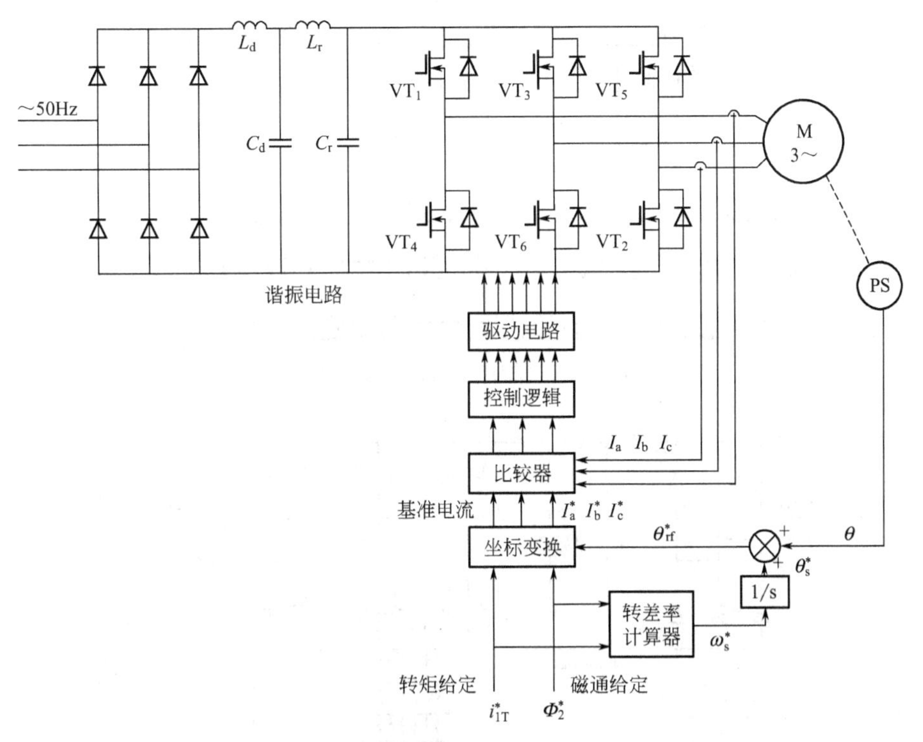

图 7-5 谐振直流环节变频器供电的异步电动机磁场定向控制系统原理图

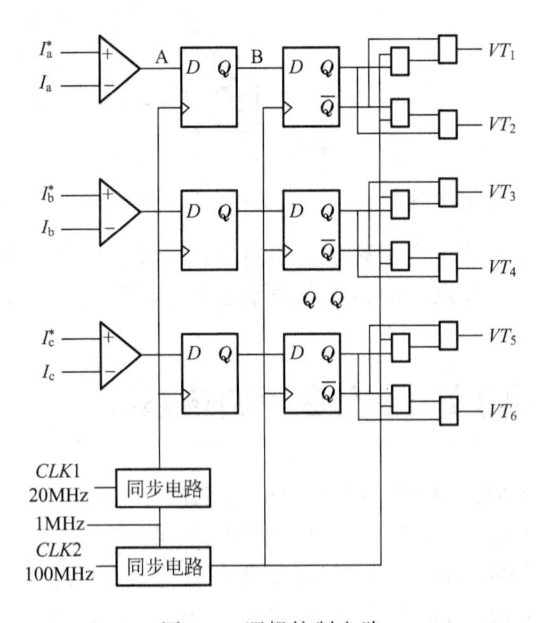

图 7-6 逻辑控制电路

磁链矢量 $\boldsymbol{\Phi}_2$ 的相位角 $\theta_{rf}{}^* = \theta_s{}^* + \theta$。将 $\theta_{rf}{}^*$ 与经过坐标变换的有关量进行相应运算，直到得出基准定子电流，用以控制逆变器。

2. 谐振直流环节变频器供电的无换向器异步电动机调速系统

图 7-8 所示为谐振直流环节变频器供电的无换向器异步电动机调速系统原理图。

该系统与谐振直流环节变频器供电的异步电动机磁场定向控制系统的主要区别在于基准

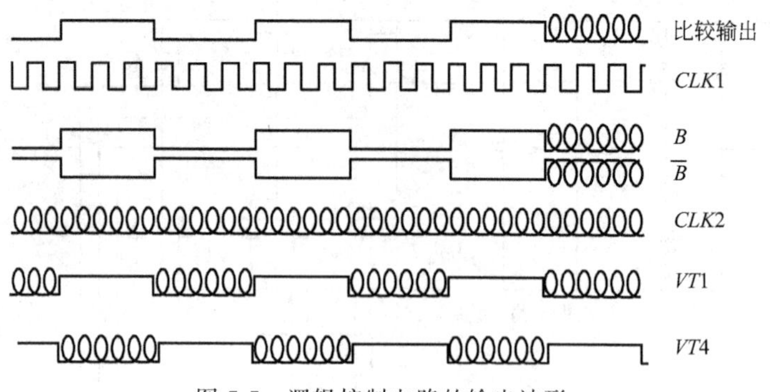

图 7-7　逻辑控制电路的输出波形

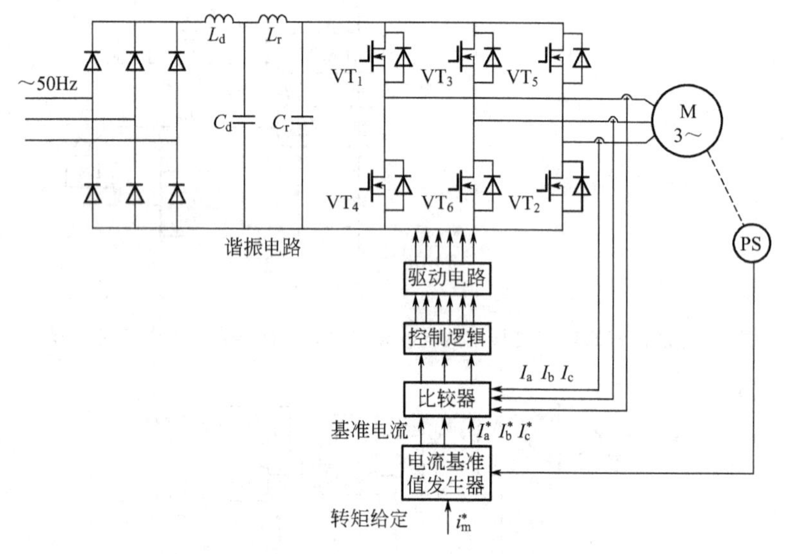

图 7-8　谐振直流环节变频器供电的无换向器异步电动机调速系统原理图

电流的产生。为了使转子转速与定子频率自动同步，由转子位置信号产生电流基准值，去控制逆变器的换相。此时，基准电流的相位和频率由转子位置决定，基准电流的幅值代表了转矩给定值。

7.3　PWM 控制的交-直-交变频调速系统

图 7-9 所示为一个由 MCS-8098 单片机系统与 HEF4752PWM 专用大规模集成电路控制的交-直-交变频调速系统实例。该系统主要由变频器主电路、驱动电路、检测及光电隔离电路、Intel8098 单片机（简称 8098）、HEF4752 大规模集成电路、Intel8255 可编程接口芯片（简称 8255）、Intel8279 通用键盘/显示器接口芯片（简称 8279）、Intel2764 E^2PROM、CD4527 比例分频器等组成。

8098 单片机主要用来采样模拟量检测信号、进行键盘读入及显示管理、监视系统工作状态，并将运算得到的电压与频率数据变换成 CD4527 的分频系数。

该系统用一片 8255 来完成 HEF4752 所需要的 4 个输入时钟（*FCT*、*VCT*、*RCT*、*OCT*）的输入接口。8255 有 3 个可编程输入/输出口，其中，*PA* 口、*PB* 口通过 4 级串联的 CD4527 比例乘法器来编程控制 *FCT* 时钟输入。采用 4 级 CD4527 可大大提高交流输出

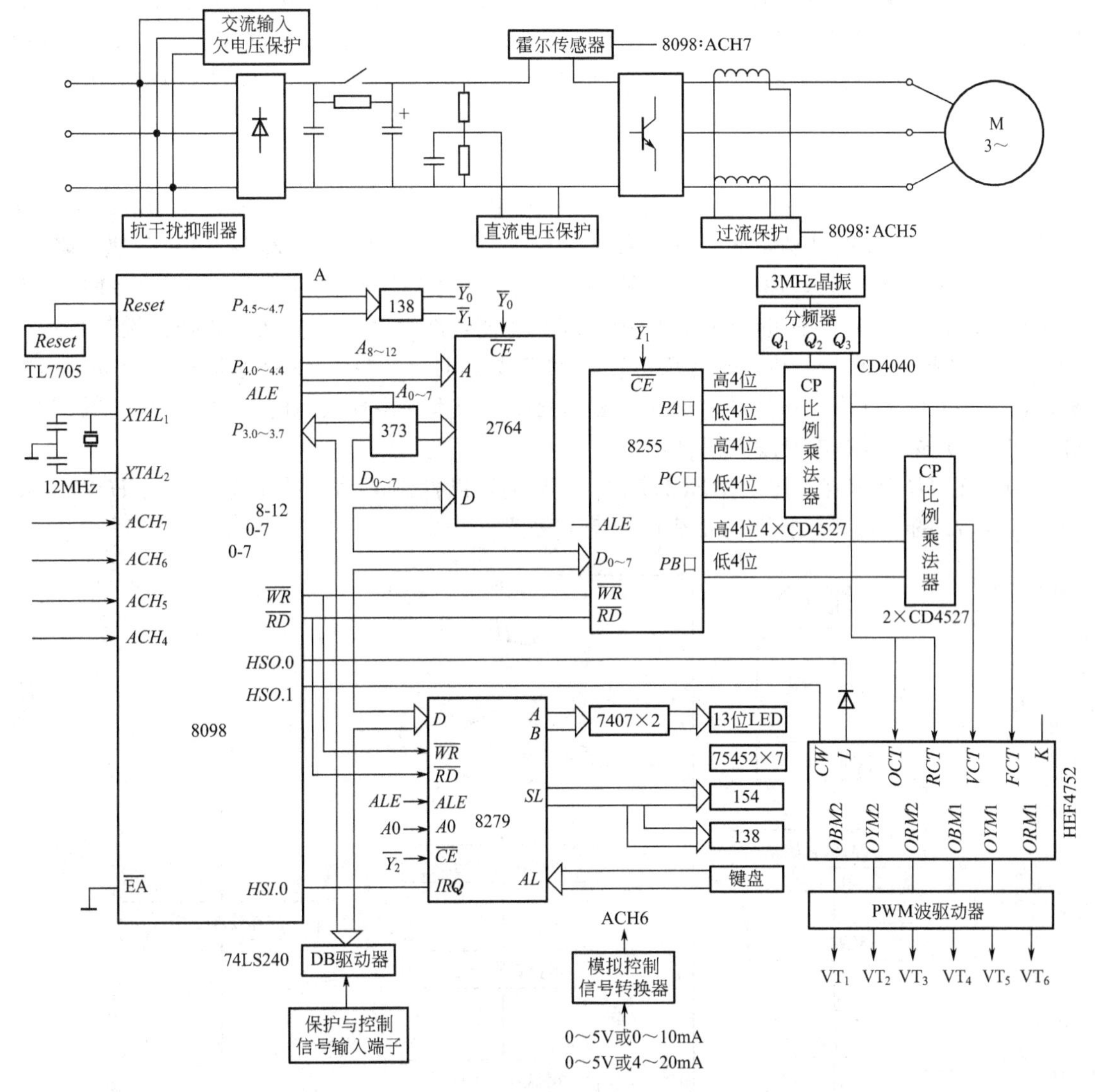

图 7-9　MCS-8098 单片机控制的交-直-交变频调速系统图

频率的控制精度，其表达式为

$$FCT=\Big[\frac{1000}{10000}(PA\ \text{口高 4 位})+\frac{100}{10000}(PA\ \text{口低 4 位})$$

$$+\frac{10}{10000}(PB\ \text{口高 4 位})+\frac{1}{10000}(PB\ \text{口高 4 位})\Big]N_{Q2}$$

式中，*PA* 口高 4 位为千位的 CD4527BCD 码输入；低 4 位为百位的 CD4527BCD 码输入；*PB* 口高 4 位为十位的 CD4527BCD 码输入；低 4 位为个位的 CD4527BCD 码输入；N_{Q2} 为输入时钟脉冲数，由 3MHz 的时钟经 CD4040 分频器 4 分频后得到。8255 的 *C* 口则通过两级串联的 CD4527 比例乘法器去控制 *VCT* 的时钟输入，其表达式为

$$VCT=\Big[\frac{10}{100}(PC\ \text{口高 4 位})+\frac{1}{100}(PC\ \text{口低 4 位})\Big]N_{Q3}$$

式中，N_{Q3} 由 3MHz 时钟经分频器 8 分频后得到。另外有

$$OCT=RCT=N_{Q3}$$

即 OCT、RCT 输入时钟直接从 8 分频输出端 Q_3 获得。这样，8098 通过控制 8255 的 PA 口、PB 口、PC 口数据输出，就可以获得 HEF4752 的 4 个时钟输入（实际为 2 个），从而编程获得 VVVF 的 SPWM 波形。实际应用中，CD4040 分频器的 2、4、8 分频端 Q_1、Q_2、Q_3 具体用作 FCT、VCT 还是 OCT、RCT 频率信号的乘数脉冲可以根据 HEF4752 的需要加以调整。

该系统选用 8279 键盘/显示接口芯片与 8098 相连，8279 用硬件完成键盘与显示器扫描任务，可节省 CPU 的处理时间。键盘由数字 0～9 和正转、反转、设定、停止升速、降速、F/A 显示等功能键组成；138、154 分别为键盘及显示用的译码器芯片；75452 为 LED 驱动用芯片。8279 可以和具有 64 个触点的键控阵列相连，能自动消除抖动，并把按键信息送入 8×8 的内部 FIFO RAM 中，每当 FIFO RAM 有数据时，8279 的中断请求线 IRQ 变为高电平，向 8098CPU 申请中断，进入中断处理子程序。当系统出现故障时，8098 通过控制 8279 自动在 LED 显示器上进行故障码显示。

8098 的 $HSO.1$ 直接连于 HEF4752 的 CW 端，以控制电动机的正反转。而 $HSO.0$ 接于 HEF4752 的 L 端，以控制电动机的启动或停止。

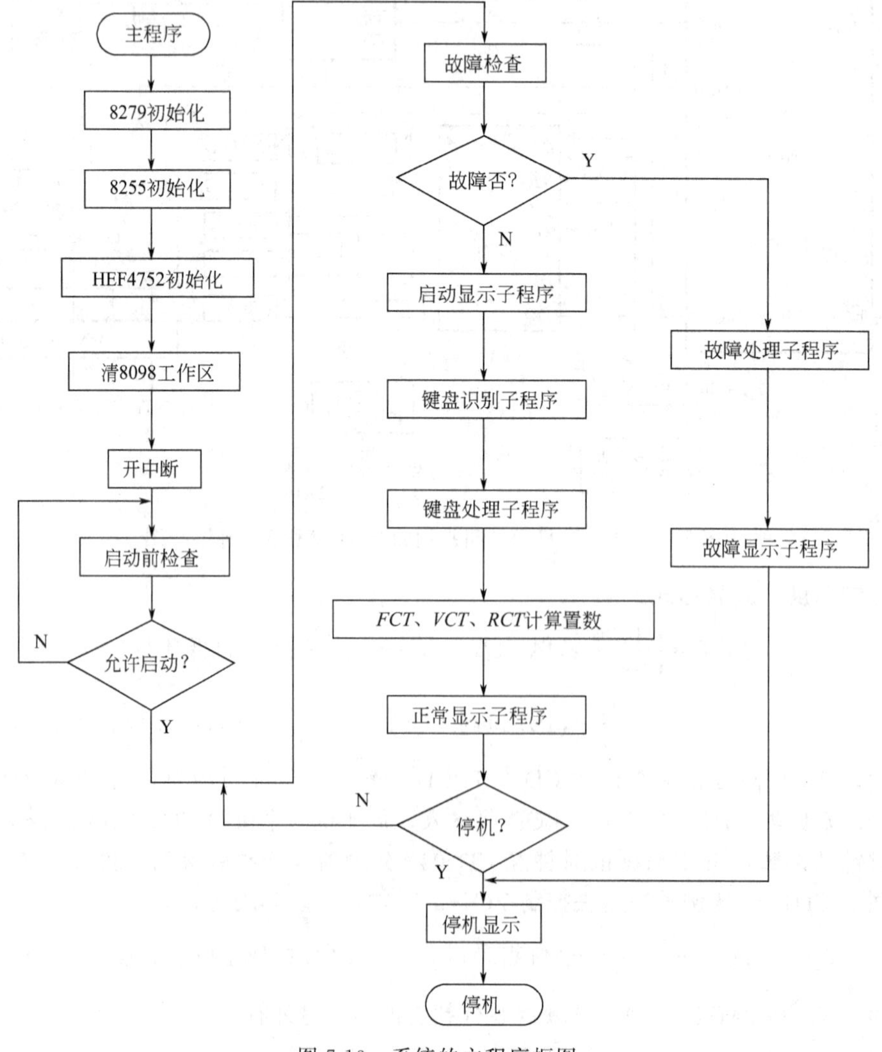

图 7-10　系统的主程序框图

该系统的保护电路包括交流欠电压检测、直流过电压检测、直流过电流检测、交流输出过载检测及散热片过热检测等。主、控制电路之间的传感器输入与输出均有电气隔离，系统电源、接口与单片机系统之间也都采用了解耦电路、高速光电耦电路等抗干扰措施，能有效抑制尖峰脉冲及各种噪声干扰，以保证系统稳定、可靠工作。

该系统的主程序框图如图 7-10 所示。

7.4 异步电动机矢量控制的交-直-交变频调速系统

1. 电流型逆变器利用电流模型法的矢量控制系统

图 7-11 所示为电流模型法旋转矢量控制系统框图。总的控制思路是由变频装置的整流部分控制电流矢量的幅值大小，由变频装置的逆变部分控制电流矢量的方向，即控制逆变器输出电流的频率达到控制电流的方向。电流由转矩电流 i_T 和励磁电流 i_M 组成（为简化起见，i_T、i_M 即为前面分析的 i_{1T}、i_{1M}），i_T 由电动机转速设定与其反馈值合成，经速度调节器输出即是 i_T 的给定值 $i_T{}^*$。i_M 由电流模型输出的 i_M 作为给定值 $i_M{}^*$，此时，电流模型的输入量为 $i_T{}^*$、ω 以及考虑到电动机转速和电压因素的磁链 Ψ。$i_T{}^*$、$i_M{}^*$ 经过直角坐标到极坐标变换（即 K/P 环节），得到 $i_1{}^*$ 和 β^*。$i_1{}^*$ 与交流电网电流整流值比较，经电流调节器控制整流桥的输出直流电压的大小，以控制逆变器负载电流的幅值。逆变器输出电流频率由旋转坐标相对于静止坐标的转角 θ、β^* 以及 $\Delta\beta$ 三个角度合成决定。θ 角是由电流模型计算出来的，β^* 由 $i_T{}^*$、$i_M{}^*$ 决定的，$\Delta\beta$ 由 β^* 与实测 β 值合成，经角度调节器输出的，而 β 实测值由实测三相电流经 3 相到 2 相变换，得到静止坐标两相电流 i_α、i_β，再经旋转坐标变换得到旋转坐标两相电流 i_T、i_M，再经直角坐标到极坐标变换得到 β。这样，输出电流相位 β 角是由计算值 β^* 和与实际量测的 β 的差值 $\Delta\beta$ 决定的，所以就比较准确。

转速给定值 ω^* 与转速实测值 ω 的比较，经速度调节器输出 $i_T{}^*$，即为转矩电流给定值 $i_T{}^*$。图 7-11 中所用的调节器都是 PI 型调节器。

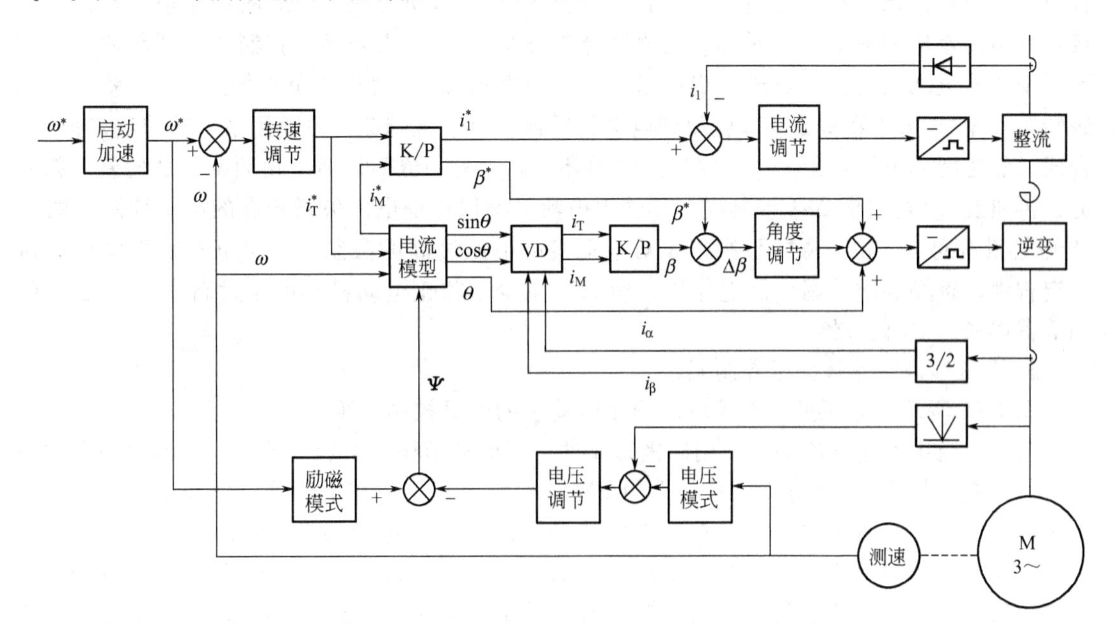

图 7-11　电流模型法旋转矢量控制系统框图

2. 电流型逆变器利用电压模型法的矢量控制系统

图 7-12 所示为利用电压模型法的矢量控制系统框图。

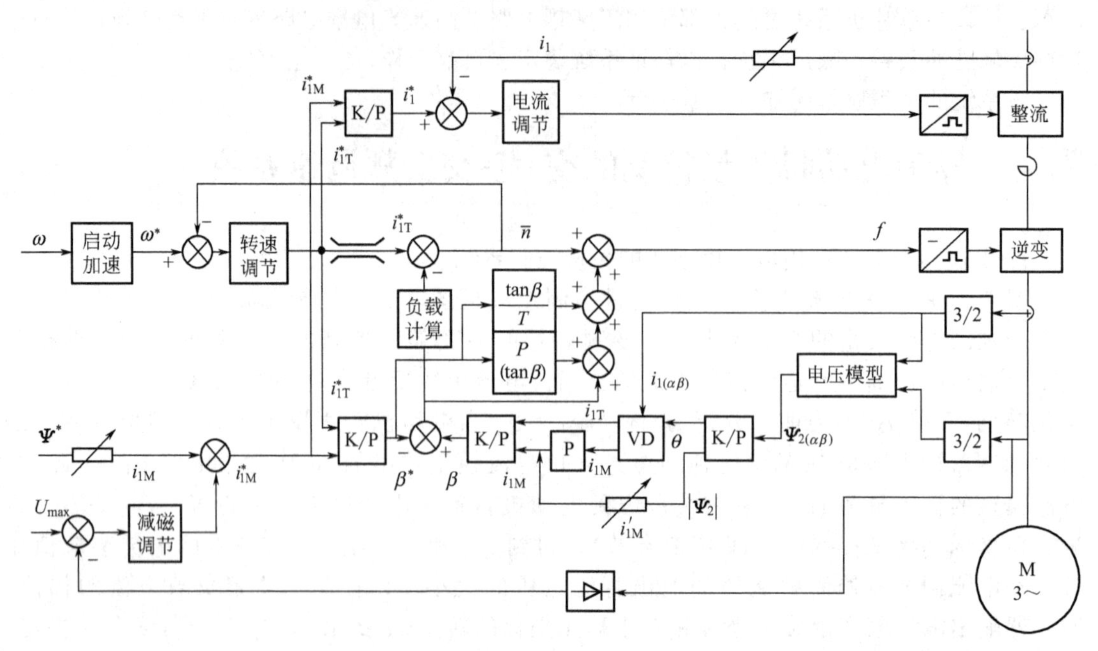

图 7-12　利用电压模型法的矢量控制系统框图

电压模型法与电流模型法的区别在于：要从电动机端取得电压信息，但不用转速信息。转速闭环控制时所用的电动机转速是经计算得到的。从电动机端得到电压，电流信号经 3 相到 2 相变换为静止坐标下的 i_α、i_β，经电压模型得到转子磁链 Ψ_2 和 θ，有了 θ，i_α、i_β 可以变换到旋转坐标 i_T、i_M，由 i_T、i_M 以及考虑 i_M 的变化量，可以得到 β 角实测值。β^* 值的确定是由 $i_M{}^*$ 和 $i_T{}^*$ 决定的，$i_M{}^*$ 是由 Ψ^* 决定的，$i_T{}^*$ 是由给定转速 n^* 以及转速反馈值 $\bar{n}$ 合成的，经转速调节器输出 $i_T{}^*$，有了 $i_M{}^*$、$i_T{}^*$，就决定了 β^*。β^* 的作用很大，一是直接计算出转差角频率 ω_s；二是与 β 实测值合成 $\Delta\beta$，一方面用来参与控制逆变器频率，一方面用来计算负载电流。在磁通一定的条件下，负载电流 i_L 就代表负载转矩，$i_T{}^*$ 就代表电磁转矩。$i_T{}^*-i_L{}^*$ 经积分环节就得到电动机转速。电动机转速一方面用来与转速给定值 n^* 合成；经速度调节器输出 $i_T{}^*$，实现速度闭环控制，另一方面用转子角频率 ω 加转差角频率 ω_s，再加上 $\Delta\beta$ 角频率 $\Delta\omega_\beta$ 控制逆变器输出电流频率以保证电流矢量角度的准确控制。图 7-12 中还设有对 $i_T{}^*$ 上下限的限制以及对电动机端电压过高的限制，如果电动机端电压高过一定程度，磁场的减弱调节器起作用，使 $i_M{}^*$ 减少，防止电动机端电压过高。图 7-12 中的调节器都采用 PI 调节器。

3. 电压型逆变器转矢量控制系统

图 7-13 所示为电压型逆变器驱动异步电动机的矢量控制系统框图。

矢量控制主电路整流部分使用二极管元件；直流环节用大电容滤波；逆变器使用大功率晶体管，或者是绝缘晶体管 IGBT。采用 PWM 控制方式，三相电压给定信号是由矢量控制电路决定的。与前面介绍的矢量控制不同的是增加了转子位置的控制，因此除了电流、磁通、转矩、转速的闭环控制外尚有转子位置的闭环控制；另外一点差别是增加一个解耦电路环节，这是因为电压型逆变器特点，控制电动机定子电压，在采用 M、T 坐标系统时，从定子电压方程中可以看到，在 M 轴电压的组成里有 T 轴磁链的作用，在 T 轴电压的组成里

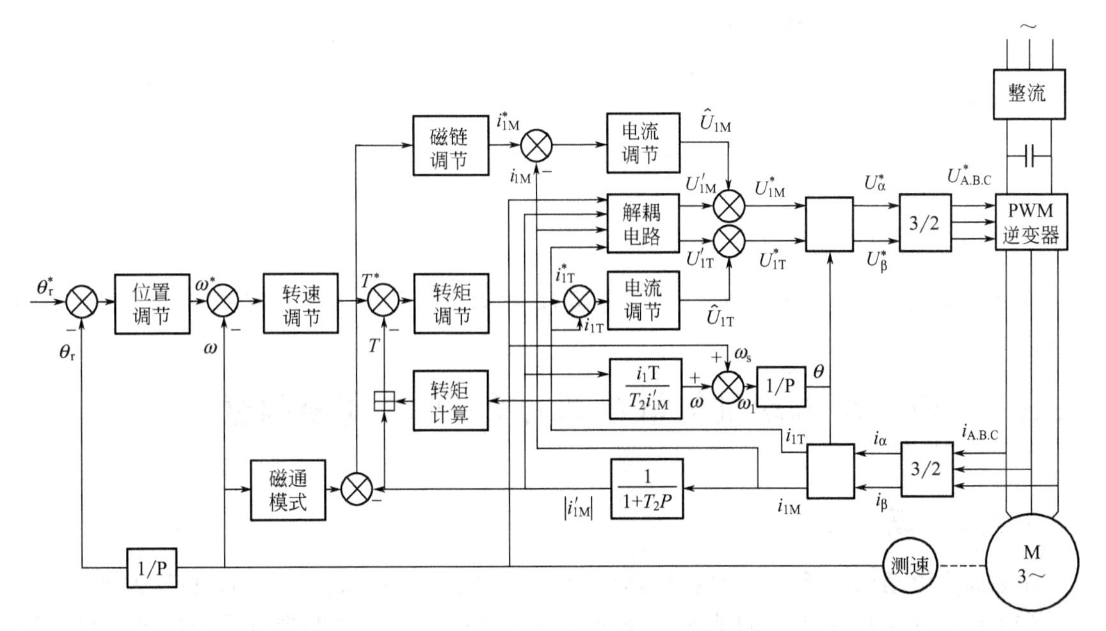

图 7-13　电压型逆变器驱动异步电动机的矢量控制系统框图

有 M 轴磁链的作用，因此是不解耦的，需要经过解耦电路处理一下，再给出 U_{1M} 和 U_{1T} 的给定值。

在 M、T 坐标系中，在复平面上用复数写出与电动机定子电压有关的方程

$$\Psi_1=L_1i_1+Mi_2 \tag{7-11}$$

$$\Psi_2=Mi_1+L_2i_2 \tag{7-12}$$

$$U_1=i_1r_1+P\Psi_1+\mathrm{j}\omega_1\Psi_1 \tag{7-13}$$

将 Ψ_1 代入 U_1 得

$$U_1=i_1r_1+PL_1i_1+PMi_2+\mathrm{j}\omega_1L_1i_1+\mathrm{j}\omega_1Mi_2 \tag{7-14}$$

而

$$\Psi_2=Mi_1+L_2i_2=M\left(i_1+\frac{L_2}{M}i_2\right) \tag{7-15}$$

将 $\frac{\Psi_2}{M}=i'_{1M}$ 代入式(7-15)

则

$$i_2=\frac{M}{L_2}(i'_{1M}-i_1) \tag{7-16}$$

将 i_2 代入式(7-14)，整理得

$$\begin{aligned}U_1&=i_1r_1+PL_1\left(1-\frac{M^2}{L_1L_2}\right)i_1+\mathrm{j}\omega_1L_1\left(1-\frac{M^2}{L_1L_2}\right)i_1+\frac{M^2}{L_2}(Pi'_{1M}+\mathrm{j}\omega_1i'_{1M})\\&=i_1r_1+PL_\sigma i_1+\mathrm{j}\omega_1L_\sigma i_1+(L_1-L_\sigma)(Pi'_{1M}+\mathrm{j}\omega_1i'_{1M})\end{aligned}$$

式中　L_σ——电动机定子漏感，$L_\sigma=\sigma L_1=L_1\left(1-\frac{M^2}{L_1L_2}\right)$。

$$L_1-L_\sigma=\frac{M^2}{L_2}$$

由于

$$U_1=U_{1M}+\mathrm{j}U_{1T},\ i_1=i_{1M}+\mathrm{j}i_{1T}$$

因此

$$\begin{cases}U_{1M}=i_{1M}i_1+L_\sigma Pi_{1M}-\omega_1L_\sigma i_{1T}+(L_1-L_\sigma)Pi'_{1M}\\U_{1T}=i_{1T}i_1+L_\sigma Pi_{1T}+\omega_1L_\sigma i_{1M}+(L_1-L_\sigma)Pi'_{1T}\end{cases} \tag{7-17}$$

设

$$\hat{U}_{1M}=i_{1M}r_1+L_\sigma Pi_{1M}$$

$$\hat{U}_{1T}=i_{1T}r_1+L_\sigma Pi_{1T}$$

$$U'_{1M}=\omega_1 L_\sigma i_{1T}-(L_1-L_\sigma)Pi'_{1M}$$

$$U'_{1T}=\omega_1 L_\sigma i_{1M}+(L_1-L_\sigma)Pi'_{1T}$$

则

$$\begin{cases}U_{1M}=\hat{U}_{1M}-U'_{1M}\\ U_{1T}=\hat{U}_{1T}+U'_{1T}\end{cases} \tag{7-18}$$

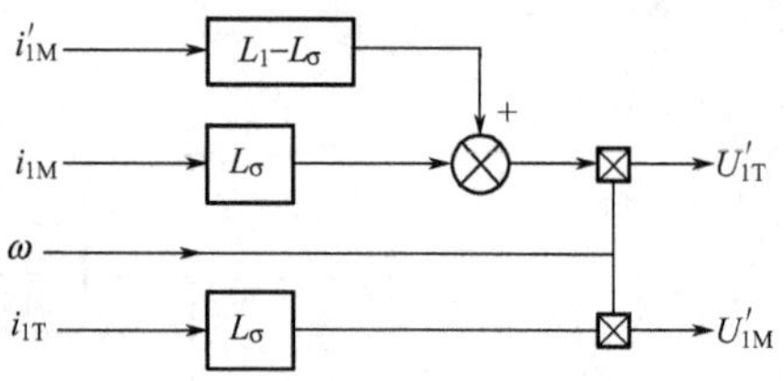

图 7-14　解耦电路框图

在转子磁链保持不变控制时，可以忽略$(L_1-L_\sigma)Pi'_{1M}$项，得到解耦电路框图，如图7-14所示。

7.5　永磁同步电动机矢量控制的交-直-交变频调速系统

7.5.1　概述

永磁同步电动机广泛应用于伺服驱动系统，作中小功率机床主轴驱动，机器人系统应用等；较大容量的也应用于太阳能泵以及风能利用系统，用于船舶推进系统的容量已达到1MW的水平。

永磁同步电动机能满足诸如伺服系统的一些高精度要求。

① 气隙磁密高。

② 高的功率/质量比。

③ 大的转矩/惯量比。

④ 转矩脉动小，尤其在很低速时并有高精度位置控制要求时。

⑤ 零转速时有控制转矩。

⑥ 能高速运行。

⑦ 短时间内快的加速运行。

⑧ 高效率，高功率因素。

⑨ 装置紧凑。

在分析永磁同步电动机矢量控制时，假设不考虑磁路饱和效应，将永久磁铁等效为一个恒流源励磁，采用固定转子d、q坐标系统，设转子电流空间矢量

$$\boldsymbol{i}_r=\boldsymbol{I}_{rf}=\text{常数}$$

转子上没有阻尼绕组，在使用表面磁铁型永磁同步电动机时，电动机气隙较大，磁极的凸极效应可以忽略不计，因此直轴励磁电感等于交轴励磁电感$L_{md}=L_{mq}=L_m$。因为气隙较大，同步电感$L_s=L_{s\sigma}+L_m$也较小，电枢反应也可以忽略不计，由磁铁产生磁通链与定子绕组相交链的磁链，就等于励磁磁链空间矢量。

7.5.2　永磁同步电动机的电磁转矩

如图7-15所示为永磁同步电动机定转子电流、磁链空间矢量图。与转子同步旋转d、q坐标的d轴与转子磁极轴线重合，磁链Ψ_F方向也与d轴方向一致，d轴与定子静止α、β坐标的α轴之间角度为θ_r，定子电流空间矢量$\boldsymbol{i}_s$的q轴分量为$\boldsymbol{i}_{sq}$。$\boldsymbol{i}_s$与α轴之间角度为α_s，与d轴之间角度为$\alpha_s-\theta_r$。

永磁同步电动机电磁转矩为

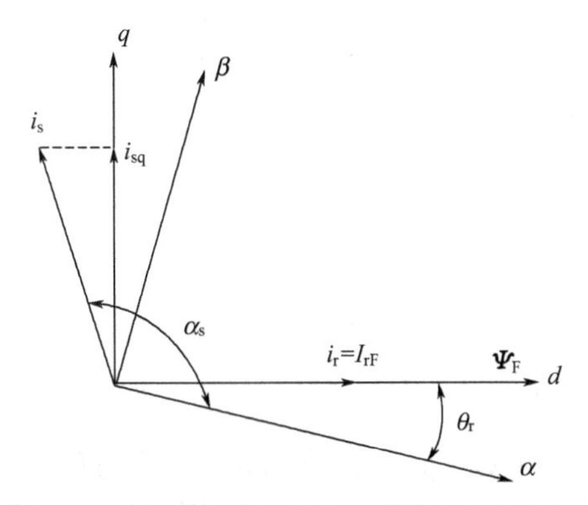

图 7-15　永磁电动机电流、磁链空间矢量图

$$T=\frac{3}{2}p_N L_m I_{rf} i_{sq}=\frac{3}{2}p_N \Psi_F i_{sq}=\frac{3}{2}p_N L_m I_{rf}\left|i_s\right|\sin(\alpha_s-\theta_r) \tag{7-19}$$

式中　α_s——转矩角，$\alpha_s-\theta_r=\beta$。

如果 $\beta=90°$，则单位定子电流产生转矩最大，转矩与 i_{sq} 成正比，如 i_{sq} 变化得快，则获得转矩的响应也快。

7.5.3 永磁同步电动机转子磁链定向矢量控制

在定子电流给定的情况下，为了最有效产生转矩，定子电流只有交轴分量为好。如图7-16(a) 所示为基速范围内电动运行时电流矢量。图 7-16(b) 所示为基速范围内制动运行时电流矢量。然而，在超基速以上运行时，因永久磁铁的励磁磁链为常数，所以电动机感应电势随电动机转速成正比增加。电动机的端电压也跟着提高，所以就要减弱磁场运行。

减弱磁场通过定子电流矢量的控制，如图 7-17 所示为永磁同步电动机在弱磁范围内运行时电流矢量图。

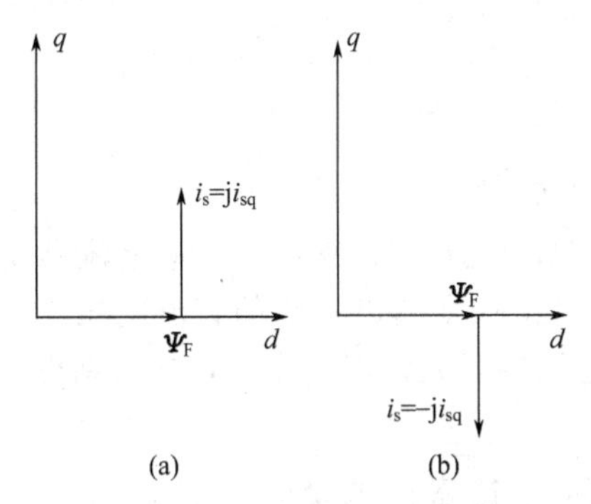

图 7-16　永磁电动机在基速范围内运行时电流矢量图

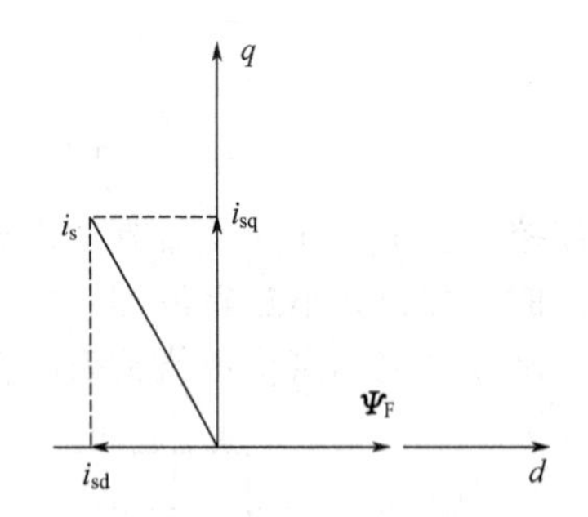

图 7-17　永磁电动机在弱磁范围内运行时电流矢量图

电流矢量 $\boldsymbol{i}_s$ 除了有 $\boldsymbol{i}_{sq}$ 分量外，还要有 $\boldsymbol{i}_{sd}$ 分量，其方向是 d 轴的负方向，与 Ψ_F 方向相反。

永磁同步电动机电压方程式为

$$u_s=R_s i_s+L_s\frac{di_s}{dt}+L_m\frac{d}{dt}(i_r e^{j\theta_r}) \tag{7-20}$$

将 Ψ_F 代入式(7-20)，得

$$u_s=R_s i_s+L_s\frac{di_s}{dt}+\frac{d}{dt}(\Psi_F e^{j\theta_r}) \tag{7-21}$$

$$u_s = R_s i_s + L_s \frac{di_s}{dt} + j\omega \Psi_F e^{j\theta_r} \tag{7-22}$$

稳态时用时间相量写出电压方程式

$$\dot{U}_s = R_s \dot{I}_s + j\omega L_s \dot{I}_s + \dot{E}_0 = Z_s \dot{I}_s + \dot{E}_0 \tag{7-23}$$

在没有电流直轴分量（$\dot{I}_{sd}=0$）时

$$\dot{U}_s = (R_s + j\omega L_s)\dot{I}_s + \dot{E}_0 \tag{7-24}$$

存在直轴分量（$\dot{I}_{sd} \neq 0$）时

$$\dot{U}_s = (R_s + j\omega L_s)\dot{I}_{sq} + (R_s + j\omega L_s)\dot{I}_{sd} + \dot{E}_0 \tag{7-25}$$

如图 7-18(a) 所示为 $I_{sd}=0$ 时永磁电动机相量图，图 7-18(b) 所示为 $I_{sd}\neq 0$ 时永磁电动机相量图。从相量图中可以知道 I_{sd} 和电动机电压关系，即 I_{sd} 需要多长时才能控制电动机端电压不超过最大容许值。另一方面由于有了 I_{sd} 分量使 I_s 的幅值增大，但是 I_s 幅值要受到逆变器容量的限制，因此有直轴分量 I_{sd}，交轴分量 I_{sq} 就要减小，也就等于转矩减小了。这可以理解成弱磁运行，转矩角要增大，单位定子电流产生转矩就要减小。由于定子电流增大，铜耗将增加，驱动系统效率降低，弱磁运行也限制在短时和轻载运行，最高转速取决于逆变器的电流定额。

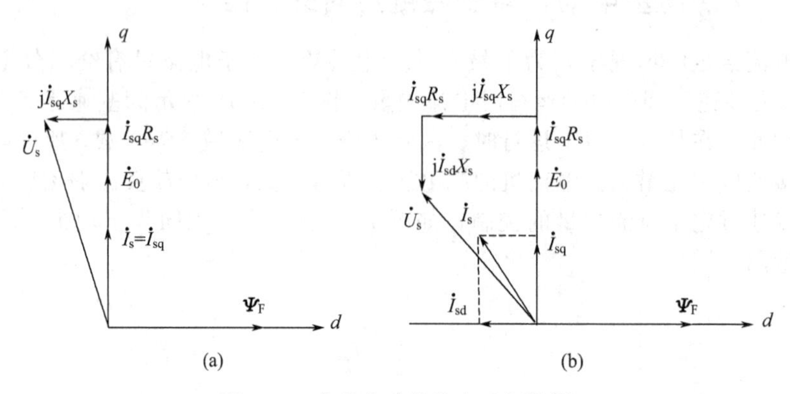

图 7-18 永磁电动机稳态时相量图

电流控制型 PWM 逆变器驱动永磁同步电动机线路如图 7-19 所示。图中整流器是由二极管组成的三相桥式不控整流器，C_d 为滤波电容，供给逆变器以稳定的直流电压。电流通过滞环控制，电流偏离给定值被限制在滞环允许误差以内，允许误差小了，能得到更高的电

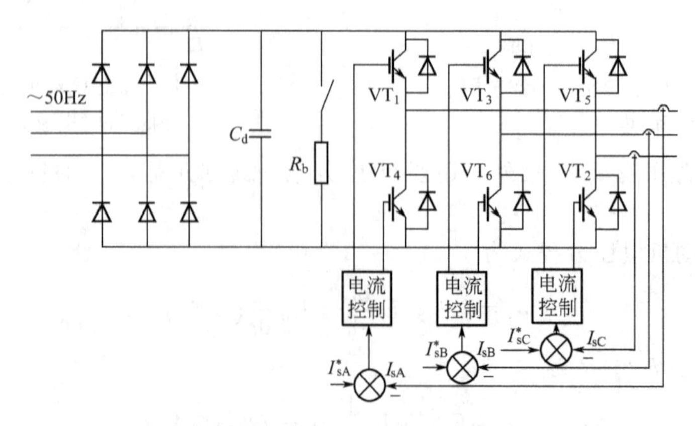

图 7-19 电流控制型 PWM 逆变器驱动永磁同步电动机线路

流控制精度，但是逆变器的开关频率也提高了，这是需要兼顾的。

逆变器是由六个 IGBT 元件组成的，每相上下支臂元件的导通由滞环控制给出触发信号。当电流给定值大于实测值、超出允许误差时，上支臂开关元件导通；当电流给定值等于实测值、超出允许误差时，下支臂开关元件导通。开关元件都反并联一个二极管是为了同步电动机流通无功功率及回馈，也起到负载电压的钳位作用。当电动机制动运行时，机械能转化为电能，因整流部分不控整流，所以这个电能不能回馈到电网，也不能让直流环节的电容吸收，以防止过压，这时接通电阻 R_b 消耗掉。

7.5.4 永磁同步电动机转子磁链定向矢量控制系统

永磁同步电动机矢量控制框图如图 7-20 所示。使用的是电流控制 PWM 逆变器驱动永磁同步电枢，检测转速信号一方面用于速度闭环；一方面得到转角 θ_r，用于位置控制和旋转坐标变换。这里着重说明以下两个环节。

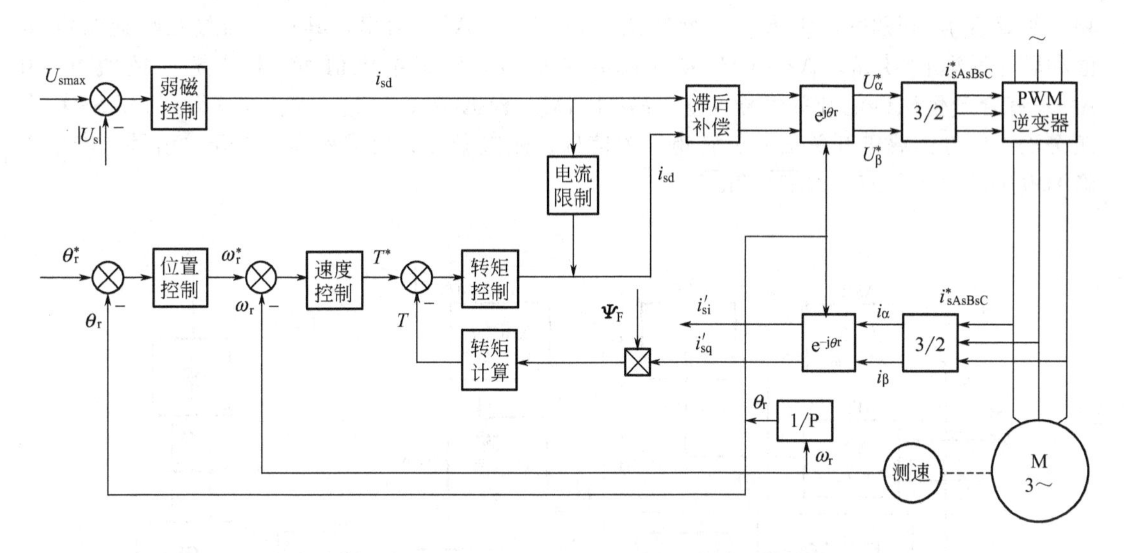

图 7-20　永磁同步电动机转子磁链定向矢量控制系统框图

① 电流限制环节。$\boldsymbol{i}_s$ 最大值是受逆变器承受能力限制的。为了满足弱磁运行要求，就要有 $\boldsymbol{i}_{sd}$ 分量，有了 $\boldsymbol{i}_{sd}$ 分量，$\boldsymbol{i}_{sq}$ 分量就要减少，其最大值要受限制。

$$i_{sq}=(i'^{2}_{smax}-i^{2}_{sd})^{1/2} \tag{7-26}$$

② 时间滞后补偿环节。时间滞后效应如图 7-21 所示，本来 d、q 坐标系统以电流矢量幅值为 $|\boldsymbol{i}_s|$，角度为 α_s^* 作为电流矢量给定值加以控制，但是由于控制回路动作总是需要时间的，当信号起作用时，电流矢量又向前旋转了 γ 角，所以电流矢量给定值要加以时间滞后补偿。假设这期间电流矢量幅值保持不变，因为电流矢量 $\boldsymbol{i}_s$ 向前旋转了 γ 角，所以

$$i_s^*=i_s e^{+j\gamma} \tag{7-27}$$

式中，$\gamma=\omega_1 t$，代入式(7-27) 得

$$i_s^*=i_s e^{+j\gamma}=i_s e^{j\omega_1 t}=(i_{sd}+ji_{sq})(\cos\omega_1 t+j\sin\omega_1 t)$$

由于 $\cos\omega_1 t\approx 1$，$\sin\omega_1 t\approx\omega_1 t$

故
$$\begin{cases} i_{sd}^*=i_{sd}-\omega_1 t i_{sq} \\ i_{sq}^*=i_{sq}+\omega_1 t i_{sd} \end{cases} \tag{7-28}$$

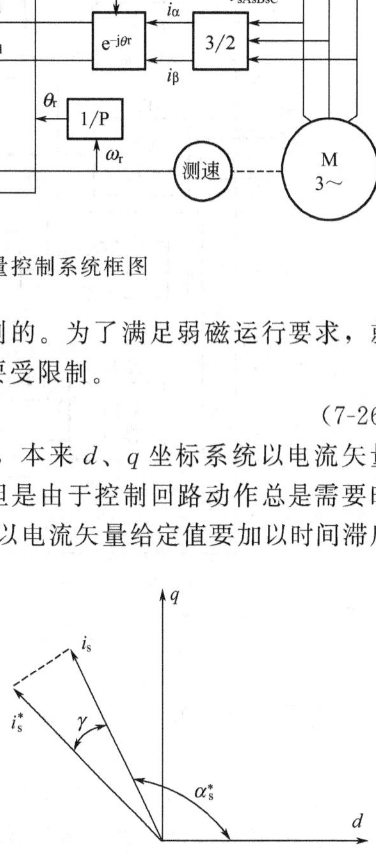

图 7-21　时间滞后效应

7.6 直接转矩控制的交-直-交变频调速系统

7.6.1 异步电动机直接转矩控制（DSC）系统的基本组成

根据直接转矩控制的基本结构，经过扩充和完善，可以得到一个比较完整的异步电动机直接转矩控制的变频调速系统，如图 7-22 所示。下面，先对该系统的组成情况进行总体说明，之后再分六个问题一一详细分析，图 7-22 所示各主要单元的功能简述如下。

被检测信号只有三个，即 u_s、i_s 和 n。这三个信号经 AMM 处理后得到 Ψ_α、Ψ_β 和转矩实际值 T_{eif}。Ψ_α、Ψ_β 通过 UCT 后得到磁链的三个分量信号 $\Psi_{\beta A}$、$\Psi_{\beta B}$ 和 $\Psi_{\beta C}$。再由 DMC 得到磁链开关信号 $\overline{S\Psi_A}$、$\overline{S\Psi_B}$ 和 $\overline{S\Psi_C}$。T_{eif} 与转矩给定值 T_{eig} 经 ATR 处理后得到转矩开关信号 TQ。ATR 的容差宽度由 AFR 的输出信号 ε_m 调节。ε_m 信号由 AFR 获得，其输入信号是频率给定值 f_g 和频率反馈值 f_f。转矩给定值 T_{eig} 由 ASR 给出，其输入信号是转速给定 n_g 值和转速反馈信号 n_f。AZS 产生零状态开关信号。磁链给定值 Ψ_{sg} 和磁链反馈值 Ψ_{sf} 由 AΨR 综合产生磁链量开关信号 ΨQ。Ψ_{sf} 由 AMA 根据 $\Psi_{\beta A}$、$\Psi_{\beta B}$、$\Psi_{\beta C}$ 计算得到。ASS 综合四个输入信号：磁链开关信号、转矩开关信号、磁链量开关信号和零状态开关信号，产生正确的电压开关信号 $\overline{SU_A}$、$\overline{SU_B}$ 和 $\overline{SU_C}$。

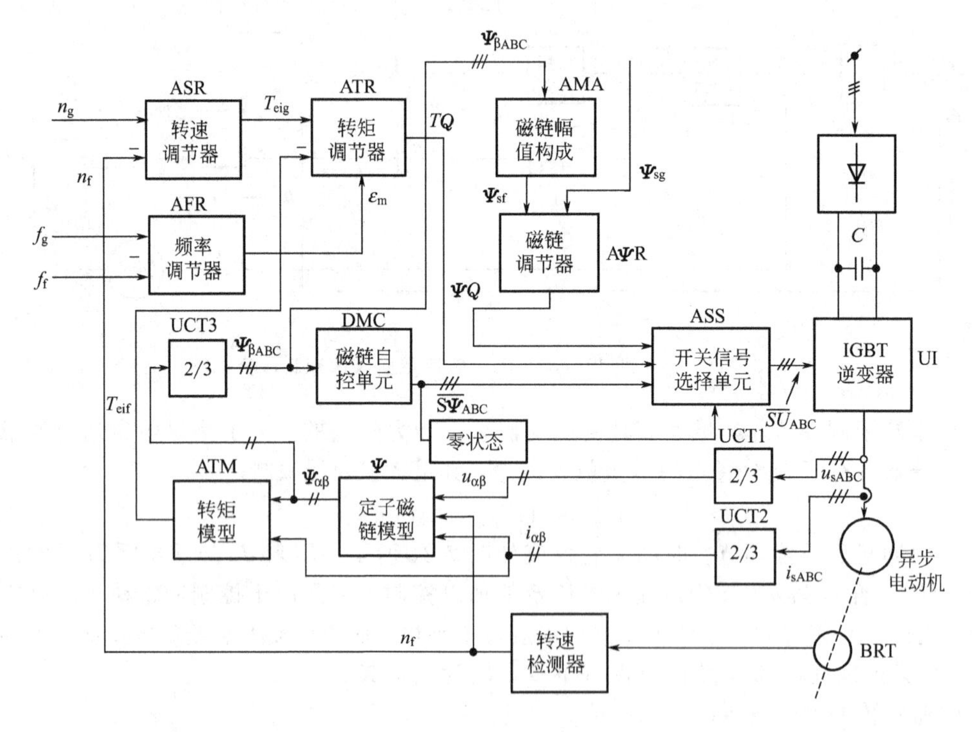

图 7-22 异步电动机直接转矩控制系统组成框图

由图 7-22 可知，直接转矩控制系统的基本组成部分有以下七个。

① 磁链自控制单元。磁链自控制单元的任务是选择正确的区段，以形成六边形磁链。

② 转矩调节器。转矩调节器实现转矩直接自控制。

③ 磁链调节器。磁链调节器实现对磁链幅值的直接自控制。

④ 开关信号选择单元。开关信号选择单元综合来自磁链控制单元、转矩调节器和磁链

调节器的三种开关控制信号，形成正确的电压开关信号，以实现对电压空间矢量的正确选择。

⑤ 开关频率调节器。开关频率调节器控制逆变器的开关频率及转矩容差的大小。

⑥ 异步电动机的数学模型。异步电动机的数学模型包括磁链模型和转矩模型，它可以由不同的方案来实现，对输入量也可以有不同的处理和要求。

⑦ 转速调节器。转速调节器实现对转速的调节。转矩给定值可由转速调节器的输出得到，也可由单独给定得到。

7.6.2 磁链自控制

磁链自控制的任务是识别磁链运动轨迹的区段，且给出正确的磁链开关信号，以产生相应的电压空间矢量，控制磁链按六边形运动轨迹正确旋转。磁链自控制任务的执行单元以磁链自控制单元为主，配合坐标变换器和开关信号选择单元，共同完成此项任务。

下面分析定子磁链沿六边形轨迹正反向旋转时各信号之间的关系；磁链开关信号正确选择的实现和低速时对开关信号选择的特殊处理。

1. 定子磁链沿六边形轨迹正转和反转时各信号之间的关系

在前面已经分析了定子磁链正向旋转时各信号量之间的关系。下面主要分析反向旋转时的情况，并对两者进行对比。

对前述六边形磁链，在正转时和反转时分别向 β_A、β_B、β_C 轴投影，得到两种情况下的 β 磁链分量 $\Psi_{\beta A}$、$\Psi_{\beta B}$ 和 $\Psi_{\beta C}$，其波形见图 7-23。图 7-23(a) 表示正转的情况，图 7-23(b) 表示反转的情况。

注意图 7-23(a) 表示的正转情况是从区段 S_1 开始逆时针旋转一周的波形。图 7-23(b) 表示的反转情况是从区段 S_1 的对边 S_4 开始顺时针旋转一周的波形。对比图 7-23(a)、图 7-23(b)示出的两种情况下的磁链分量 $\Psi_{\beta A}$、$\Psi_{\beta B}$ 和 $\Psi_{\beta C}$ 可知，对于相同的区段，磁链分量的波形完全一样，只是反转时相序不同而已。在这里，$\Psi_{\beta B}$ 和 $\Psi_{\beta C}$ 交换了相序。

由磁链分量可得磁链开关信号 $\overline{S\Psi_A}$、$\overline{S\Psi_B}$、$\overline{S\Psi_C}$。正转时，当磁链分量达到正的磁链给定值 Ψ_{sg} 时，磁链开关信号变为“0”态；当达到负的给定值时，磁链开关信号变为“1”态，由此得到图 7-23(a) 的三个磁链开关信号 $\overline{S\Psi_A}$、$\overline{S\Psi_B}$、$\overline{S\Psi_C}$。反转时情况正好相反，当磁链分量达到正的给定值时，磁链开关信号变为“1”态；反之，变为“0”态，由此得到图 7-23(b) 所示的三个磁链开关信号，由 $\overline{S\Psi_A}$、$\overline{S\Psi_B}$、$\overline{S\Psi_C}$ 磁链开关信号可得电压开关信号 $\overline{SU_A}$、$\overline{SU_B}$、$\overline{SU_C}$。

正转时，令

$$\overline{SU_A}=\overline{S\Psi_B} \tag{7-29}$$

$$\overline{SU_B}=\overline{S\Psi_C} \tag{7-30}$$

$$\overline{SU_C}=\overline{S\Psi_A} \tag{7-31}$$

反转时，令

$$\overline{SU_A}=\overline{S\Psi_C} \tag{7-32}$$

$$\overline{SU_B}=\overline{S\Psi_A} \tag{7-33}$$

$$\overline{SU_C}=\overline{S\Psi_B} \tag{7-34}$$

图 7-23(a)、图 7-23(b) 分别列出了正转和反转时电压开关信号的波形。把电压开关信号反向，就得到了电压状态信号 SU_A、SU_B 和 SU_C。

由电压状态信号可得用数字表示的电压开关状态，对于正转，有 011－001－101－

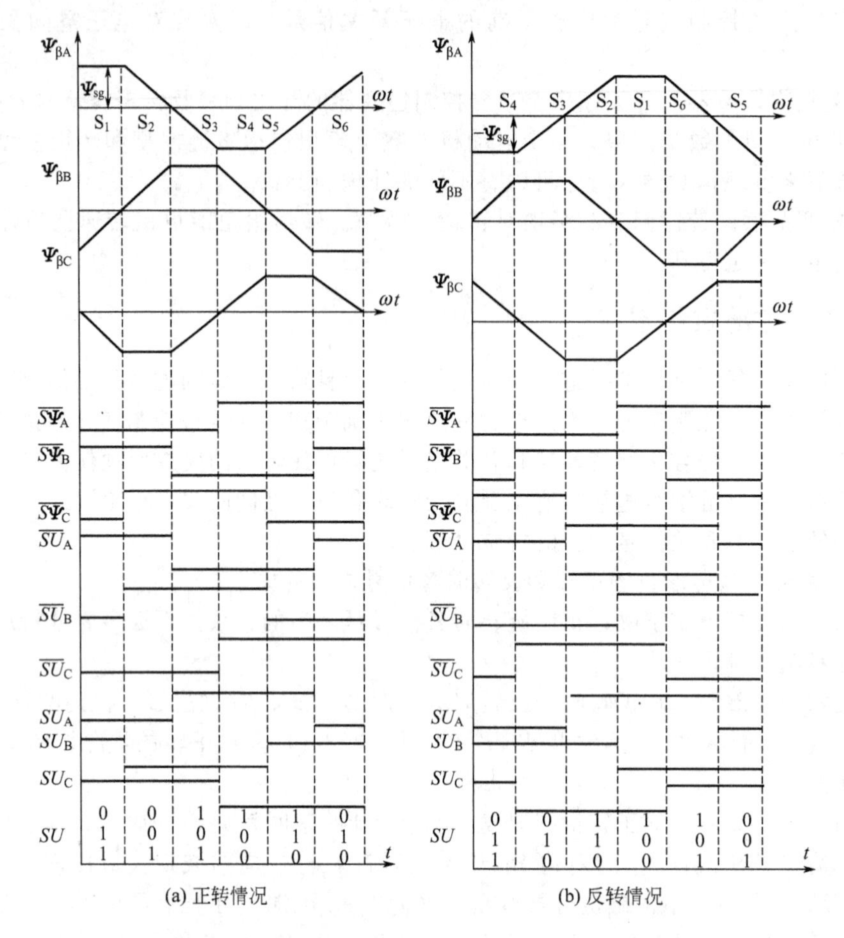

图 7-23　六边形磁链正转和反转时各量之间的关系

100—110—010，正好对应区段 $S_1-S_2-S_3-S_4-S_5-S_6$；对于反转，有电压开关状态顺序 011—010—110—100—101—001，正好对应反转的区段顺序 $S_4-S_3-S_2-S_1-S_6-S_5$。

以上分析了六边形磁链正转和反转时的各种信号关系，以此可以正确选择磁链开关信号，以便控制磁链的正转和反转。

2. 磁链开关信号正确选择的实现

在分析直接转矩控制基本结构时，已初步分析了正转时如何实现磁链开关信号的正确选择问题。

反转时，如果仅根据上面所分析的反转信号之间的关系直接进行反转，却还会存在问题，例如，假如在时刻 t_1，定子磁链在区段 S_5 开始反转，如图 7-24 所示。在时刻 t_2 到达区段 S_5 与区段 S_4 的交点处。区段 S_5 的磁链开关信号 $\overline{S\Psi_{ABC}}=100$，区段 S_4 的磁链开关信号 $\overline{S\Psi_{ABC}}=101$，如图 7-25 所示。

由这种直接反转的方式是得不到区段 S_4 的正确磁链信号 $\overline{S\Psi_{ABC}}=101$ 的。因为磁链自控制单元中的施密特触发器是这样工作的：当输入信号第一次达到阈值时，输出相应的信号，当输入信号第二次返回同一阈值时，则不起作用。这样，当磁链正转从区段 S_4 到区段 S_5 时，磁链开关信号可以正确地从 101 变为 100，而反转从区段 S_5 返回区段 S_4 时，磁链开关信号不能正确地从 100 返回 101，原因是 $\overline{S\Psi_C}$ 不能从“0”再变回“1”，除非这时达到新阈值。

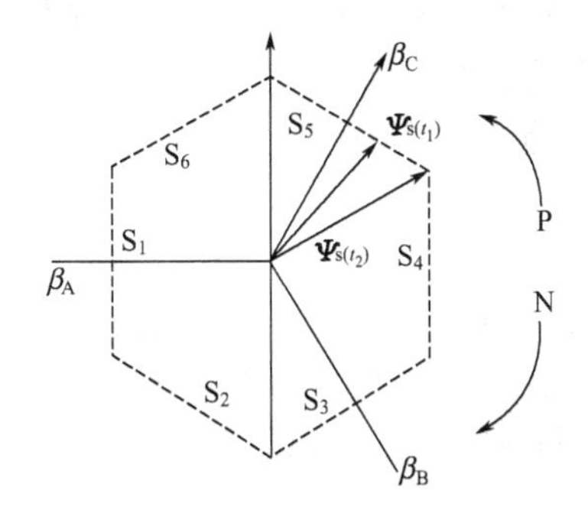

图 7-24　反转示意图

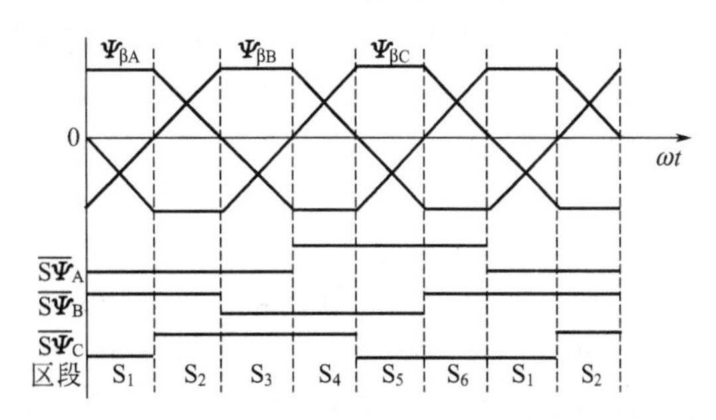

图 7-25　由 β 磁链产生的磁链开关信号

为此必须采取措施，以实现反转的功能。首先从坐标变换器着手，如图 7-26 所示为坐标变换器。

α-β 坐标系与 β 三相坐标系之间的关系如下。

$$\Psi_{\beta A}=\Psi_{s\beta}$$

$$\Psi_{\beta B}=-\frac{\sqrt{3}}{2}\Psi_{s\alpha}-\frac{1}{2}\Psi_{s\beta}$$

$$\Psi_{\beta C}=\frac{\sqrt{3}}{2}\Psi_{s\alpha}-\frac{1}{2}\Psi_{s\beta}$$

图 7-26 的坐标变换关系正符合上式。如果把 α 轴倒相，变为 α' 轴且 $\alpha'=-\alpha$；β 轴倒相，变为 β' 轴且 $\beta'=-\beta$（见图 7-27），则新的三相坐标与原 α-β 坐标系的数学关系如下列各式（用磁链分量来表示）所示。

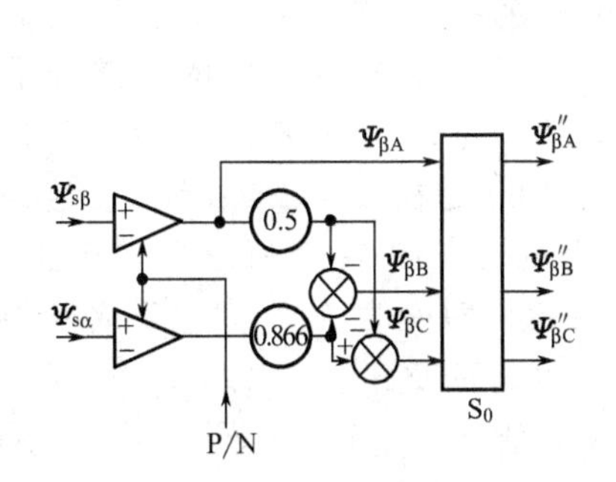

图 7-26　坐标变换器图

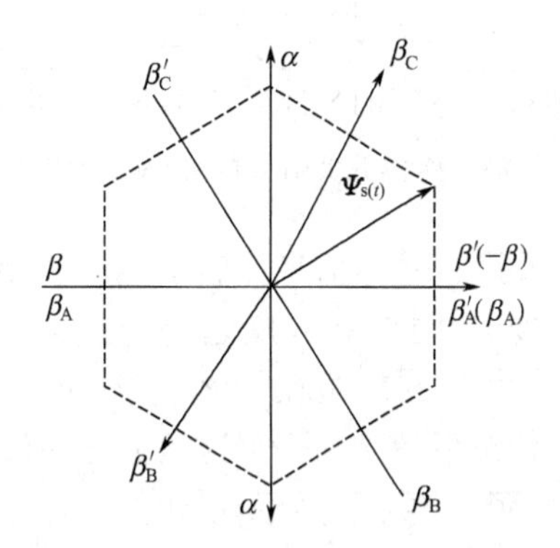

图 7-27　倒相后 β 三相坐标与 α-β 坐标系的关系

$$\Psi'_{\beta A}=-\Psi_{s\beta} \tag{7-35}$$

$$\Psi'_{\beta B}=-\left(\frac{\sqrt{3}}{2}\Psi_{s\alpha}-\frac{1}{2}\Psi_{s\beta}\right) \tag{7-36}$$

$$\Psi_{\beta C}=-\left(-\frac{\sqrt{3}}{2}\Psi_{s\alpha}-\frac{1}{2}\Psi_{s\beta}\right) \tag{7-37}$$

倒相之后的坐标关系代表着反转的方向，如下。

$$\Psi'_{\beta A}=-\Psi_{\beta A} \tag{7-38}$$

$$\Psi'_{\beta B}=-\Psi_{\beta C} \tag{7-39}$$

$$\Psi_{\beta C}=-\Psi_{\beta B} \tag{7-40}$$

式(7-38) 至式(7-40) 表示反转时 β 磁链分量与正转时 β 磁链分量之间的关系。在图7-26所示的坐标变换器中，所加入的正转、反转控制信号称为 P/N 信号。P/N 信号的意义如下。

$P/N=1$ 时为正转，称为 P 运转（定子磁链空间矢量逆时针旋转）。

$P/N=0$ 时为反转，称为 N 运转（定子磁链空间矢量顺时针旋转）。

P/N 信号由 P/N 调节器提供。对 P/N 调节器将在后面分析。

为了改变定子磁链空间矢量的旋转反向，需要使 α 轴、β 轴具有倒相的功能。在坐标变换器中引入 P/N 信号后，当 $P/N=0$ 时，$\Psi_{s\beta}$ 和 $\Psi_{s\alpha}$ 都变负，得到的 β 磁链分量为 $-\Psi_{\beta A}$、$-\Psi_{\beta B}$ 和 $-\Psi_{\beta C}$，为 α-β 轴倒相、磁链反转打下基础。在图 7-26 中加入开关 S_0 后得到 $\Psi''_{\beta A}$、$\Psi''_{\beta B}$ 和 $\Psi''_{\beta C}$。在正转时，$\Psi''_{\beta A}$、$\Psi''_{\beta B}$ 和 $\Psi''_{\beta C}$ 与 $\Psi_{\beta A}$、$\Psi_{\beta B}$ 和 $\Psi_{\beta C}$ 相等；在反转时，$\Psi''_{\beta A}$、$\Psi''_{\beta B}$ 和 $\Psi''_{\beta C}$ 与 $\Psi'_{\beta A}$、$\Psi'_{\beta B}$ 和 $\Psi'_{\beta C}$ 相等。

三个磁链分量 $-\Psi_{\beta A}$、$-\Psi_{\beta B}$ 和 $-\Psi_{\beta C}$ 的波形如图 7-28 中区段 S_5 的右侧所示。

区段 S_5 的左侧表示的是正转时的波形。三个负的 β 磁链分量通过磁链自控制单元中的三个施密特触发器与磁链给定值 $\pm\Psi_{sg}$ 相比较，得到三个磁链开关信号，再交换 B 相和 C 相开关信号的相序，就得到了如图 7-27 所示的三个正确的反转磁链开关信号。该关系符合式(7-38) 至式(7-40) 磁链反转的关系。

把图 7-28 中反转的磁链信号与图 7-23(b) 相比较，也可验证其关系的正确性。图 7-23(b)示出的是 α-β 坐标系的三个分量，它们是 $\Psi_{\beta A}$、$\Psi_{\beta B}$ 和 $\Psi_{\beta C}$，把它们倒相以后，就得到图 7-28 的三个分量 $-\Psi_{\beta A}$、$-\Psi_{\beta B}$ 和 $-\Psi_{\beta C}$，只是还差相序问题，即 $-\Psi_{\beta B}$ 和 $-\Psi_{\beta C}$ 应换一下相序，也能得到负的 α-β 坐标系顺时针旋转所应形成的磁链分量 $\Psi'_{\beta A}$、$\Psi'_{\beta B}$ 和 $\Psi'_{\beta C}$。这点由图 7-28 中反转时磁链开关信号 $\overline{S\Psi_B}$ 和 $\overline{S\Psi_C}$ 换相来完成。也就是由 $-\Psi_{\beta B}$ 产生 $\overline{S\Psi_C}$ 信号，由 $-\Psi_{\beta C}$ 产生 $\Psi_{\beta B}$ 信号。由此，图 7-28 反转的磁链分量完全符合式(7-38) 至式(7-40) 的反转关系。再看 $\overline{S\Psi_A}$、$\overline{S\Psi_B}$、$\overline{S\Psi_C}$ 信号，图 7-23(b) 中，$\overline{S\Psi_A}$、$\overline{S\Psi_B}$、$\overline{S\Psi_C}$ 是在 $\Psi_{\beta A}$、$\Psi_{\beta B}$ 和 $\Psi_{\beta C}$ 达到正给定值时变为"1"态（反之变为"0"态）的情况下得到的；图 7-27 所示反转中正相反，$\overline{S\Psi_A}$、$\overline{S\Psi_B}$、$\overline{S\Psi_C}$ 是在 $-\Psi_{\beta A}$、$-\Psi_{\beta B}$ 和 $-\Psi_{\beta C}$ 达到正给定值时变为"0"态（反之变为"1"态）的情况下得到的。但这是完全一致的，因为 $\Psi_{\beta A}$、$\Psi_{\beta B}$ 和 $\Psi_{\beta C}$ 与 $-\Psi_{\beta A}$、$-\Psi_{\beta B}$ 和 $-\Psi_{\beta C}$ 产生的 $\overline{S\Psi_A}$、$\overline{S\Psi_B}$、$\overline{S\Psi_C}$ 正相反。图 7-27 中的磁链开关信号（反转）$\overline{S\Psi_A}$、$\overline{S\Psi_B}$、$\overline{S\Psi_C}$ 与图 7-23(b) 中的磁链开关信号对于相同的区段完全一样。

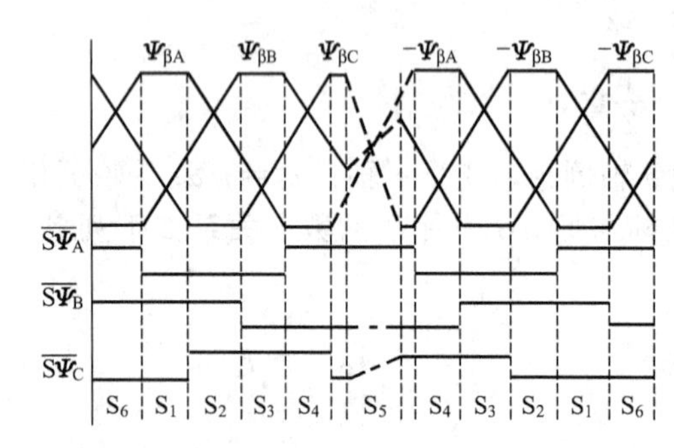

图 7-28　磁链开关信号的 P/N 转换过程

现在再来分析按照图 7-28 所示过程如何实现反转功能。参考图 7-24，t_1 时刻前，定子磁链空间矢量正转，由区段 S_4 到区段 S_5，磁链开关信号由 $\overline{S\Psi_A}$、$\overline{S\Psi_B}$、$\overline{S\Psi_C}=101$ 变为 $\overline{S\Psi_A}$、$\overline{S\Psi_B}$、$\overline{S\Psi_C}=100$。到时刻 t_1，磁链开始反转，P/N 信号变换，坐标变换器磁链反相，磁链自控制单元输出反转时的新开关信号。此时，区段 S_5 的开关信号不再是正转时的 $\overline{S\Psi_A}$、$\overline{S\Psi_B}$、$\overline{S\Psi_C}=100$，而是反转时的新开关信号 $\overline{S\Psi_A}$、$\overline{S\Psi_B}$、$\overline{S\Psi_C}=101$。由于在区段 S_5，$\overline{S\Psi_C}$ 所以对应的 $-\Psi_{\beta B}$ 达到负的给定值，所以能从"0"态变为"1"态，开关信号能够完全正确切换。到了时刻 t_2，$\overline{S\Psi_A}$、$\overline{S\Psi_B}$、$\overline{S\Psi_C}=101$，磁链反转，进入区段 S_4。至此，解决了磁链反转的问题。

3. 低速时磁链的正反转

低速时，上面所述的正反转信号选择会遇到问题。由于低速时定子电阻压降的影响，六边形磁链会发生畸变，采用施密特触发器检测磁链幅值以确定正确的磁链开关信号的方法会遇到困难。

为了解决这个问题，必须检测三个 β 磁链的过零点信号。为此引入磁链比较器，见图 7-29。

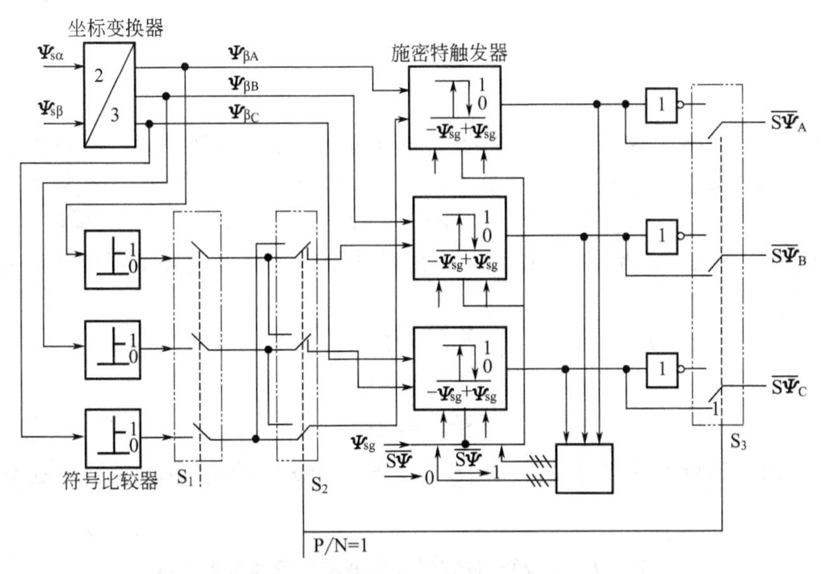

图 7-29 磁链自控制的原理框图

图 7-29 是磁链自控制的原理框图。其中的磁链比较器用来检测三个 β 磁链的极性，单独辨别磁链六边形的区段，不受磁链幅值的影响。它的工作过程如下：三个磁链分量 $\Psi_{\beta A}$、$\Psi_{\beta B}$ 和 $\Psi_{\beta C}$ 分别通过各自的符号比较器得到三个符号比较器信号 $S\Psi_{A0}$、$S\Psi_{B0}$、$S\Psi_{C0}$，见图 7-30。图 7-30(a) 示出的为正转时的波形，图 7-30(b) 示出的为反转时的波形。

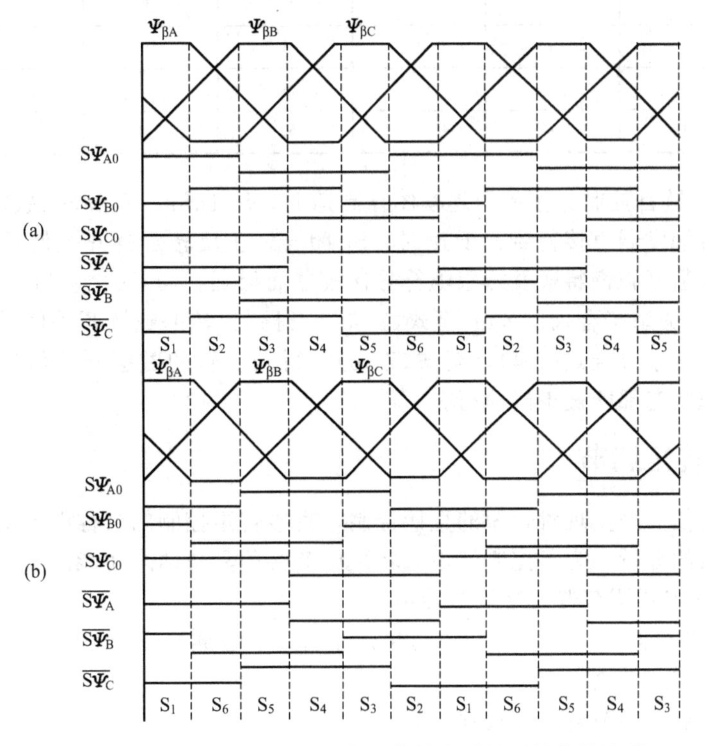

图 7-30 磁链分量、符号比较器信号和磁链开关信号波形

先看正转的情况（P运转）。当 $\Psi_{\beta A}$、$\Psi_{\beta B}$ 和 $\Psi_{\beta C}$ 正向变零时，$S\Psi_{A0}$、$S\Psi_{B0}$、$S\Psi_{C0}$ 变为“1”态；反之，变为“0”态。由此得到符号比较器信号 $S\Psi_{A0}$、$S\Psi_{B0}$、$S\Psi_{C0}$。由符号比较器信号可得到磁链开关信号，它们之间的关系如下。

$$\overline{S\Psi_A}=S\Psi_{C0} \tag{7-41}$$

$$\overline{S\Psi_B}=S\Psi_{A0} \tag{7-42}$$

$$\overline{S\Psi_C}=S\Psi_{B0} \tag{7-43}$$

再看反转（N运转）情况。由于坐标变换器输出负的 β 磁链分量，所以得到的符号比较器信号与正转时相反。当 β 磁链分量下降过零点时，符号比较器信号变为“1”态；反之，变为“0”态（对于图7-30所示的 β 磁链分量）。又由于是反转，所以要换相序，由 $\Psi_{\beta B}$ 分量产生 $S\Psi_{C0}$ 信号，由 $\Psi_{\beta C}$ 产生 $S\Psi_{B0}$ 信号。再由反转符号比较器信号得到反转的磁链信号，它们的关系如下。

$$\overline{S\Psi_A}=S\Psi_{B0} \tag{7-44}$$

$$\overline{S\Psi_B}=S\Psi_{C0} \tag{7-45}$$

$$\overline{S\Psi_C}=S\Psi_{A0} \tag{7-46}$$

表7-1给出了磁链开关信号 $\overline{S\Psi_{ABC}}$ 即 $\overline{S\Psi_A}$、$\overline{S\Psi_B}$ 和 $\overline{S\Psi_C}$ 的顺序和定子磁链空间矢量的区段关系。

表7-1　正反转时的 $\overline{S\Psi_{ABC}}$ 信号与区段的对应关系

P运转				N运转			
区段	$\overline{S\Psi_A}$	$\overline{S\Psi_B}$	$\overline{S\Psi_C}$	区段	$\overline{S\Psi_A}$	$\overline{S\Psi_B}$	$\overline{S\Psi_C}$
S_1	0	1	0	S_1	1	1	0
S_2	0	1	1	S_2	0	1	0
S_3	0	0	1	S_3	0	1	1
S_4	1	0	1	S_4	0	0	1
S_5	1	0	0	S_5	1	0	1
S_6	1	1	0	S_6	1	0	0

图7-29是磁链自控制完整的原理框图。高速时，S_1 断开，正反转磁链开关信号由坐标变换器和施密特触发器直接得到。低速时，S_1 闭合，正反转磁链开关信号由坐标变换器经符号比较器，并强制施密特触发器跟随符号比较器而得到。当开关 S_2 和 S_3 向下闭合时（如图中位置）。信号关系符合式(7-41)至式(7-43)，得到正转的磁链开关信号。当 S_2 和 S_3 向上闭合时，信号关系符合式(7-44)至式(7-46)，得到反转的磁链开关信号。这样，所有先前论述到的工作状态都能被正确执行。

7.6.3　转矩调节

转矩调节的任务是实现对转矩的直接控制，直接转矩控制的名称即由此而来。下面对转矩调节做较全面的分析。为了控制转矩，转矩调节必须具备两个功能。

① 用转矩两点式调节器直接调节转矩。

② 用P/N调节器，在调节转矩的同时，控制定子磁链的旋转方向。

1. 转矩两点式调节器

(1) 转矩两点式调节器调节过程

转矩调节器的结构与磁链自控制单元一样，也是采用施密特触发器，只是容差不同。转矩调节器的容差是$\pm\varepsilon_m$，且可调，见图 7-31。

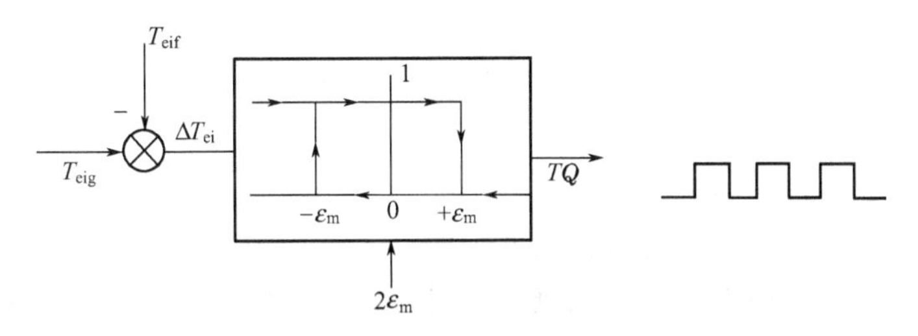

图 7-31　转矩两点式调节器

图 7-31 中，调节器的输入信号是转矩给定值 T_{eig}和转矩反馈值 T_{eif}的差 ΔT_{ei}；输出量是转矩开关信号 TQ，容差是$\pm\varepsilon_m$。调节器采用离散的两点式调节方式，它的调节过程见图 7-32。

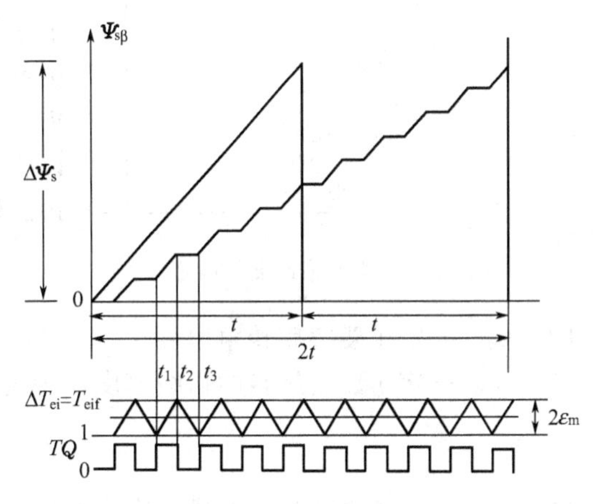

图 7-32　转矩两点式调节器的调节过程

假设电动机运行在空载情况下，忽略了损耗，平均转矩为零，则要求 $T_{eig}=0$，$\Delta T_{ei}=T_{eif}$。图 7-32 表示的信号正是这种情况。

在时刻 t_1，转矩实际值 T_{eif}下降到调节器容差的下限$-\varepsilon_m$，调节器的输出信号 TQ 变为“1”态。在 $TQ=1$ 作用下得到相应的电压空间矢量，使定子磁链向前旋转，转矩上升。而磁链作为对应电压的积分，其增量 $\Delta\Psi_s$ 是按恒定的斜率上升的。转矩实际值 T_{eif}、转矩开关信号 TQ 和定子磁链增量 $\Delta\Psi_s$ 的波形见图 7-32。到时刻 t_2，T_{eif}上升到容量的上限$+\varepsilon_m$，TQ 变为“0”态，在 $TQ=0$ 的作用下，零电压加到电动机上，定子磁链静止不动，转矩减小，这个期间里，$\Delta\Psi_s$ 保持不变，没有增长。再到时刻 t_3，又重复 t_1 时刻的过程。由此可见，通过转矩调节器的两点式调节，把转矩波动限制在给定值的容差范围内，达到了转矩直接控制的目的。

以上由 $TQ=1$ 得到的电压空间矢量称为转矩电压。转矩电压的作用是使转矩增加。

(2) 定子磁链空间矢量最大轨迹速度

定子磁链沿六边形运行时，α 轴的最大变化量是$\dfrac{2\Psi_{s0}}{\sqrt{3}}$。当逆变器的直流电压恒定且等于 $2E$ 时，其 α 轴电压分量也恒定，幅值为$\dfrac{4E}{3}$。由磁链与电压之间的积分关系得

$$\frac{2}{3}\Psi_{s0}=\frac{4}{3}E\,\frac{T_0}{6}\tag{7-47}$$

式中　T_0——定子磁链在空间运行一周的时间。

$$T_0=3\sqrt{3}\frac{\Psi_{s0}}{E}\tag{7-48}$$

$$\omega_s=\frac{2\pi}{T_0}=2\pi\,\frac{\sqrt{3}E}{9\Psi_{s0}}\tag{7-49}$$

式中　ω_s——理想空载角速度，$\omega_s=\dfrac{2\pi n_s n_p}{60}$。

由式(7-47) 可以确定定子磁链的最大变化率为

$$v_{\psi\max}=\frac{\frac{2}{\sqrt{3}}\boldsymbol{\Psi}_{s0}}{\frac{T_0}{6}}=\frac{4}{3}E \tag{7-50}$$

这是定子磁链空间矢量最大轨迹速度。

(3) 定子磁链空间矢量的平均轨迹速度

在稳定情况下，定子磁链和转子磁链以相同的平均角速度旋转。由于转子磁链顶点的运动轨迹近似为圆形，而定子磁链的顶点沿六边形轨迹旋转，因此定子磁链空间矢量的平均轨迹速度 $\overline{v}_{\Psi}(\varphi_s)$ 在区段内各处是不相同的。下面来确定一下平均轨迹速度与定子磁链和中线夹角 φ_s 之间的关系，见图 7-33。图中的“0”点是六边形的中心，$\boldsymbol{\Psi}_{s0}$是六边形边到中心的距离。定子磁链空间矢量以原点“0”为中心，其顶点沿六边形轨迹的水平边旋转。如果角速度 ω_s 恒定，则有

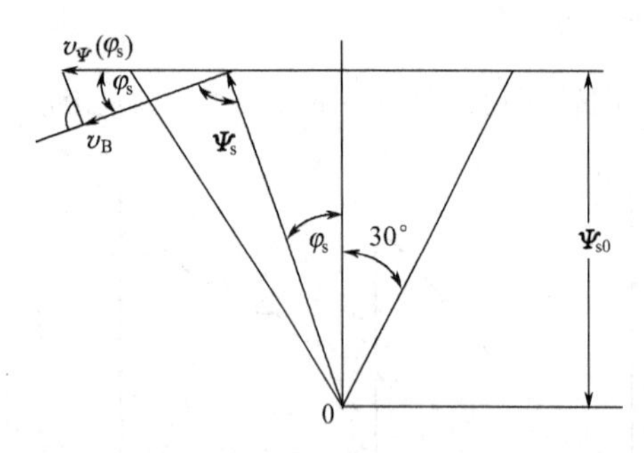

图 7-33　平均轨迹速度的确定

$$\omega_s=\frac{v_B}{\boldsymbol{\Psi}_s}=常数 \tag{7-51}$$

式中　ω_s——定子磁链旋转角速度；

v_B——定子磁链旋转的切线速度，为定子磁链空间矢量的模值。

$$\boldsymbol{\Psi}_s=\frac{\boldsymbol{\Psi}_{s0}}{\cos\varphi_s} \tag{7-52}$$

式中　φ_s——定子磁链空间矢量与中线的夹角。

$$v_B=\overline{v}_{\Psi}(\varphi_s)\cos\varphi_s \tag{7-53}$$

式中　$\overline{v}_{\Psi}(\varphi_s)$——定子磁链的平均轨迹速度。

由式(7-51) 至式(7-53) 可得

$$\overline{v}_{\Psi}(\varphi_s)=\omega_s\frac{\boldsymbol{\Psi}_{s0}}{\cos^2\varphi_s}\quad(-30°<\varphi_s<+30°) \tag{7-54}$$

式(7-54) 就是定子磁链的平均轨迹速度计算式。如果固定 ω_s 与 $\boldsymbol{\Psi}_{s0}$，则$\overline{v}_{\Psi}(\varphi_s)$ 随 φ_s 波动为±12.5%。这就是说，β磁链的增长波形不完全是线性的，但在讨论基本原理时，这点可以忽略。

(4) 由转矩调节所决定的逆变器频率的估计

转矩调节器的容差$\pm\varepsilon_m$ 决定着逆变器开关频率的大小，下面对此进行估算。转矩公式如下。

$$T_{ei}=K_m\boldsymbol{\Psi}_s\boldsymbol{\Psi}_r\sin\theta$$

当 $\theta=90°$，得转矩最大值为

$$T_{eimax}=K_m\boldsymbol{\Psi}_s\boldsymbol{\Psi}_r \tag{7-55}$$

空载时，若忽略损耗，则平均转矩为零，定子磁链模值与转子磁链模值相等（$|\boldsymbol{\Psi}_s|=|\boldsymbol{\Psi}_r|$）。得到最大动态转矩为

$$T_{eimax}=K_m|\boldsymbol{\Psi}_s|^2 \tag{7-56}$$

取最大动态转矩的一半为基准值 T_{eik}，有

$$T_{eik}=\frac{1}{2}K_m|\boldsymbol{\Psi}_s|^2 \tag{7-57}$$

则得动态转矩的标么值为

$$T_{eid}=\frac{T_{ei}}{T_{eik}}=2\sin\theta(t) \tag{7-58}$$

式中　$\theta(t)$——定子磁链与转子磁链的夹角，$\theta(t)=(\omega_s-\omega)t$。　(7-59)

当定子磁链的角速度为理想空载转速时，式(7-59) 变为

$$\theta(t)=(\omega_s-\omega)t \tag{7-60}$$

因平均转矩为零（理想空载情况下），$\Delta T_{ei}=T_{eid}$，所以

$$\Delta T_{ei}=2\sin\theta(t) \tag{7-61}$$

在 $\theta(t)$ 较小时，采用近似公式 $\sin x=x$ 可得转矩公式

$$\Delta T_{ei}=2(\omega_s-\omega)t \tag{7-62}$$

当定子磁链停止不动时，式(7-62) 变为

$$\Delta T_{ei}=2\omega t \tag{7-63}$$

下面结合一个周期的转矩调节波形图来分析逆变器开关频率的大小，如图 7-34 所示。图中，t_1 是转矩上升时间，t_2 是转矩下降时间，t_m 是周期，ΔT_{ei}等于两倍的转矩容差（$2\varepsilon_m$）。

$$t_m=t_1+t_2=\frac{\Delta T_{ei}}{2(\omega_s-\omega)}+\frac{\Delta T_{ei}}{2\omega} \tag{7-64}$$

将 $\Delta T_{ei}=2\varepsilon_m$ 代入式(7-49)，可得到转矩的脉动频率估算公式

$$f_m=\left(\omega-\frac{\omega^2}{\omega_s}\right)\frac{1}{\varepsilon_m} \tag{7-65}$$

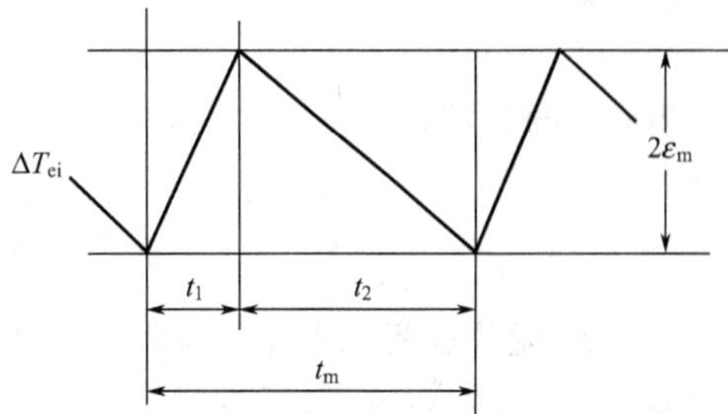

图 7-34　一个周期的转矩波形

对式(7-65) 求极值可得在转速 $\omega=\omega_s/2$ 时有最大的脉动频率

$$f_{mmax}=\frac{1}{4}\times\frac{\omega_s}{\varepsilon_m} \tag{7-66}$$

式(7-66) 说明：由转矩两点式调节产生的转矩脉动频率，也就是由转矩调节决定的逆变器开关频率与理想空载转速 ω_s 成反比。在 ω_s 一定时，转矩容差越小，开关频率越高。

用式(7-57) 除以式(7-58)，得相对频率

$$\frac{f_m}{f_{mmax}}=4\left[\frac{\omega}{\omega_s}-\left(\frac{\omega}{\omega_s}\right)^2\right]-4\,\frac{\omega}{\omega_s}\left(1-\frac{\omega}{\omega_s}\right) \tag{7-67}$$

图 7-35 表示出转矩脉动频率与转速的关系，图中虚线表示测量的转矩脉动频率的曲线。而用式(7-67) 计算得到的转矩脉动频率曲线为实线。

(5) 转矩的上升与下降时间

由于转矩的上升速度主要取决于定子磁链与转子磁链的角度差，所以空载运行时的异步电动机转矩上升速度可以这样来确定：首先用式(7-62) 来求时间 t，且用给定转矩 T_{eig}代替 ΔT_{ei}，则得

$$t_{an}=\frac{T_{eig}}{2(\omega_s-\omega)} \tag{7-68}$$

借助式(7-49) 和式(7-50)，并与 T_0 相比得

$$\frac{t_{an}}{T_0}=\frac{T_{eig}}{4\pi\left(1-\frac{\omega}{\omega_s}\right)} \tag{7-69}$$

式中　t_{an}——转矩上升时间。

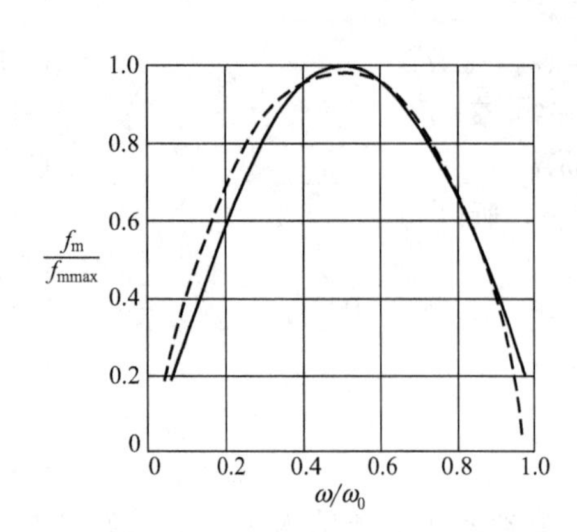

图 7-35 空载时转矩的脉动频率

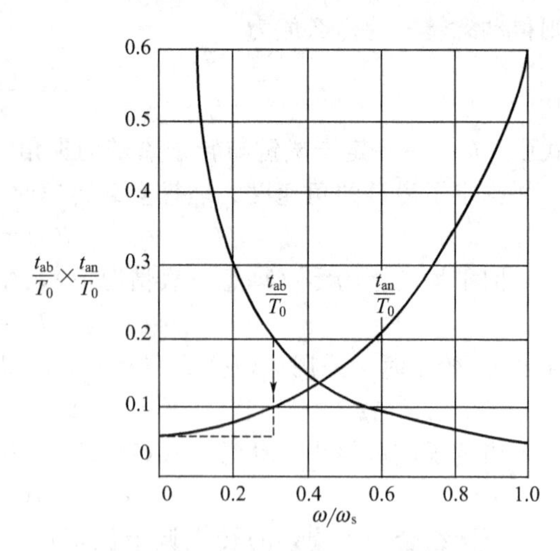

图 7-36 在转矩给定值从零变化到 80% T_N 时转矩的上升和下降时间与转速的关系

用同样的方法计算下降时间，得

$$\frac{t_{ab}}{T_0}=\frac{T_{eig}}{4\pi\frac{\omega}{\omega_s}} \tag{7-70}$$

图 7-36 就是这两个方程的应用。

如图 7-36 所示，在额定角速度的 80%以上时，转矩上升时间变长。如果想要让上升速度加快，则必须采取减小磁链给定值 Ψ_{s0} 的动态调节办法。

从图 7-36 还可以看到，大约在额定转速的 30%以下，转矩的下降速度慢，下降时间变长。此时，定子磁链静止不动，由于转子向前旋转较慢，使磁链角 $\theta(t)$ 慢慢减小，从而转矩下降得较慢。如果要使转矩很快下降，必须使定子磁链空间矢量的旋转方向改变。在这种情况下，角速度变为

$$\Delta\omega=-\omega-\omega_s \tag{7-71}$$

$\Delta\omega$ 是个负值。磁链角 $\theta(t)$ 由于慢慢前转的转子磁链和以最大转速向后转的定子磁链的运动而减小，从而转矩迅速减小。这就使说，将 $-\Delta\omega$ 代入式(7-70)，就可得到这时的转矩下降时间 t_{ab}/T_0，如图 7-36 中虚线所示。

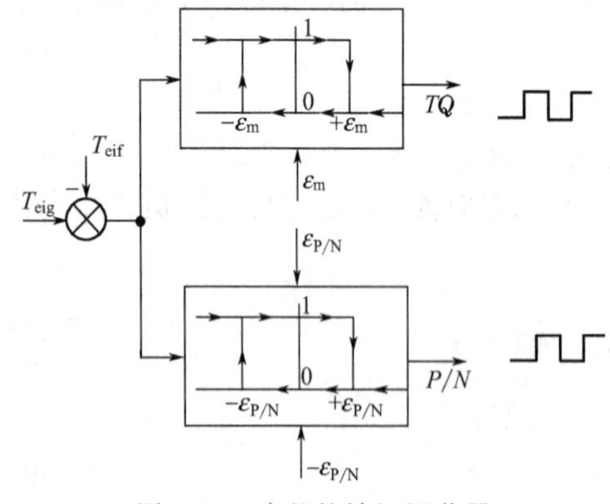

图 7-37 完整的转矩调节器

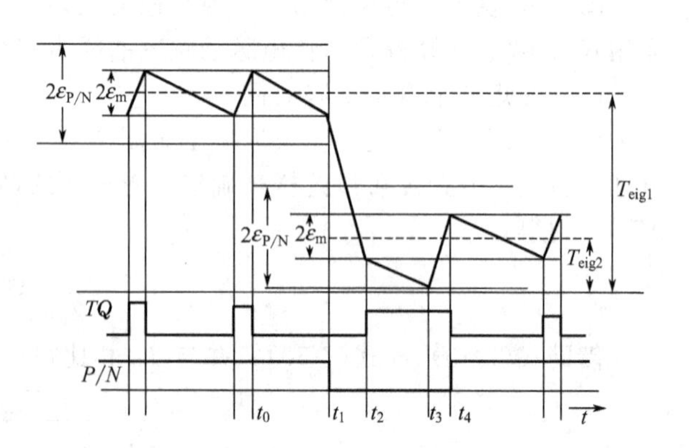

图 7-38 定子磁链空间矢量旋转方向改变时的动态转矩波形

2. P/N 调节器

在转矩调节中采用 P/N 调节器，可以加快转矩调节过程。P/N 调节器控制定子磁链的反向旋转，以实现转矩的迅速减小。P/N 调节器的结构如图 7-37 所示。

P/N 调节器与转矩调节器有相同的结构，它也是由施密特触发器组成，也有调节容差。但 P/N 调节器的容差 $\varepsilon_{P/N}$ 大于转矩调节器的容差 ε_m。

图 7-37 所示的是完整的转矩调节器，它由转矩两点式调节器和 P/N 调节器两部分组成。在转矩给定值变化较大时，P/N 调节器才参与调节，加快调节过程。完整的调节过程如图 7-38 所示。

当 $t<t_0$ 时，定子磁链空间矢量按 P 运转方向旋转。TQ 信号为“1”态，转矩上升。在 t_0 时刻，转矩上升为容差上限 $+\varepsilon_m$，TQ 信号变成“0”态，零电压被加到电动机定子绕组上，定子磁链空间矢量静止不动。但由于转子磁链继续旋转，所以转矩以较小的斜率慢慢下降。到 t_1 时刻，转矩给定值从 T_{eig1} 突变到 T_{eig2}，P/N 调节器的输出信号 P/N 信号从“1”态变为“0”态，这时 P/N 调节器的容差上限 $+\varepsilon_{P/N}$ 下降到实际转矩以下，所以 TQ 信号也变为“0”，$+\varepsilon_m$ 也小于实际转矩。在这种状态（$TQ=0$ 及 $P/N=0$）下，给出相应的电压空间矢量，使得定子磁链空间矢量以最大的速度反转，因而使转矩以大的斜率迅速下降。到时刻 t_2，转矩轨迹到达容差下限 $-\varepsilon_m$ 处，TQ 信号变为“1”态，P/N 信号仍为“0”态（$TQ=1$，$P/N=0$），这时给出零电压状态，使定子磁链又保持不动，因而转矩又慢慢下降，与 $t_0<t<t_1$ 期间一样。到了 t_3 时刻，转矩降到 P/N 调节器的容差下限 $-\varepsilon_{P/N}$ 处，P/N 信号变为“1”态，TQ 信号仍为“1”态。在这样的状态（$TQ=1$，$P/N=1$）下，给出相应的电压空间矢量，使得定子磁链空间矢量又以最大的速度沿 P 方向正转，转矩迅速增加，直到时刻 t_4，转矩再次达到上限 $+\varepsilon_m$，此时 $TQ=0$，$P/N=1$，定子磁链又静止不动，转矩慢慢减小。

以上分析了图 7-37 所示的完整的转矩调节器在转矩给定值变化较大时的完整的调节过程。转矩调节器的两个输出信号状态与定子磁链空间矢量的运转状态之间的关系归纳于表 7-2 中。对 TQ 信号和 P/N 信号各种状态时相应的电压选择将在后面介绍。

表 7-2　转矩调节器的输出信号状态与定子磁链运动状态的关系

TQ	P/N	Ψ_s	TQ	P/N	Ψ_s
0	1	静止	0	0	N 运转
1	1	P 运转	1	0	静止

7.6.4　磁链调节

磁链调节的任务是对磁链量进行调节。由于定子电阻压降的影响，在较低转速时，定子磁链幅值将减小。低频时，定子磁链幅值减小。

由内轨迹图可以看出定子磁链的扭曲和幅值减小的情况。为了避免定子磁链幅值减小，引入磁链调节闭环。有磁链调节控制给出这样一个定子电压空间矢量，它的主要作用是加大定子磁链幅值，以维持磁链幅值在允许的范围内波动。

为此，磁链调节部分包括磁链调节和检测磁链幅值大小的磁链幅值构成单元。

1. 磁链调节器

磁链调节器实际上也是施密特触发器，对磁链幅值进行两点式调节，见图 7-39，其容差宽度是 $\pm\varepsilon_\Psi$，它是定子磁链幅值对于给定值 Ψ_{sg} 所允许的波动宽度。磁链调节器的输入信号是磁链给定值 Ψ_{sg} 与磁链量反馈值 Ψ_{sf} 之差，其输出值是磁链量开关信号 ΨQ。

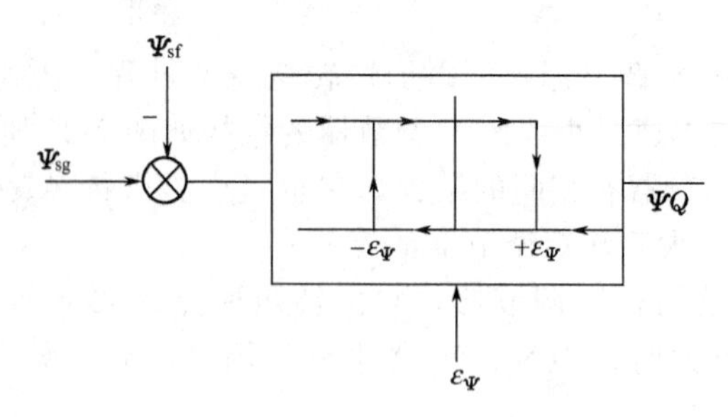

图 7-39　磁链两点式调节器

在分析磁链调节过程之前，先提出磁链电压的概念。所谓磁链电压，是指这样的定子电压空间矢量，它的主要作用是加大定子磁链幅值。任何一个定子电压空间矢量，如果把它接入定子绕组，其所起的主要作用是加大磁链量，则此电压空间矢量就可称为磁链电压。当某个电压空间矢量被加到定子绕组上，或逆变器输出某个电压空间矢量时，就简称为接通，这样可以使叙述得到简化。

提出磁链电压的目的是区别转矩电压，转矩电压是前面提到过的电压空间矢量，它的主要作用是加大转矩。

磁链电压有两种：一种是与磁链运动轨迹成$-60°$角的电压空间矢量；另一种是成$-120°$角的电压空间矢量。两者都能使磁链量加大。这里以$-120°$角的电压空间矢量为例来分析磁链调节过程，并且称其为电压空间矢量（或磁链电压）$\boldsymbol{u}_{\Psi,-120°}$。

磁链调节的过程见图 7-40，图 7-40 表示磁链轨迹在区段 S_4 内被调节的运动过程。为了观察得更清楚，容差$\pm\varepsilon_\Psi$ 被放大，$\Psi_{s0}=\Psi_{sg}$是给定值。

点 1 和点 4 是区段中容差$\pm\varepsilon_\Psi$ 内的任意两点。点 1 到点 4 之间的黑粗线表示的是定子磁链空间矢量顶点的运动轨迹。其运动过程是这样的：由于低频低速时定子电阻压降的影响，定子磁链空间矢量顶点的运动不是直接由点 1 到点 4，而是首先由点 1 到达点 2，在点 2 处，定子磁链幅值下降到 $\Psi_{sg}-\varepsilon_\Psi$，到达了磁链调节器容差的下限$-\varepsilon_\Psi$。此时，磁链量开关信号 ΨQ 变为“1”，接通磁链电压 $\boldsymbol{u}_{\Psi,-120°}$，也就是接通电压 $\boldsymbol{u}(001)$。在磁链电压的作用下，定子磁链由点 2 运动到点 3，增大了幅值。在点 3 处，定子磁链幅值增大到 $\Psi_{sg}+\varepsilon_\Psi$，到达了磁链调节器容差的上限$+\varepsilon_\Psi$ 处。此时 ΨQ 变为“0”态，断开磁链电压，转矩电压 $\boldsymbol{u}_m=\boldsymbol{u}(001)$ 被接通。定子磁链继续正向旋转，但由于定子电阻压降的影响，其运动轨迹为点 3 到点 4。

由以上调节过程可见，由于磁链调节的作用，使得定子磁链空间矢量在旋转的过程中，其幅值保持在以给定值为基准，以$\pm\varepsilon_\Psi$ 为容差限的范围内波动。磁链调节以两点式调节的方式保证了磁链恒定。

2. 磁链电压对转矩的影响

由图 7-40 可以看到，磁链电压 $\boldsymbol{u}_{\Psi,-120°}$的接通不只是加大了定子磁链空间矢量的模值，而且还使定子磁链空间矢量回转一个角度 δ。如果在区段 S_4 的一开始时（点 1 处）接通磁链电压 $\boldsymbol{u}_{\Psi,-120°}$，则回转角 δ 为零；若在区段 S_4 的末端（点 4 处）接通，则 δ 最大。在 $\boldsymbol{u}_{\Psi,-120°}$的影响下，这种回转使得转矩减小。下面就来计算在磁链电压的影响下，转矩减小量，以及磁链电压持续时间（$t_{32}=t_3-t_2$）。把磁链电压 $\boldsymbol{u}_{\Psi,-120°}$分解成 α-β 分量，得

$$t_{32}=\frac{2\varepsilon_\Psi\Psi_{s0}}{u_{\Psi\beta}} \qquad (7\text{-}72)$$

式中　$u_{\Psi\beta}$——$\boldsymbol{u}_{\Psi,-120°}$在 β 轴上的分量；

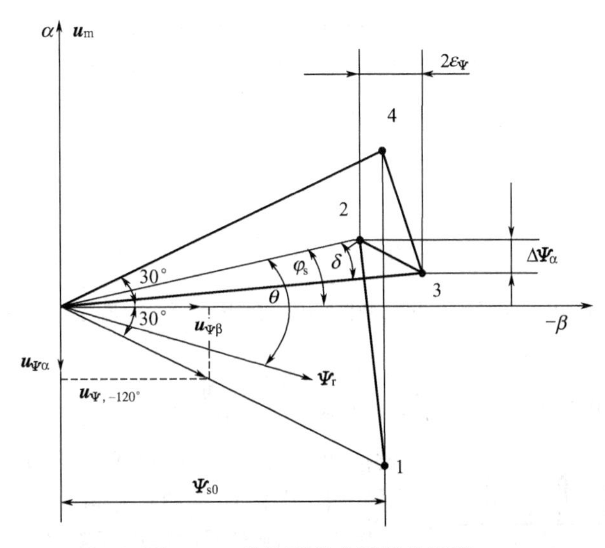

图 7-40　磁链两点式调节的原理

ε_Ψ——容差，用相对值表示（百分数）；

Ψ_{s0}——磁链给定值，$\Psi_{s0}\,\Psi_{sg}$；

t_{32}——磁链从点 2 处运动到点 3 处所用的时间；

t_3——磁链轨迹在点 3 处的时刻；

t_2——磁链轨迹在点 2 处的时刻。

将式(7-72) 进行一些变换，且利用式(7-48) 得

$$t_{32}=\frac{2\varepsilon_\Psi \Psi_{s0}}{\frac{\sqrt{3}}{2}\times\frac{4}{3}E}=\frac{T_0}{6}2\varepsilon_\Psi \tag{7-73}$$

现在来求回转角 δ，为此先求

$$\tan(\Phi_s-\delta)=\frac{\Psi_\alpha(t_2)-\Delta\Psi_\alpha}{\Psi_{s0}(1+\varepsilon_\Psi)} \tag{7-74}$$

式中　$\Psi_\alpha(t_2)$ ——点 2 处的磁链空间矢量在 α 轴上的分量；

$\Delta\Psi_\alpha$——从点 2 处到点 3 处的磁链增量的 α 分量，见图 7-40；

$\Psi_\alpha(t_2)-\Delta\Psi_\alpha$——近似为点 3 处磁链空间矢量的 α 分量；

Φ_s、δ——磁链的旋转角度，如图 7-40 所示，而

$$\Delta\Psi_\alpha=t_{32}u_{\Psi\alpha}=2\varepsilon_\Psi\frac{u_{\Psi\alpha}}{u_{\Psi\beta}}\Psi_{s0} \tag{7-75}$$

式中　$u_{\Psi\alpha}$——$\boldsymbol{u}_{\Psi,-120°}$在 α 轴上的分量。

$$\Delta\Psi_\alpha=\frac{2}{\sqrt{3}}\varepsilon_\Psi\Psi_{s0} \tag{7-76}$$

把式(7-76) 代入式(7-74) 得

$$-\delta=\arctan\left[\frac{\Psi_\alpha(t_2)-\frac{2}{\sqrt{3}}\varepsilon_\Psi\Psi_{s0}}{\Psi_{s0}(1+\varepsilon_\Psi)}\right]-\Phi_s \tag{7-77}$$

且

$$\Psi_\alpha(t_2)=(\Psi_{s0}-\varepsilon_\Psi\Psi_{s0})\tan\Phi_s \tag{7-78}$$

把式(7-78) 代入式(7-77) 得

$$-\delta=\arctan\left[\frac{\tan\varphi(1-\varepsilon_{\Psi})-\frac{2}{\sqrt{3}}\varepsilon_{\Psi}}{1+\varepsilon_{\Psi}}\right]-\Phi_s \tag{7-79}$$

式(7-79) 是磁链电压作用下定子磁链空间矢量的回转角公式。下面可求磁链电压对转矩的影响。

根据式(7-62)，用$-\delta t/t_{32}$代替$\theta(t)$得

$$\Delta T_{ei}=-2\sin\left(\frac{\delta}{t_{32}}t\right) \tag{7-80}$$

式(7-80) 就是磁链电压对转矩的影响公式。式中，δ/t_{32}是定子磁链空间矢量的回转角速度。

回转角的最大值可能在$\Phi_s=30°$处，且设$2\varepsilon_{\Psi}=\frac{\Delta\Psi}{\Psi_s}=0.02$，将$\varphi_s=30°$和$2\varepsilon_{\Psi}=0.02$两个数值代入式(7-79) 和式(7-80)，得转矩的负波动为3.5%。同时由式(7-73) 可得$t_{32}\approx 2T_0/6\times 100$。

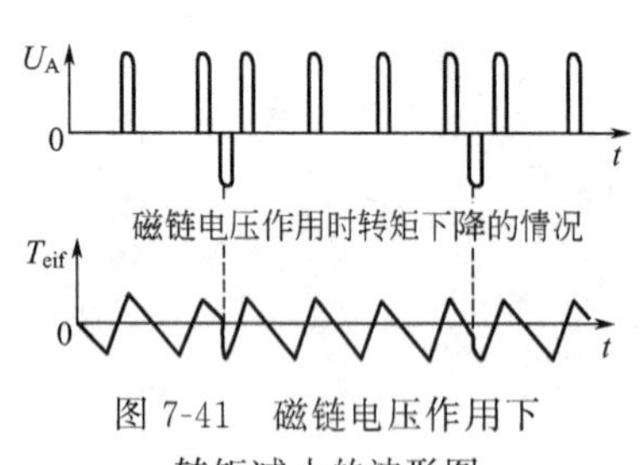

图 7-41　磁链电压作用下转矩减小的波形图

图 7-41 给出了磁链电压对转矩影响的波形图，由图 7-41 可见，两个负脉冲是磁链电压作用的时间，此时转矩迅速下降。

3. 磁链幅值构成单元

为了进行磁链调节，必须检测磁链量，这由磁链模值构成单元来完成。对于六边形磁链，磁链量由$\Psi_{\beta A}(t)$、$\Psi_{\beta B}(t)$和$\Psi_{\beta C}(t)$构成。由于三个β磁链分量对称，则有

$$\Psi_{\beta A}(t)+\Psi_{\beta B}(t)+\Psi_{\beta C}(t)=0 \tag{7-81}$$

所以定子磁链的模值为

$$|\Psi_s|=0.5(\Psi_{\beta A}+\Psi_{\beta B}+\Psi_{\beta C}) \tag{7-82}$$

式中　$|\Psi_s|$——定子磁链模值；

$\Psi_{\beta A}$、$\Psi_{\beta B}$、$\Psi_{\beta C}$——定子磁链各β分量的模值。

对于圆形磁链，定子磁链模值为

$$|\Psi_s|=\sqrt{(\Psi_{s\alpha})^2+(\Psi_{s\beta})^2} \tag{7-83}$$

7.6.5　电压状态的选择

磁链自控制单元提供磁链开关信号，以确定定子磁链空间矢量旋转的正确区段；转矩调节器提供转矩开关信号，以实现高性能转矩调节；磁链调节器提供磁链量开关信号，以保持磁链幅值恒定。如何综合磁链开关信号、转矩开关信号、磁链量开关信号以及正反转P/N信号、零状态电压信号，以实现正确的电压选择，这是开关信号选择单元的任务。

下面总结如何进行电压空间矢量的选择，介绍如何实现这种选择。

1. 电压状态的选择

逆变器的开关状态可直接由电压开关信号$\overline{SU_A}$、$\overline{SU_B}$和$\overline{SU_C}$的组合信号来控制得到。而电压开关信号与磁链开关信号$\overline{S\Psi_A}$、$\overline{S\Psi_B}$、$\overline{S\Psi_C}$之间有固定的对应关系，图 7-42 已经把正转和反转时这种关系清楚地表示出来了。

在图 7-42 上集中表示了正转磁链开关信号$\overline{S\Psi_P}$的顺序、反转磁链开关信号$\overline{S\Psi_N}$的顺序，及与此相对应的电压开关信号$\overline{SU}$、电压状态信号SU、电压空间矢量$\boldsymbol{u}_{s1}\sim\boldsymbol{u}_{s6}$和所对应的区段$S_1\sim S_6$。

以定子磁链 P 旋转为例，设定子磁链空间矢量位于区段 S_4，若转矩开关信号 $TQ=1$，即要求增加转矩，则给出电压空间矢量 $\boldsymbol{u}_{s4}$，此时的磁链开关信号为$\overline{S\Psi_P}=101$，电压开关信号为$\overline{SU}=011$。若此时转矩开关信号不要求增加转矩，而磁链量开关信号要求增加磁链，即 $\Psi Q=1$，则给出$-120°$磁链电压，即电压空间矢量 $\boldsymbol{u}_{s3}$。相应的磁链开关信号$\overline{S\Psi_N}=101$，电压开关信号$\overline{SU}=110$。

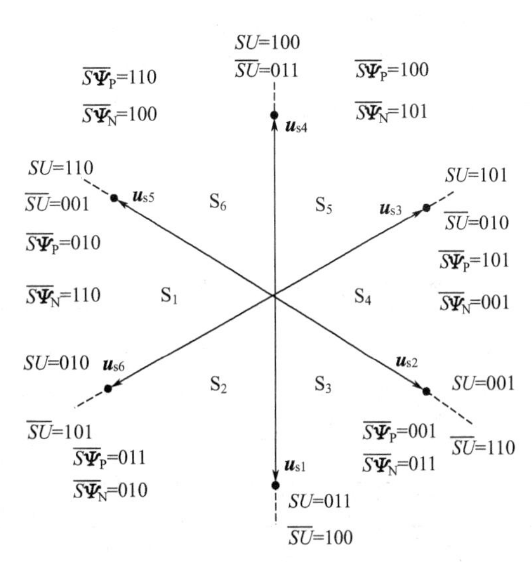

图 7-42　磁链开关信号与电压开关信号之间的控制顺序关系

再看定子磁链 N 运转的例子，还是设定子磁链空间矢量位于区段 S_4，若转矩开关信号要求增加转矩，则给出电压空间矢量 $\boldsymbol{u}_{s1}$，此时对应的磁链开关信号为$\overline{S\Psi_N}=001$，电压开关信号为$\overline{SU}=100$。若此时转矩开关信号不要求增加转矩，而磁链量开关信号要求增加磁链量，则给出$-120°$磁链电压，即电压空间矢量 $\boldsymbol{u}_{s3}$。相应的磁链开关信号$\overline{S\Psi_N}=001$，相应的电压开关信号为$\overline{SU}=010$。

把每个区段的磁链开关信号和电压开关信号列表，则$\overline{S\Psi}_{ABC}$信号与$\overline{SU}_{ABC}$信号之间的顺序关系通过比较能很快找到。

表 7-3 是转矩开关信号要求增加转矩，正转时的顺序表，表 7-4 是反转时的顺序表。

由表 7-3 可以看出，对于 P 运转，有式(7-29) 至式(7-31)。

表 7-3　转矩开关信号要求增加转矩，P 运转时磁链开关信号和电压开关信号的顺序关系

	区　段					
	S_1	S_2	S_3	S_4	S_5	S_6
$\overline{S\Psi_A}$	0	0	0	1	1	1
$\overline{S\Psi_B}$	1	1	0	0	0	1
$\overline{S\Psi_C}$	0	1	1	1	0	0
$\overline{SU_A}$	1	1	0	0	0	1
$\overline{SU_B}$	0	1	1	1	0	0
$\overline{SU_C}$	0	0	0	1	1	1

表 7-4　转矩开关信号要求增加转矩，N 运转时磁链开关信号和电压开关信号的顺序关系

	区　段					
	S_1	S_2	S_3	S_4	S_5	S_6
$\overline{S\Psi_A}$	1	0	0	0	1	1
$\overline{S\Psi_B}$	1	1	1	0	0	0
$\overline{S\Psi_C}$	0	0	1	1	1	0
$\overline{SU_A}$	0	0	1	1	1	0
$\overline{SU_B}$	1	0	0	0	1	1
$\overline{SU_C}$	1	1	1	0	0	0

由表 7-4 可以看到：对于 N 运转，有式(7-32) 至式(7-34) 的关系。如果磁链量开关信号要求磁链量增加，则磁链开关信号与电压开关信号之间应有这样的顺序关系，即它接通的磁链电压为−120°电压。对于 P 运转，有表 7-5 所示的关系；对于 N 运转，有表 7-6 所示的关系。

表 7-5 表示磁链电压接通，P 运转时磁链开关信号与电压开关信号之间的顺序关系，其关系式为式(7-32) 至式(7-34)。

表 7-5　磁链开关信号要求增加磁链，P 运转时磁链开关信号和电压开关信号的顺序关系

	区段					
	S_1	S_2	S_3	S_4	S_5	S_6
$\overline{S\Psi_A}$	0	0	0	1	1	1
$\overline{S\Psi_B}$	1	1	0	0	0	1
$\overline{S\Psi_C}$	0	1	1	1	0	0
$\overline{SU_A}$	0	1	1	1	0	0
$\overline{SU_B}$	0	0	0	1	1	1
$\overline{SU_C}$	1	1	0	0	0	1

表 7-6　磁链开关信号要求增加磁链，N 运转时磁链开关信号和电压开关信号的顺序关系

	区段					
	S_1	S_2	S_3	S_4	S_5	S_6
$\overline{S\Psi_A}$	1	0	0	0	1	1
$\overline{S\Psi_B}$	1	1	1	0	0	0
$\overline{S\Psi_C}$	0	0	1	1	1	0
$\overline{SU_A}$	1	1	1	0	0	0
$\overline{SU_B}$	0	0	1	1	1	0
$\overline{SU_C}$	1	0	0	0	1	1

表 7-6 表示磁链电压接通，N 运转时磁链开关信号与电压开关信号之间的顺序关系，其关系式为式(7-29) 至式(7-31)。

比较式(7-29) 至式(7-34) 可以确定：P 运转时转矩电压的开关信号关系等于 N 运转时磁链电压的开关信号关系；而 N 运转时转矩电压的开关信号关系等于 P 运转时磁链电压的开关信号关系。在磁链开关信号$\overline{S\Psi}_{ABC}$和电压开关信号$\overline{SU}_{ABC}$之间只存在两种不同的关系。

综合各种开关信号，开关信号选择单元应这样来工作：由磁链自控制单元给出的磁链开关信号决定正确的区段电压，以使定子磁链沿六边形轨迹旋转。区段电压的接通与否，由转矩开关信号控制。接通时，区段电压成为转矩电压，定子磁链旋转，转矩加大；不接通时，零电压被接通，定子磁链静止，转矩减小。在保证转矩调节的前提下，若磁链量减小了，则磁链量开关信号接通磁链电压，在这里是−120°电压，以使磁链量增大，实现在沿六边形轨迹运动的过程中，既调节转矩，又调节磁链量。P/N 信号控制正反转，反转时，各开关信号与正转时有着内在的顺序关系。反转包括反向旋转和动态反转两种情况。动态反转是指转子旋转方向不变的情况下，定子磁链的短时反转。动态反转的目的是使转矩快速减小，以加快转矩调节或实现制动。

2. 电压状态选择的实现

由图 7-42 中的开关信号选择单元来综合各种开关信号，实现对电压状态的正确选择，其具体线路见图 7-43。

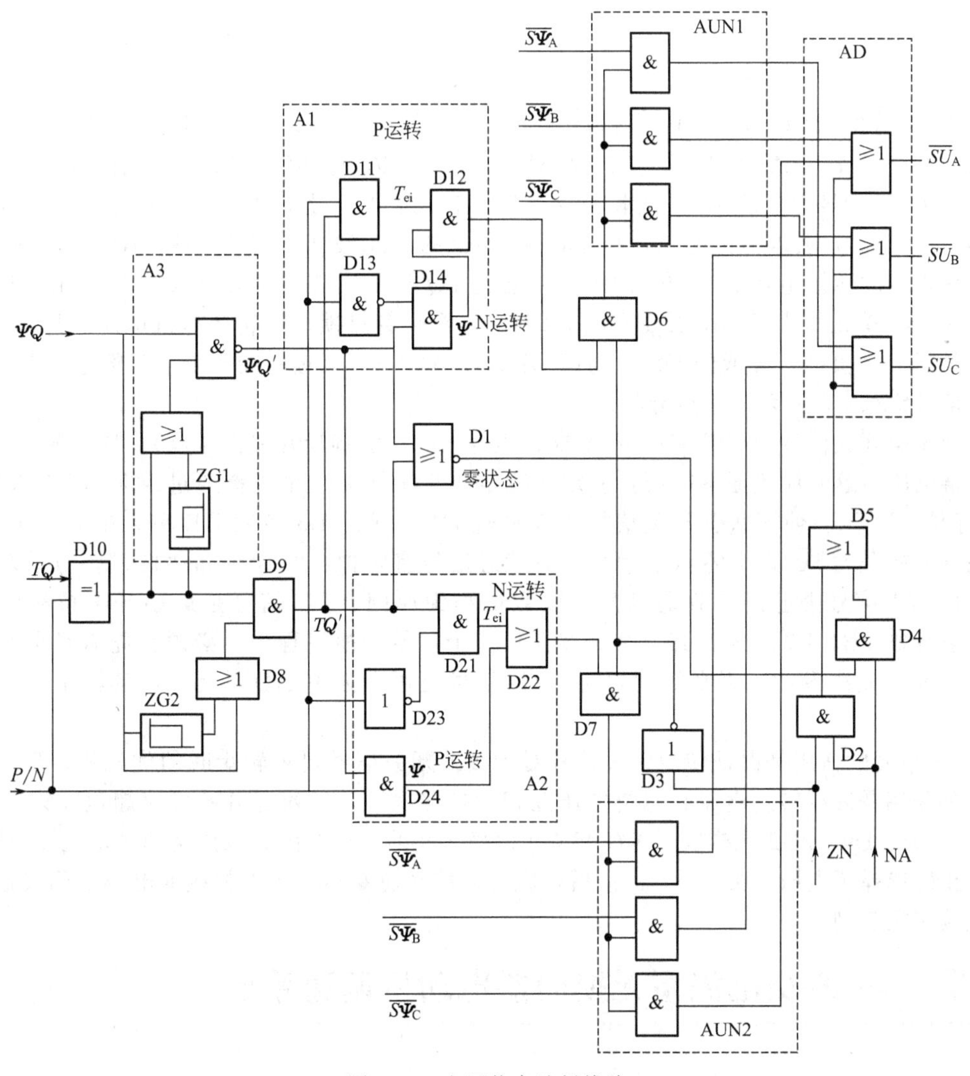

图 7-43 电压状态选择线路

图 7-43 中，由 AUN1 单元实现 P 运转时转矩电压选择和 N 运转时磁链电压选择。前已叙述过，两者信号关系一样。AUN1 的输入是来自磁链自控制单元的磁链开关信号$\overline{S\Psi_A}$、$\overline{S\Psi_B}$、$\overline{S\Psi_C}$，经 AUN1 中的三个与门后输出到 AD 单元，在 AD 单元的输出端得到电压开关信号$\overline{SU_A}$、$\overline{SU_B}$和$\overline{SU_C}$。AUN1 单元和 AD 单元之间的连线使得$\overline{SU_{ABC}}$与$\overline{S\Psi_{ABC}}$之间的关系符合式(7-29) 至式(7-31)。AUN2 单元实现 N 运转时转矩电压的选择和 P 运转时磁链电压选择。如前所叙，这两种情况下开关信号关系一样。AUN2 的输入信号也是由磁链自控制单元来的磁链开关信号$\overline{S\Psi_A}$、$\overline{S\Psi_B}$、$\overline{S\Psi_C}$，但 AUN2 单元与 AD 单元的接线不同，使得电压开关信号$\overline{SU_{ABC}}$与磁链开关信号$\overline{S\Psi_{ABC}}$之间的关系符合式(7-32) 至式(7-34)。

对以上各种电压状态的选择，由 A1 和 A2 单元来实现。A1 和 A2 单元根据由转矩调节器来的转矩开关信号 TQ，由磁链调节器来的磁链量开关信号 ΨQ 和正反转信号 P/N 选择接通转矩开关信号还是磁链开关信号，以及决定正转还是反转。其中，A1 单元选择 P 运转时的转矩电压和 N 运转时的磁链电压，A2 单元选择 N 运转时的转矩电压和 P 运转时的磁链电压。

现举例说明，若转矩开关信号 TQ' 为“1”，请求转矩电压，同时 P/N 信号为“1”态，要求正转。此时，A1 单元中的与门 D11 被 P/N 信号打开，转矩请求信号通过“与门”D11、D12 和 D6，开放 AUN1 单元，选中能够得到转矩电压的磁链开关信号$\overline{S\Psi_{ABC}}$；若 P/N 信号为“0”态，要求反转，此时 D11 被 P/N 信号封锁，从而 AUN1 被封锁，正转的转矩开关信号$\overline{S\Psi_{ABC}}$被 AUN1 单元封锁住。同时 A2 单元的非门 D23 被打开，转矩开关信号通过与门 D21、或门 D22 和与门 D7 开放 AUN2 单元，选中能够得到磁链开关信号$\overline{S\Psi_{ABC}}$。

若 P/N 信号为“1”态，要求正转，TQ'信号为“0”态，不要求转矩电压，而 $\Psi Q'$信号为“1”态时，要求磁链电压，则此时 A1 单元的 D11 被 TQ'信号封锁，AUN1 单元封锁，封锁住正转的转矩电压。A2 单元的 D21 也被 TQ'信号封锁，封锁住反向的转矩电压。同时，AUN1 单元的非门 D13 被 P/N 信号封锁，意味着封锁住反转的磁链电压。只有 A2 单元的与门 D24 开放，经或门 D22、与门 D7 开放 AUN2，只选中能产生正转磁链电压的磁链开关信号$\overline{S\Psi_{ABC}}$。其余可自行分析。

当转矩开关信号为“0”态，不要求转矩电压时，磁链量开关信号也为“0”态，也不要求磁链电压，这时应接通零电压，使定子磁链停止旋转。这个选择通过或非门 D1 来实现。D1 打开与门 D4，使零状态开关信号 NA 通过 D4 与或门 D5 控制 AD 单元中的三个或门，使电压开关信号$\overline{SU_{ABC}}$为零状态信号。零状态信号有两种：“000”和“111”，应采取哪一种，由 NA 信号决定，一般是以开关次数最小为原则。ZN 信号是最小开关持续时间信号，它控制 D2、D7、D6，其意义是在任何一个信号切换过程中，必须首先满足最小开关持续时间的先决条件，否则封锁切换。ZN 信号还可以强迫 AD 单元，使其输出零电压开关信号。

A3 单元的作用是保证转矩开关信号对于磁链开关信号要求转矩时的优先权。延时单元 ZG1 的作用是减少转矩电压和磁链电压互相切换的次数，以避免开关频率超过允许值。A1 单元与 D8、D9、ZG2 还构成了 ΨQ 和 TQ 信号之间的互锁电路，以避免两种电压同时接通。

正确选择了电压开关信号$\overline{SU_{ABC}}$后，就可以控制逆变器，产生相应的电压空间矢量，完成直接转矩控制。

7.7 交-直-交电流型无换向器电动机调速系统

7.7.1 控制系统

图 7-44 为常用电流、转速双闭环调速系统框图。控制回路包括整流桥的 α 控制和逆变桥的 γ_0 控制两部分。虚线框内部分是无换向器电动机的特殊控制环节，用以实现变频器的自同步控制及运行状态的切换。

图 7-44 中，GI 为给定积分器；ASR 为转速调节器；GAB 为绝对值变换器；BC 为电流检测变换环节；ACR 为电流调节器；BPF1 为整流移相触发器；BPF2 为逆变触发器；PSE 为转速差及正反转状态检测环节；PET 为电、制动检测；PHS 为高、低速检测环节；ARS 为运转状态合成环节；AGD 为 γ_0 脉冲分配器；AGR 为 γ_0 调节器；PM 为位置检测变换器；BV 为转速检测变换环节。

表 7-7 为在四象限运行状态下各调节器的极性和 α、γ_0 角的取值。由于直流式无换向器电动机在高速时采用反电势自然换流，而在低速时采用电流断续换流，因而把各种运行状态

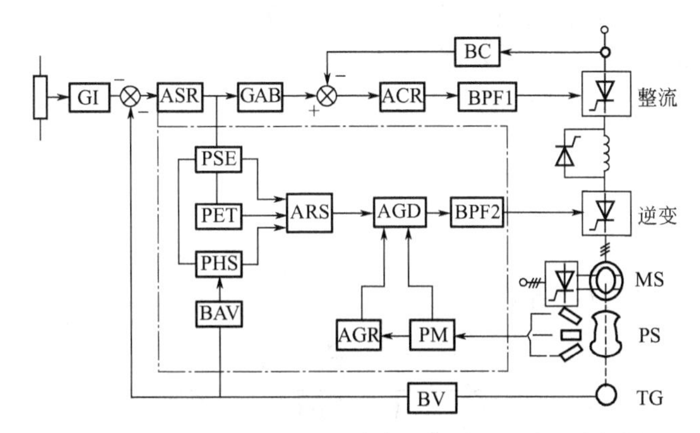

图 7-44　交-直-交电流型无换向器电动机调速系统框图

都分为高、低速两个运行区。

表 7-7　不同运行状态下调节器的极性和 α、γ_0 值

运行状态		速度给定	输　出	输　出	控制角	超前角
Ⅰ	低速电动	+	−	+	$0°<\alpha<90°$	0°
	高速电动	+	−	+	$0°<\alpha<90°$	60°
Ⅱ	低速制动	+	+	−	$90°<\alpha<180°$	180°
	高速制动	+	+	−	$90°<\alpha<180°$	120°
Ⅲ	低速电动	−	+	+	$0°<\alpha<90°$	180°
	高速电动	−	+	+	$0°<\alpha<90°$	120°
Ⅳ	低速制动	−	−	−	$90°<\alpha<180°$	0°
	高速制动	−	−	−	$90°<\alpha<180°$	60°

7.7.2　变频器主电路参数的选择与计算

现举例说明直流无换向器电动机变频器主电路参数的选择与计算。图 7-45 为主电路接线图。已知无换向器电动机的电压 $U_N=730V$，$I_N=383A$（基波分量），$n=1000r/min$，换流超前角定为 47°，重叠角定为 7°，电动机电枢电感 $L_{ma}=0.19mH$，试计算其主要参数。

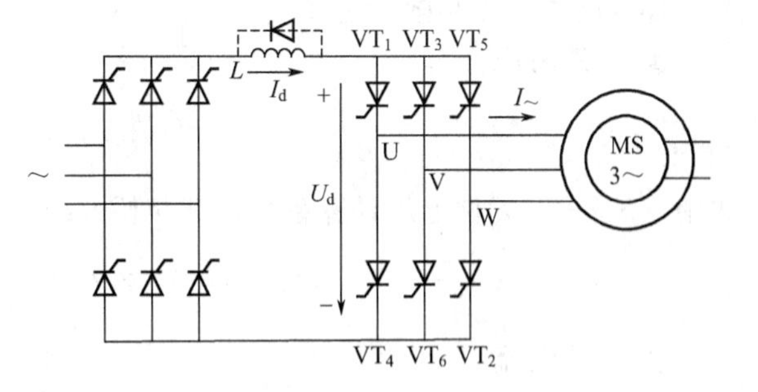

图 7-45　交-直-交电流型无换向器电动机主电路

解：

（1）供电电源电流的计算

① 直流回路电流 I_{dN}。

$$I_{dN}=\frac{\pi}{\sqrt{6}}I_N=\frac{\pi}{\sqrt{6}}\times 383=491\ (A)$$

② 供电电源电流 $I_\sim$。

$$I_\sim=\sqrt{\frac{2}{3}}I_{dN}=401A$$

（2）供电电源电压计算

① 直流回路电压 U_{dN}。

$$U_{dN}=1.35U_N\cos\left(\gamma-\frac{\mu}{2}\right)\cos\frac{\mu}{2}+2I_{dN}R_a+snU_{df}$$

式中　R_a——电动机每相电枢绕组电阻，取 0.0117Ω；

n——每个桥臂元件串联数，取 $n=1$；

s——串联换相组数，取 $s=2$；

U_{df}——晶闸管管压降，取 $U_{df}=2.5\times0.9=2.25$(V)。

$$U_{dN}=1.35\times730\cos\left(47^\circ-\frac{7^\circ}{2}\right)\cos\frac{7^\circ}{2}+2\times491\times0.0117+2\times1\times2.25=729\ (\text{V})$$

$$I_{dn}=1\text{A}$$

② 理想空载直流电压 U_{d0} 计算。

$$U_{d0}=\frac{U_{dN}\left(1+K_e\frac{K_xe_x}{100}\right)+snU_{df}+\Sigma U_\sim}{(1-b)\cos\alpha_{min}}$$

式中　K_e——电流过载倍数，取 1.5；

e_x——变压器阻抗电压比，取 0.5；

K_x——换相电抗压降计算系数，对三相桥式线路取 0.5；

$\Sigma U_\sim$——附加压降，取 10V；

b——电网波动系数，取 10%；

α_{min}——最小延迟角，取 25°，故

$$U_{d0}=\frac{729\left(1+1.5\frac{0.5\times0.5}{100}\right)+2\times1\times2.25+10}{\left(1-\frac{10}{100}\right)\cos25^\circ}=935\ (\text{V})$$

③ 供电电源电压 $U_\sim$ 的计算。

$$U_\sim=\frac{U_{d0}}{K_{uv}}$$

式中　K_{uv}——整流电压计算系数，取 1.35，故

$$U_\sim=\frac{935}{1.35}=692\ (\text{V})$$

(3) 网侧变流晶闸管选择

① 元件耐压。

$$U_{VT}\geqslant2.3K_{uf}\frac{U_\sim}{\sqrt{3}}$$

式中　K_{uf}——元件电压计算系数，三相桥式线路取 2.45，则

$$U_{VT}\geqslant2.3\times2.45\times\frac{692}{\sqrt{3}}=2254\ (\text{V})$$

② 元件电流。

$$I_{VT}\geqslant(1\sim2)K_{ct}K_eI_{dN}$$

式中　K_{ct}——元件电流计算系数，三相桥式线路取 0.367。

$$I_{VT}\geqslant2\times0.367\times1.5\times491=540\ (\text{A})$$

根据上述计算，选定 500A，2400V，KP 型晶闸管，每个桥臂只并联使用。

(4) 电动机侧变流器晶闸管

① 元件耐压。

$$U_{VT}=2.3\times2.45\times\frac{730}{\sqrt{3}}=2374\ (\text{V})$$

② 元件电流

$$I_{VT} \geqslant 2 \times 0.367 \times 1.5 \times 491 = 540 \text{ (A)}$$

故选用与电网侧相同的元件即可。

(5) 滤波电抗器的选择

① 供电变压器折算到变流器侧的每相漏感 L_T 计算。

$$L_T = K_{TL}\frac{e_x}{100} \times \frac{U_\sim}{\sqrt{3}\omega I_{dN}} \times 10^3$$

式中　K_{TL}——变压器漏感系数，对三相桥式线路取 1.22；

ω——电源角频率，取 100πrad/s。

$$L_T = 1.22 \times \frac{0.5}{100} \times \frac{692}{\sqrt{3} \times 100\pi \times 491} \times 10^3 = 0.016 \text{ (mH)}$$

② 按限制直流脉动计算电感值 L_{md}

$$L_{md} = K_{md}\frac{1.35U_\sim}{\delta I_{dN}} - L_{ma} - K_L L_T$$

式中　K_{md}——电感系数，按 $U_{dN}/K_{uv}U_\sim$ 的最不利情况考虑，取三相桥式线路时系数为 0.398；

δ——允许电流脉动率，取 12%；

K_L——变压器电感折算系数，取 2，故

$$L_{md} = 0.398 \times \frac{1.35 \times 692}{\frac{12}{100} \times 491} - 0.19 - 2 \times 0.016 = 6.1 \text{ (mH)}$$

③ 按维持最小工作电流时电流连续电感值 L_{ex} 计算

$$L_{ex} = K_{ex}\frac{K_{uv}U_\sim}{I_{dmin}} - L_{ma} - K_L L_T$$

式中　K_{ex}——限制电流断续的计算系数，取 0.295；

I_{dmin}——最小电流值，取为 10% 的 I_{dN}，故

$$L_{ex} = 0.295 \times \frac{1.35 \times 692}{49.1} - 0.19 - 2 \times 0.016 = 5.4 \text{ (mH)}$$

由此，装置滤波电抗电感值取 6.1mH。

复习思考题

1. 转差控制系统是如何维持电动机气隙磁通恒定的?
2. 说明转差频率控制的转速闭环变频调速系统工作原理。
3. 说明谐振型交-直-交变频调速系统工作原理。
4. 说明 PWM 控制的交-直-交变频调速系统工作原理。
5. 说明异步电动机矢量控制的交-直-交变频调速系统工作原理。
6. 说明永磁同步电动机矢量控制的交-直-交变频调速系统工作原理。
7. 说明直接转矩控制的交-直-交变频调速系统工作原理。
8. 说明交-直-交电流型无换向器电动机调速系统工作原理。

第 8 章　交-交变频调速系统

8.1　无速度传感器的异步电动机交-交变频矢量控制系统

宝钢热轧厂辊道电机传动系统是一种无测速电机或码盘的按电势定向的异步电动机交-交变频矢量控制系统。

1. 交-交变频传动系统

三相输出的交-交变频器，由三套输出电压彼此相差 120°的单相输出交-交变频器组成。其主回路的接法有两种，一种是公共母线进线方式，另一种是输出Y接连接方式。本系统采用后者，如图 8-1(a) 所示。对于单相输出交-交变频器来说，它实质上是一套三相桥式无环流反并联的可逆整流装置，如图 8-1(b) 所示。晶闸管的关断是通过电源交流电压的自然换相实现的，只要触发装置的控制信号是交流，相应变频器的输出电压也是交流的。由于这种变频器无中间直流环节，故称为交-交直接变频。

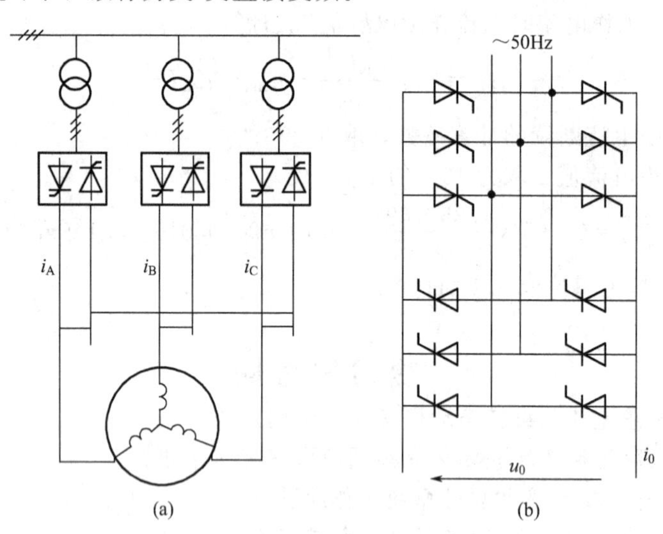

图 8-1　电流模型方案图

当变频器输出端接有感性负载时，单相输出的交-交变频器的输出电压和电流波形如图 8-2 所示。它一个周期的波形分六段。

① $u_0>0$，$i_0<0$，变频器工作于第二象限，反向组逆变。

② 电流过零，无环流死区。

③ $u_0>0$，$i_0>0$，变频器工作于第一象限，正向组整流。

④ $u_0<0$，$i_0>0$，工作于第四象限，正向组逆变。

⑤ 电流过零，无环流死区。

⑥ $u_0<0$，$i_0<0$，变频器工作于第三象限，反向组整流。

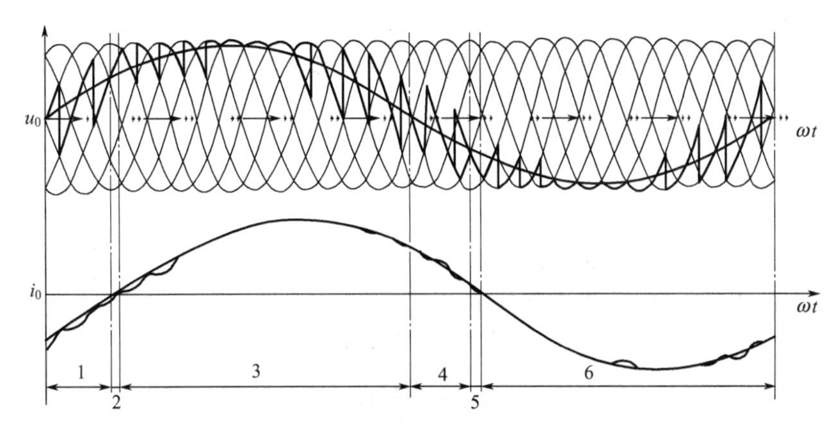

图 8-2　电流模型方案图

2. 电势定向矢量控制原理

磁场定向矢量控制原理详见第 4 章，以转子磁通（或气隙磁场）的轴线作为基准旋转坐标系 Φ_1 轴（M 轴），Φ_2 轴位于定子电势向量轴上。电势定向实质上同磁场定向一样，只是以定子电势向量轴线为基准旋转坐标系 Φ_2 轴，于是 Φ_1 轴位于转子磁通（或气隙磁场）的轴线上。按电势定向的异步电动机定转子电流、磁链及电动势矢量如图 8-3 所示，基准旋转坐标系 Φ_2 轴位于定子电动势 e_1 轴线上，Φ_1 轴位于转子磁通 Φ_2 轴线上，图中所有的矢量都以同步角速度 ω_1 旋转，转子绕组以转子角速度 ω 旋转。由转子磁链模型值公式可知，Ψ_2 只与定子电流在 Φ_1 轴上的分量 $i_{1\Phi1}$ 有关。

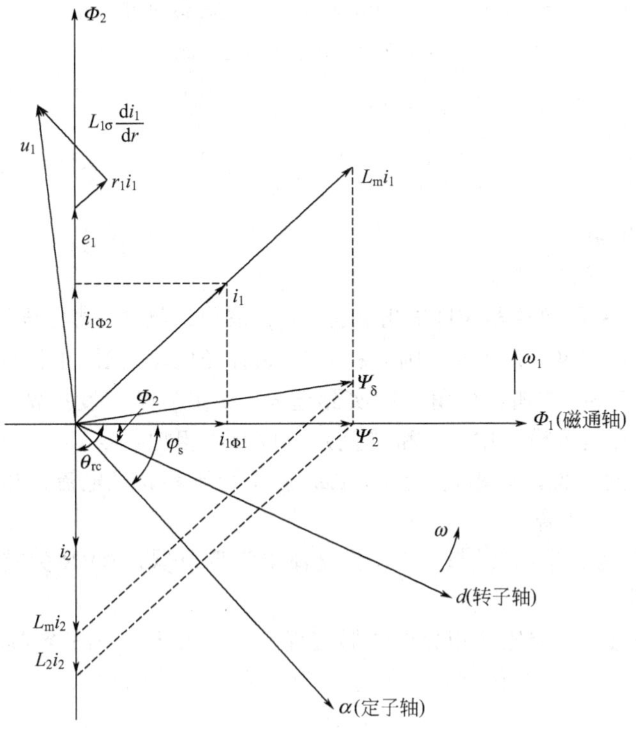

图 8-3　电流模型方案图

$$\Psi_2=\frac{L_m}{1+\tau_r s}=i_{1\Phi1}\quad（在电流模型中有推导）$$

异步电动机转矩公式

$$T=K_{mi}\Psi_2 i_2 \sin\theta_{rc} \tag{8-1}$$

由矢量图可知

$$i_{2\Phi2}=-i_2 \sin\theta_{rc} \tag{8-2}$$

$$i_{2\Phi2}=\frac{L_m}{L_2}i_{1\Phi2}$$

式中　$i_{1\Phi2}$——定子电流在 Φ_2 轴上的分量；

　　　$i_{2\Phi2}$——转子电流在 Φ_2 轴上的分量。

则有

$$T=K_m \Psi_2 i_{2\Phi2}$$

$$K_m=\frac{K_{mi}}{L_2}L_m$$

如果能在负载变化时施加控制，使 Ψ_2 恒定，则有

$$T=K_n i_{1\Phi2}$$

$$K_n=K_m \Psi_2$$

可见，异步电动机转矩与定子电流转矩分量 $i_{1\Phi2}$ 有关，$i_{1\Phi2}$ 在物理上不直接存在，它是定子电流矢量 i_1 在 Φ_2 轴上的直流分量，$i_{1\Phi2}$ 的给定 $i_{1\Phi2}^*$ 是从频率调节器输出获得的。

热轧延迟辊道用的按电势定向的异步电动机矢量控制系统就是基于上述原理的，设定 $i_{1\Phi1}^*$，使 Ψ_2 恒定，在负载变化时，通过 e 在 Φ_1 轴上的分量 $e_{1\Phi1}$ 经电动势比例-积分调节器输出 $\Delta\omega_e$ 信号，修正磁链位置角 Φ_2^*，使得 Φ_2 轴与 e_1 重合，Φ_1 轴与 Ψ_2 重合，同时 $\Delta\omega_e$ 信号修正频率调节器输出 $i_{1\Phi2}^*$，改变电动机转矩，实现异步电动机变频调速，系统原理图如图 8-4 所示。测量定子电压信号 u_{1A}、u_{1B}、u_{1C} 和定子电流实际值 i_A、i_B，i_C 经 2/3 变换输出 $u_{1\alpha}$、$u_{1\beta}$ 和 $i_{1\alpha}$、$i_{1\beta}$，并按式(8-3) 计算定子电动势 $e_{1\alpha}$、$e_{1\beta}$。

$$e_{1\alpha}=u_{1\alpha}-r_1 i_{1a}-L_\sigma \frac{di_{1\alpha}}{dt}$$

$$e_{1\beta}=u_{1\beta}-r_1 i_{1\beta}-L_\sigma \frac{di_{1\beta}}{dt} \tag{8-3}$$

式中　r_1——定子电阻；

　　　L_σ——定转子漏感之和。

然后 $e_{1\alpha}$、$e_{1\beta}$ 经矢量回转器 VD 输出 $e_{1\Phi1}$、$e_{1\Phi2}^*$ 信号，如 Φ_1 轴与转子磁链矢量 Ψ_2 重合，则 $e_{1\Phi1}=0$；如 Φ_1 轴与 Ψ_2 不重合，则 $e_{1\Phi1}\neq 0$，$e_{1\Phi1}$ 经电动势比例-积分调节器输出 $\Delta\omega_e$ 信号，它与角速度给定 ω^* 相加，得角速度实际值 ω，ω 作为角速度反馈信号，同时也作电流模型的输入信号，在电流模型中，ω 和转差角速度 ω_s^* 相加得 ω_1^*，再经积分器输出矢量回转器所需的 φ_s。由此可见，只要 $e_{1\Phi1}\neq 0$，$\Delta\omega_e$ 就不等于零，经电流模型修正角 φ_s，直到 Φ_1 轴与转子磁链矢量 Ψ_2 重合。

图 8-4 中，VD 为矢量回转器；ACR 为交流电流调节器；AVR 为交流电压调节器。

3. 频率调节器

频率调节器是通过一个比例积分调节器实现的。在大于 10％额定频率时，频率给定 f^* 经给定积分器输出 ω^* 和反馈信号 ω 之偏差作为频率调节器的输入，频率调节器输出 $i_{1\Phi2}^*$ 作为定子电流转矩分量给定，ω 是 ω^* 和修正量 $\Delta\omega_e$ 之和。在频率给定 $f^*<10\% f_N$ 时，因定子电动势计算值误差较大，调节器无法正常工作，此时，通过 PLL 逻辑信号闭合开关 S_1 和 S_2 切除 $\Delta\omega_e$ 回路，接通 Δe 回路。这时频率调节器的输入偏差为 Δe，因为反馈信号 $\omega=\omega^*+\Delta\omega_e=\omega^*$ 也就是说，在 $f^*<10\% f_N$ 时，切除电动势校正环节，代之以电动势 $e_{1\Phi2}$ 闭

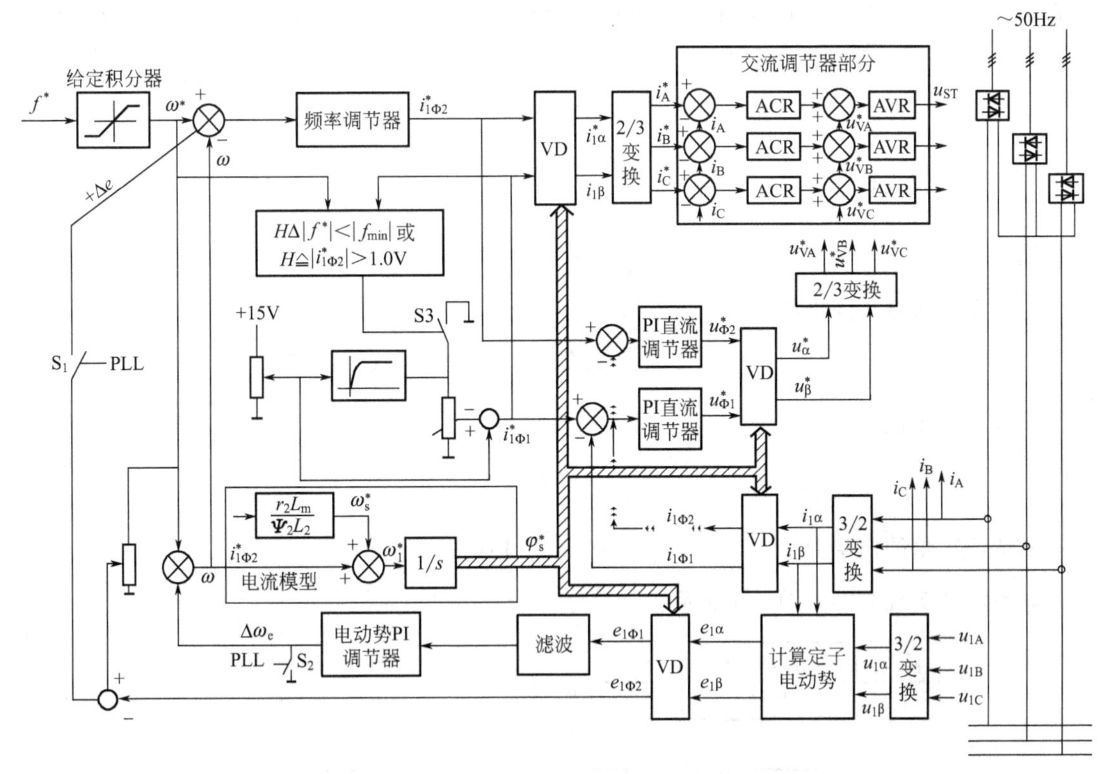

图 8-4 按电势定向的交-交变频矢量控制系统原理图

环，实现启、制动过程。

4. 电流模型

电流模型（转差频率法）利用 $i_{1\Phi1}^*$、$i_{1\Phi2}^*$ 和转子角速度 ω 计算期望的磁链位置角 φ_s^*，用 φ_s^* 代替 φ_s 进行坐标变换。转子磁链 Ψ_2 计算公式为

$$\Psi_2=\Psi_\delta+\Psi_{2\sigma}=L_m i_1+(L_m+L_{2\sigma})i_2=L_m i_1+L_2 i_2 \tag{8-4}$$

式中 $\Psi_{2\sigma}$——转子漏磁链。

考虑到 Ψ_2 位于 Φ_1 轴上，而且 Ψ_2 包含转子漏磁链，则有

$$\Psi_2=L_m i_{1\Phi1}+L_2 i_{2\Phi1}$$

$$i_{2\Phi1}=-\frac{d\Psi_2}{r_2 dt} \tag{8-5}$$

式中 r_2——转子电阻。

$$\Psi_2+\frac{L_2 d\Psi}{r_2 dt}=L_m i_{1\Phi1}$$

$$\Psi_2+\tau_r\frac{d\Psi_2}{dt}=L_m i_{1\Phi1}$$

$$\tau_r=\frac{L_2}{r_2}$$

经拉氏变换得转子磁链模型值

$$\Psi_2=\frac{L_m}{1+\tau_r s}=i_{1\Phi1}$$

综上可知，Ψ_2 仅由 $i_{1\Phi1}$ 控制。从 $i_{1\Phi1}$ 到 Ψ_2 是一阶惯性环节，时间常数为 τ_r，若 $i_{1\Phi1}$ 固定不变，经 $3\tau_r$ 时间后 Ψ_2 达到稳态值 $L_m i_{1\Phi1}$，故称 $i_{1\Phi1}$ 为定子电流磁化分量，它在物理上

不直接存在。$i_{1\Phi1}$的给定值$i_{1\Phi1}^*$来自磁链调节器输出，对于没有弱磁调速系统，可省去磁链调节部分，将$i_{1\Phi1}^*$设定为固定值。

从向量图可知
$$i_{2\Phi2}=\frac{L_m}{L_2}i_{1\Phi2}$$

而在负载变化时
$$i_{2\Phi2}=\frac{\omega_s\Psi_2}{r_2}$$

则可得
$$\omega_s=\frac{r_2}{\Psi_2}i_{2\Phi2}=\frac{r_2L_m}{\Psi_2L_2}i_{1\Phi2}$$

因此有，转差角速度的期望值是
$$\omega_s^*=\frac{r_2L_m}{\Psi_2L_2}i_{1\Phi2}^*$$

负载角期望值
$$\varphi_L^*=\frac{1}{s}\omega_s^*$$

磁链位置角的期望值
$$\varphi_s^*=\varphi_L^*+\int\omega dt$$

电流模型实现方案如图 8-5 所示。

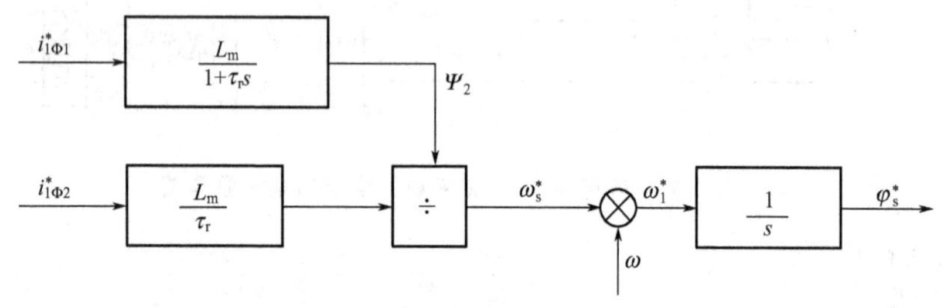

图 8-5　电流模型实现方案

5. 电压前馈补偿环节和电流调节

交-交变频器为电压源输出，但是高性能的速度控制系统大多要求快速准确控制电流，常采用电流控制方法。在直流传动控制系统中，电流控制由 PI 调节器完成，系统稳态误差为 0，动态误差不为 0，交-交变频器的输出电流始终随时间正弦变化。对电流调节器而言，调节器始终处于动态过程中，由于跟踪误差的存在，输出电流总比给定滞后一段时间。为了克服上述缺点，在交-交变频器的电流控制系统中引入电压前馈补偿环节，由电压调节器实现。电压给定$u_{VA}{}^*$和电流调节器输出u_{IA}送电压调节器后输出u_{ST}，供控制角触发器移相用。设定u_{VA}^*正好等于所需的u_{ST}值，则在没有控制误差时，$u_{IA}=0$。电流调节器不担负输出电压任务，仅起校正控制误差作用，从而克服了跟踪误差。由于三相输出交-交变频器有三套电流调节系统，而变频器主回路接成Y形，因$i_A+i_B+i_C=0$，所以三个被调电流不可能独立调节。如果前两相被控制到误差为 0，但由于检测和控制误差存在，第三相电流调节器的输入不可避免地存在误差，调节器将积分到饱和，第三相就不可控，因此，三相电流调节器不能采用 PI 调节器，只能采用静态放大倍数较小的比例调节器，允许输入误差存在。为了减小静态放大倍数小带来的控制误差，采用以下措施。

(1) 采用直流电流调节环节

因三相交流电流只有两相是独立的，经坐标变换，三相交流电流变量变换成两相独立的直流变量$i_{1\Phi1}^*$和$i_{1\Phi2}^*$，因此可以采用两个 PI 调节器分别控制，使得两个直流量的静态偏差为 0。从三相交流调节器和直流电流调节器总体上看，三相电流调节还是比例积分调节，只是比例主要针对动态，积分主要针对静态。

（2）采用电压前馈补偿

交流电流调节器不担负输出电压任务，仅起校正误差作用，在正确补偿条件下，电流调节器输出很小，相应输入也小。

（3）采用电流断续补偿环节

当输出电流小于某一临界值时，变频器工作在电流断续区。在断续区里，变频器放大倍数大大降低，电流调节响应慢，为此引入电流断续补偿环节。

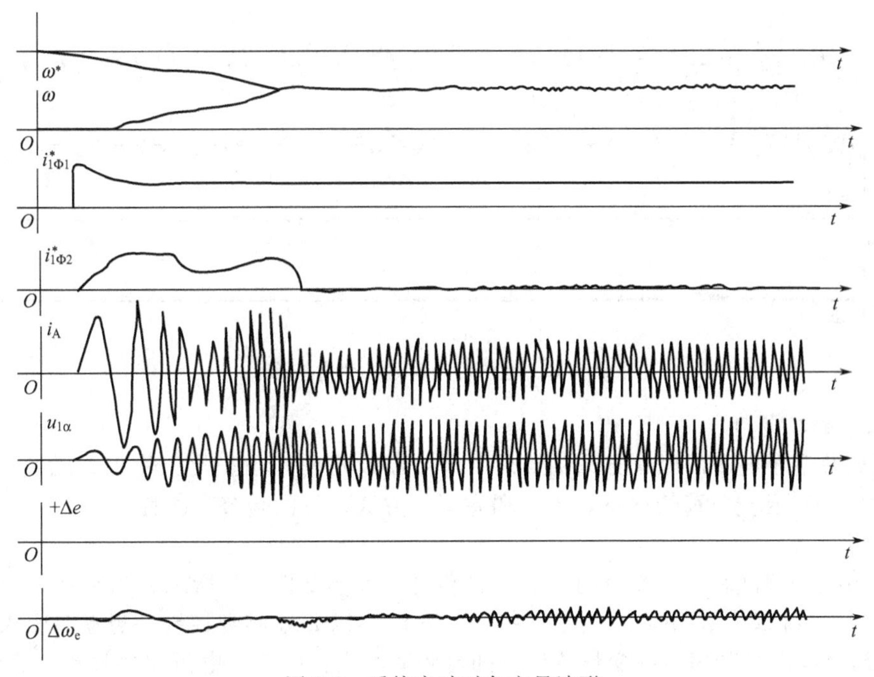

图 8-6　系统启动时各变量波形

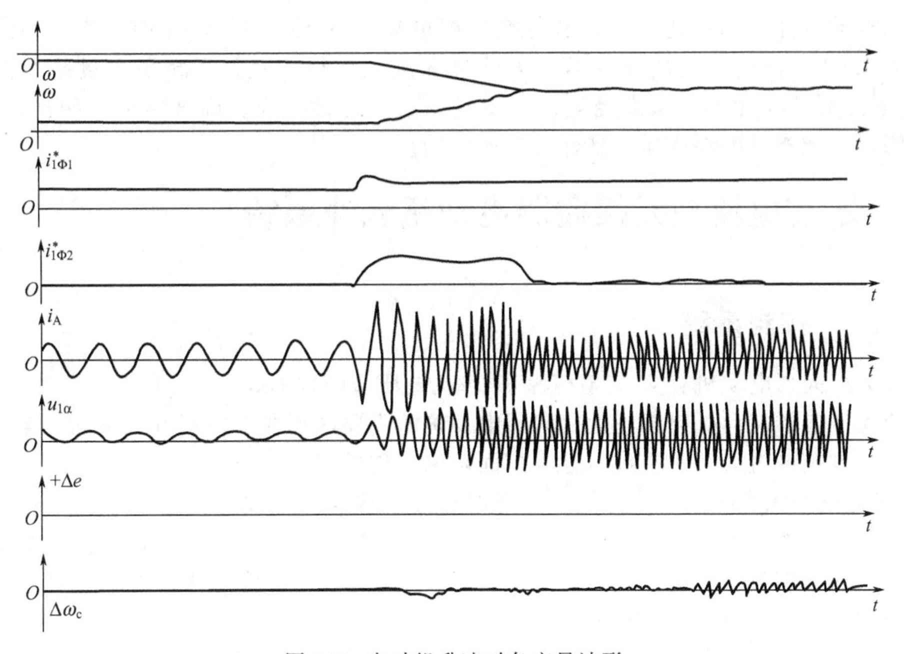

图 8-7　电动机升速时各变量波形

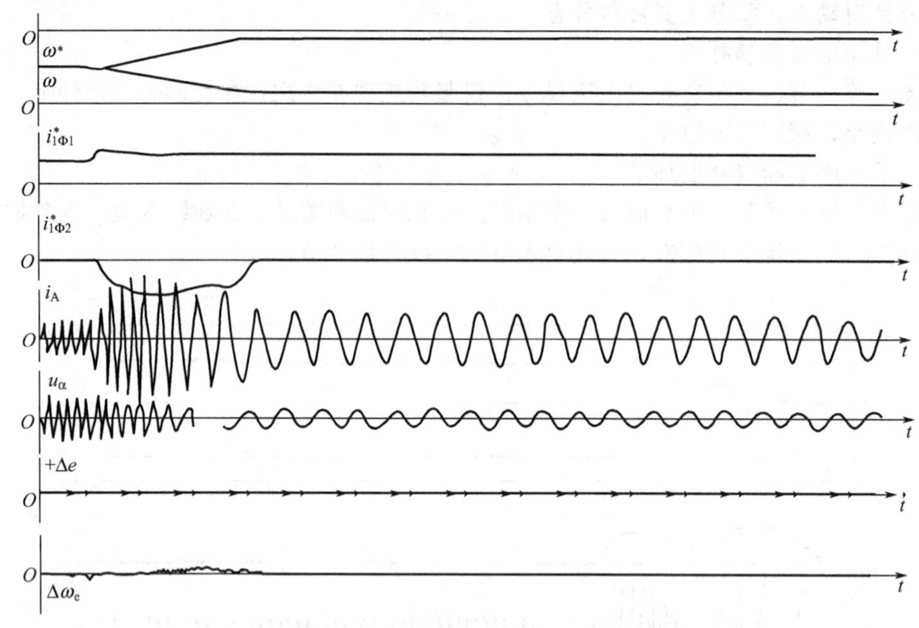

图 8-8　电动机降速时各变量波形

6. 采用磁场调节

磁场调节定子电流的磁化分量 $i_{1\Phi1}^*$ 是由电位器设定的，在正常工作下，磁通是恒定的。在 $f^*>10\%f_N$ 且空负荷情况下，采用弱磁运行方式，目的是节省能耗。

7. 调试结果

控制系统经调试后，有关控制变量在启动时的波形如图 8-6 所示。当频率给定 f^* 小于 $10\%f_N$ 时，系统以 $+\Delta e$ 闭环；当 $f^*>10\%f_N$ 时，以 $\Delta\omega_e$ 闭环控制，启动时间大约为 2s。图 8-7 示出了电动机升速时各变量波形，随着频率增大，电流、电压频率加快，直到电动机升速到粗轧速度。图 8-8 是电动机降速时各变量波形，随着频率减小，电流、电压频率放慢，直到电动机降速到精轧速度。从各波形图可知，在 $f^*>10\%f_N$ 时，当转矩分量绝对值增大到 1.0V，则电动机从弱磁运行方式进入满磁运行方式；当转矩分量绝对值减小到 1.0V 时，延时 6s，电动机从满磁运行方式进入弱磁运行方式。调试结果表明：系统启动、升速、降速、稳态过程都达到了良好的调速性能。

8.2　交-交电流型无换向器电动机调速系统

8.2.1　控制系统

交流无换向器电动机有交-交电流型和交-交电压型两种形式。

交流无换向器电动机与直流无换向器电动机的主要区别在于控制方式不同。至于运行原理、特性、系统的组成及四象限运行等方面，两者均类似。

交-交电流型无换向器电动机低速运行时可用电源换流，故工业应用比直流式要早。但它比直流式需要的晶闸管元件要多，且元件耐压要求要高。图 8-9 所示为交-交电流型无换向器电动机的原理框图。从变频器输出端来看，可以将 18 只晶闸管分为Ⅰ～Ⅵ六组，构成类似于交-直-交系统的逆变电路的形式。

同交-直-交系统一样，交-交电流型无换向器电动机各组之间的换流时刻由转子位置检测

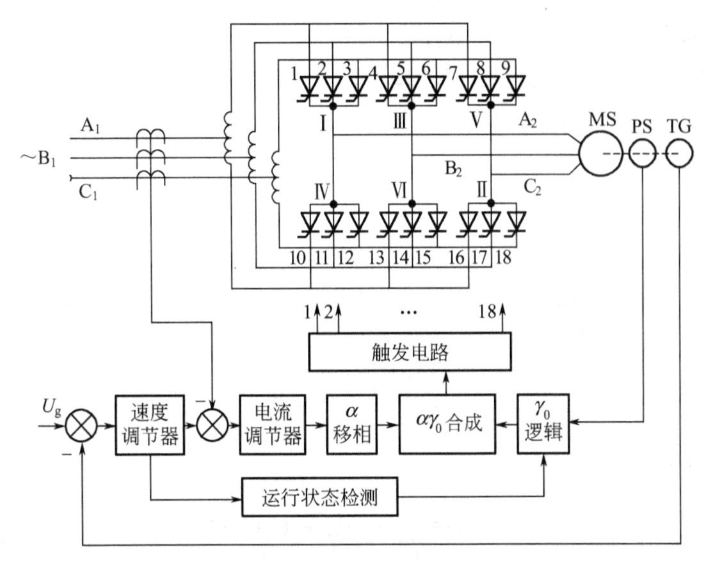

图 8-9 交-交电流型无换向器电动机调速系统

器送来的信号（γ_0）控制。但组内三只晶闸管哪一只导通，则要由电源侧决定。由系统框图可以看出，任何两组（Ⅰ、Ⅵ）导通工作时，都将形成一个三相全控桥式整流电路。它们与一般的三相全控桥完全一样，也是由移相触发电路送来的控制信号（α）来选择应该导通的晶闸管。改变 α，就改变了加在电动机绕组上的电压，从而改变电动机的转速。

由此可见，交-交电流型无换向器电动机的直接变频器，接受来自电动机侧的位置检测器和电源侧的相位触发器两个方面的控制信号：γ_0 和 α，γ_0 选择应该导通的晶闸管组，即控制电动机相绕组的通断；α 选择晶闸管组内应该导通的晶闸管，即对交流电源进行整流。所以每个晶闸管元件受 γ_0、α 的合成控制。

8.2.2 变频器主电路参数的选择与计算

下面举例说明交-交电流型变频器主电路参数计算。

如图 8-10 所示，已知其规格为 $P=60\text{kW}$，$U_N=360\text{V}$，$I_N=140\text{A}$，$n=1000\text{r/min}$，试计算其主要参数。设额定情况下，电动机换流超前角 $\gamma=40°$，换流重叠角取 20°。

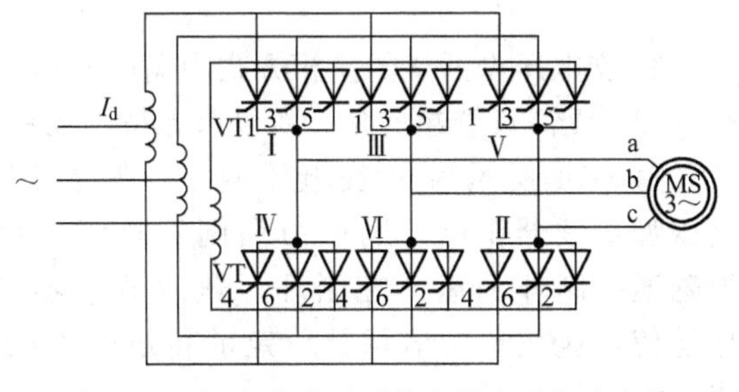

图 8-10 交-交电流型无换向器电动机主电路

解：

（1）供电电源电流计算

由于输出电流为矩形波，故仅取其基波计算输出电流有效值 $I_\sim$

$$I_\sim=\frac{\pi}{3}I_N=\frac{\pi}{3}\times 140=147(\text{A})$$

输出电流幅值 $I_{\sim p}$

$$I_{\sim p}=\sqrt{\frac{3}{2}}I_\sim=\frac{\pi}{3}\times 147=180(\text{A})$$

（2）供电电源电压

$$U_\sim=\frac{\frac{3\sqrt{2}}{\pi}U_N\cos\left(\gamma-\frac{\mu}{2}\right)\cos\frac{\mu}{2}+(K_x x_3+r_e)I_{\sim p}}{v\frac{3\sqrt{2}}{\pi}\cos\alpha_{min}}$$

式中　r_e——线路等效电阻，取0.04Ω；

x_3——电源侧等效相电抗，取0.9Ω。

v——电网波动系数，取0.9；

α_{min}——最小延迟角，取30°；

K_x——系数，三相桥式线路时取为3/π。

则

$$U_{\sim}=\frac{\frac{3\sqrt{2}}{\pi}\times 360\cos\left(40^{\circ}-\frac{20^{\circ}}{2}\right)\cos\frac{20^{\circ}}{2}+\left(\frac{3}{\pi}\times 0.9+0.04\right)\times 180}{0.9\times\frac{3\sqrt{2}}{\pi}\cos 30^{\circ}}=548(\text{V})$$

如取$\alpha_{min}=0^{\circ}$，$U_{\sim}=474\text{V}$。

(3) 晶闸管电流

$$I_{VT}=\frac{I_{\sim}}{\sqrt{3}}=\frac{180}{\sqrt{3}}=104(\text{A})$$

这里，负载每相长期流过电流幅值取$I_{\sim p}$（相当于电动机堵转状态），如果处于电动机正常状态，则有

$$I'_{VT}=\frac{I_{\sim p}}{3}=\frac{180}{3}=60(\text{A})$$

综合后选用2100V、200A的KP型晶闸管。

8.3 交-交电压型无换向器电动机调速系统

8.3.1 控制系统

无换向器电动机调速系统中的电压型变频器与他控式变频调速系统中的变频器差别不大，线路结构一样，换相方式及输出频率也相同。只有无换向器电动机的自控式变频器是介与转子同轴的信号发生器发出所需的三相触发信号，而他控式变频器由独立信号发生器发出。

交-交电压型系统的换相方式为电网换相，并且其最高输出频率仅为电网电源频率的1/3～1/2，无需设置超前角，所以可保持电动机的功率因数为1。

图8-11所示为交-交电压型一种矢量控制系统的结构框图。同步电动机电枢由交-交电压型变频器供电，励磁由晶闸管整流器供电，两者都有电流控制内环，而外环分别为磁通控制环和速度控制环。速度调节器ASR输出转矩给定值T^*、T^*/Φ则为i_{1T}^*，它是使转速按给定值保持稳定的转矩电流给定值，磁通调节器AΦR输出磁化电流给定值i_{μ}^*。

与异步电动机的矢量控制系统不同，无换向器电动机有独立可控的励磁回路，电枢电流中的励磁可以整定为零，使电动机有最佳功率因数。此外，由于实际磁极的存在，一般可以通过对实际磁极位置及励磁电流的测量，再综合电枢电流的变换求得有效磁通。

电枢电流经三相/二相（3/2）变换器及矢量旋转器VD_1，综合磁极位置信号变换d轴电流i_{1d}和q轴电流i_{1q}，i_{1d}和i_{1q}及励磁电流i_f通过磁通运算器算出d轴磁通Φ_{1d}和q轴磁通Φ_{1q}。一般情况下，Φ_{1d}与$i_{1d}+i_f$成比例，Φ_{1q}与i_{1q}成比例。Φ_{1d}与Φ_{1q}经过直角坐标与极坐标

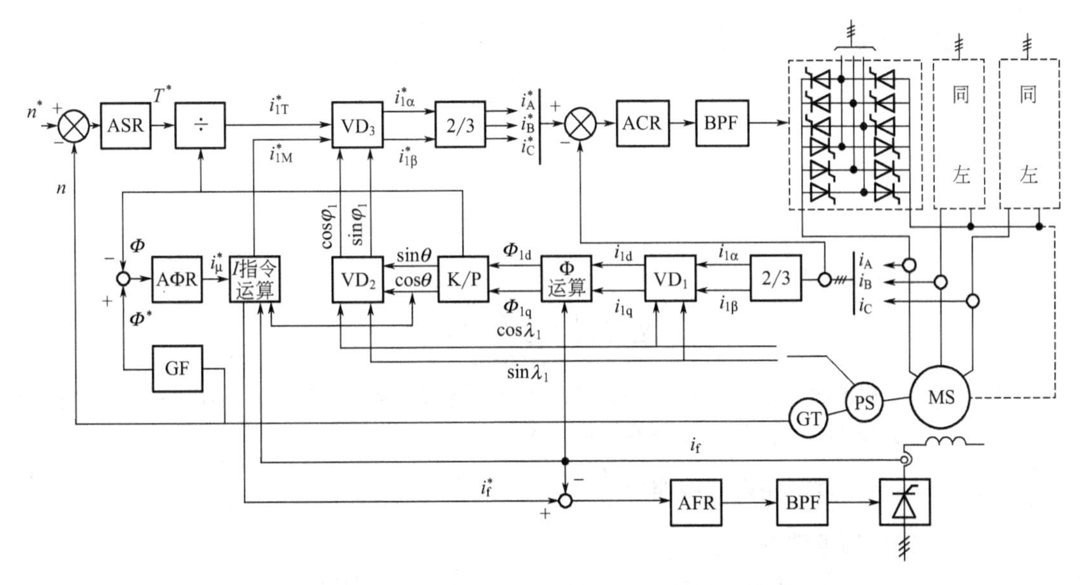

图 8-11 交-交电压型无换向器电动机矢量控制系统结构图

变换器 K/P，求出磁通的大小 Φ 和磁极角 φ_2（相当于功角 θ）。

电流指令运算器计算励磁电流给定值 i_f^* 及电枢磁化电流 i_{1M}^*。为使电动机负载功率因数为 1，则应使 $i_{1M}^*=0$。在稳态，既保证希望的磁通值，又使 $i_{1M}^*=0$，则励磁电流给定值$i_f^*=i_\mu^*/\cos\theta$。为保证负载突变时所希望的磁通值，电枢电流中的动态磁化电流给定值应为 $i_{1M}^*=i_\mu^*-i_f^*\cos\theta$。

转矩电流 i_{1T}^*及磁化电流 i_{1M}^*经矢量旋转器（VD_3）及二相/三相（2/3）变换器，得到实际的三相电流给定值 i_A^*、i_B^* 及 i_C^*，与实际电流比较后进入各自的电流调节器 ACR，把电流调节成所希望的数值。

i_f^* 与实际励磁电流 i_f比较后，通过励磁电流调节器 AFR 控制独立的励磁电流。

8.3.2 变频器主电路参数的选择与计算

举例说明，如图 8-12 所示，已知有同步电动机 $P=115\text{kW}$，$U_N=380\text{V}$，$I_N=215\text{A}$，$n=1465\text{r/min}$，现采用交-交电压型变频器控制，其调频范围，恒转矩特性，试计算其主要参数。

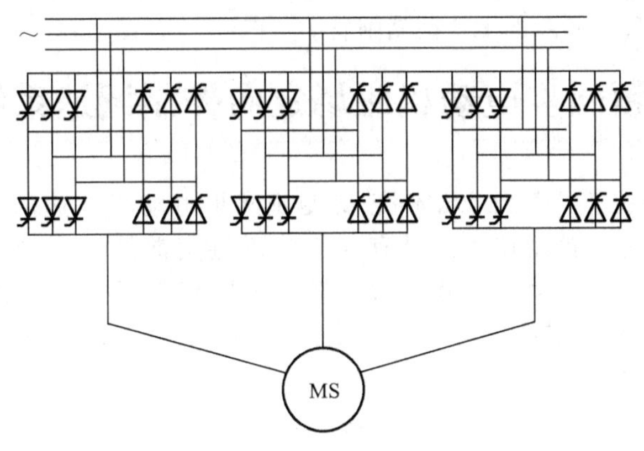

图 8-12 交-交电压型无换向器电动机主电路

解：

(1) 供电电源电流幅值计算

$$I_{\sim p}=\frac{3\sqrt{2}}{\pi}I_N=\frac{3\sqrt{2}}{\pi}\times 215=290(\mathrm{A})$$

供电电流有效值 $I_{\sim}$

$$I_{\sim}=\sqrt{\frac{2}{3}}I_{\sim p}=\sqrt{\frac{2}{3}}\times 290=236(\mathrm{A})$$

(2) 供电电源电压 $U_{\sim}$ 计算

$$U_{\sim}=\frac{\sqrt{2}U_0+(K_xK_s+r_e)I_{\sim p}}{vK_r\cos\alpha_{min}}$$

式中 U_0——变频器输出交流电压有效值，由于按恒转矩（$U/f=\mathrm{const}$）控制，当 $f=25\mathrm{Hz}$ 时，取 $U_0=380/2=190$（V）；

K_x——系数，对三相桥式线路取 $\frac{3}{\pi}$；

K_s——电源侧等效电抗，

$$K_s=\omega L=314\times 100\times 10^{-6}=0.0314(\Omega);$$

r_e——线路等效电阻，取 0.01Ω；

K_r——线路整流系数，为 $\frac{3\sqrt{2}}{\pi}$；

α_{min}——最小延迟角；取 30°；

v——电网波动系数，取 0.9，故

$$U_{\sim}=\frac{\sqrt{2}\times 190+\left(\frac{3}{\pi}\times 0.0314+0.01\right)\times 290}{0.9\times\frac{3\sqrt{2}}{\pi}\cos 30^\circ}=266(\mathrm{V})$$

(3) 晶闸管选择

晶闸管承受的反向峰-峰电压 U_{VT} 为

$$U_{VT}=\sqrt{2}U_{\sim}=\sqrt{2}\times 266=376(\mathrm{V})$$

考虑到元件关断的瞬态过程，取安全系数后选为 900V。

晶闸管电流按长期流过负载电流幅值 $I_{\sim p}$ 来确定，则

$$I_{VT}=\frac{I_{\sim p}}{\sqrt{3}}=\frac{290}{\sqrt{3}}=167(\mathrm{A})$$

据此，选用 900V、200A 的 KP 型晶闸管。

8.4 交-交变频同步电动机磁场定向控制调速系统

包钢轨梁轧机是一套国产 2500kW 交-交变频同步电动机调速的主传动装置。采用了同步电动机阻尼磁链定向控制技术。具有与气隙磁链定向控制完全相同的稳定特性，并且阻尼磁链不受高次谐波扰动，以其作为反馈，可以获得更加稳定的控制效果、更强的磁链抗扰动性。从而进一步提高了传动系统的动态特性，使之更适合如轧钢机等主传动工艺。

1. 系统构成

图 8-13 是交-交变频同步电动机磁场定向控制系统框图。系统同步电动机参数为：额

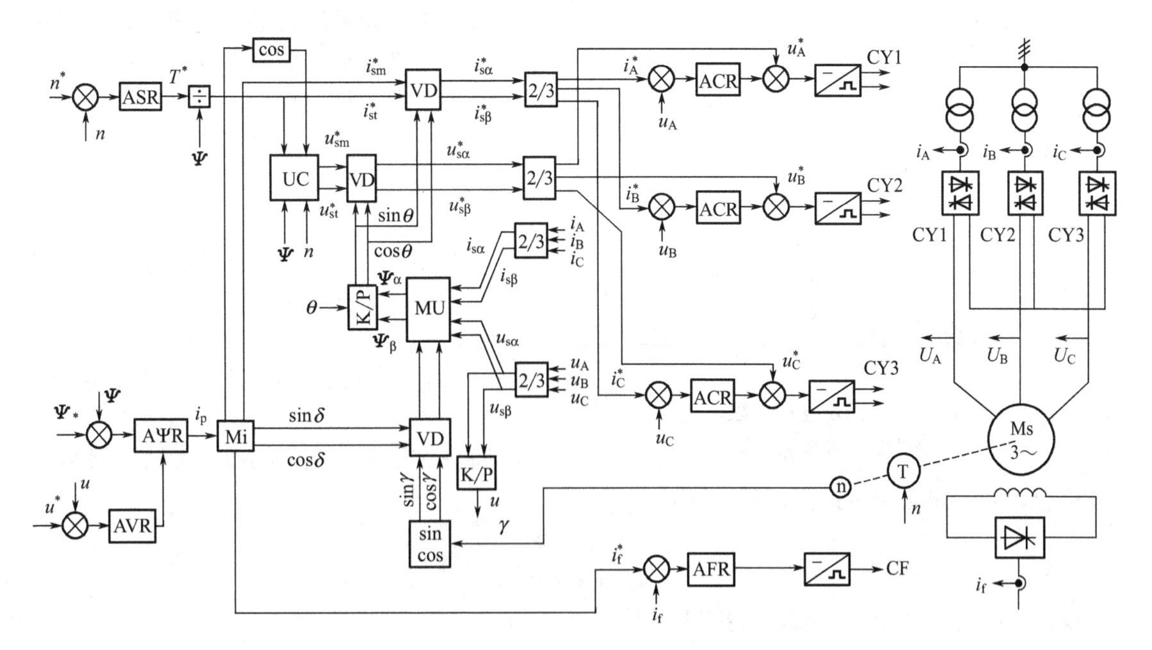

图 8-13　交-交变频同步电动机磁场定向控制系统框图

定功率 2500kW，额定电压 1650V，额定电流 980A，额定频率 5.67/13.3Hz。图 8-13 中，ASR 为转速调节器；ACR 为定子电流调节器；AVR 为电压调节器；AΨR 为磁链观测器；AFR 为励磁电流调节器；VD 为坐标旋转变换单元；K/P 为直角至极坐标变换单元；MU 为电压模型磁链观测器；Mi 为电流模型磁链观测器；UC 为前馈电压计算单元。

（1）高电压主电路

国际上大容量直流传动和交-交变频系统的先进水平是 1100V 直流输出电压。高电压必然会对晶闸管元件、高压主柜结构、过压吸收、快速熔断器、快速开关、光电全关断零电流检测系统等提出更高要求。

（2）同步电动机磁场定向控制系统

交-交变频同步电动机最简单的磁场定向采用转子励磁磁链定向控制。其主要特点是数字模型简单、转矩与磁链控制解耦。但功率因数差，变频装置容量利用率低。定子磁链定向控制同步电动机在动态过程中存在着转子励磁电流过大而使磁路饱和的缺陷，对于频繁冲击负载的轧钢机主传动，应采用气隙磁路定向控制。气隙磁路定向控制同步电动机存在着旋转电势交叉耦合和转矩与磁路的非线性耦合，需引入电压前馈和磁路自适应控制来消除这些耦合影响。

（3）阻尼绕组的作用和结构形式

一般认为，在定子转矩电流突变时，阻尼绕组将感应出阻尼电流，其作用是使气隙磁路保持恒定，弥补了励磁绕组时间常数大，难以瞬时补偿电枢反应的缺点，加快传动系统的动态响应；但另一方面，阻尼绕组又可能妨碍磁路的调节。从减少谐波转矩和降低谐波损耗的角度，电动机阻尼绕组的结构分为全阻尼和半阻尼结构。

2. 同步电动机阻尼磁链定向控制的数学模型

异步电动机如采用转子磁链定向，可使转矩与磁链控制相互解耦，像直流电动机一样，可获得很好的动态控制性能。而有阻尼绕组的同步电动机在动态过程中，类似于异步电动机

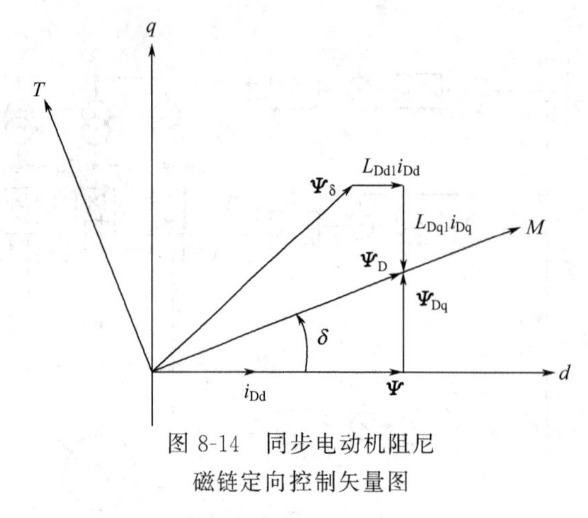

图 8-14　同步电动机阻尼磁链定向控制矢量图

的运行状态，如采用阻尼磁链定向，像异步电动机转子磁链定向控制那样，则有可能进一步改善系统的传动特性。

图 8-14 是动态过程中阻尼磁链定向控制同步电动机的磁链矢量图，阻尼磁链 ψ_{D} 为：

$$\Psi_{\mathrm{D}}=\Psi_{\delta}+L_{\mathrm{Dd1}}i_{\mathrm{Dd}}+L_{\mathrm{Dq1}}i_{\mathrm{Dq}} \tag{8-6}$$

式中　Ψ_{δ}——气隙磁链；

i_{Dd}、i_{Dq}——d、q 轴阻尼电流；

L_{Dd1}、L_{Dq1}——d、q 轴阻尼绕组漏感系数；

δ——功角。

如将同步 M、T 参考轴系的 M 轴与阻尼磁链重合，即选定阻尼磁链坐标系，有：

$$\Psi_{\mathrm{Dm}}=\Psi_{\mathrm{D}}$$
$$\Psi_{\mathrm{Dt}}=0$$

依据同步电动机的派克方程，可推得：

$$\Psi_{\mathrm{D}}=L_{\mathrm{aM}}i_{\mathrm{sM}}-L_{\mathrm{ao}}i_{\mathrm{sT}}+L_{\mathrm{ad}}i_{\mathrm{f}}\cos\delta+ L_{\mathrm{Dd}}i_{\mathrm{Dd}}\cos\delta+L_{\mathrm{Dq}}i_{\mathrm{Dq}}\sin\delta \tag{8-7}$$

$$L_{\mathrm{aM}}=\frac{1}{2}(L_{\mathrm{ad}}+L_{\mathrm{aq}})+\frac{1}{2}(L_{\mathrm{ad}}-L_{\mathrm{aq}})\cos\delta$$

$$L_{\mathrm{ao}}=\frac{1}{2}(L_{\mathrm{aq}}-L_{\mathrm{aq}})\sin2\delta$$

式中　i_{sM}、i_{sT}——定子电流矢量的 M、T 轴分量；

i_{f}——转子励磁电流。

将式(8-7) 代入转矩公式，可推得电磁转矩：

$$T=\Psi_{\mathrm{D}}i_{\mathrm{sT}}-(L_{\mathrm{Dd1}}i_{\mathrm{Dd}}\cos\delta+L_{\mathrm{Dq1}}i_{\mathrm{Dq}}\sin\delta)i_{\mathrm{sT}}-(L_{\mathrm{Dd1}}i_{\mathrm{Dd}}\sin\delta-L_{\mathrm{Dq1}}i_{\mathrm{Dq}}\cos\delta)i_{\mathrm{sM}}$$

为分析方便，对模型可进行进一步简化，当忽略转子的凸极效应时，即认为：

$$L_{\mathrm{ad}}=L_{\mathrm{aq}},\ L_{\mathrm{Dd}}=L_{\mathrm{Dq}},\ R_{\mathrm{Dd}}=R_{\mathrm{Dq}}$$

可推出隐极同步电动机的磁链方程：

$$\Psi_{\mathrm{D}}=\frac{K_2}{1+T_2P}(i_{\mathrm{sM}}+i_{\mathrm{f}}\cos\delta)$$

其中，$K_2=L_{\mathrm{ad}}$，$T_2=\frac{L_{\mathrm{ad}}}{R_{\mathrm{Dd}}}$。

电磁转矩方程变为：

$$T=\frac{L_{\mathrm{ad}}}{L_{\mathrm{Dd}}}[\Psi_{\mathrm{D}}i_{\mathrm{st}}-L_{\mathrm{Dd1}}i_{\mathrm{f}}(i_{\mathrm{sT}}\cos\delta+i_{\mathrm{sM}}\sin\delta)] \tag{8-8}$$

设转子励磁电流 $i_{\mathrm{f}}=0$，由式(8-8) 可得：

$$\Psi_{\mathrm{D}}=\frac{K_2}{1+T_2P}i_{\mathrm{sM}}$$

$$T=\frac{L_{\mathrm{ad}}}{L_{\mathrm{Dd}}}\Psi_{\mathrm{D}}i_{\mathrm{sT}}$$

可见，此时阻尼磁链定向控制同步电动机与转子磁链定向控制异步电动机的磁链与转矩方程完全一致。由此揭示了阻尼磁链定向控制同步电动机与磁场定向控制异步电动机的共性。

同步电动机稳定运行时，功角δ不变，阻尼电流为零，由磁链公式可推出阻尼磁链就等于气隙磁链，即$\Psi_D = \Psi_\delta$。同样，稳定运行时，阻尼磁链定向控制同步电动机与气隙磁链定向控制同步电动机其对应方程完全相同。于是可得出一条十分重要的结论：阻尼磁链定向控制同步电动机具有气隙磁链定向控制同步电动机完全相同的稳定运行特性。因此，由气隙磁链定向控制稳定运行理论而设置的各种控制环节和相同结构同样适用于阻尼磁链定向控制同步电动机调速系统。

同步电动机动态运行，功角δ发生变化，阻尼绕组将产生阻尼电流。电动机的磁链转矩将由以上推得的阻尼磁链定向控制模型决定。

3. 阻尼磁链的观测

在同步电动机磁场定向控制系统中，只有精确观测出磁链，才可能形成磁场定向系统。因此，阻尼磁链观测器是这一系统的核心环节。仿真研究发现，交-交变频的输出电压含有高次谐波，这些谐波对同步电动机磁链的影响各不相同，定子磁链受供电高次谐波影响最大，其次是气隙磁链，而阻尼磁链几乎不受谐波干扰，其轨迹接近光滑圆。这一现象容易从异步电动机的谐波等值电路中得到解释。因此，受此启发，可利用这一特性精确观测出阻尼磁链。

忽略同步电动机的凸极效应，α、β轴系阻尼磁链为：

$$\Psi_{D\alpha} = \frac{L_{Dd}}{L_{ad}}\left[\int (u_{s\alpha} - r_1 i_{s\alpha})\mathrm{d}t - L_{S0} i_{s\alpha}\right] - L_{Dd1}(i_{s\alpha} + i_f\cos\gamma)$$
$$\Psi_{D\beta} = \frac{L_{Dd}}{L_{ad}}\left[\int (u_{s\beta} - r_1 i_{s\beta})\mathrm{d}t - L_{S0} i_{s\beta}\right] - L_{Dd1}(i_{s\beta} + i_f\cos\gamma) \tag{8-9}$$

式中 $u_{s\alpha}$、$u_{s\beta}$——电压在α、β轴系的电压分量；

$i_{s\alpha}$、$i_{s\beta}$——定子电流在α、β轴的分量；

γ——转子d、q轴系相对于定子轴系空间位置角。

可构造出阻尼磁链观测器，如图 8-15 所示。

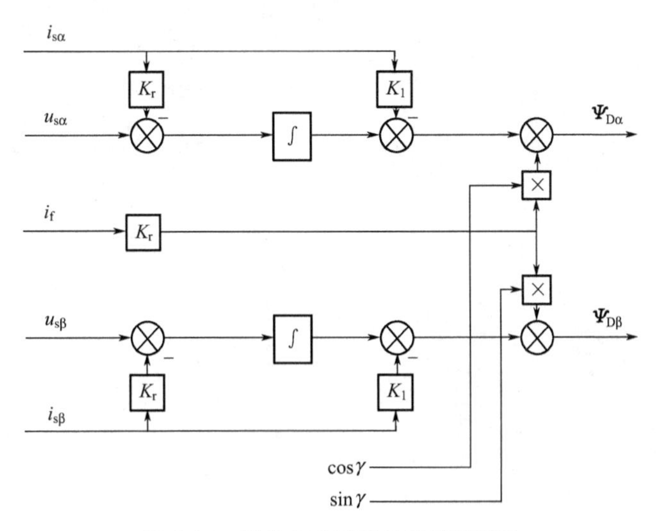

图 8-15 同步电动机阻尼磁链观测器

图 8-15 示出的阻尼磁链观测器是在忽略了凸极效应，且$L_{ad} = L_{Dd}$的条件下得出的。显然，这些近似会给阻尼磁链观测带来误差，并且随定子电流i_s和磁链Ψ_D的幅值而变化，但通过误差分析发现，即使在大负载运行条件下，观测角度误差和幅值误差很小，因此能够满

足工程应用要求。仿真、实验及应用都证明了这一点。

4. 运行结果

通过分析交-交变频同步电动机磁场定向控制系统和工程实现所存在的问题，由理论分析和计算机仿真入手，提出同步电动机阻尼磁链定向控制概念，建立数学模型，研制出阻尼磁链观测器，应用于国产 2500kW 交-交变频同步电动机调速系统中。经过几年运行表明，这一系统运行可靠，性能指标达到国外同类设备水平。

复习思考题

1. 试述无速度传感器的异步电动机交-交变频矢量控制系统原理。
2. 试述交-交电流型无换向器电动机调速系统原理。
3. 试述交-交电压型无换向器电动机调速系统原理。
4. 试述交-交变频同步电动机磁场定向控制调速系统。

第9章 绕线转子异步电动机双馈调速及串级调速系统

9.1 绕线转子异步电动机双馈调速及串级调速的基本原理

9.1.1 双馈调速及串级调速的基本概念

从功率关系看，异步电动机定子输入功率为 P_1，扣除铁损耗和定子铜损耗后，剩下的就是电磁功率 P_M，电磁功率 P_M 即从定子侧通过气隙传递到转子侧的功率。在转子侧，功率又分为两部分：一部分是机械功率 P_{mec}，另一部分是转差功率 P_s，它们之间有如下关系。

$$P_M = P_{mec} + P_s$$

$$P_M = T\Omega_1$$

$$P_{mec} = (1-s)P_M$$

$$P_s = sP_M = 3I_2^2 r_2 \tag{9-1}$$

式中 T——电动机电磁转矩；

Ω_1——同步机械角速度；

I_2——转子每相电流；

r_2——转子绕组每相电阻。

当异步电动机拖动恒转矩负载时，电磁功率 $P_M = T\Omega_1$ 为常值，转子侧的机械功率 P_{mec} 与转差功率 P_s 之和也为常值。如果人为改变转差功率，则异步电动机的机械功率将随之改变，电动机的转速也将随之改变。为此，人们寻求一种既能改变转差功率 P_s 的大小，又能充分利用这部分功率的方法，现代电力电子技术的发展为这种方法提供了实现的可能性，这就是异步电动机的双馈调速和串级调速方法。

所谓双馈调速，就是将电能分别馈入绕线转子异步电动机的定子绕组和转子绕组，其中，定子绕组的电源为固定频率的工业电源，而接入转子绕组电源的频率、电压幅值则需按运行要求分别进行调节。如果改变转子外接电源电压的幅值和相位，就可以调节异步电动机的转矩、转速和电动机定子侧的无功功率，这种双馈调速的异步电动机不但可以在次同步转速区运行，而且可以在超同步转速区运转，因此双馈调速又称为超同步串级调速。

由于双馈调速系统中接入转子绕组的外加电压的频率应和转子电流的频率相同，而这个频率和转差率成正比，检测、控制转差频率的电流存在着一定的困难，因此可对转子绕组中的电流进行整流，并以直流形式在转子绕组中串入外加电动势，这使整个系统控制线路大为简化，称为串级调速，也叫低同步串级调速系统，这是转差功率只能单方向由整流器送出的缘故。串级调速是双馈调速的一种特殊情况。

在异步电动机转子回路中附加交流电动势调速的关键就是在转子侧串入一个可变频、可变幅的电压。这样就把交流变压变频的复杂问题转化为与频率无关的直流变压问题，对问题的分析与工程实现都方便多了。当然，对这一直流附加电动势要有一定的技术要求。首先，它必须平滑可调，以满足对电动机转速平滑调节的要求；其次，从节能的角度看，希望产生附加直流电动势的装置能够吸收从异步电动机转子侧传递来的转差功率并加以利用，例如，把转差功率回馈给交流电网，或者把它转换成机械功率送到电气传动装置的轴上，从而提高调速系统的效率。

9.1.2 串级调速的基本原理

图 9-1 为串级调速的转子电路原理图，三相异步电动机的转子感应电动势：

$$E_2 = sE_{20}$$

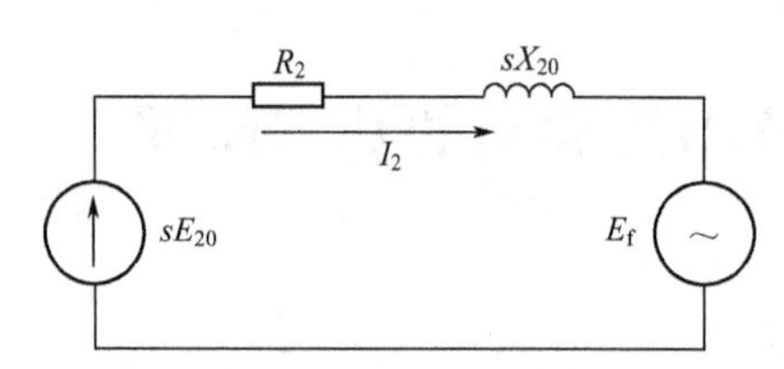

图 9-1 串级调速的转子电路原理图

转子电流 I_2 的值为

$$I_2 = \frac{sE_{20} \pm E_f}{\sqrt{R_2^2 + (sX_{20})^2}}$$

式中 E_{20}——$s=1$ 时转子开路相电动势；

X_{20}——$s=1$ 时转子绕组的相漏抗。

① 串入的交流附加电动势与转子感应电动势相位相反、频率相同，则转子电流将变小。

$$I_2 = \frac{sE_{20} - E_f}{\sqrt{R_2^2 + (sX_{20})^2}}$$

转子电流的减小，会引起交流电动机拖动转矩的减小，设原来电动机拖动转矩与负载转矩相等处于平衡状态，串入附加电动势必然引起电动机降速。在降速的过程中，随着速度的减小，转差率 s 增大，分子中 sE_{20} 回升，电流也回升，使拖动转矩升高后再次与负载平衡，降速过程最后，电动机会在某一较低的速度下重新稳定运行。

这种向下调速的情况称为低于同步转速的串级调速（低同步串调）或称次同步转速的串级调速（次同步串调）。

② 串入的交流附加电动势与转子感应电动势相位相同、频率相同，则转子电流将变大。

$$I_2 = \frac{sE_{20} + E_f}{\sqrt{R_2^2 + (sX_{20})^2}}$$

转子电流的增大，会引起交流电动机拖动转矩的增大，设原来电动机拖动转矩与负载转矩相等处于平衡状态，串入附加电动势必然引起电动机升速。在升速的过程中，随着速度的增大，转差率 s 减小，分子中 sE_{20} 下降，电流也下降，使拖动转矩下降后再次与负载平衡，升速过程最后，电动机会在某一较高的速度下重新稳定运行。

这种向上调速的情况称为高于同步转速的串级调速（超同步串调）。

9.1.3 串级调速的基本运行状态及其功率传递关系

忽略异步电动机定子、转子铜损耗、铁损耗及各种机械摩擦损耗等，只研究电磁功率 P_M、机械功率 $P_{mec}=(1-s)P_M$ 和转差功率 $P_s=sP_M$ 的流动方向，以确定其运行状态。

(1) 转子运行于次同步速的电动状态（$1>s'>0$）

图 9-2 是这种情况下的相量图，图中，s 是未加电压 $\dot{U}_2'$ 前电动机拖动某恒定负载的转差率，s' 是拖动同样负载且加了电压 $\dot{U}_2'$ 后电动机运行的转差率。$\dot{U}_2'$ 与 $s\dot{E}_2'$ 反相，电动机转速

往低调，即在零转速与同步转速之间调节。从图中看出：电磁功率 $P_M=m_1U_1I_1\cos\varphi_1>0$（式中，$m_1$ 为定子绕组相数）此功率的流动方向是从定子电源到电动机。

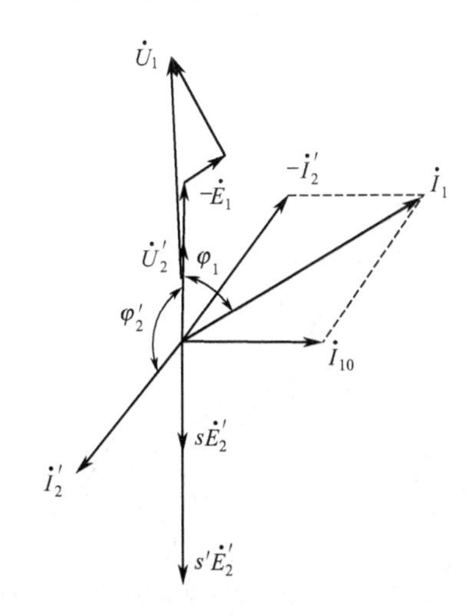

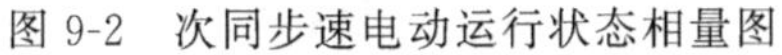
图 9-2 次同步速电动运行状态相量图

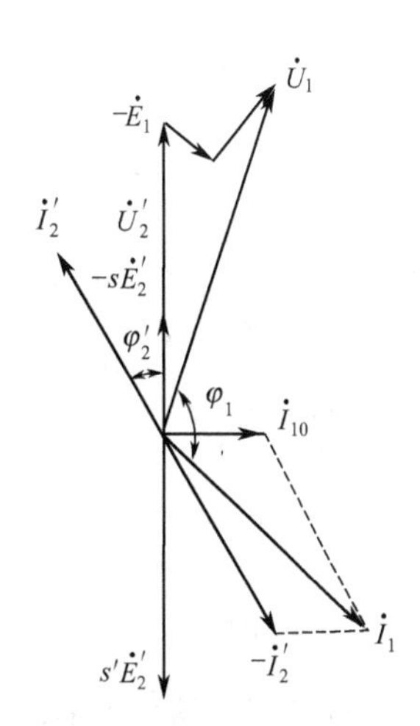

图 9-3 次同步速回馈制动运行状态相量图

机械功率 $P_{mec}=(1-s')P_M>0$，是电动机输出给机械负载的。

转差功率 $P_s=s'P_M=m_2U_2I_2\cos\varphi_2'<0$（式中，$\varphi_2'$为 $\dot{U}_2'$ 与 $\dot{I}_2'$间夹角），这部分功率回馈给转子外加电源了。

这种情况属电动运行状态，电磁转矩为拖动性转矩，见图 9-7(d)。

(2) 转子运行于次同步速的定子回馈制动状态（$1>s'>0$）

这种情况的相量图如图 9-3 所示，在未加 $\dot{U}_2'$前，电动机已运行在回馈制动状态，在此基础上加电压 $\dot{U}_2'$，且令 $\dot{U}_2'$与$-s\dot{E}_2'$同相，此时电动机的实际转差率 $s'>0$，转速低于同步转速，但仍是定子回馈制动运行状态。由图中可以看出：电磁功率 $P_M=m_1U_1I_1\cos\varphi_1<0$，是由电动机回馈给定子电源的。机械功率 $P_{mec}=(1-s')P_M<0$，是原动机输入给电动机的。转差功率 $P_s=s'P_M=m_2U_2I_2\cos\varphi_2'>0$，是转子外加电源输入给电动机的。这种情况下电磁转矩为制动性转矩，见图 9-7(c)。

(3) 转子运行于超同步速的电动状态（$s'<0$）

电动机原运行在次同步转速的电动状态，当转子外加电压 $\dot{U}_2'$与转子电动势 $s\dot{E}_2'$同相，且 $|\dot{U}_2'|>|s\dot{E}_2'|$，这时，电动机的转速超过同步转速，$s'<0$，见图 9-4。电磁功率 $P_M=m_1U_1I_1\cos\varphi_1>0$，由定子电源输给电动机。机械功率 $P_{mec}=(1-s')P_M>0$，由电动机输给负载。转差功率 $P_s=s'P_M=m_2U_2I_2\cos\varphi_2'>0$，由转子电源输给电动机。

此种情况属电动运行状态，电磁转矩为拖动性，如图 9-7(b) 所示。

(4) 转子运行于超同步速的定子回馈制动状态（$s'<0$）

异步电动机定子接在电源上，当转子转速超过同步转速时，就运行于定子回馈制动状态。在此基础上，若转子外加电压 $\dot{U}_2'$与$-s\dot{E}_2'$反相，如图 9-5 所示，则能将转子转速继续调高，即 $s'<0$（受转子机械强度限制）。由图 9-5 可以看出：电磁功率 $P_M=m_1U_1I_1\cos\varphi_1<0$，由电动机回馈给定子电源；机械功率 $P_{mec}=(1-s')P_M<0$，由原动机输给电动机；转差功率 $P_s=s'P_M=m_2U_2I_2\cos\varphi_2'<0$，回馈给转子外接电源。

这种情况下电磁转矩是制动性的，见图 9-7(a) 所示。

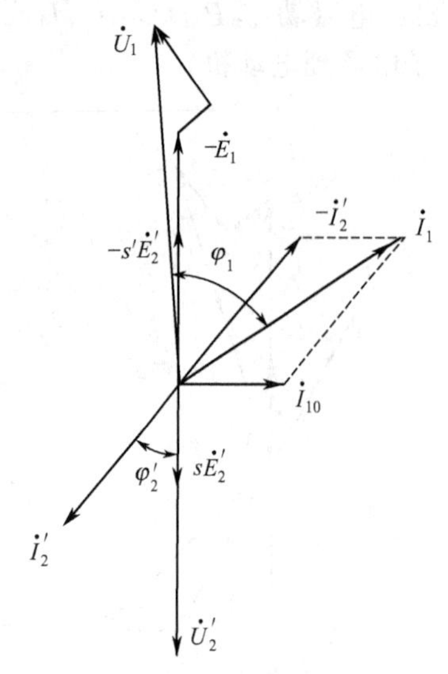

图 9-4　超同步速电动运行状态相量图

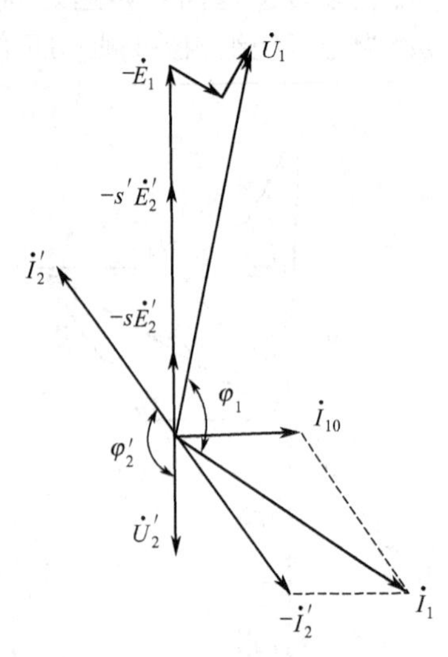

图 9-5　超同步速回馈制动运行状态相量图

（5）电动机运行于倒拉反转的电动状态（$s'>1$）

在图 9-2 的基础上，只要增大 U_2 的值，电动机的转速不仅可以向下调节，还可以停转乃至反转，即 $s'\geqslant1$。$x_2\gg r_2$，转子功率因数角 $\varphi_2\approx90°$，相量图如图 9-6 所示，由图可见：电磁功率 $P_M=m_1U_1I_1\cos\varphi_1>0$，由定子电源输给电动机。机械功率 $P_{mec}=(1-s')P_M<0$，由原动机输给电动机。转差功率 $P_s=s'P_M=m_2U_2I_2\cos\varphi_2'<0$，由电动机回馈给转子外接电源。

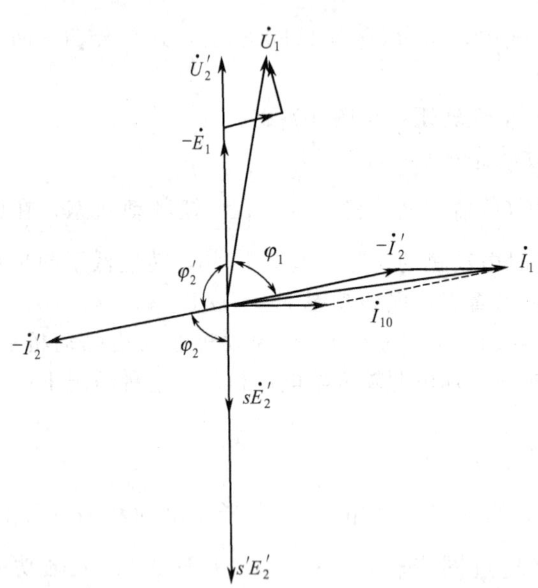

图 9-6　倒拉反转电动运行状态的相量图

此种情况下电磁转矩为拖动性，如图 9-7(e) 所示。

以上五种情况下的功率流动方向归纳如图 9-7 所示。

9.1.4　调速系统的基本类型

根据串级调速原理划分，调速系统可分为超同步串级调速系统和次同步串级调速系统。超同步串级调速系统在转子回路中串入与转子感应电势 sE_{20} 同相位、同频率且频率可变的交流附加电动势 E_{ad}，与次同步串级调速系统相比，不但效率高，而且能四象限运行，调速装置容量小，此外还可以解决功率因数低等问题，但它的主电路和控制电路复杂，调速装置成本较高。

由于在工程上获取可变频、可变幅的可控交流电源是有一定难度的，因此常把调速变换到直流电路上来进行，即先将电动机转子电动势整流成直流电压，然后引入一个直流附加电动势，调节直流附加电动势的幅值就可以调节异步电动机的转速。

根据异步电动机转速调节的区域来划分，可分为低同步转速单一调节区域的串级调速、超同步转速及低同步转速的两个区域的串级调速。

根据串级调速异步电动机转子回路中获得直流附加电动势 E_F 的方法，可将次同步串级

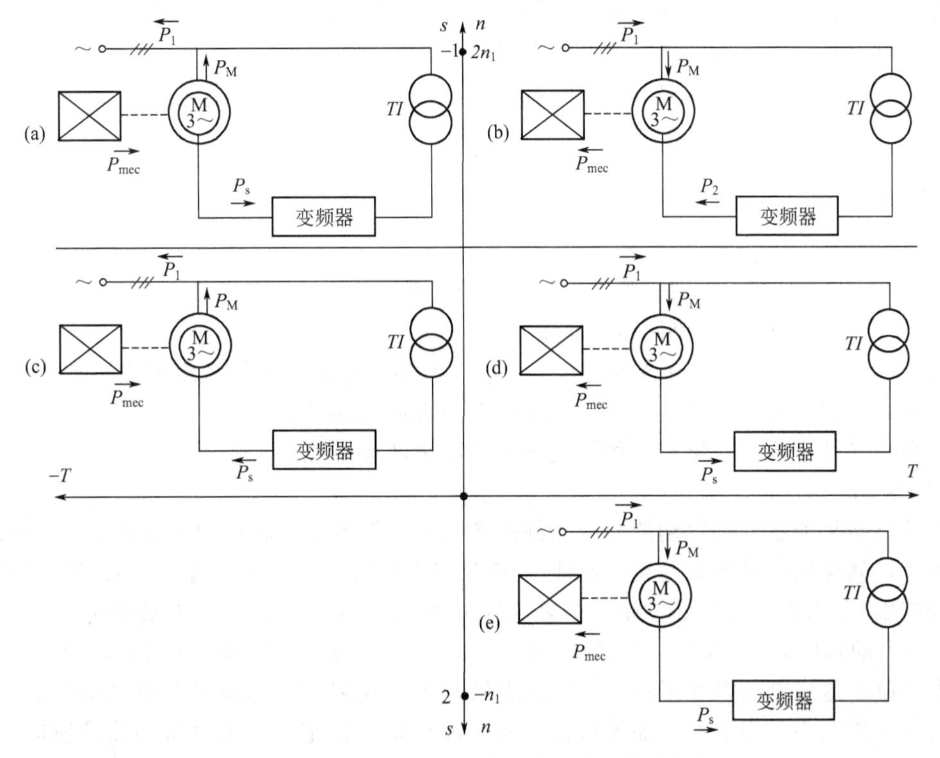

图 9-7　双馈电机五种运行状态下功率流动方向

调速系统分为电气串级调速系统和机械串级调速系统。

1. 电气串级调速系统

图 9-8 所示为电气串级调速系统。异步电动机转子侧的不可控整流器和电网侧的逆变器均采用三相桥式电路。通过控制逆变器的逆变角就可调节异步电动机的转速，使其在低于同步转速的范围内运行。

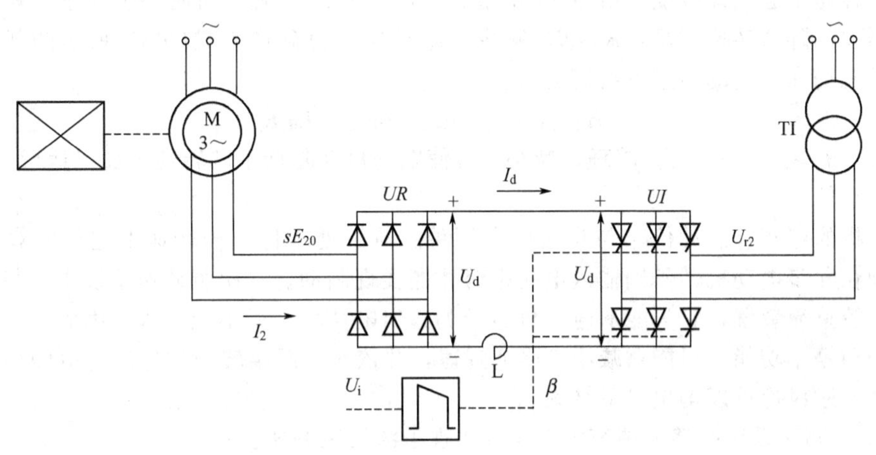

图 9-8　异步电动机电气串级调速系统

如图 9-8 所示，M 为三相绕线转子异步电动机，其转子相电动势 sE_{2o} 经三相不可控整流装置 UR 整流，输出直流电压 U_d。工作在有源逆变状态的三相可控整流装置 UI 提供了直流电压 U_i，作为电动机调速所需的附加直流电动势，同时将经 UR 整流输出的转差功率逆变后回馈到交流电网。TI 为逆变变压器，L 为平波电抗器。两个整流装置电压 U_d 和 U_i 的极性以及直流电路电流 I_d 的方向如图中所示。显然，稳定工作时，$U_d>U_i$。

由此可以写出整流后的转子直流回路电压平衡方程式

$$U_d=U_i+I_dR$$

或
$$K_1sE_{ro}=K_2U_{2T}\cos\beta+I_dR \tag{9-2}$$

式中 K_1、K_2——UR 和 UI 两个整流器的电压整流系数，如两者都是三相桥式整流电路，则 $K_1=K_2=2.34$；

U_{2T}——逆变变压器的二次相电压；

β——工作在逆变状态的可控整流装置 UI 的触发角；

R——转子直流回路总电阻。

需要说明，式(9-2) 中并未考虑电动机转子绕组与逆变变压器绕组的内阻和换相重叠压降的影响，所以只是一个简化公式，但足以对系统做定性分析。

下面按启动、调速与停车三种情况来分析串级调速系统的工作。

(1) 启动

电动机能从静止状态启动的必要条件是产生大于轴上负载转矩的电磁转矩。对串级调速系统而言，就是应有足够大的转子电流 I_r 或足够大的整流后直流电流 I_d，转子整流电压 U_d 与逆变电压 U_i 间应有较大的差值。异步电动机静止不动时，其转子电动势为 E_{ro}；控制触发角 β 使启动瞬间，U_d 和 U_i 的差值产生足够的 I_d，以满足所需的电磁转矩，但又不超过允许的电流值，这样电动机就可在一定的动态转矩下加速启动。随着异步电动机转速的提高，其转子电动势减小，为了维持加速过程中动态转矩基本恒定，当电动机加速到所需转速时，不再调整 β 角，电动机即在此转速下稳定运行。

设此时 $s=s_1$、$\beta=\beta_1$，则式(9-2) 可写为

$$K_1s_1E_{r0}=K_2U_{2T}\cos\beta_1+I_{dL}R$$

式中 I_{dL}——对应于负载转矩的转子直流回路电流。

(2) 调速

改变 β 角的大小就可以调节电动机的转速。当 β 增大时，使 $\beta=\beta_2>\beta_1$，逆变电压减少，但电动机转速不会立即改变，所以 I_d 将增大，电磁转矩增大，因而产生动态转矩，使电动机转速增加。随着转速增高，$K_1s_1E_{r0}$减少，I_d 回降，直到产生式(9-3) 所示的新的平衡状态，电动机仍在增高的转速下稳定运行。

$$K_1s_2E_{r0}=K_2U_{2T}\cos\beta_2+I_{dL}R \tag{9-3}$$

其中，$\beta_2>\beta_1$，$s_2>s_1$。同理，减小 β 可使电动机在降低了的转速下稳定运行。

(3) 停车

电动机的停车有制动停车与自由停车两种。对于处于低同步转速下运行的双馈调速系统，必须在异步电动机转子侧输入电功率时才能实现制动。在串级调速系统中，与转子连接的是不可控整流装置，它只能从电动机转子侧输出电功率，而不能输入。因此，串级调速系统没有制动停车功能，只能靠减小 β 逐渐减速，并依靠负载阻转矩的作用自由停车。

根据上述讨论可以得出以下结论。

① 串级调速系统能够靠调节触发角 β 实现平滑无级调速。

②系统能把异步电动机的转差功率回馈给交流电网，从而使扣除装置损耗后的转差功率得到有效利用，大大提高了调速系统的效率。

2. 机械串级调速系统

机械串级调速系统在国际上又称为 Kramer 系统，其原理图如图 9-9 所示，图中，在交流绕线转子异步电机同轴上还装有一台直流电动机，异步电动机的转差功率经整流后供给直流电动

机，后者把这部分电功率变换为机械功率，帮助异步电动机拖动负载，从而使转差功率得到利用。在这里，直流电动机的电动势就相当于直流附加电动势，通过调节直流电动机的励磁电流 可以改变其电动势，从而调节交流电动机的转速，增大励磁电流可使电动机减速，反之则加速。

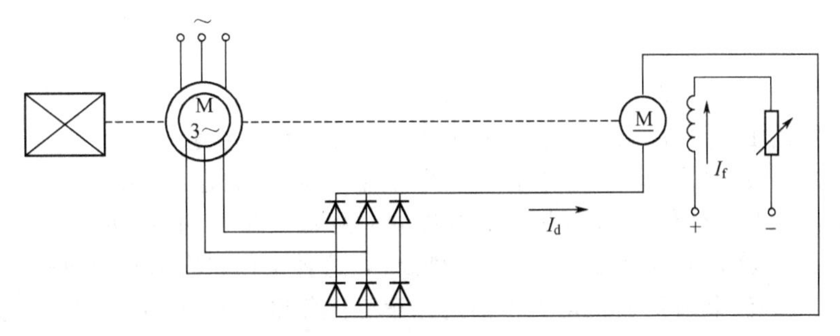

图 9-9　机械串级调速系统原理图

9.2　串级调速系统的机械特性

图 9-8 为电气串级调速系统原理线路图。串级调速的基本原理是通过控制转差功率 P_s 来控制电机转速 n。当不计转子铜耗及转子整流器的损耗时，转差功率为

$$P_s=U_d I_d$$

因此，转子整流器的外特性 $U_d=f(I_d)$ 对串级调速系统的机械特性有重要的影响。

9.2.1　串级调速系统的转子整流器的工作状态

转子整流器空载时 $I_d=0$，其直流侧平均电压为

$$U_d=U_{d0}=2.34sE_2$$

式中　E_2——电动机静止（$s=1$）时转子每相感应电动势。

加负载后 U_d 要降低，这时

$$U_d=U_{d0}-\Delta U$$

式中　ΔU——负载后转子整流器产生的电压降。

产生 ΔU 的原因有两个：一是电动机转子绕组的电阻压降和整流二极管的管压降；二是电动机定、转子绕组的漏抗，可用折算到转子侧的等效漏抗 x_D 表示

$$x_D=x_1'+x_2$$

两个原因中的前者在 ΔU 中所占比例不大，通常不予考虑；后者对转子整流器的换相有重大影响。由于电感阻碍电流变化，换相不能瞬时完成，从而产生换相重叠现象。换相重叠时间用换相重叠角 μ 表示，其表达式如下。

$$\mu==\arccos\left(1-\frac{2x_D I_d}{\sqrt{6}E_2}\right) \tag{9-4}$$

换相压降表达式为

$$\Delta U=\frac{3x_D s}{\pi}I_d \tag{9-5}$$

式中　x_D——$s=1$ 时折算到转子侧的电动机每相漏抗。

转子整流器输出电压为

$$U_d=2.34sE_2-\frac{3x_D s}{\pi}I_d \tag{9-6}$$

换相重叠现象在变压器供电的整流电路中也存在，不过由于变压器的漏抗值较小，故换相重叠现象不十分严重，而异步电动机的漏抗要大得多，在额定负载下，重叠角可达30°左右，因此在分析转子整流器外特性时不能忽略换相重叠。

由式(9-4)可知，换相重叠角μ随着转子直流电流I_d的增加而增大。在三相不可控桥式整流电路中，根据整流电流I_d及与之有关的换相重叠角μ可将整流器的工作情况划分为三个工作区。将$\mu \leqslant 60°$时的工作状态称为第一工作区，在此工作区内，每隔60°换相一次，每个整流元件导通$120° + \mu$，元件换相重叠时将有三个元件导通，式(9-4)及式(9-6)适用于第一工作区；当$\mu=60°$时，如果转子回路的直流I_d再继续增大，则整流电路的工作出现换相延迟现象，此时，任何时刻都有三个器件同时导通，重叠角$\mu=60°$保持不变，而产生一个延时相角α_P，随I_d的增大α_P由0°增加到30°，这种工作状态为整流电路的第二工作区；若α_P再增大，则整流器将不能正常工作而进入第三工作区，此时，$\alpha_P = 30°$不变，而重叠角μ又重新开始随I_d的增大而增加（$\mu>60°$），将有四个整流元件同时导通，这实际是一种故障工作状态。

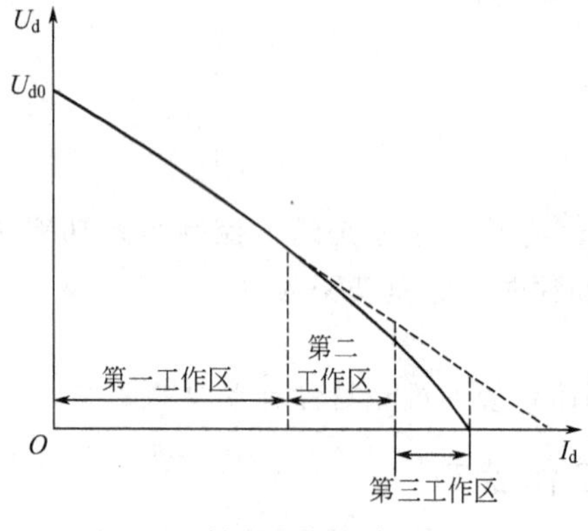

图 9-10　转子整流器外特性曲线

在第二工作区，重叠角μ、延时换相角α_P与直流电流I_d的关系为

$$\cos(\alpha_P+\mu)=\cos\alpha_P-\frac{2x_D I_d}{\sqrt{6}E_2} \tag{9-7}$$

在第二工作区，转子整流电路输出平均电压U_d可由式(9-8)计算。

$$U_d=2.34sE_2\cos\alpha_P-\frac{3x_D s}{\pi}I_d \tag{9-8}$$

与式(9-6)相比可知：第二工作区的输出直流电压比第一工作区时要小，图9-10为转子整流器外特性曲线。

9.2.2　串级调速系统的调速特性

电气串级调速系统的调速特性$n=f(I_d, \beta)$即电动机转速n与转子直流负载电流I_d及逆变角β之间的关系，当图9-8所示串级调速系统在转子整流电路处于第一工作区（$\alpha_P=0°$）时，可以推得关系式$n=f(I_d, \beta)$为

$$n=n_1\left[\frac{2.34(E_2-E_{2B}\cos\beta)-I_d\left(\frac{3x_D}{\pi}+\frac{3X_B}{\pi}+2R_B+2r_D+R_L\right)}{2.34E_2-\frac{3x_D}{\pi}I_d}\right] \tag{9-9}$$

式中　E_2——电动机静止（$s=1$）时转子每相电动势；

E_{2B}——逆变变压器二次侧额定相电动势；

R_B——折算到二次侧的逆变变压器每相等效电阻，忽略电流重叠效应影响，近认为$R_B=\frac{R_{B1}}{K_B}+R_{B2}$；

X_B——折算到二次侧的逆变变压器每相等效漏抗，$X_B=\frac{X_{B1}}{K_B}+X_{B2}$；

K_B——逆变变压器一次绕组匝数与二次绕组匝数的比值；

R_L——直流平波电抗器的电阻；

r_D——折算到转子侧的电动机每相等效电阻，为简化分析，忽略换相重叠效应和定

子电阻的影响，近似有 $r_D=r_2$（r_2 为电动机转子侧电阻）；

x_D——折算到转子侧 $s=1$ 时电动机每相等效漏抗。

令

$$U=2.34(E_2-E_{2B}\cos\beta) \tag{9-10}$$

$$R_\Sigma=\frac{3x_D}{\pi}+\frac{3X_B}{\pi}+2R_B+2r_D+R_L \tag{9-11}$$

$$C_e=\frac{2.34E_2-\frac{3x_D}{\pi}I_d}{n_1} \tag{9-12}$$

则式(9-9) 可简化为如下形式。

$$n=\frac{1}{C_e}(U-R_\Sigma I_d) \tag{9-13}$$

由此可见，电气串级调速系统有类似于他励直流电动机的调速特性。在电气串级调速系统中，调节 β 角的大小，就改变了 U 的值，相当于改变直流电动机电枢端的电压；系统中的等效电阻 R_Σ 相当于直流电动机电枢回路总电阻，决定了机械特性硬度，由于电气串级调速系统中 R_Σ 较大，故机械特性较软。系统中的等效电动势系数 C_e 随 I_d 的增大而减小，相当于直流电动机存在电枢反应的去磁效应。

当电气串级调速系统负载增大到转子整流器出现延迟换相，即进入第二工作区时，转子整流器的输出直流电压 U_d 将有所减小，串级调速系统的特性变软。随着负载电流 I_d 的增大，α_P 也增大，转速显著下降。

电机式串级调速系统本质上和电气串级调速没有什么区别，只是附加电动势是由直流电机建立的，逆变器的作用被电动机-发电机组所取代。电机式串级调速的控制原理是改变直流电机的励磁电流以改变磁通，从而改变附加电动势的大小，直流电机的电枢反电势为

$$E_D=E_{DN}\Phi_*$$

式中 E_{DN}——直流电动机的额定电动势；

Φ_*——直流电动机气隙磁通的相对值，$\Phi_*=\frac{\Phi}{\Phi_N}$，由电动机磁化曲线确定。

可以推得，电机式串级调速在第一工作区的调速特性 $n=f(E_D,I_d)$ 为

$$n=n_1\left[\frac{2.34(E_2-E_D)-I_d\left(\frac{3x_D}{\pi}+2r_D+R_L+R_D\right)}{2.34E_2-\frac{3x_D}{\pi}I_d}\right] \tag{9-14}$$

式中 R_D——直流电动机电枢回路电阻。

机械串级调速系统使用一种恒功率调速方式，异步电动机的转差能量由直流电机转变为机械能，加到异步电动机的轴上。可以推得，机械串级调速在第一工作区的调速特性 $n=f(I_d,E_D)$为

$$n=n_1\left[\frac{2.34E_2-I_d\left(\frac{3x_D}{\pi}+2r_D+R_L+R_D\right)}{2.34E_2+K_nE_D-\frac{3x_D}{\pi}I_d}\right] \tag{9-15}$$

式中 K_n——异步电动机同步转速 n_1 与直流电动机额定转速 n_{DN}之比，$K_n=\frac{n_1}{n_{DN}}$。

9.2.3 异步电动机在串级调速时的机械电磁转矩特性

电气串级调速系统和电机式串级调速系统同属于恒转矩调速类型，可以推得它们在第一

工作区内，在忽略定子电阻影响时，电动机的机械特性表达式 $T=f(s)$ 为

$$T=\frac{18E_2^2}{\pi\Omega_1 x_D}\left[\frac{s-s_0}{s+R_{2^*}}-\left(\frac{s-s_0}{s+R_2^*}\right)^2\right] \tag{9-16}$$

式中　R_{2^*}——阻抗相对值，对于晶闸管串级调速，$R_{2^*}=\frac{X_B}{x_D}+\frac{2\pi r_D}{3x_D}+\frac{\pi R_L}{3x_D}+\frac{2\pi R_B}{3x_D}$；对于电动机式串级调速，$R_{2^*}=\frac{\pi(2r_D+R_L+R_D)}{3x_D}$；

s_0——串级调速系统理想空载时的转差率，对于晶闸管串级调速系统，$s_0=(E_{2B}/E_2)\cos\beta$；对于电动机式串级调速系统，$s_0=E_D/(2.34E_2)$。

第二工作区的表达式为

$$T=\frac{9\sqrt{3}E_2^2}{4\pi\Omega_1 x_D}\sin\left(2\alpha_P+\frac{\pi}{3}\right) \tag{9-17}$$

由此可见，当延迟换相角 $\alpha_P=\pi/12=15°$时，可得到串级调速系统在第二工作区内的转矩最大值。

$$T_{2m}=\frac{9\sqrt{3}E_2^2}{4\pi\Omega_1 x_D} \tag{9-18}$$

将 $\alpha_P=0$ 代入式(9-17) 可得到串级调速系统再由第一工作区转入第二工作区运行的交界点处转矩 $T_{1\text{-}2}$ 值

$$T_{1\text{-}2}=\frac{27E_2^2}{8\pi\Omega_1 x_D} \tag{9-19}$$

利用上述串级调速系统在两个工作区的有关表达式，可画出串级调速系统机械特性曲线，如图 9-11 所示。曲线中的 AB 段为第一工作区的机械特性，BC 段为第二工作区的机械特性，C 点以后为第三工作区（此区不能正常工作）。

图 9-11 还画出了异步电动机正常接线时的固有机械特性曲线，以便比较。在正常接线下运行时，电动机固有最大转矩表达式为

$$T_m=\frac{3U_1^2}{2\Omega_1[r_1+\sqrt{(x_1+x_2')^2+r_1^2}]} \tag{9-20}$$

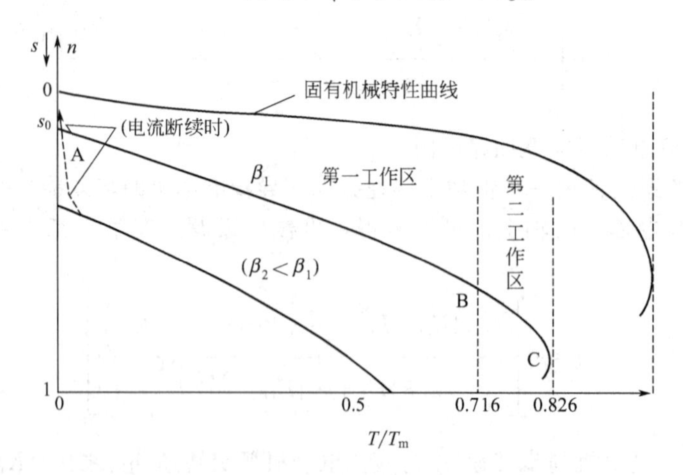

图 9-11　异步电动机串级调速时的机械特性

对于大容量异步电动机，r_1 值与 x_1+x_2 相比很小，工程计算时可忽略不计，则式(9-20) 可简化为

$$T_m=\frac{3U_1^2}{2\Omega_1(x_1+x_2')}=\frac{3(K_D E_2)^2}{2\Omega_1(x_1+x_2')}=\frac{3E_2^2}{2\Omega_1 x_D} \tag{9-21}$$

把式(9-18)、式(9-19) 分别与式(9-20) 相比，可得

$$\frac{T_{2m}}{T_m}=\frac{\dfrac{9\sqrt{3}E_2^2}{4\pi\Omega_1 x_D}}{\dfrac{3E_2^2}{2\Omega_1 x_D}}=0.826 \tag{9-22}$$

$$\frac{T_{1\text{-}2}}{T_m}=\frac{\dfrac{27E_2^2}{8\pi\Omega_1 x_D}}{\dfrac{3E_2^2}{2\Omega_1 x_D}}=0.716 \tag{9-23}$$

由式(9-22) 可得出一重要结论，即串级调速系统中电动机所能产生的最大转矩为异步电动机正常接线运行时所能产生的固有最大转矩 T_m 的 0.826 倍，也就是采用串级调速后电动机的过载能力降低了 17.4%。对冲击性负载，在设计串级调速系统时应考虑这一影响。

由式(9-23) 可知，串级调速系统由第一工作区转入第二工作区运行的交界点处的转矩 $T_{1\text{-}2}$为电动机固有最大转矩值 T_m 的 0.716 倍，一般异步电动机的过载倍数 $\lambda=T_m/T_N\geqslant 2$，即 $T_{1\text{-}2}$一般大于电动机额定转矩 T_N。因此，串级调速系统在额定转矩下运行时，一般均处于机械特性第一工作区内。

机械串级调速装置具有恒功率特性，其转矩由异步电动机的转矩和直流电动机转矩两部分组成。可以推得机械串级调速系统的机械特性表达式 $T=f(s)$ 为

$$T=\frac{18E_2^2}{\pi\Omega_1 x_D}\times\frac{(1+U_{2M^*}\Phi_*)(s-s_0)}{s+R_{2^*}}\left[1-\frac{(1+U_{2M^*}\Phi_*)(s-s_0)}{s+R_{2^*}}\right]+\frac{2.34E_2\pi C_T\Phi_*}{3x_D}\times\frac{(1+U_{2M^*}\Phi_*)(s-s_0)}{s+R_{2^*}} \tag{9-24}$$

式中　C_T——直流电动机的转矩系统，由电动机结构确定。

$$U_{2M^*}=\frac{E_{DN}K_n}{2.34E_2}$$

$$s_0=\frac{U_{2M^*}\Phi_*}{1+U_{2M^*}\Phi_*}$$

$$R_{2^*}=\frac{\pi(2r_D+R_L+R_D)}{3x_D}$$

随着速度的降低，机械串级调速的过载能力和机械特性的硬度将明显增加。

9.3 串级调速系统的效率和功率因数

9.3.1 串级调速系统的效率

串级调速系统的效率是指电动机轴上输出的功率与从电网吸收的输入功率之比。但在实际的工程设计中，往往先计算系统各部分损失，然后求出整个系统的效率。绕线转子异步电动机串级调速的基本思想之一就是有效利用异步电动机的转差能量，使传动系统在调速过程中始终保持高效率。图 9-12 示出了电气串级调速系统各部分能量传递的方向。

电气串级调速系统在电动工况和动力制动工况时的效率可分别由下面两式计算而

得到。

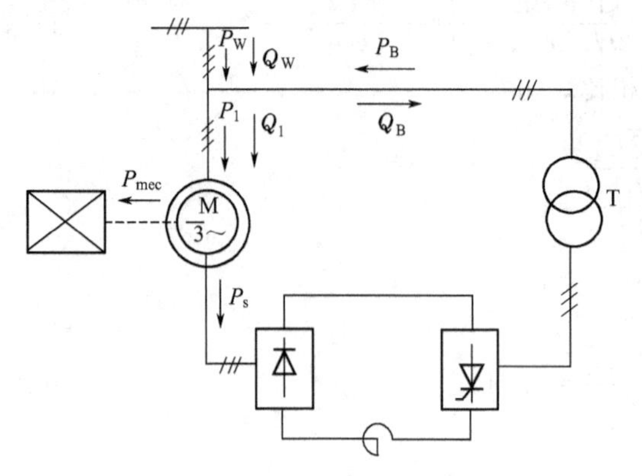

图 9-12　电气串级调速系统的能量传递

$$\eta_K = \frac{P_2}{P_2 + \Delta P_\Sigma}$$

$$\eta_{KT} = \frac{P_{mec} - \Delta P_\Sigma}{P_{mec}}$$

式中　η_K——电气串级调速系统在电动工况时的效率；

η_{KT}——电气串级调速系统在动力制动工况时的效率；

ΔP_Σ——串级调速系统的总损耗；

P_{mec}——动力制动工况时的机械功率；

P_2——电动工况时轴的输出功率。

总损耗 ΔP_Σ 可以分为固定损耗 K 和可变损耗 V 两部分，即

$$\Delta P_\Sigma = K + V$$

固定损耗是和负载电流无关的功率损耗，如励磁电流 I_0 在定子绕组中产生的铜损耗、定子铁损耗、转子铁损耗、机械损耗和附加损耗等。当调节电动机的转速时，固定损耗基本不变。自然接线的异步电动机在额定负载情况下，固定损耗为

$$K_{AM} = P_N \frac{1-\eta_N}{\eta_N} - T_N \Omega_1 S_N \left(1 + \frac{r_1}{r_2}\right)$$

式中　P_N——异步电动机的额定功率；

η_N——自然接线的异步电动机的额定效率；

T_N——异步电动机的额定转矩。

电气串级调速的异步电动机的固定损耗由于电流中高次谐波分量的存在而略大于 K_{AM}，约为 $1.05K_{AM}$，此外，串级调速系统的固定损耗 K 还应包括变压器的空载损耗 Δp_{TRO}，即

$$K = 1.05K_{AM} + \Delta p_{TRO}$$

可变损耗是和负载电流的平方成正比的，自然接线的异步电动机在额定负载情况下，可变损耗为

$$V_N = T_N \Omega_1 S_N \left(1 + \frac{r_1'}{r_2}\right)$$

电气串级调速系统的可变损耗可由转子回路的损耗来确定

$$V = I_d^2 R_{eq}$$

式中　R_{eq}——转子回路直流等效电阻，$R_{eq} = 2r_D + 2R_B + R_L$。

电流 I_d 和负载转矩有关，有

$$I_d = \frac{\sqrt{6}E_2}{2x_D} - \sqrt{\frac{3E_2^2}{2x_D^2} - \frac{\sqrt{2}\Omega_1 T_L}{1.35x_D}}$$

式中　T_L——负载转矩。

电机式串级调速系统的固定损耗 K_{M1} 包括异步电动机的固定损耗 $1.05K_{AM}$、同步电动机的固定损耗 K_{SM} 和直流电动机的固定损耗 K_D

$$K_{M1} = 1.05K_{AM} + K_{SM} + K_D$$

直流电动机的固定损耗主要是机械损耗，可由直流电动机的额定参数求得

$$K_D = \frac{1}{2}\left(P_{DN}\frac{1-\eta_{DN}}{\eta_{DN}} - I_{DN}^2 R_D\right)$$

式中　R_D——直流电动机电枢回路电阻；

P_{DN}——直流电动机额定功率；

η_{DN}——直流电动机额定效率；

I_{DN}——直流电动机额定电流。

为了提高系统的功率因数，一般要充分发挥同步电动机的全部视在功率，所以同步电动机的全部损耗可认为是一常数，即

$$K_{SM}=P_{SMN}\frac{1-\eta_{SMN}}{\eta_{SMN}}$$

式中　P_{SMN}——同步电动机的额定输出功率；

η_{SMN}——同步电动机的额定效率。

因此，电机式串级调速系统的固定损耗为

$$K_{M1}=1.05K_{AM}+\frac{1}{2}\left(P_{DN}\frac{1-\eta_{DN}}{\eta_{DN}}-I_{DN}^2R_D\right)+P_{SMN}\frac{1-\eta_{SMN}}{\eta_{SMN}}$$

电机式串级调速系统的可变损耗由两部分组成。第一部分为电流 I_d 产生的损耗；另一部分是直流电动机的铁损耗及附加损耗，这部分损耗可近似认为等于其机械损耗 K_D 和磁通相对值的乘积。因此，系统的可变损耗为

$$V_{M1}=I_d^2R_{eq1}+K_D\Phi_*$$

$$R_{eq1}=2r_d+R_D$$

式中　Φ_*——直流电动机磁通相对值。

$$\Phi_*=\frac{\Phi}{\Phi_{DN}}$$

机械串级调速系统的固定损耗 K_{M2} 只是异步电动机固定损耗的 1.05 倍，而可变损耗 V_{M2} 包括直流电流 I_d 产生的损耗和直流电动机的机械损耗及铁损耗。在工程计算时，利用式(9-25) 可得到满意的结果

$$K_{M2}=1.05K_{AM}$$

$$V_{M2}=L_d^2R_{eq1}+\left(P_{DN}\frac{1-\eta_{DN}}{\eta_{DN}}-I_d^2R_D\right)\times(1+\Phi_*)\frac{n}{2n_{DN}} \tag{9-25}$$

9.3.2　串级调速系统的功率因数及其改善途径

串级调速系统的功率因数较低，这是它的主要缺点。功率因数较低的主要原因有以下三个方面。

① 串级调速系统中的逆变变压器需要从电网吸收无功功率 Q_B，这是串级调速系统功率因数低的主要原因。

由图 9-12 可知，电网既向电动机供给无功功率 Q_1，也向逆变变压器供给无功功率 Q_B，电网向整个串级调速系统提供的有功功率 P_W 则为输送给电动机定子的有功功率 P_1 减去由晶闸管逆变器返回到电网的回馈功率 P_B。故晶闸管串级调速系统的总功率因数为

$$\cos\varphi_K=\frac{P_W}{S_W}=\frac{P_1-P_B}{\sqrt{(P_1-P_B)^2+(Q_1+Q_B)^2}} \tag{9-26}$$

式中　P_W——串级调速系统从电网吸收的总有功功率；

S_W——串级调速系统总视在功率；

P_1——电动机定子吸收的有功功率；

P_B——逆变变压器回馈到电网的有功功率；

Q_1——电动机定子吸收的无功功率；

Q_B——逆变变压器吸收的无功功率；

由式(9-26) 可知，串级调速系统的总功率因数是较低的。

此外，还可推得逆变变压器吸收的无功功率为

$$Q_B = s_{max} K_i \frac{\sin\beta}{\cos\beta_{min}} S_{De} \qquad (9\text{-}27)$$

式中 s_{max}——串级调速系统的最大转差率；

K_i——负载系数；

β_{min}——最小逆变角；

S_{De}——电动机的额定视在功率。

由此可见，串级调速系统的转速较低，逆变变压器吸收的无功功率越大，系统的功率因数也就越低。

② 串级调速系统中，转子整流电路存在严重的换相重叠现象，使电动机转子电流（基波）落后于转子电压相位 $\mu/2$，电动机本身运转的功率因数变差。

$$\cos\varphi_D = \cos\varphi\cos\frac{\mu}{2}$$

式中 $\cos\varphi$——转子电流和电压未出现重叠而引起相位落后时的电动机原功率因数。

③ 串级调速系统中电动机和逆变变压器的电流波形发生畸变，电流的高次谐波分量引起无功的畸变功率，也使串级调速系统的总功率因数变坏。

一般串级调速系统在高速满载运转时总功率因数约为 0.6，而低速时总功率因数更差，因此，当串级调速装置容量较大时，需采取改善电网功率因数的措施。具体改善功率因数的方法很多，但不外乎两条途径：一是采用补偿装置（例如电力电容器、同步补偿器）；二是增加变流器的相数（例如 12 相、24 相），以主要解决畸变系统的问题。当然，还可以采取措施使延迟角在整个调节范围内变得较小，从而在一定程度上改善变流器的相移系数（例如采用两套变流器的串联连接、变压器抽头等）。

要改善整个串级调速装置的功率因数，具体可采用以下六种方法。

① 于电源侧连接能提供导前无功电流的旋转式同步补偿器（或与同步电机配合使用）或电力电容器。

② 变压器的抽头切换。随着直流电压的调节，改变变压器的抽头，以维持逆变角为尽量低的数值，来改善功率因数。图 9-13 是串级调速常用的一种线路，它特别适用于泵类负载。

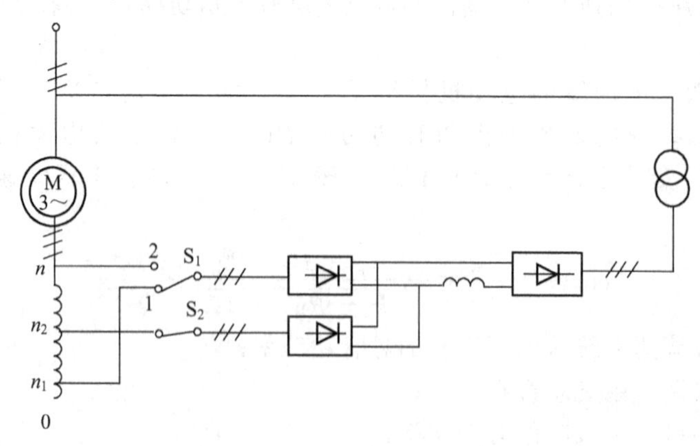

图 9-13 带变压器抽头切换的串级调速装置线路图

③ 变流器的串并联切换。接线方式如图9-14所示，这种接线方式也适用于泵类负载。它能减小串级变流装置的装机容量及改善功率因数。

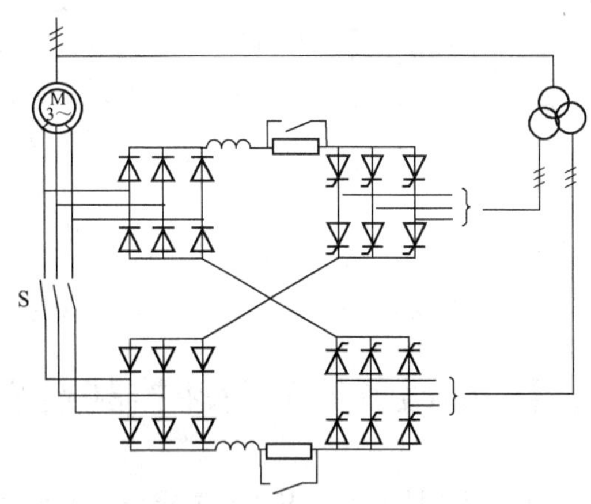

图 9-14　变流器串并联切换的串级调速装置线路图

④ 逆变器的串联连接。接线方式如图9-15所示，图中逆变器Ⅰ的β角保持在可能的最小值不变，逆变桥Ⅱ则可以从最小α_P角调节到最小β角，这样可使逆变电压从零值到最大值之间变化。采用逆变器串联联结后，无功功率可以减少一半左右。

⑤ 电源侧逆变器的逆变与整流工作制交替工作。在串级调速系统中，逆变器的工作状态实际上是逆变状态与整流状态的相互交替，只不过逆变能量大于整流能量而已。因此，如能设法将逆变器的整流工作状态消除，则能使逆变器的功率因数得到提高。

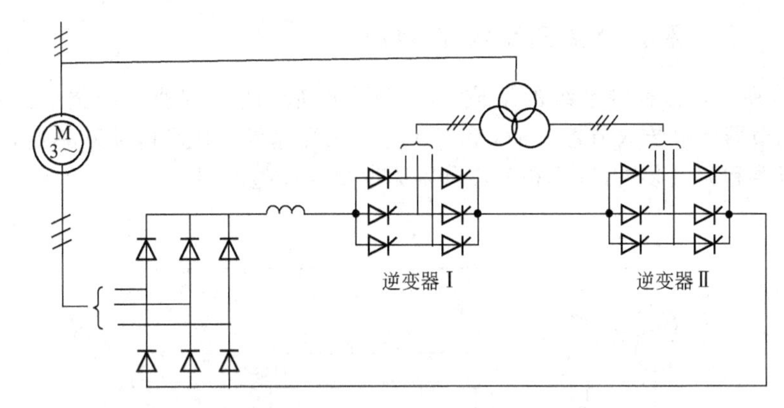

图 9-15　逆变器串联连接的串级调速装置线路图

⑥ 采用强迫换相的具有导前功率因数的电源侧逆变器。如果使用晶闸管，可以采用具有强迫换相电路的交-直-交电流型逆变器；如果使用全控型器件，由于器件本身具有自关断能力，因而无需换相电路，可以缩小装置体积，提高装置效率与工作效率，并可减小由于换相所引起的附加电压及电流。使用门极关断晶闸管GTO时，触发线路简图及其单相电压型逆变器线路分别如图9-16(a)、图9-16(b) 所示。

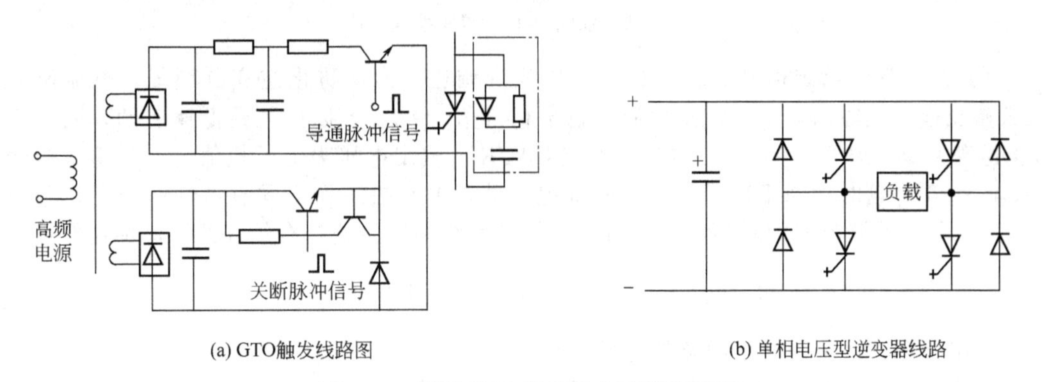

图 9-16　使用GTO逆变器的原理线路图

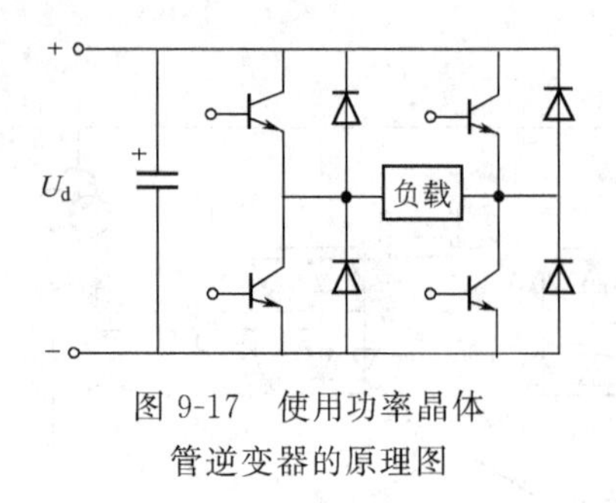

图 9-17 使用功率晶体管逆变器的原理图

使用功率晶体管GTR时的电压型逆变器线路简图如图9-17所示，利用GTO、GTR、IGBT等全控型器件构成逆变线路，可以产生反向延迟角并提高开关频率，实现PWM控制，从而为改善串级调速系统的功率因数提供了更加广阔的手段。

电机式串级调速系统中使用了同步电动机，功率因数较高；机械串级调速系统的功率因数就是异步电动机的功率因数。

9.4 串级调速的闭环控制系统

对于调速精度和动态特性要求较高的场合，可采用反馈控制。通常采用的是具有电流反馈与转速反馈的双闭环控制，即电流内环和转速外环。由于在串级调速系统中采用转子不可控整流，简化了主回路和控制回路。而其动态性能的改善一般只是指启动与过程性能，而减速过程只能够靠负载作业自由降速。

9.4.1 双闭环串级调速系统的组成

如图9-18所示，该控制系统的组成与直流不可逆双闭环调速系统类似。ASR和ACR分别为速度调节器和电流调节器，TG和TA分别为测速发电机和电路互感器，TI和GT分别为逆变变压器和触发装置，UI和UR分别为逆变器和整流器。

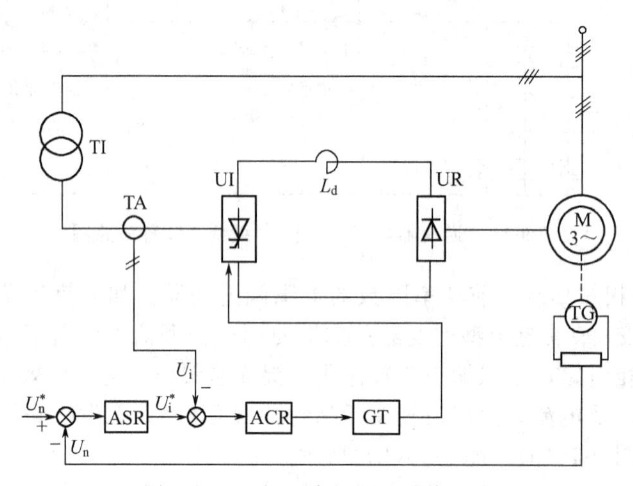

图 9-18 双闭环串级调速系统组成

通过改变转速给定信号 U_n^* 的值，可以实现调速。为了防止逆变器颠覆，电流调节器ACR输出电压为零时，应整定触发脉冲输出相位角 $\beta=\beta_{min}$，以保证最低速启动，通常为了防止逆变失败，取 $\beta_{min}=30°$。当电流调节器ACR的输出电压为上限幅值时，应整定逆变角 $\beta=\beta_{min}=90°$，这时相当于转子没有了附加电动势，电动机工作于固有特性曲线上。利用电流负反馈和转速调节器的限幅作用，可使双闭环串级调速系统具有较好的恒流加速特性。

9.4.2 双闭环串级调速系统的动态结构图

1. 串级调速系统直流主回路的传递函数

由图9-19可知直流主回路的动态电压平衡方程式。

$$sU_{do}-U_{io}=L_{\Sigma}\frac{dI_d}{d_i}+R_{\Sigma}I_d$$

$$U_{io}=2.34U_{2T}\cos\beta \tag{9-28}$$

式中　U_{io}——逆变器输出的空载电压；

L_{Σ}——转子直流回路总电感；

R_{Σ}——当转差率为 s 时转子直流回路等效电阻，$R_{\Sigma}=\frac{3X_{DO}}{\pi}s+\frac{3X_T}{\pi}+2R_T+R_L$。

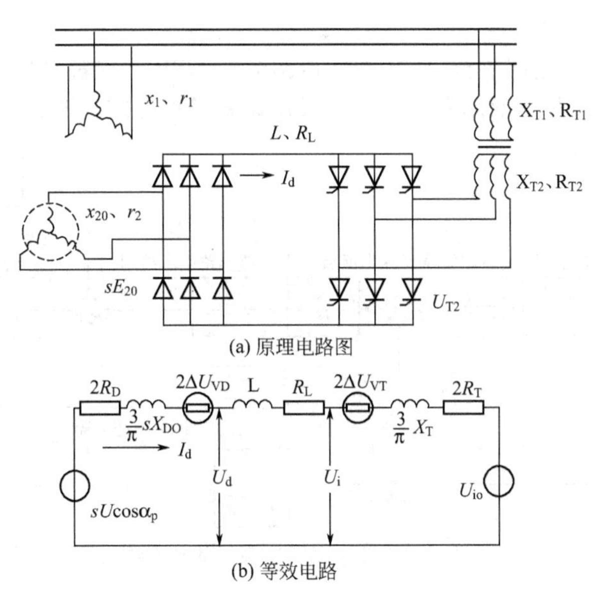

图 9-19　低同步串级调速系统原理电路图及其等效电路

则式(9-28) 可改写为：

$$U_{do}-\frac{n}{n_o}U_{do}-U_{io}=L_{\Sigma}\frac{dI_d}{dt}+R_{\Sigma}I_d \tag{9-29}$$

对式(9-29) 进行拉氏变换，可求得转子直流主回路的传递函数

$$\frac{Id(s)}{U_{do}-\frac{n(s)}{n_o}U_{do}-U_{io}(s)}=\frac{K_{Lr}}{T_{Lr}+1} \tag{9-30}$$

式中　K_{Lr}——转子直流主回路的放大系数，$K_{Lr}=1/R_{\Sigma}$；

T_{Lr}——转子直流主回路的时间常数，$T_{Lr}=L_{\Sigma}/R_{\Sigma}$。

需要指出的是：K_{Lr}和 T_{Lr}都是转速 n 的函数，它们不是常数。

2. 异步电动机的传递函数

由于串级调速系统的额定工作点处于第一工作区，异步电动机的电磁转矩为

$$T_e=\frac{1}{\Omega_0}\left(U_{do}-\frac{3X_{DO}}{\pi}I_{do}\right)I_d=C_mI_d$$

式中　C_m——串级调速系统的转矩系数。

电力拖动系统的运动方程式为：

$$T_e-T_L=\frac{GD^2dn}{375dt}$$

或

$$G_m(I_d-I_L)=\frac{GD^2dn}{375dt}$$

式中　I_L——负载转矩 T_L 所对应的等效负载电流。

对上式求拉氏变换，可得异步电动机在串级调速时的传递函数为：

$$\frac{n(s)}{I_d(s)-I_L(s)}=\frac{1}{\dfrac{GD^2}{375C_m}s}=\frac{1}{T_m S}$$

$$T_m=GD^2/375C_m$$

应注意，由于系数 C_m 是电流 I_d 的函数，所以 T_m 也不是常数而是 I_d 的函数。

3. 系统的动态结构图

如图 9-20 所示，电流调节器 ACR 与转速调节器 ASR 一般都采用 PI 调节器。再考虑波环节等，就可直接画出具有双闭环控制的串级调速系统动态结构图。

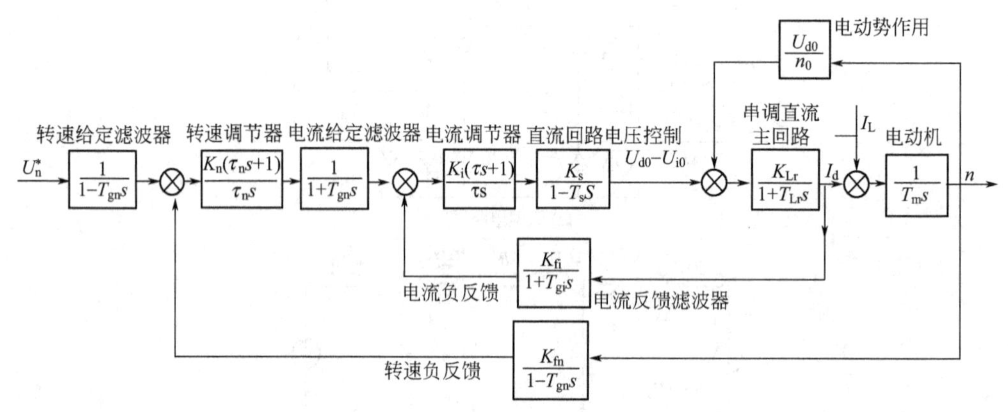

图 9-20　双闭环串级调速系统的动态结构图

另外，双闭环串级调速的控制系统也可应用工程设计法来综合。其动态特性应按对负载扰动的动态响应来考虑。电流环宜用Ⅰ型系统综合，转速环应用Ⅱ型系统来综合。

9.5　超同步串级调速系统

转差功率只能从转子输出并经串级调速装置反馈电网，功率传递方向是单一的。而超同步串级调速系统不但定子侧输入功率，而且转子侧也输入功率，使电动机处于双馈状态下。由于电动机可从定子和转子两边供电，所以统称为双馈调速系统。

9.5.1　超同步串级调速的工作原理

由图 9-21 可以看出，系统转子侧的整流器 1UR 是可控的，转差功率的传递方向就变为可逆的了。

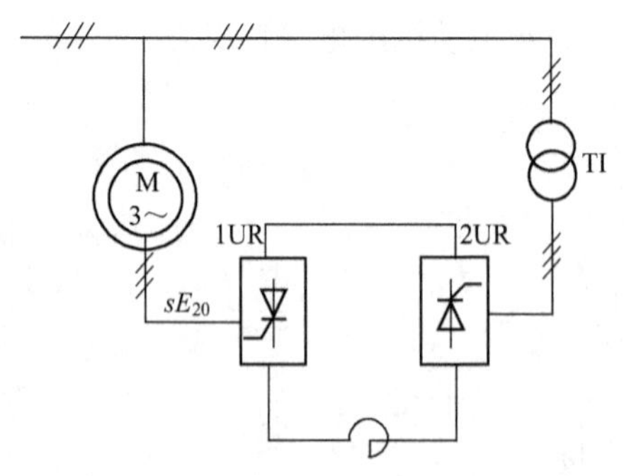

图 9-21　超同步串级调速系统原理图

对于超同步串级调速系统，1UR 必须工作在逆变状态，而 2UR 工作在整流状态，这样，转差功率便从电网经串级调速装置输入电动机转子，同时，定子仍不断从电网吸收功率，电动机处于定子及转子双馈状态，两部分功率集中起来，转换成机械功率，从轴上输出，功率关系如下。

$$P_1-sP_1=(1-s)P_1$$

式中　P_1——定子输入功率；

　　sP_1——转差功率；

$(1-s)P_1$——轴上输出功率。

式中，s 为负值，因而此功率关系可写成：

$$P_1+|s|\ P_1=(1+|s|)P_1$$

此时，s 为负值，说明电动机转速高于同步转速，机械功率从轴上输出，电动机仍在电动状态下工作。因此，这种情况被称为超同步电动状态，如图 9-22 所示。

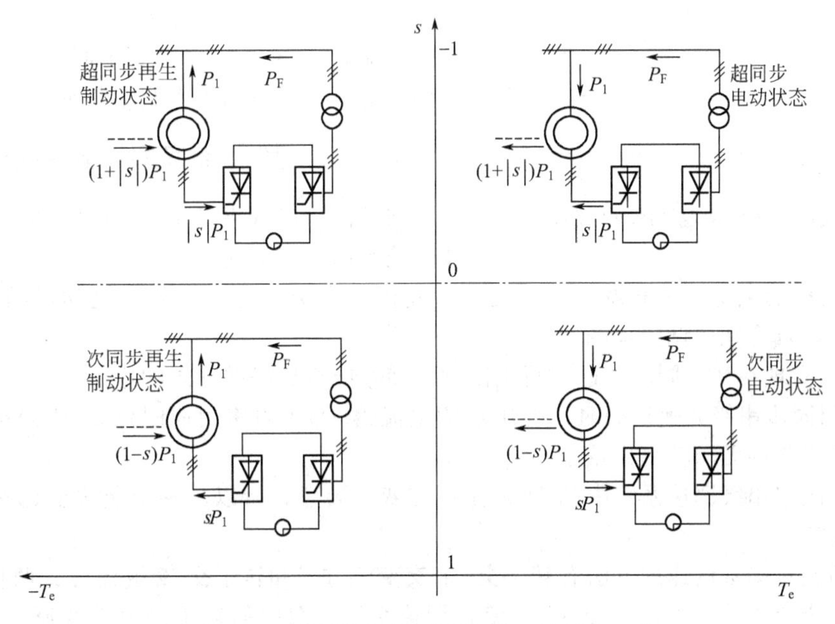

图 9-22　双馈调速系统的超同步、次同步工作

在超同步串级调速系统中，设 β_1 为 1UR 的逆变角，其调节范围为 30°～90°，α_2 为 2UR 的移相控制角，在 0°～90°之间可调，则可写出理想空载时转子直流回路电压平衡方程式

$$-sE_{20}\cos\beta_1=U_{T2}\cos\alpha_2$$

可知：

$$s=-\frac{U_{T2}}{E_{20}}\times\frac{\cos\alpha_2}{\cos\beta_1}$$

调节 β_1 或 α_2 均可改变电动机的转速。当整流器 2UR 的控制角 α_2 一定时，随着 β_1 的增大，转差率的数值相应增大，电动机的转速相应增大；也可以在整流器 1UR 的逆变角 β_1 为一定值时，减小 α_2 来实现转速的升高。上述两种方法中，一般常用维持 α_2 一定，而增大 β_1，使转速升高的方法，这主要由于 2UR 是一个可控整流器，选用较小的 α_2 可提高系统的功率因数。

9.5.2　超同步串级调速系统的再生制动

对于图 9-21 所示的超同步串级调速系统，当 1UR 工作在整流状态，2UR 工作在逆变状态时，系统处于次同步电动状态。当电动机运行在某一转差率 s_1（$0<s_1<1$）下，在 T-s 坐标系的第一象限内运行（如图 9-23 中 a 点）时，如果突然改变 1UR 与 2UR 的工作状态，使 1UR 工作在逆变状态，2UR 工作于整流状态，且满足 $U_{2T}\cos\alpha_2>s_1E_{20}\cos\beta_1$（注意这两个电压的极性均已反向）这个关系式，此时，电动机就改从转子侧送入功率，即转差功率变成负值。转差功率的反向使电磁转矩也随之变成了负值，这表示电动机产生的是制动转矩，而在此瞬间，转速因惯性而未来得及变化，这样，电动机进入 T-s 坐标系

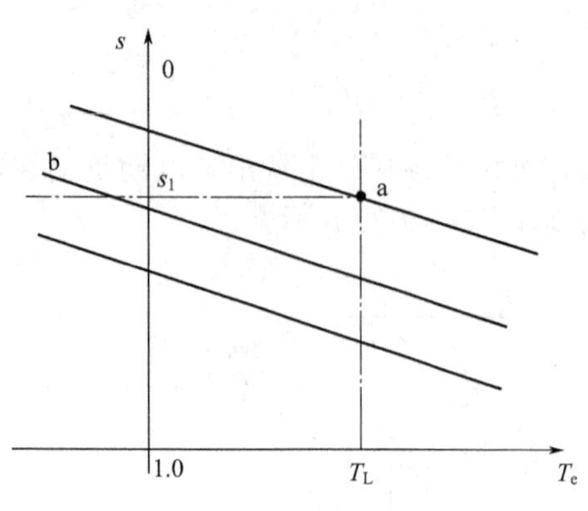

图 9-23 超同步串级调速系统再生制动特性

的第二象限，如图 9-23 中 b 点所示。若电动机轴上加的是阻转矩负载，且负载在此时协助起制动作用，电动机从转子侧和机械轴上同时输入功率，并转换成电磁功率，从定子回馈电网，电动机处于再生制动工作状态。由于此时 $0<s<1$，即转速仍低于同步转速，所以称为低同步再生制动状态。与此对应，$-1<s<0$，即高于同步转速时，也有超同步的电动状态和再生制动状态。

9.5.3 超同步串级调速系统的优点

与低同步串级调速系统相比，超同步串级调速系统有以下三个优点。

① 在同样的额定功率和调速范围之下，超同步串级调速系统可在电动机同步转速上、下进行调速，具有宽的调速范围。

② 可以实现在低于同步转速时再生制动，使系统有良好的动态响应。

③ 在超同步串级调速运行时，变压器侧整流器 2UR 的移相控制角 α_2 值较小，因而变压器从电网吸收的无功功率也较小。

由于超同步串级调速系统中的 1UR 是可控变流装置，所以其整个装置要比普通的串级调速系统复杂。

实现超同步串级调速的方法有转子交-直-交变流方式和转子交-交变流方式两种。图9-21所示的是一个交流电动机转子交-直-交变频调速系统。图中的转子侧可控变流装置 1UR 是一台变频器。对于大容量的超同步电动运行，超同步串级调速装置也可以采用交-交变压变频方式。

9.6 串级调速系统应用举例

目前串级调速装置已在水泵、风机、压缩机、不可逆轧机、矿井提升机、挤压机等生产机械上得到广泛的应用。使用串级调速装置有明显的节点经济效果。国内的串级调速装置设计制造能力可达 10000kW。目前生产串级调速装置的厂家较多，有 KGJF 系列（西安、北京）、TJC 系列（上海、杭州）、HCY 系列（天津）等，其容量范围可以从几十千瓦到 2500kW。下面以 TJC 系统串级调速装置为例，进行简单介绍。

9.6.1 TJC 系列串级调速装置

1. 工作原理

TJC 系列串级调速装置是为 YR、JR、JR2、JRO2、JRQ、JZR 等三相交流绕线转子异步电动机设计的节能、无级调速用的电气控制设备，适用于 2000kW 以下的一般通用机械进行单机调速。

TJC 系列串级调速装置的工作原理是：绕线转子异步电动机在运行时，转子感应电动势的大小与频率随着转速的变化而变化。利用三相桥式整流电路将转子电压整流成直流，就能方便的引入直流电进行调速。异步电动机的串级调速是在异步电动机转子回路中引入直流附加电动势，通过改变晶闸管的逆变角来平滑改变附加电动势大小，以达到调速的目的。在低于同步转速时，将转差功率回馈电网（逆变侧采用晶闸管三相全控桥式线路），这样不但得到良好的调速特性，而且有显著的节能效果。以自来水厂1000kW电动离心泵为例，年节电达96万度，因此装置投资费用在一年左右就可全部收回，具有显著的经济效益。

直流回路中串入平波电抗器，能使电流连续，并且限制短路电流，其原理如图9-24所示。

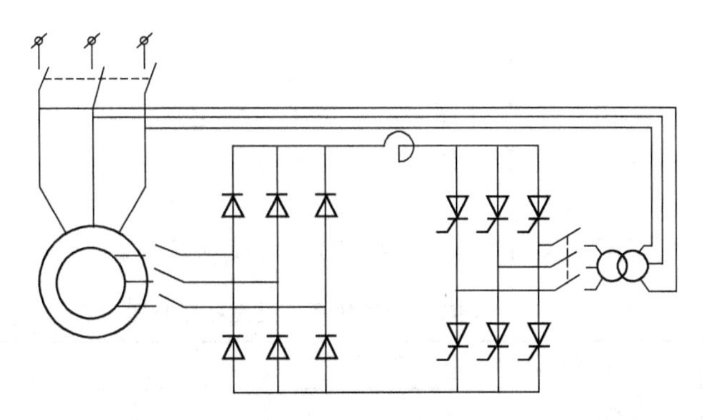

图9-24　TJC系列串级调速装置工作原理（三相桥式）示意图

图9-24所示装置在整流侧、逆变侧分别设置低压断路器开关或高压开关，作装置的过载和短路保护，或在直流回路中设置直流快速断路器作为短路保护（可供选择）。在整流桥和可控桥各桥臂中设有快速熔断器作短路保护。

调节系统采用双闭环，电流环为内环，速度环为外环，系统框图见图9-25，两个调节器均是比例积分调节器，分别对电流、速度进行控制，使系统获得较好的静态特性和动态特性。

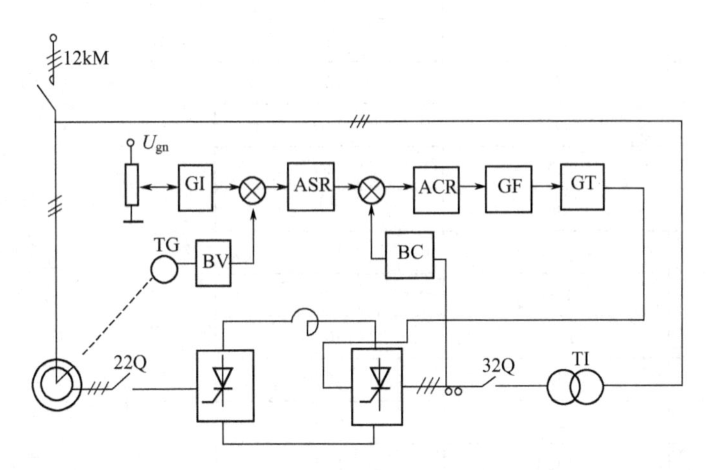

图9-25　TJC系列串级调速装置调节系统框图

图9-25中，GI为给定积分器，BV为速度变换器，ASR为速度调节器，BC为电流变换器，ACR为电流调节器，GF为触发输入及保护，GT为触发器，TI为逆变变压器。

要调速，只需改变给定电压U_{gn}，例如系统原在低速稳定运行，加大U_{gn}，经过比例积分调节器送入速度调节器的偏差电压增大，输出增大，电流调节器给定增大，将产生较大的输出电压，使逆变角增大，逆变电动势E_{β}降低，转子电流增大，转矩T增大，转速上升，当转速升至给定值时，系统达到新的平衡，异步电动机将高速稳定运行；反之，如果减小给定电压，异步电动机将以较低的转速稳定运行。电流反馈信号从交流互感器中取出，速度反馈信号从测速发电机取得。

在控制系统中还设置了欠电压保护环节。当电网电压低于额定电压的85%时，欠电压单元送出信号，欠电压保护单元动作，逆变器触发脉冲β推至45°左右，并立即封锁第2脉冲，避免逆变器发生颠覆。

在整流和逆变侧分别设置了阻容保护和压敏电阻保护，以吸收过电压。

2. 型号含义

以TJC02-630/400-51型号的串级调速装置为例，型号的含义：T代表通用型，J代表交流，C代表串级调速，02代表设计序号，630代表额定整流电流（单位为A），400代表额定整流电压（单位为V），5代表三相全控桥，1代表不可逆。

3. 技术参数

表9-1列举了一些TJC系列串级调速装置的主要技术参数。

表9-1 TJC系列串级调速装置技术参数

型号	直流回路电流/A	直流回路电压/V	调速比
TJC01-630/110	630	110	65%～100%
TJC01-630/630	630	630	
TJC01-800/110	800	110	
TJC01-800/500	800	500	
TJC01-1000/400	1000	400	
TJC01-1000/800	1000	800	
TJC02-400/110	400	110	
TJC02-400/315	400	315	
TJC02-500/110	500	110	
TJC02-500/400	500	400	
TJC03-125/110	125	110	
TJC03-160/110	160	110	
TJC03-160/220	160	220	
TJC03-200/160	200	160	
TJC03-200/220	200	220	
TJC04-1400/500	1400	500	
TJC04-1600/400	1600	400	
TJC04-1800/630	1800	630	
TJC04-2000/400	2000	400	

9.6.2 单片机控制的串级调速系统举例

如图9-26所示是一种用单片机控制的串级调速系统。该系统由主电路、8031单片机及接口电路等部分组成。其中，主电路与前面介绍的串级调速系统主电路完全相同。下面介绍单片机和接口电路的组成及工作原理。

在此系统中，所用的单片机是MCS-51系列的8031，由于8031本身并不具有片内ROM，所以单片机外部扩展了2KB的程序存储器2716，另外采用8155芯片对I/O接口进行扩展。其中8031的P_0口分时用作外部ROM及I/O口的低8位地址线及数据线。P_2口

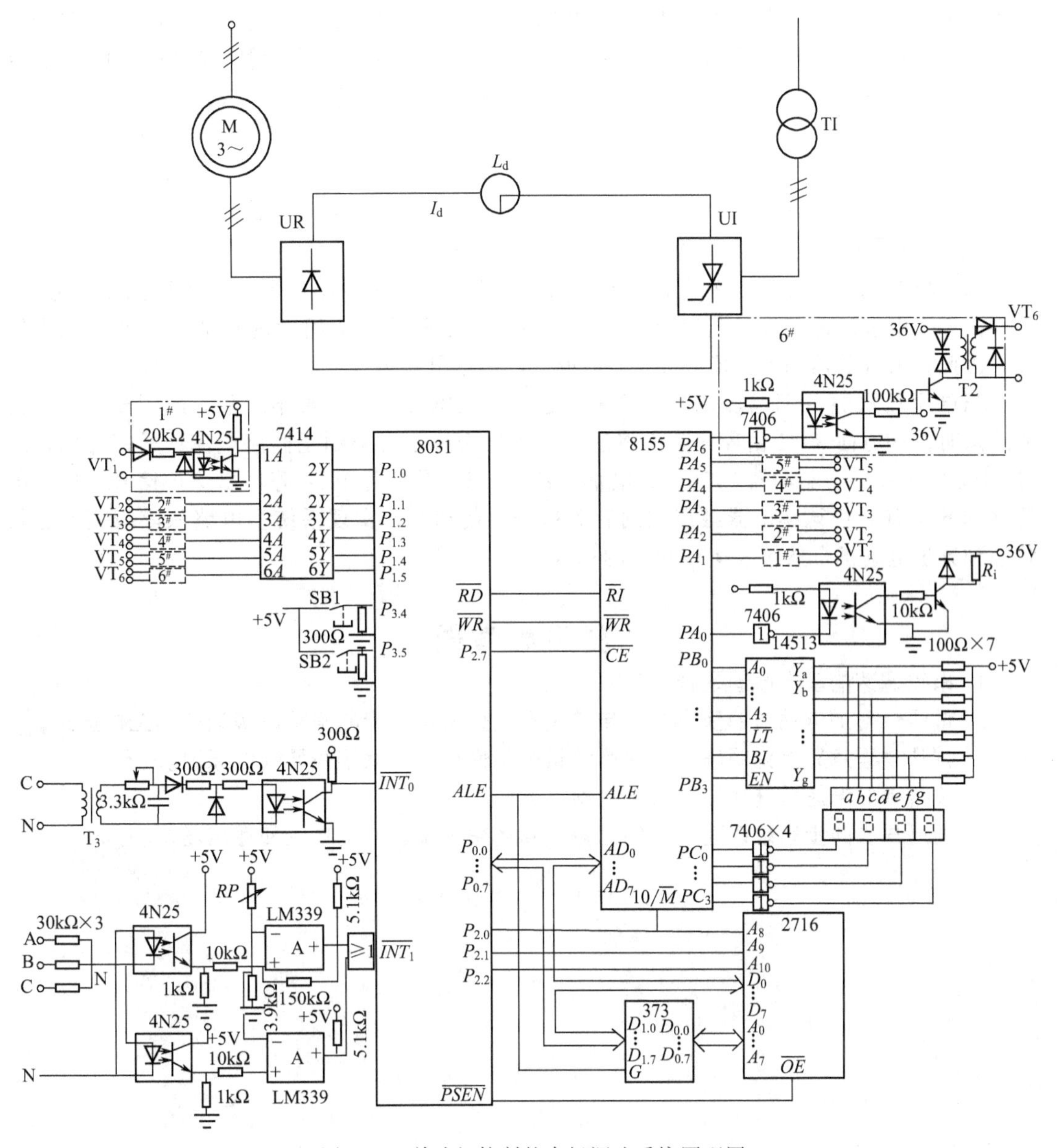

图 9-26　单片机控制的串级调速系统原理图

用于外部 ROM 及 I/O 口的高 8 位地址线。$P_{3.4}$、$P_{3.5}$引脚与升、降速按钮 SB1、SB2 相接。当 SB1、SB2 任意一个按钮按下时，计数器 T_0 或 T_1 立即产生溢出中断。在运行中查询 $P_{3.4}$、$P_{3.5}$引脚时刻监视 SB1、SB2 的状态。

微机数字触发器的同步信号则来自电源相电压 U_{CN}，经变压器 T_3 降压、二极管整流及光电耦合之后，送给单片机 8031 的外部中断$\overline{INT_0}$，使每周期 U_{CN}为零时产生一次外部中断，作为同步信号。单片机 8031 每周期发 6 对触发脉冲，经过 8155 的 PA 口、驱动器 7406、光电耦合器 4N25、晶体管 VT_1、脉冲变压器 T_2 隔离及功率放大后，作为逆变桥晶闸管的触发脉冲。

图 9-26 所示系统还可对晶闸管未导通、三相电源严重不对称或同步信号丢失这三种故障状态进行检测。每当发出触发脉冲后，需要检测相应的晶闸管是否正常导通，即从晶闸管

阳极、阴极两端取出信号，此信号经光电耦合，施密特触发器整形后送给 8031 的 P_1 口。若晶闸管导通，则管压降很小，施密特触发器输出为低电平；若晶闸管未导通，则输出为高电平。因此，在触发脉冲口检测 P_1 口的状态就可检测出晶闸管导通与否。

为了检测三相电源是否严重不对称，将三相电源通过三个数值相同的电阻接成星形。三相电源电压对称时，$U_{NN}=0$，两个电压比较器 LM339 输出均为低电平，外部中断源 $\overline{INT}_1$ 为高电平。当三相电源电压严重不对称时，$U_{NN}\neq0$，于是光电耦合器有输出，电压比较器输出翻转，使 $\overline{INT}_1=0$，8031 收到电源严重不对称信号。

为了检测同步信号是否丢失，可在 8031 内设置一个脉冲计数器。接收到同步信号后，每发出一个触发脉冲，计数器就加 1。由于在同步信号的一个周期内只能发出 6 个触发脉冲，因此，若计数器的计数值大于 6，则说明同步信号丢失。

当单片机 8031 一旦检测出晶闸管未导通、三相电源电压严重不对称，或同步信号丢失的故障时，一方面 8031 由程序软件将逆变角 β 推至最小，限制主回路电流；另一方面，通过 8155 的 PA 口、驱动器 7406、光电耦合器 4N25、晶体管 VT_2 等输出保护信号，使继电器 K 通电动作，由该继电器触点控制有关接触器的通断，实现系统主电路从串级调速运行状态到异步电动机自然接线运行状态的切换。

复习思考题

1. 串级调速的基本原理是什么?
2. 试通过附加电动势的获得功率传递关系，分析次同步晶闸管串级调速的工作原理。
3. 试从物理意义上说明串级调速系统机械特性比其自然接线要软的原因。
4. 改善串级调速系统功率因数的措施有哪些?
5. 通过与次同步串级调速系统的比较，阐述超同步速的优缺点和适用场合。

第10章 开关磁阻电动机调速系统

10.1 概述

10.1.1 开关磁阻电动机调速系统在变速传动系统中的地位

磁阻式电动机诞生于160年前，但它一直被认为是一种性能（效率、功率因数、利用系数等）不高的电动机，故仅应用于少数小功率场所。通过近20年的研究和改进，磁阻式电动机的性能不断提高，目前已能在较大的功率范围内使其性能不低于其他形式的电动机。

20世纪70年代初，美国福特电动机（Ford Motor）公司研制出最早的开关磁阻电动机调速系统，其结构为轴向气隙电动机、晶闸管功率电路，具有电动机和发电机运行状态和较宽范围调速的能力，特别适用于蓄电池供电的电动车辆的传动。

20世纪70年代中期，英国里兹（Leeds）大学和诺丁汉（Nottingham）大学共同研制以电动车辆为目标的开关磁阻电动机调速系统。他们研制的样机容量为10W～50kW，转速为750～10000r/min，其系统效率和电动机利用系数等主要指标达到或超过了传统的传动系统。随后成立了开关磁阻电动机调速系统公司（Switched Reluctance Motor Drives Ltd.），以经营其研究成果。1981年，英国TASC公司（TASC Drives Ltd.）获准制造该系统，并于1983年推出商品为Oulton的通用调速系列产品，其容量范围为4～22kW，该产品的出现，在电气传动界引起不小的影响。很多性能指标达到出人意料的高水平，整个系统的综合性能价格指标达到或超过了工业中长期广泛应用的一些变速传动系统。表10-1是当时四种常用变速传动系统各项主要技术经济指标的比较。

表10-1 开关磁阻电动机调速系统与其他变速传动系统的性能比较

比较项目 \ 系统类型		电磁调速系统	直流系统	PWM变频系统	开关磁阻系统
成本		0.8	1.0	1.5	1.0
效率/%	额定转速时	75	76	77	83
	1/2额定转速时	38	65	65	80
电动机容量(体积)		0.8	1.0	0.9	>1.0
控制能力		0.3	1.0	0.5	0.9
控制电路复杂性		0.2	1.0	1.8	1.2
可靠性		1.3	1.0	0.9	1.1
噪声/dB		69	65	74	74

电气传动系统的传统设计方法都是在已有电动机的基础上做系统设计。设计电动机时所做优化设计仅涉及电动机本身，而系统的优化设计是在已有电动机的条件下进行设计的，只

能称为局部优化设计，这种设计方法必然限制系统整体水平的提高。开关磁阻电动机调速系统是由电动机及其控制装置构成的一个不可分割的整体，电动机和电路控制部分均不能单独使用，也均没有现成产品供使用。因此，设计方法只能是从系统总体性能指标出发，同时对系统的每一部分进行设计。电动机和电路部分的设计均是从整体性能优化的角度出发，而不是只考虑每一部分本身的优化。这种设计方法同传统设计方法相比是一个质的飞跃，实际已步入新兴学科“机械电子学”的范畴，在这种思想指导下设计出的产品是典型的机电一体化产品。因此，开关磁阻电动机调速系统的性能指标高于其他传统传动系统就不难理解了。

美国、加拿大等相继开展研究工作，并在系统的一体化设计、电动机的电磁分析、微机的应用、新型电力电子器件的应用、新型结构形式（如单相电机、无传感器电机等）的开发等方面取得进展。

近年来，国内已有一大批高校、研究所和工厂投入开关磁阻电动机调速系统的研究、开发和制造工作。至今已有十余家单位推出不同性能、不同用途的几十个系列规格产品，应用于纺织、冶金、机械、运输等行业的数十种生产机械和交通工具中。开关磁阻电动机调速系统在一些机械中发挥出独特的优势。

10.1.2 系统的组成和工作原理

开关磁阻电动机调速系统从功能部分上分，主要由磁阻式电动机、角位移传感器、功率电路和控制电路四部分组成，如图 10-1 所示。从样机和产品结构上看，每套系统通常由电动机和控制器两部分组成，其电动机部分包括角位移传感器，控制器部分包括功率电路和控制电路。

10.1.2.1 磁阻式电动机

开关磁阻电动机调速系统所用磁阻式电动机为定、转子双凸极结构，图 10-2 示出的是一台三相电动机的截面图，其定、转子均由硅钢片叠成，定子上有 6 个极，其上绕有集中绕组，圆周上相对的两个极的绕组相串联，共构成三相绕组。转子上有 4 个极，没有任何形式的绕组。

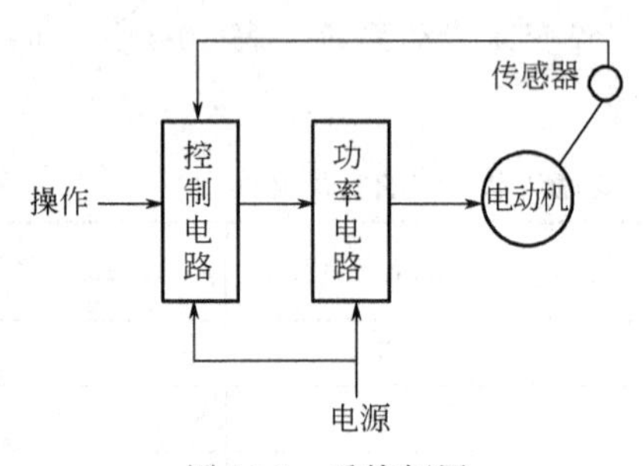

图 10-1 系统框图

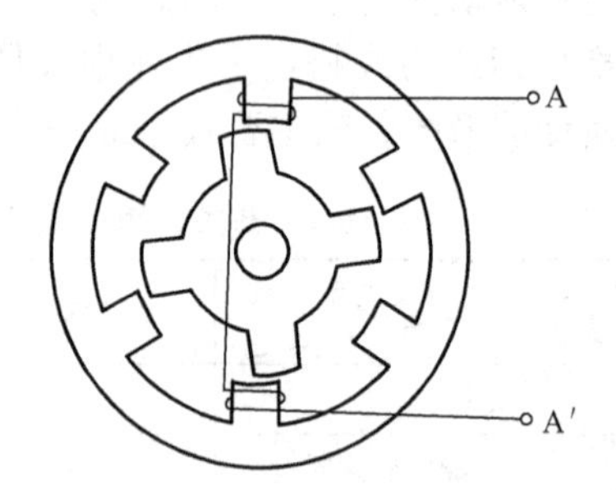

图 10-2 三相双凸极电动机结构示意图

当 A 相绕组单独供电时，在电动机内建立以 A-A′为轴线的磁场，如图 10-3 所示，该磁场作用于转子，将产生使邻近的转子极与之相重合的电磁转矩，并使转子转动。若在上述两者重合时改由 B 相绕组通电，则由于定子极距为 60°，而转子极矩为 90°，由此产生的转矩将使转子逆时针旋转 30°。同理，再改为 C 相通电，则转子将继续逆时针旋转 30°。由此可知，若三相绕组轮流通电，即 A—B—C—A，则转子将连续逆时针旋转；若通电相序改为 A—C—B—A，则转子将连续顺时针旋转。若改变相电流的大小，则可改变电动机转矩的大小，进而改变电动机的转速。若在转子极转离定子极时通电，所产生的电磁转矩将与转子的旋转方向相反，作制动转矩。由此可知，通过简单地改变控制方式便可改变电动机的转向、

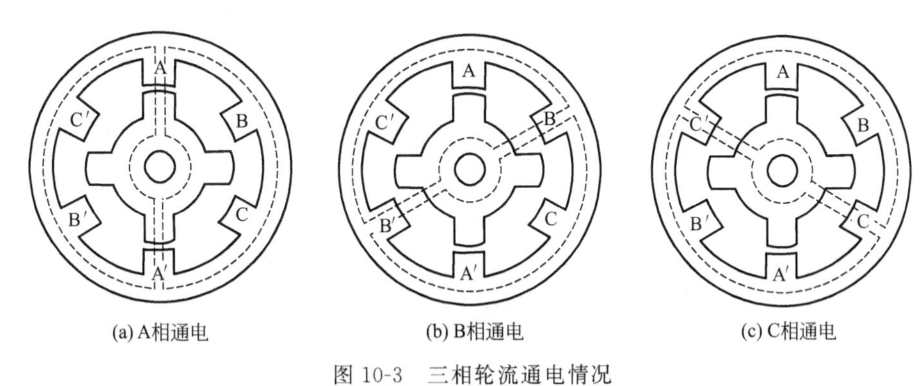

图 10-3　三相轮流通电情况

转矩、转速和工作状态。

10.1.2.2　角位移传感器

由上述磁阻式电动机的工作方式可知：为使其正常工作，必须在转子转到适当位置时导通适当的相绕组，并在转动过程中始终正确切换各相绕组。若不能做到这一点，非但电动机不能按要求转动，还会发生停转、反转或乱转现象。为了在电动机运行过程中随时知道转子的瞬时位置，电动机中必须装角位移传感器，这是开关磁阻式电动机与其他一般电动机的一个明显区别。

这里要求角位移传感器具有输出信号较大、抗干扰能力强、位置精确度高、温度范围宽、环境适应能力强、耐振动、寿命长和安装定位方便的特点。可选用的角位移传感器的种类很多，如霍尔传感器、光电式传感器、接近开关式传感器、谐振式传感器和高频耦合式传感器等。

10.1.2.3　功率电路

功率电路的作用是将电源提供的能量经适当转换后提供给电动机。当采用交流电源供电时，功率电路包括整流电路和逆变电路；当采用直流电源供电时，功率电路仅包括逆变电路，如图 10-4 所示。

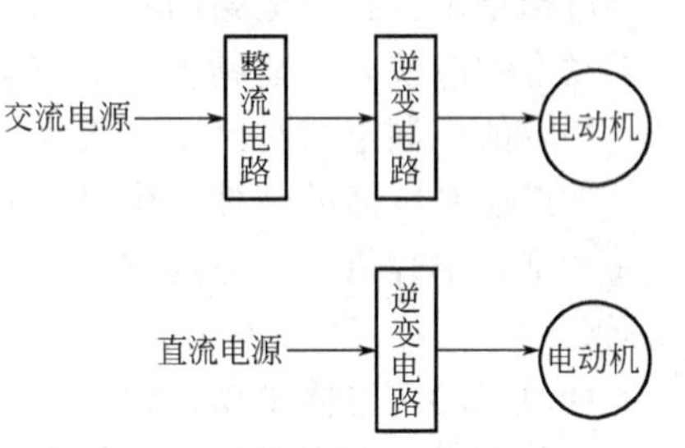

图 10-4　采用交流、直流电源供电的功率电路示意图

整流电路的作用是将交流电源转换为直流电源，电路比较简单，为二极管组成的三相桥式电路、三相零式电路或单相桥式电路等。整流后的直流环节采用电解电容器滤波。

图 10-5 给出了三种常用的逆变电路，即双电源电路、双开关电路和双绕组电路。图中只画出其中的一相绕组电路，当开关元件 S 闭合时，电路将电源能量提供给电动机，电流流过绕组；当开关元件 S 断开时，绕组电流通过二极管续流，将绕组储存的能量回馈给电源，其中，双绕组电路依靠与主绕组耦合的辅助绕组续流。在续流过程中，绕组承受反向电源电压，使电流迅速衰减。

10.1.2.4　控制电路

控制电路的作用是根据使用者的操作要求和系统的实际工作情况对系统进行调节，使之满足预定运行工况。控制电路一般包括下列七个部分。

（1）操作电路

接受外部指令信号，如启动、转速、转向信号。这种外部信号可以来自手动操作，也可以来自其他自动化元件。

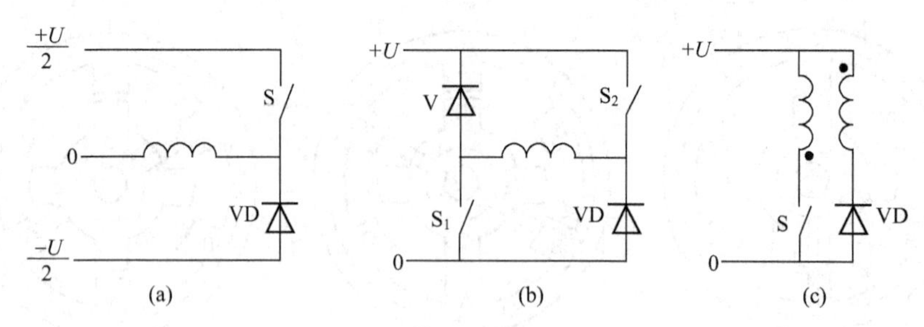

图 10-5　三种逆变电路示意图

（2）调节器电路

将给定量与控制量相比较，并按规定算法计算出控制参数的调节量，如当转速低于给定值时，调节加大绕组电流值。

（3）工作逻辑电路

决定控制电路的工作逻辑，如正反转相序逻辑、高低速控制方式等。

（4）传感器电路

检测系统工作中的有关理量，如转速、角位移、电流和电压等。

（5）保护电路

当系统工作，且某些物理量达到不允许值时，采取相应的保护措施，如电流保护、过载保护等。

（6）信号输出电路

用于直接控制各被控量，如控制功率开关器件的导通与关断等。

（7）状态显示电路

用于指示系统工作参数和状况，如指示电动机转速、指示故障保护情况等。

应当指出，控制电路的具体结构形式依据系统性能要求的不同差异会很大，如伺服系统要求动态响应快，转速精度高；车辆传动系统要求启动和低速输出转矩大，可四象限运行等。两者的控制电路必然相差很大，但其共同点是一般均应包括上述七部分。

构成控制电路的硬件结构目前有两种形式，一种是全部采用数字电路和线性电路构成，另一种则以单片机为核心构成，前者控制分辨率高、响应快，后者功能强、稳定性好、灵活性强。

10.1.2.5　整体工作过程

开关磁阻电动机调速系统的整体工作过程如下：控制电路接受启动命令信号，在检测系统状态一切正常的情况下，根据角位移传感器提供的电动机转子位置信号，按启动逻辑给出相应的输出信号。该信号控制功率电路向电动机组供电，使电动机转子开始转动。当转子转过一定角度时，控制电路根据角位移传感器信号的变化，通过功率电路使电动机转速改变。当电动机转速达到一定值时，控制电路从启动逻辑转换为低速运行逻辑，或再从低速运行逻辑转换为高速运行逻辑。运行中，控制电路测试电动机运行中的转速或转矩等，并对其进行连续调节。当操作命令改变时，如停车、制动等，控制电路再次改变工作逻辑，通过功率电路使电动机实现操作要求。若运行中出现故障情况，如堵转、过载等，控制电路通过功率电路采取故障停车等保护措施，并通过显示电路报警。

由上述工作过程可以更深刻地体会到：开关磁阻电动机调速系统是由电动机、角位移传感器、功率电路和控制电路组成的机电统一体，各部分密切结合，缺一不可。其中每一部分难以单独使用，但几部分组合起来便构成高性能的机电一体化产品。

10.1.3 系统的结构与性能特点

1. 电动机结构简单、成本低、适用于高速

开关磁阻电动机的结构比笼型异步电动机还要简单，其突出的优点是转子上没有任何形式的绕组，因此不会有笼型异步电动机制造过程中笼条铸造不良等问题。其转子机械强度极高，可以用于超高速运转（每分钟上万转）。在定子方面，它只有几个集中绕组，因此制造简单，绝缘结构简单。

2. 功率电路简单可靠

因为电动机转矩方向与绕组电流方向无关，即只需单方向绕组电流，故功率电路可以做到每相一个功率开关。异步电动机绕组需流过双向电流，向其供电的PWM变频器中功率电路每相需要两个功率器件，因此，开关磁阻电动机调速系统较PWM变频器中功率电路中所需的功率器件少，电路结构简单。

另外，PWM变频器中功率电路中每个桥臂的两个功率开关直接跨在直流电源侧，易发生直通短路而烧毁功率器件。而开关磁阻电动机调速系统中每个功率开关器件均直接与电动机绕组相串联，根本上避免了直通短路现象。因此，开关磁阻电动机调速系统中功率电路的保护电路可以简化，既降低了成本，又具有高的工作可靠性。

3. 系统可靠性高

从电动机的电磁结构上看，各相绕组和磁路相互独立，各自在一定轴角范围内产生电磁转矩。而不像一般电动机中必须在各相绕组和磁路共同作用下产生一个圆形旋转磁场，电动机才能正常运转。从控制结构上看，各相电路各自给一相绕组供电，一般也相互独立工作。由此可知：当电动机一相绕组或控制器一相电路发生故障时，只需停止该相工作，电动机除总的输出功率有所减小外，并无其他影响。因此，该系统可构成可靠性极高的系统，可以适用于宇航等特殊场合。

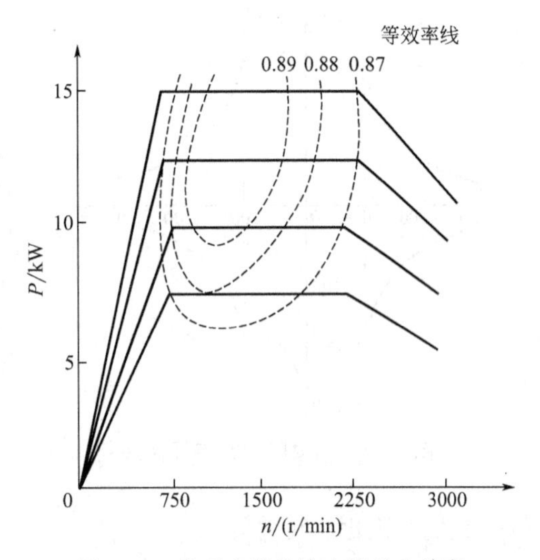

图 10-6　典型产品的输出特性和效率

4. 效率高，损耗小

该系统是一种非常高效的调速系统。这是因为，一方面电动机转子不存在绕组铜损耗，另一方面电动机可控参数多，灵活方便，易于在宽转速范围和不同负载下实现高效优化控制。图10-6给出了典型产品的输出特性和效率，其系统效率在很宽的范围内都在87%以上，这是其他调速系统不易达到的。为进一步说明这一点，将该系统同PWM变频器带笼型异步电动机的系统比较，由表10-2可见，该系统在不同转速和不同负载下的效率均比变频器系统高，一般要高5%左右（两者均为7.5kW系统；IM为变频器带Y系列4极电动机，SR为开关磁阻电动机调速系统；效率值为从电源到电动机输出的整体效率）。

5. 高启动转矩，低启动电流

控制器从电源侧吸收较少的电流，在电动机侧得到较大的启动转矩是该系统的一大特点。典型产品的数据是：启动电流为15%额定电流时获得启动转矩为100%的额定转矩。对比其他调速系统的启动特性，如直流电动机100%的电流获得100%的转矩；笼型异步电动机则为 300%的电流获得 100%的转矩。启动电流小，转矩大的优点还可以延伸到低速运行区段，因此该系统十分适合需要重载启动和较长时低速运行的机械，如电动车辆等。

表 10-2　与交流变频器的效率比较

转速 n/n_N \ 转矩 T/T_N		30%	70%	85%	100%
35%	SR	0.73	0.76	0.72	0.71
	IM	0.68	0.70	—	—
75%	SR	0.85	0.86	0.86	0.86
	IM	0.78	0.81	0.79	—
100%	SR	0.85	0.87	0.88	0.87
	IM	0.82	0.82	0.80	0.78
120%	SR	0.87	0.88	0.89	—
	IM	0.85	0.87	0.83	—

6. 可控参数多，调整性能好

控制开关磁阻电动机的主要运行参数和常用方法至少有四种。

① 开通角。

② 关断角。

③ 相电流幅值。

④ 相绕组电压。

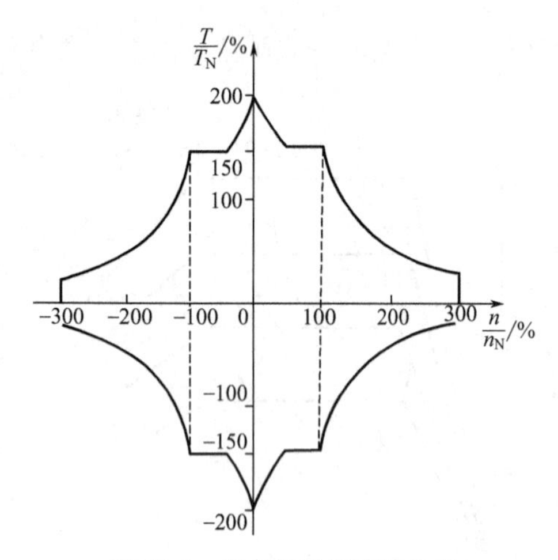

图 10-7　四象限运行特性曲线

可控参数多，意味着控制灵活方便。可以根据对电动机的运行要求和电动机的情况采用不同控制方法和参数值，即可使其运行于最佳状态（如出力最大、效率最高等），还可使其实现各种不同的功能和特定的特性曲线，如使电动机具有完全相同的四象限运行（即正转、反转、电动、制动）能力，并具有高启动转矩和串励电动机的负载能力曲线，如图 10-7 所示。

7. 适用于频繁启动和正反向转换运行

这类生产机械有龙门刨床、铣床、冶金行业可逆扎机、飞锯、飞剪等。

当然，该系统也存在一些不足，如振动噪声较大、低速转矩脉动较大等。随着相关研究工作的深入，这些缺点正在被逐步克服。

10.1.4　典型系统简介

1. 英国 SRD Ltd. 产品

该公司创建于 1980 年，1983 年推出第一代 Oulton 系列产品，电动机采用四相 8/6 极结构，机座号为 112～180，功率范围为 4～22kW，与同机座号感应电动机功率相同。1988 年后，又逐步推出第二代产品，机座号为 112～250，功率范围为 4～110kW，是同机座号感应电动机功率的 1.15 倍。英国 SRD Ltd. 产品的先进性得到公认，其主要特点如下。

① 效率高。表 10-3 给出了 SRD Ltd. 两代产品的额定效率，图 10-8 给出了一台二代产品（132 机座，额定转矩 50N·m）的效率曲线。由此可见，该系统不仅额定效率高，而且

在很宽的运行区域内均维持高效率。

表 10-3　英国 SRD Ltd. 产品系统效率（1500r/min）

机座号	112	132	160	180	250
第一代 SRD	0.82	0.85	0.87	0.91	
第二代 SRD	0.85	0.87	0.89		0.92

② 输出转矩大。由图 10-7 可见，该系统在额定转速（1800r/min）以下过载倍数在 1.5 倍以上，启动和低速转矩的过载倍数均在 2 倍以上。

③ 可四象限运行。

2. 意大利西格米电机公司产品

该公司引进英国 SRD Ltd. 技术，结合多年来生产电动机的先进经验，推出名为 RELU-SPEED SYSTEM 的系统，电动机采用三相 12/8 极结构，机座号为 80～180，功率范围为 1.2～84kW。该产品在保持英国 SRD Ltd. 第二代产品优良性能的情况下，具有下列特点。

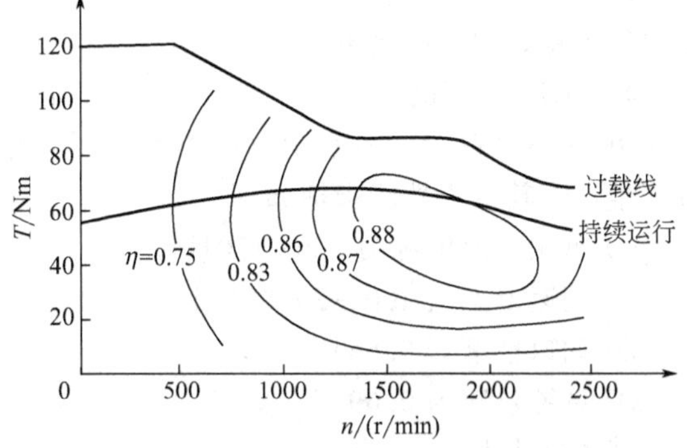

图 10-8　等效率曲线图

① 改进电动机结构。该产品采用直流电动机无外壳型谱，并具有封闭结构（IP54）和强迫通风（IP23）等多种机座形式，后者由于改善了电动机散热，使同样机座号产生的功率大大增大，如 100 机座，额定转速为 1500r/min 时，额定功率为 6.3kW。由于电动机工艺水平高，电动机的最高转速可以提高到 6000r/min。

② 增加数字参数设置功能。通过操作面板接触膜按键可对系统运行的数十个参数进行设定和修改，如多段转速值、转矩上限保护值、PI 调节器参数值等，使之对各种工业运行条件的适应力大大增强。

③ 增加了串行数据通信口。采用了 RS-232 和 RS-485 口，可通过与上位工业控制机联网实现对所有参数的设置修改，也可以实时控制其所有运行。

该系列产品的缺点主要表现在对电源及其接地系统要求较高，外部接线较复杂和对使用人员技术要求较高。

3. H 系列产品

中国纺织总会纺织机电研究所自 1988 年起，逐步推出技术水平大约相当于英国 Oulton 第一代产品的 KC 系列产品。

H 系列产品是该研究所在总结了 KC 系列技术方案优劣的基础上，利用国际电子工业新成果，于 1994 年推出的技术经济指标更高的新一代产品，其功率范围为 2.2～55kW，采用封闭式（IP44）和强迫通风（IP23）两种机座形式。该产品的主要特点如下。

① 采用目前国际流行的第三代 IGBT 功率模块为功率开关，以减少装置体积、功耗，降低噪声，提高可靠性。

② 采用单片机和模拟电路混合控制，使动态响应时间较 KC 系列约加快 3 倍。

③ 采用四象限运行、连续、PI 调节和逻辑转换，使电动与制动状态转换平稳、快捷。

④ 全部转换范围内采用连续一致的控制方式，无不同运行方式转换时产生的转矩不连续现象。

⑤ 双极性给定转速伺服控制。

⑥ 真正恒转矩调速范围大，并能在零速附近平稳控制转速和转向的变化。

⑦ 连续运行或启制动过程中，电动机噪声均较 KC 系列产品大幅度降低（约降低 10dB）。

⑧ 转速闭环控制，可实现从空载到满载无静态转速下降。

⑨ 启动转矩可达其额定值的 150%，而启动电流仅为额定值的 30%。

⑩ 允许频繁启动，启动、制动次数可达 1000 次/h。

由于 H 系列产品性能指标较 KC 系列产品大幅提高，不仅可以用于工业通用机械，而且在此基础上派生开发了一些专用系列产品，如龙门刨床专用系列、电动汽车专用系列等，均取得了良好的推广效果。

4. SR71 型产品

SR71 型产品是一种小功率经济型产品，由南京航空航天大学开发，丹阳市电机调速设备厂生产，其主要性能指标如下。

① 单相交流电源为 220V/50Hz。

② 调速范围为 100～2000r/min。

③ 调速精度为 0.5%。

④ 系统效率为 0.69。

其主要技术特点如下。

① 采用 PWM 调压调速方案，启动调速平滑。

② 电路简单，成本低廉。

③ 可选配小型减速齿轮箱。

除 SR71 型产品外，国内属于同类产品的还有中国纺织总会纺织机电所的 E 系列产品和上海中达-斯米克公司的 DSR21 系列产品。

10.2 开关磁阻电动机

10.2.1 开关磁阻电动机的结构与分类

开关磁阻电动机有很多不同的结构形式，各有不同的性能特点，如前所述，该电动机的定、转子铁芯均由硅钢片叠成。定、转子上均冲有齿槽，构成双凸极结构。依定、转子片上齿槽的多少，形成不同极数的电动机。为避免单边磁拉力，径向必须对称，故定子、转子极数应为偶数。除单相电动机外，应使定子极（齿槽）数 Z_S 与转子极（齿槽）数 Z_R 不相等，但为提高电动机出力，要尽量接近。对内转子电动机，最常用的关系为

$$Z_S = Z_R + 2 \tag{10-1}$$

对外转子电动机，最常用的关系为

$$Z_S = Z_R - 2 \tag{10-2}$$

每个定子极上套一个集中绕组。同样为避免单边磁拉力，圆周上相对的两个极上的线圈应属于同一相绕组。若每相绕组由 p 个极上的线圈相互串联（或并联）构成，则电动机的相数为

$$m = \frac{Z_S}{p} \text{（内转子）}$$

$$m = \frac{Z_R}{p} \text{（外转子）} \tag{10-3}$$

通常 p 取 2，即每相绕组由圆周相对两个极上的线圈构成，p 取 4 的也较常用。

电动机的极数及相数与电动性能和经济性密切相关，一般来说，极数和相数增多，电动机转矩脉动减小，运行平稳，但增加了电动机的复杂性，特别是功率电路的成本提高。下面介绍六种常用的结构形式。

10.2.1.1　单相开关磁阻电动机

单相开关磁阻电动机电路简单，成本更低，因此小功率开关磁阻电动机在日用电器和轻工设备中有吸引力。这种电动机结构上类似一些单相反应式同步电动机，但采用位置闭环控制供电，从而构成单相开关磁阻调速电动机，如图 10-9 所示。

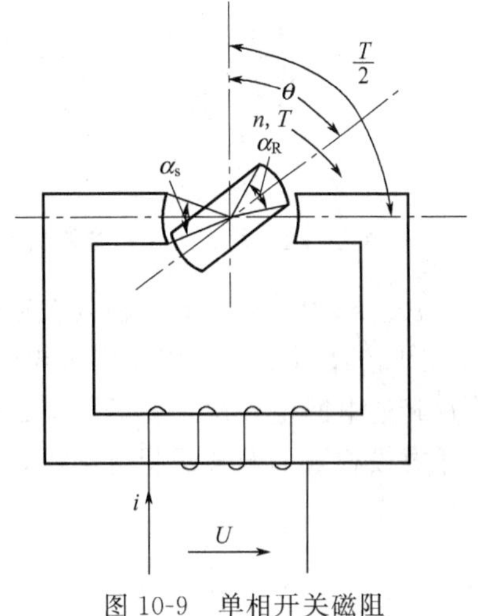

图 10-9　单相开关磁阻电动机基本电磁结构

通电后转子受力旋转，在定、转子齿极重合位置之前断电，转子靠惯性继续运动，待转子齿极接近下一个定子齿极时，再接通定子绕组。如此根据转子位置循环通断供电，即可实现可调速运行。为了解决自启动问题，可采取适当措施，如附加永磁块，使电动机在不供电时，转子停在合适的位置，这样，下次启动通电时刻总存在一定转矩。

开发比较成功的一种单相开关磁阻电动机结构如图 10-10 所示。这是外转子结构，而内定子的绕组为一环形线圈，它设在 6 个磁极槽内，通电后将形成轴向和径向组合的磁路，如图 10-10(c) 所示。当转子齿接近定子齿极时接通电源，转子转过一角度后断开，避免产生制动转矩。转子可以靠惯性旋转，当转子齿极接近下一个定子齿极时再通电。如此循环工作，实现电能到机械能的转换。

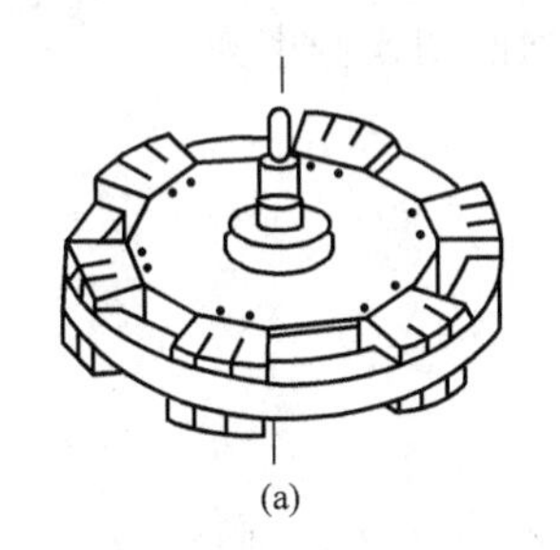
(a)

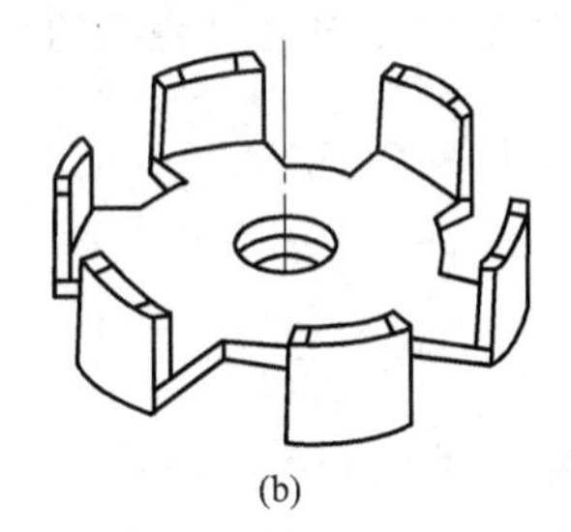
(b)

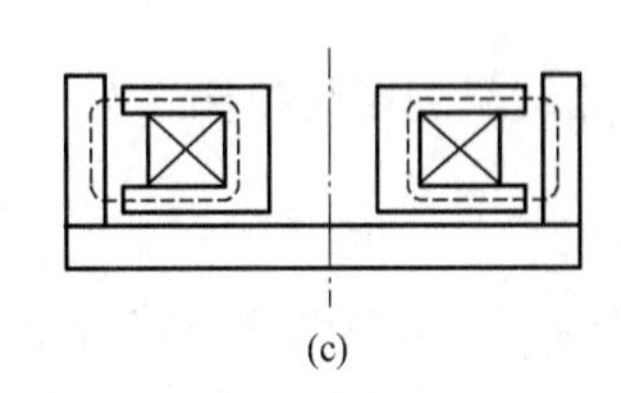
(c)

图 10-10　外转子单相开关磁阻电动机

10.2.1.2　两相开关磁阻电动机

两相 4/2 极结构双凸极电动机如图 10-11 所示。

值得讨论的是：这种两相结构电动机要可靠启动，那么转子结构可采用不对称设计。因为，此电动机 $Z_R=2$，齿距角 $\theta_R=180°$。如果转子是对称结构的，则定子齿极轴线与转子齿极轴线重合位置（$\theta_m=90°$）相绕组有最大电感，如图 10-12(a) 所示，A 相电感 L_A 用一粗实线表示，则 B 相电感 L_B 如虚线所示。这就是说：常规设计结果势必存在一些无法产生转矩的死区（理论上为死点，如 0、θ_m、$\partial L_A/\partial\theta=0$、$\partial L_B/\partial\theta=0$ 点）。若采取其他控制方式，比较简单的自启动设计是适当加宽转子极弧，并制成不对称结构，使得电感曲线的$\partial L/\partial\theta$ 区段加宽，如图 10-12(b) 所示。这样就从理论上避免了死区的存在，具备自启动能力。其具体的做法为：转子加工成台阶气隙、不均匀气隙结构或不对称磁路。当然，这种结构将带来另一方面的问题，即只能单方向运转。

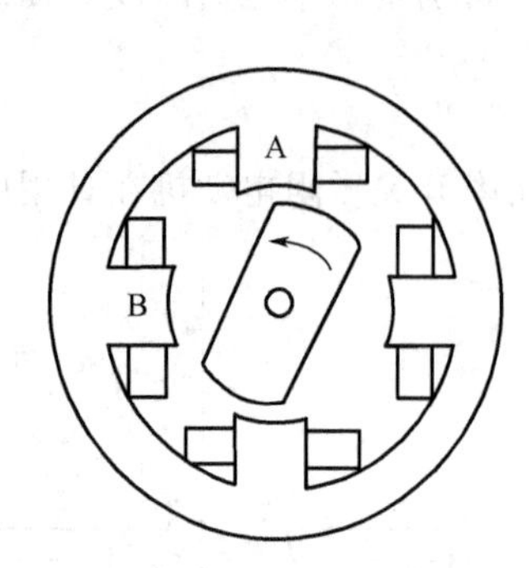

图 10-11　两相 4/2 极结构截面图

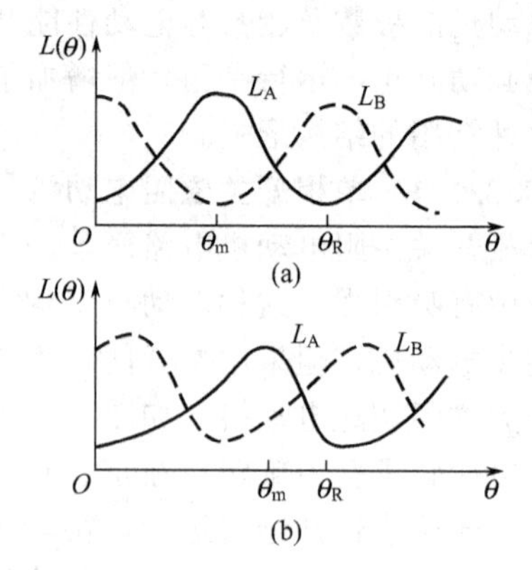

图 10-12　两相电机自启动能力分析

10.2.1.3　三相 6/4 极开关磁阻电动机

图 10-2 所示为三相 6/4 极电动机，该电动机转子极距角 θ_R 为 90°。由于有三相绕组，故每相通电断电一次，转子对应的转角 α_p（称步距角）应为 30°，每转步数 N_p（N_p 为 12），对任意极相数的开关磁阻电动机，这一关系通常表示为

$$\theta_R=\frac{360°}{Z_R} \tag{10-4}$$

$$\alpha_p=\frac{\theta_R}{m}=\frac{360°}{mZ_R} \tag{10-5}$$

$$N_p=\frac{360°}{\alpha_p}=mZ_R \tag{10-6}$$

电动机每转过转角 α_p，对应绕组通断切换一次；电动机每转过一转，则绕组通断切换 N_p 次。当电动机以转速 n(r/min) 转动时，电动机绕组的总通断切换频率为

$$f=\frac{n}{60}mZ_R \tag{10-7}$$

每相绕组通断切换频率为

$$f_\Phi=\frac{n}{60}Z_R \tag{10-8}$$

式中　f_Φ——对应功率电路每个功率器件的开关频率。

由于三相 6/4 极电动机是可双向自启动、最小极数、最小相数的电动机，故经济性较好，但转矩脉动较大。由于同样转速时要求功率电路开关频率较低，因此特别适合用作高速电动机。

10.2.1.4　四相 8/6 极开关磁阻电动机

图 10-13 示出的四相 8/6 极电动机是英国 Oulton 产品和国内绝大部分产品采用的技术方案，其极数、相数适中，转矩脉动不大，特别是启动较平稳，经济性也较好。按式(10-4)至式(10-6) 计算的转子极距角 $\theta_R=60°$，步距角 $\alpha_p=15°$，每转步数 $N_p=14$。

10.2.1.5　三相 12/8 极开关磁阻电动机

图 10-14 示出的三相 12/8 极电动机是意大利西格米电机公司产品采用的技术方案。其相数虽采用了可双向自启动的最小值，但由于齿数较三相 6/4 极增加了一倍，使其步距角和每转步数均与四相 8/6 极开关磁阻电动机相同，$\alpha_p=15°$，$N_p=14$。该方案的另一优点是每相由定子上相距 90°的 4 个极上线圈构成，因此，产生的转矩在圆角上分布均匀，由磁路和

电路不平衡造成的单边磁拉力小，电动机产生的噪声也较小。

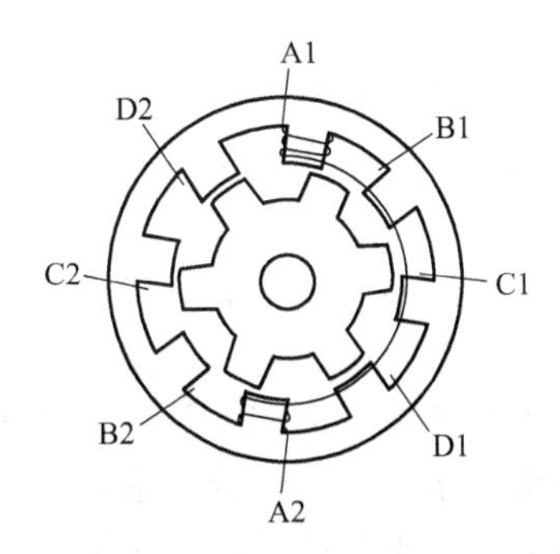

图 10-13　四相 8/6 极结构截面图

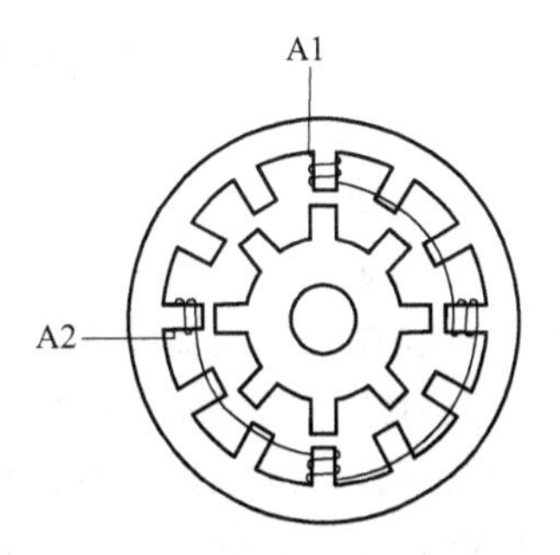

图 10-14　三相 12/8 极结构截面图

10.2.1.6　角位移传感器

角位移传感器和电动机是一体的，因此，在研究电动机结构时，要介绍角位移传感器。角位移传感器的功能是正确提供转子位置的信息，这一信息经逻辑处理后形成功率开关的触发信号。所以角位移传感器是开关磁阻电动机的关键部件和特征部件。角位移传感器有电磁式、光电式、磁敏式等多种类型。现在仅介绍得到广泛应用的光电式角位移传感器（简称光电传感器）。

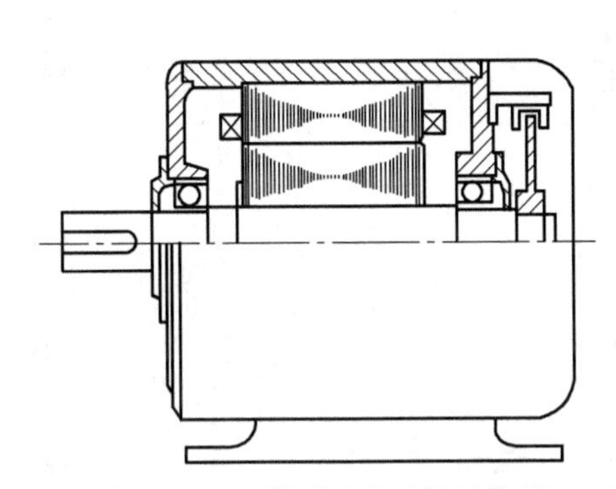

图 10-15　开关磁阻电动机结构图

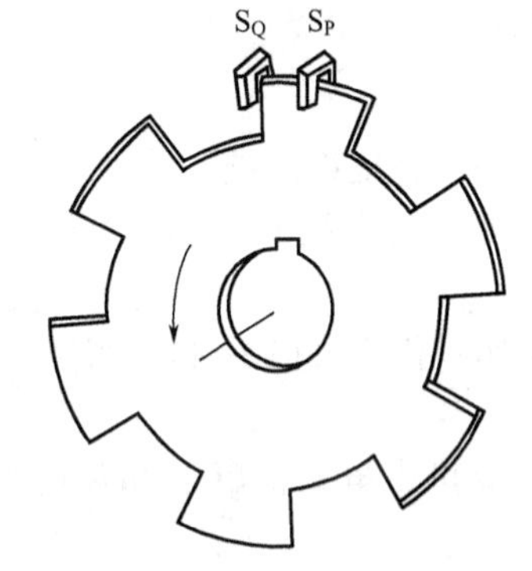

图 10-16　角位移传感器结构示意图

如图 10-15 所示，在电动机的非轴伸端设有光电式角位移传感器，它由齿盘和光电传感器组成。齿盘上能够开 Z_R 个齿槽，适于 8/6 极结构的实例如图 10-16 所示，齿盘上有 30°间隔的 6 个齿槽，它与电动机转子同轴。光电传感器 S_P 和 S_Q 固定在电动机机壳上，齿遮挡了传感器的光路，则光敏管处于截止状态；而在槽位置，光敏管受光，处于通态，所以电动机旋转时就可由传感器获得 30°的方波信号（经适当整形）。对四相电动机，一般设置两台传感器，它们空间相隔 15°，由此得图 10-17 所示的基本信号 P、Q 和 $\overline{P}$、$\overline{Q}$，这些信号便成为四相 8/6 极结构的开关磁阻电动机位置闭环控制的最基础的信息。

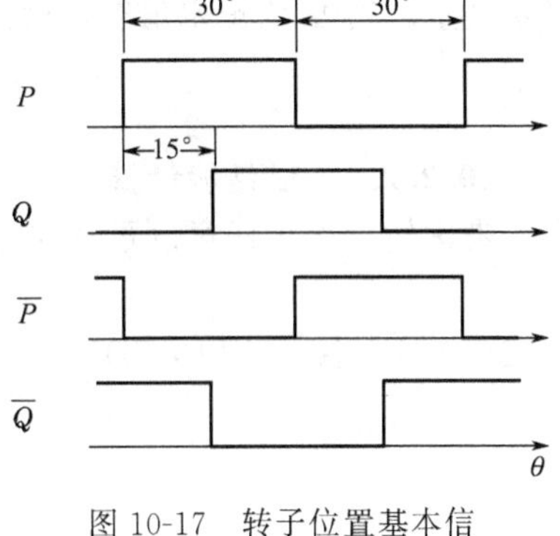

图 10-17　转子位置基本信号（四相 8/6 极结构）

角位传感器增加了开关磁阻电动机的结构复杂性并较难保证可靠性，因此人们致力于研究无角位移传感器方案，主要通过检测相电感来获取转子位置信息，这被公认是非常意义的研究方向。

10.2.2 开关磁阻电动机的转矩分析

开关磁阻电动机的电磁结构非常简单，但对其分析、计算却较复杂，这是因为电动机内磁场分布较复杂，特别是在脉冲电流供电及转子步进运动中，无法用传统电动机的基本理论和方法来分析、计算。

开关磁阻电动机通常有三种分析方法：线性模式法、准线性分析法和非线性模式法。其中，线性模式法在一系列简化条件下导出电动机的转矩和电流解析计算式，其缺点是求解的精度稍低，但可通过解析式了解电动机工作的基本特性和各参数间的相互关系，并可作为深入探讨各种控制方式的依据，故这里将对其进行重点介绍，至于准线性分析法和非线性模式法，由于分析方法较复杂，且限于篇幅，这里不予以介绍，有兴趣的读者可参阅有关文献。

10.2.2.1 一般转矩计算

当研究一相绕组通电所产生的转矩时，电动机的电磁结构可简化成图 10-9 所示基本结构。它由一个励磁线圈、固定铁芯和一个可改变气隙磁导的转子组成。

根据能量守恒定律，在不考虑电路中电阻损耗的情况下，绕组输入的电能 W_e 应等于结构中磁储能 W_f 与输出机械能 W_m 之和，即

$$dW_e = dW_f + dW_m \tag{10-9}$$

如果把电压 u 和感应电势 e 的参考方向选得一致，根据电磁感应定律，绕组电路的电压方程为

$$u = -e = \frac{d\Psi}{dt} \tag{10-10}$$

式中　Ψ——为绕组磁链。

绕组输入的电能 W_e 可由其端电压、端电流计算，即

$$dW_e = ui\,dt \tag{10-11}$$

将式(10-10) 代入式(10-11)，得

$$dW_e = i\,d\Psi \tag{10-12}$$

机械能 W_m 可由电磁转矩 T 和角位移 θ 计算，即

$$dW_m = T\,d\theta \tag{10-13}$$

将式(10-12) 和式(10-13) 代入式(10-9)，得到

$$dW_f(\Psi,\theta) = i\,d\Psi - T\,d\theta \tag{10-14}$$

式(10-14) 表明：对无损系统，磁储能 W_f 是由独立变量 Ψ 和 θ 表示的状态变量，由 Ψ 和 θ 决定。当 Ψ 为恒定值时，由式(10-14) 得到一般转矩计算式，为

$$T = -\frac{\partial W_f(\Psi,\theta)}{\partial \theta}\Big|_{\Psi=0} \tag{10-15}$$

10.2.2.2 磁储能计算

考虑转子处于任意位置时的电磁转矩，可以假设转子无机械转动，则由式(10-9) 得

$$dW_e = dW_f \tag{10-16}$$

将式(10-12) 代入式(10-16) 得

$$dW_f = i\,d\Psi$$

$$W_f = \int_0^{\Psi} i\,d\Psi \tag{10-17}$$

设磁路系统中无磁滞损耗，即函数 $i(\Psi)$ 在大小变化中为同一条曲线，i 由 Ψ 唯一确定。再假设磁路为线性磁路（这在气隙不太小，磁路不太饱和时近似成立），则磁链 Ψ 可由电感 L 表示，为

$$\Psi = Li \tag{10-18}$$

将式(10-18) 代入式(10-17)，得到磁储能的计算式，见式(10-19)。

$$W_f = \frac{1}{2}Li^2 \tag{10-19}$$

10.2.2.3 理想电感计算

对图 10-9 所示基本结构，在忽略铁芯部分磁饱和的情况下，可将铁芯材料的磁导率视为无限大，则磁路的磁导仅由气隙磁导 Λ_δ 构成，气隙磁通 Φ_δ 为

$$\Phi_\delta = F\Lambda_\delta \tag{10-20}$$

$$F = iN \tag{10-21}$$

式中 F——绕组励磁磁势；

N——绕组匝数。

在不考虑漏磁通的情况下，磁通全部由气隙进出转子。由于铁芯磁导为无限大，铁芯表面为等磁位面，故气隙磁通与定、转子极弧表面相垂直。显然，在这种情况下，气隙磁导仅由定、转子相互重合部分的极弧角度所决定，气隙磁导仅是转子转角 θ 的函数。

当转子处于定子两极尖中心线附近（图 10-9 中转子处于垂直方向）时，定转子极弧无相互重合部分，气隙磁导为零（或为一极小值），磁路中无磁通通过；当转子沿图 10-9 所示方向转到 $(t-\alpha_S-\alpha_R)/2$（t 为定子极矩，α_S 和 α_R 分别为定、转子极弧角度）时，定、转子极弧开始重合；若 θ（转子转角）继续增大，重合的极弧部分逐渐增加，气隙磁导线性增大。当转子再转过角度 α_S（设 $\alpha_R > \alpha_S$），则全部定子极弧均与转子极弧相重合，气隙磁导最大。这一最大值将在角度 $\alpha_R-\alpha_S$ 内保持；若 θ 继续增大时，定、转子极弧的重合部分将线性减少，从而形成图 10-18 所示的以 t 为周期的折线式磁导曲线。

将式(10-20) 和式(10-21) 代入式(10-18)，并考虑到

$$\Psi = N\Phi_\delta \tag{10-22}$$

则得

$$L = N^2\Lambda_\delta \tag{10-23}$$

即绕组电感 L 与气隙磁导 Λ_δ 成正比，因此，图 10-18 所示曲线同时表示了绕组电感随转子转角 θ 的变化曲线。由图可知，理想电感可用式(10-24) 表示。

$$L = \begin{cases} L_{\min} & 0 \leqslant \theta \leqslant \theta_0 \\ K(\theta-\theta_0)+L_{\min} & \theta_0 \leqslant \theta \leqslant \theta_1 \\ L_{\max} & \theta_1 \leqslant \theta \leqslant \theta_2 \\ L_{\max}-K(\theta-\theta_2) & \theta_2 \leqslant \theta \leqslant \theta_3 \end{cases} \tag{10-24}$$

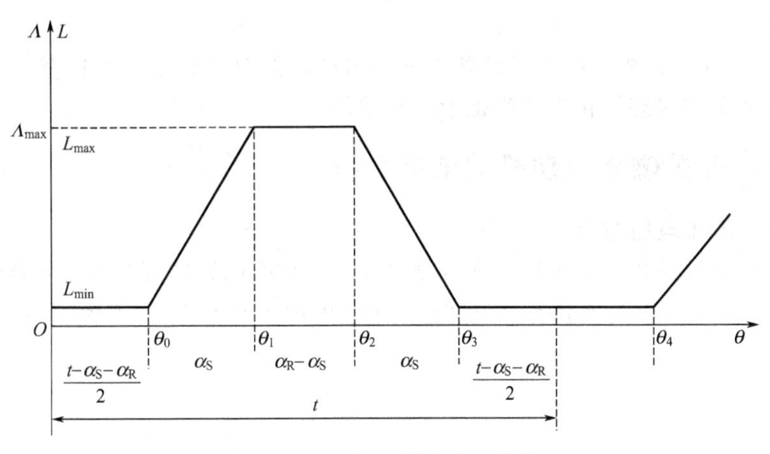

图 10-18 理想磁导和电感曲线

10.2.2.4 基本转矩计算

利用上面导出的一般转矩计算式、磁储能计算式和理想电感计算式，便可进一步导出基本转矩计算式。

将式(10-19) 代入式(10-15)，得

$$T=\frac{1}{2}i^2\frac{\partial L}{\partial\theta} \tag{10-25}$$

$$K_T=\frac{1}{2}\frac{L_{max}}{\alpha_S} \tag{10-26}$$

并将式(10-24) 代入式(10-25)，便得出电动机的基本转矩计算式。

$$T=\begin{cases}0 & 0\leqslant\theta\leqslant\theta_0\\ K_T i^2 & \theta_0\leqslant\theta\leqslant\theta_1\\ 0 & \theta_1\leqslant\theta\leqslant\theta_2\\ -K_T i^2 & \theta_2\leqslant\theta\leqslant\theta_3\end{cases} \tag{10-27}$$

由以上分析可得如下结论。

① 电动机的电磁转矩是由转子转动时气隙磁导变化产生的，当磁导（对转角 θ）的变化率大时，转矩也大；若磁导的变化率为零，则转矩也为零。因此，在一定的电动机结构和尺寸条件下，如何提高磁导的变化率是电动机设计人员要考虑的重要问题。

② 电磁转矩的大小同绕组电流 i 的平方成正比，因此，可以通过增大电流来有效增大转矩。当然，随着电流的增大，铁芯饱和在所难免。考虑这一因素后，虽转矩不能再同电流平方成正比，但仍随电流的增大而增大。

③ 在电感曲线的上升段，通入绕组电流，产生正向电磁转矩；在电感曲线的下降段，通入绕组电流，产生正向电磁转矩。因此可以仅通过改变绕组通电时刻来实现正向电动、反向电动、正向制动和反向制动状态的全部四个象限运行。上述过程中，转矩的大小与方向均与绕组电流的方向无关。

④ 在电感曲线的上升段和下降段均有绕组电流时，将产生相应的正、反向转矩。电动机的平均转矩为正、反向转矩的平均值。

$$T_{av}=\frac{1}{\tau}\int_0^t T\mathrm{d}\theta \tag{10-28}$$

当正向转矩为主时，平均转矩为正，反之为负。对于 m 相电动机，各相绕组通电均产生转矩。在不考虑磁路饱和和相间互感时，电动机的平均转矩为各相绕组单独通电所产生的平均转矩之和。

⑤ 虽然上述分析是在一系列假设条件下得出的，但对了解电动机的基本工作原理，定性分析电动机的工作状态及转矩产生是十分有益的。

10.2.3 开关磁阻电动机的电流分析

10.2.3.1 基本电路方程

开关磁阻电动机各相绕组通过功率电路供电。当功率电路的开关器件导通时，绕组端电压为电源电压 $+U_S$，开关器件断开后的续流过程中，绕组端电压为 $-U_S$，故由式(10-10) 得

$$\pm U_S=\frac{\mathrm{d}\Psi}{\mathrm{d}t} \tag{10-29}$$

将式(10-18) 代入式(10-29)，得

$$\pm U_S = L\frac{\mathrm{d}i}{\mathrm{d}t} + i\omega\frac{\partial L}{\partial\theta} \tag{10-30}$$

$$\omega = \frac{\mathrm{d}\theta}{\mathrm{d}t}$$

10.2.3.2 相电流分析

设功率电路开关器件（功率开关）在 $\theta=\theta_{on}$时开通，$\theta=\theta_{off}$时关断，则由式(10-29)可计算并得出相绕组磁链的计算式

$$\Psi = U_S t \quad (\theta_{on} \leqslant \theta \leqslant \theta_{off}) \tag{10-31}$$

$$\Psi = 2\Psi_{max} - U_S t \quad (\theta_{off} \leqslant \theta \leqslant 2\theta_{off} - \theta_{on}) \tag{10-32}$$

$$\Psi_{max} = U_S\frac{\theta_{off} - \theta_{on}}{\omega} \tag{10-33}$$

由 $\Psi(t)$ 和 $L(\theta)$，就不难根据式(10-18)获得相电流规律。可以看出：$i(t)$，即相电流规律与 θ_{on}、θ_{off}密切相关，而主开关器件的通断时刻都可以独立控制，可出现在一个周期的各区段。如图 10-19 所示，把一个周期分为Ⅰ、Ⅱ、Ⅲ、Ⅳ四个区段，那么解析 $i(t)$将可能有十多种不同模式。这里仅分析最常见的正常电动工作方式：设在区段Ⅰ内触发开通功率开关，在区段Ⅱ内功率开关关断。这种条件下的相电流波形如图 10-20 所示，该典型相电流波形可分为三个阶段，有如下特征。

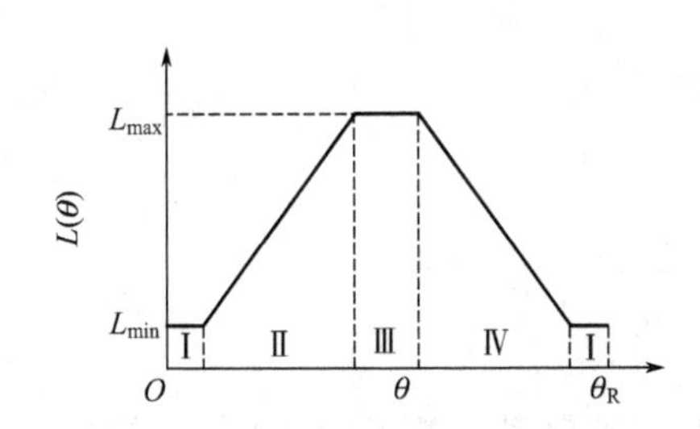

图 10-19 线性模式的相绕组电感

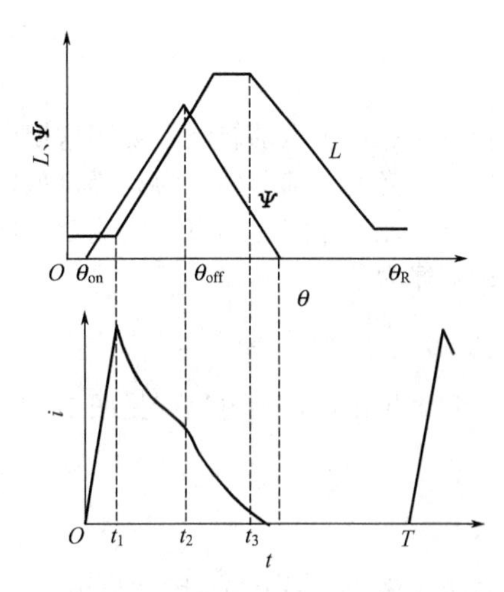

图 10-20 电动工作的相电流解析

(1) 开始阶段（$0\sim t_1$）

由于电感小，且$\partial L/\partial\theta=0$，即无感应电动势。因此，电流线性增长，上升速率较快。解析表达式为

$$i = \frac{U_S}{L_{min}}t \tag{10-34}$$

(2) 维持阶段（$t_1\sim t_2$）

t_1在瞬间之后，一方面 L 在不断增大，且$\partial L/\partial\theta>0$，存在旋转电动势，所以电流不能继续直线上升，甚至出现下降。相应的电流解析式为

$$i = \frac{U_S t}{L_{min} + \frac{\partial L}{\partial\theta}\omega(t - t_1)} \tag{10-35}$$

这一阶段是有效工作段，相电流将产生电动转矩，该电流大小和持续时间直接影响着电

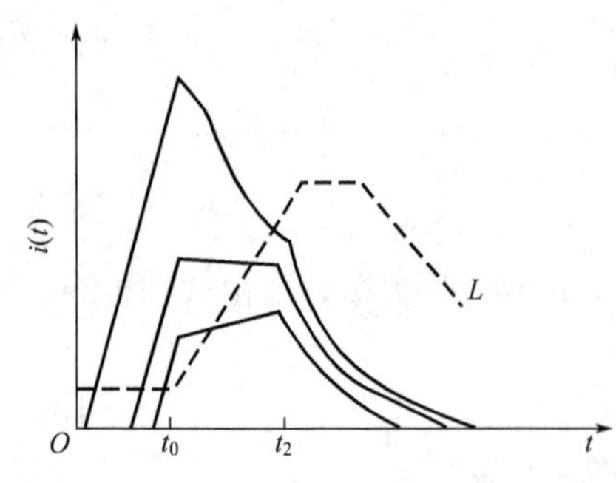

图 10-21 不同 θ_{on}的相电流（$\theta_{off}=C$）

动机的性能。不难看出：相电流与许多参数有关，其中，属于可控的因素主要是开通角 θ_{on}，不同的 θ_{on} 可能形成大小不同的电流及波形，解析结果见图 10-21。

图 10-21 表明：特殊情况下，维持阶段的电流可能为恒值（旋转电动势正好与电源电压平衡），波形如粗实线所示，其特殊条件如下。

$$\frac{\partial L}{\partial \theta}\omega t_0=L_{\min} \tag{10-36}$$

t_0 是受控于触发开通角 θ_{on} 的，如能达到式(10-36) 的条件，在一定平均转矩下，电流峰值小，电流有效值小，这对功率电子器件及电动机都是有利的。不过，θ_{on}是这种调速系统中最重要的控制量，因此，一般不要限于满足式(10-36) 固定不变。

（3）续流阶段（$t>t_2$）

从 t_2（对应 $\theta=\theta_{off}$）瞬间开始，功率开关关断，继而进入续流阶段。这个阶段在反向电压作用下，磁链线性下降，电流也很快减小。理论上，至 $2t_2$时刻，电流降至零，续流结束。

在第Ⅱ区段$\left(\frac{\partial L}{\partial \theta}>0\right)$内的续流电流解析式为

$$i=\frac{2\Psi_{\max}-U_S t}{L_{\min}+\frac{\partial L}{\partial \theta}\omega(t-t_1)} \tag{10-37}$$

该续流电流还产生电动转矩，说明这期间，电动机磁场储能一部分转化为电能，回馈给电源(或电容)，尚有一部分转换为有用机械能。

由于续流不会瞬时结束，电流就可能延伸到第Ⅲ，甚至第Ⅳ区段。在第Ⅲ区段内，电流衰减的规律为

$$i=\frac{2\Psi_{\max}-U_S t}{L_{\max}} \tag{10-38}$$

若延伸到第Ⅳ区段，则电流（见图 10-20）为

$$i=\frac{2\Psi_{\max}-U_S t}{L_{\max}+\frac{\partial L}{\partial \theta}\omega(t-t_3)} \tag{10-39}$$

在第Ⅳ区段，$\frac{\partial L}{\partial \theta}<0$，因此该电流将产生负转矩（即制动转矩），而且此时的旋转电动势与反向电压作用相反，不利于电流下降。当然，电流终究还是衰减至零，即 $2t_2$ 瞬时续流电流降为零。表面上看，续流延伸到第Ⅳ区段是不利的，但是只要这段电流不大，直接的负转矩很小，适当允许这段电流存在可换来增加第Ⅱ区段的效果。所以整体设计控制方案时，将优选 θ_{off}值，以谋求合理有效的电流波形。

由电流瞬时值可以计算相电流的有效值。

$$I=\left[\frac{1}{T}\int_0^T i^2(t)\,\mathrm{d}t\right]^{1/2} \tag{10-40}$$

电流有效值是功率计算、电动机绕组设计及确定变换器定额所需的重要参数。根据需要，也可以分别计算功率开关和续流二极管的电流有效值

$$I_S=\left[\frac{1}{T}\int_0^{t_2} i^2(t)\,\mathrm{d}t\right]^{1/2}$$

$$I_D=\left[\frac{1}{T}\int_{t_2}^{2t_2} i^2(t)\,\mathrm{d}t\right]^{1/2} \tag{10-41}$$

直接解析计算各电流有效值十分烦琐，一般应用计算机数值计算，可方便地获得电流有效值与电源及电动机参数的关系，特别是可得到控制参数（如 θ_{on}、θ_{off}）影响电流的规律。作为例子，图 10-22 给出了电动工作条件的计算结果，设电动机相电感曲线的条件为 $L_{max}/L_{min}=6$，每周期中 L_{max}段宽 10%、L_{min}段宽为 20%。图中各量均采用相对单位制（顶标带 ∗），如 $\overset{*}{\theta}=\theta/\theta_R$、$\overset{*}{I}=I/I_k$，即定义角度基值为转子齿距角 θ_R，定义电流基值

$$I_k=\frac{U_S T}{L_{min}} \tag{10-42}$$

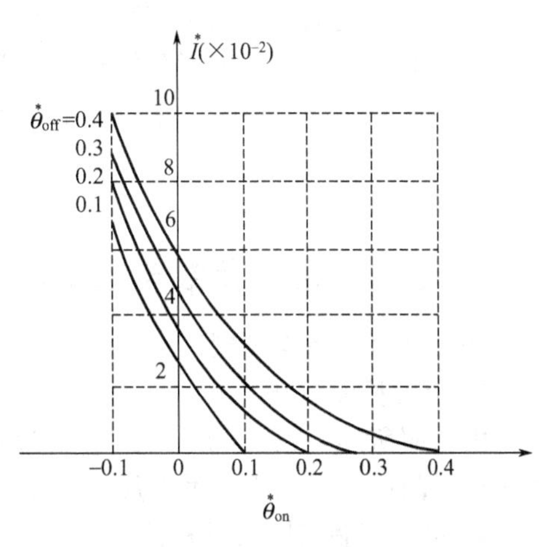

图 10-22　相电流计算结果示例

由图 10-22 可知以下三点。

① 功率开关开通角 θ_{on}对控制电流大小的作用十分明显。提前导通（θ_{on}减小），则电流峰值和有效值增大。这是因为 θ_{on}小、电流线性上升段时间长，电流就大。

② 功率开关关断角 θ_{off}一般不影响峰值电流，但对相电流有效值有影响。θ_{off}大，则供电时间长，电流有效值大。

③ 在一定控制角条件下，电流相对值与转速无关。实际电流值和电流基值一样，反比于转速，即低速时，同样导通角度的导通时间长，因此电流大，尤其是转速很低或 θ_{on}很小时，都可能形成很大的峰值电流，故必须注意限流。有效的限流方法多是采用斩波方式，这将在下节介绍。

10.3　控制方式

开关磁阻电动机调速系统的控制方式指电动机运行时对哪些参数进行控制及如何进行控制，使电动机达到规定的运行工况（如规定的转速、转矩等），并使其保持较高的力能指标（如效率、温升等）。过去许多有关开关磁阻电动机调速系统的文献都或多或少提到控制方式，但一般仅作为分析电动机特性的一部分，而未对其予以足够重视。之所以如此，或许是由于控制方式不是整个系统中的一部分硬件。这里将控制方式作为单独一节论述，是因为认为它是研究开关磁阻电动机调速系统中的一个非常重要的问题，其理由如下。

① 控制方式是关系系统优劣的决定性因素。使用变速传动系统的用户直接使用的是电动机的机械输出参数，因此该输出参数的优劣是评价一个系统优劣的主要依据。由于开关磁阻电动机可以采用多种完全不同的控制方式控制，其输出参数也差异很大，因此根据电动机输出参数正确选择控制方式是提高系统水平的一个决定性因素。

② 控制方式是系统级的知识。控制方式同电动机的输出参数要求密切相关，同时，任何控制方式都是通过适当的控制电路和功率电路才能实现的，而这涉及控制器在内的整个系统的技术经济指标。从系统设计角度看，只有选定了控制方式，系统各部分才有了设计依据。选择不同的控制方式，会导致各部分设计方案和设计参数极大的差异。只有正确选择控制方式，才能使系统具有最佳性能价格比。因此可以说，控制方式是开关磁阻电动机调速系统机电一体化结构中不可缺少的一个部分，并处于核心地位。

③ 开关磁阻电动机调速系统的控制方式是其特有的知识。开关磁阻电动机调速系统的

控制方式与传统电动机完全不同，与其他与之相近的电动机，如步进电动机和无刷直流电动机也相差非常大，因此这部分知识是开关磁阻电动机调速系统必不可少的一部分知识。

下面先介绍开关磁阻电动机调速系统可行的控制参数及其电动机性能，然后介绍电动机启动与制动的控制方式，这些都涉及电动机静态性能的控制方式。最后介绍开关磁阻电动机构成的调速系统。

10.3.1 控制参数与电动机性能

10.3.1.1 角度控制

1. 角度控制方法

由上面所述，在 $\theta_{on}\sim\theta_{off}$之间，对绕组加正电压，在绕组中建立和维持电流。在 θ_{off}之后一段时间内，对绕组加反电压，电流续流并快速下降，直至消失。

2. 角度控制与电动机特性

(1) 角度控制与电动机工作状态

改变 θ_{on}和 θ_{off}可以改变电流波形与绕组电感波形的相对位置，使电流波形的主要部分置于电感波形的上升段，则电动机运行；反之，使电流波形的主要部分置于电感波形的下降段，则电动机制动运行。

(2) 角度控制与电动机转矩和转速

在电动状态下，由上面的电动机的电流分析知，开通角 θ_{on}提前，则在最小电感上升段电流上升时间加长，如图 10-21 所示，使电流波形有如下变化。

① 波形加宽。

② 波形的峰值和有效值增加。

③ 与电感波形的相对位置变化。

改变 θ_{on}，使电感波形上升段电流变化，从而改变了电动机转矩。当电动机负载一定时，改变其转矩则进一步改变了转速。

改变 θ_{off}一般不影响电流峰值，但影响电流波形宽度及其同电感曲线的相对位置，电流有效值也随之变化。因此，θ_{off}同样对电动机的转矩、转速产生影响，但其影响远没有 θ_{on}那么大。

同样的分析也可用于制动运行状态。

3. 角度的优化

角度控制是控制开关磁阻电动机调速系统的一种最有效的方法，但首先必须解决如何控制 θ_{on}和 θ_{off}的问题。因为在电动机的允许范围内，对应需要得到的一组转矩和转速可以有许多，甚至无数组 θ_{on}和 θ_{off}。如图 10-23 所示，两个不同 θ_{on}产生两个差异很大的电流波形，其产生的转矩却相同。电流波形不同，对应的绕组铜损耗和电动机效率也不同。找出众多不同 θ_{on}和 θ_{off}中能使电动机出力相同而效率最高的一组就实现了角度优化。寻优可通过计算机

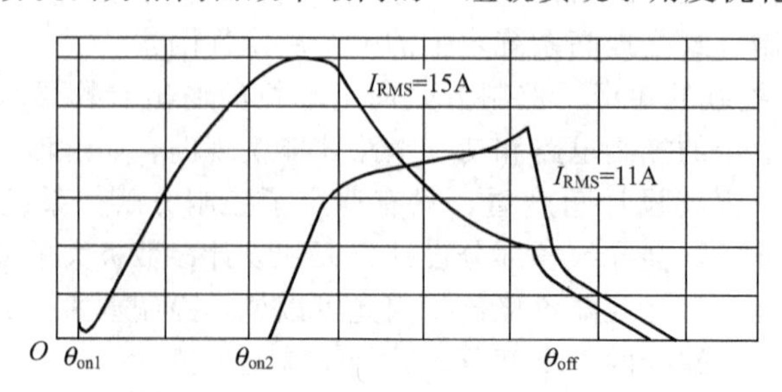

图 10-23 产生同样转矩的两个相电流

辅助分析实现，也可通过实验方法完成。

4. 角度控制的特点

① 转矩调节范围大。如果定义电流存在区间 t 占电流周期 T 的比例 t/T 为电流占空比，则角度控制下电流占空比的变化范围几乎为 0～100%。

② 同时通电相数可变。步进电动机中常有一相通电、两相同时通电之说。同时通电相数多，一般电动机出力较大，转矩脉动较小。对 m 相电动机，同时通电相数 P_S 可由电流占空比计算。

$$P_S=\frac{t}{T}m \tag{10-43}$$

在角度控制中，由于 t 变化，P_S 也随之变化。对四相 8/6 极电动机，$m=4$、$T=60°$，若 t 变化范围为 15°～45°，则 $P_S=1～3$。P_S 非整数时，表示按时间平均的通电相数。当电动机负载变化时，可自动增加或减少同时通电的相数是角度控制方式的优点。

③ 电动机效率高。通过角度控制，使电动机在不同负载下均能保持高效率。

④ 不适用于低速。角度控制方式中，电流峰值主要受旋转电动势限制。当转速降低时，旋转电动势减小，使电流峰值大至不允许值，因此，角度控制一般适用于较高的转速。当然，何为高速低速，由电动机绕组设计参数决定。

10.3.1.2　电流斩波控制

1. 电流斩波控制方法

如图 10-24 所示，在 $\theta=\theta_{on}$ 时，功率电路开关元件接通（称相导通），绕组电流 I 从零开始上升，当电流增长到一定峰值 i_T 时，绕组断电（称斩波关断）。绕组承受反压，电流快速下降。经时间 T_1 后，对绕组重新通电（称斩波导通）。如此反复通电断电，形成斩波电流波形，$\theta=\theta_{off}$ 时实行相关断，电流衰减至零。

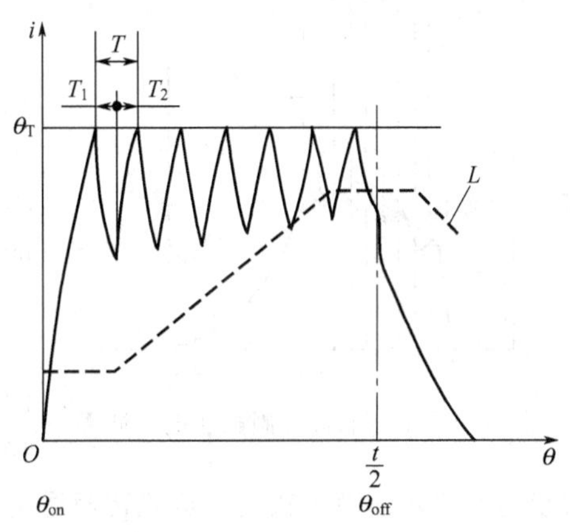

图 10-24　电流斩波控制方式

电流斩波控制方式中，选择 θ_{on} 和 θ_{off} 能使电流波形的主要部分位于电感的上升段或下降段，使电动机处于电动运行或制动运行。控制 i_T 的大小能调节电流峰值，起到调节电动机转矩和转速的作用。斩波周期 T 主要由 T_1 决定。T 小则电流的平均值与峰值之比增大，有利于在一定电流峰值下提高电动机出力。同时，T 小有利降低噪声，如使斩波频率 $f=1/T\geqslant 16\text{kHz}$ 时，可使斩波噪声频率避开人耳听觉范围。但要取得较小的 T，则要求功率电路开关元件工作频率提高，需选择高频开关元件，成本较高，且开关损耗较大。

2. 电流斩波控制的特点

① 适用于低速和制动运行。电动机低速运行时，由于绕组中有旋转电动势，电流增长快。在制动运行时，由于旋转电动势的方向与绕组端电压方向相同，使电流比低速运行时增长还要快。两种运行中，采用电流斩波控制方式正好可限制电流峰值的增长，并起到良好有效的调节效果。

② 转矩平稳。由于每个电流波形呈较宽的平顶状，故产生的转矩也较平稳。各相综合的总电动机转矩脉动一般也比采用其他控制方式时要明显小。

③ 适合用作转矩调节系统。如果选择的斩波周期 T 较小，并忽略相导通和相关断时电

流建立和消失过程（转速低时近似如此），则该方式下绕组电流波形近似为平顶方波波形。平顶方波的幅值对应了一定的电动机转矩，该转矩基本不受其他因素（如电源电压，转速等）的影响，因此电流斩波控制方式十分适合构成转矩调节系统，如具有力矩电动机特性。

④ 用作调速系统时抗负载扰动的动态响应慢。为提高调速系统在负载扰动下的转速响应速度，除要求转速检测调节环节动态响应快外，系统自然机械特性的硬度也十分重要。电流斩波方式中，由于电流峰值被限制，当电动机转速在负载扰动作用下发生变化时，电流峰值无法相应自动改变，电动机转矩也无法自动改变，使之成为特性非常软的系统，因此，系统在负载扰动下的动态响应十分缓慢。

10.3.1.3 电压斩波控制

1. 电压斩波控制的方法

在$\theta_{on}\sim\theta_{off}$通电区间内，使功率开关按脉冲宽度调制（PWM）方式工作。这里脉冲周期T固定，占空比t/T可调。在$t(T_1)$内，绕组加正电压；T_2内加零电压或反电压（不同电压的实现方法将在下一节论述），其电压电流波形如图10-25所示。改变空占空比，则绕组电压的平均值$\overline{u}$变化（如图10-25中虚线所示），绕组电流也相应变化，从而实现转速和转矩的调节。与电流斩波控制方式类似，提高脉冲频率$f=1/T$，则电流波形比较平滑，电动机出力增大，噪声减小，但功率开关元件工作频率增大。

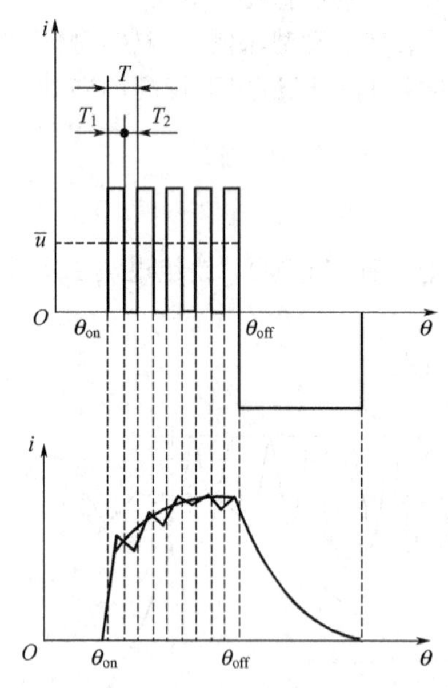

图10-25 电压斩波控制电压电流波形

2. 电压斩波控制的特点

电压斩波控制方式通过PWM方式调节绕组电压平均值，进而间接限制和调节过大的绕组电流，故既能用于高速运行，又适合于低速运行。其余特点与电流斩波控制方式相反，即适合用作调节系统，此时抗负载扰动的动态响应较快，但低速运行时转矩脉动较大。

10.3.1.4 控制方式实例

由上所述，开关磁阻电动机调速系统可采用多种控制方式，不同方式对应的电动机特性差异很大，因此选择适当的控制方式是系统设计者的重要任务。由于一般要求电动机转速范围较宽，负载转矩适用范围也较宽，为了使电动机在各种不同工作条件下均有较好的性能指标，一般可选用几种控制方式的组合，下面简单介绍常用的三种控制方式。

1. 高速角度控制、低速电流斩波控制

高速时采用角度控制，低速时采用电流斩波控制有利于发挥两者的长处，克服两者的短处，能在较宽调速范围（如1∶40）内使电动机有较好的特性和力能指标。这种控制方法在国内外产品中较普遍采用。

这种控制方法的缺点在中速较突出，因为此时两种控制方式均较难实现。若采用角度控制，则电流脉冲窄而尖，转矩脉动大，电流峰值也大；若采用电流斩波控制，则在θ_{off}后续过程较长，影响出力与效率。解决办法是在低速电流斩波控制时结合角度控制，当转速提高时，使θ_{off}适当提前。

两种控制方式的过渡也应予以充分重视，一是注意在两种方式转换时的参数对应关系，避免转矩较大的不连续；二是两种方式升速时的转换点和降速时的转换点间要有一定回差，一般使前者略高于后者，避免在转换点附近运行时处于经常性的控制方式转换过程中。英国

Oulton 产品额定转速为 1500r/min，由电流斩波控制向角度控制转换时的转速为 640r/min，由角度控制向电流斩波控制转换时的转速为 580r/min。

2. 变角度电压斩波控制

这种控制方法的要点是靠电压斩波调节电动机的转速和转矩，并使 θ_{on} 和 θ_{off} 随转速改变。

由于电动机工作时，希望尽量将绕组电流波形置于电感波形上升段。考虑到电流的建立和续流消失需一定时间，电流波形总比通电区间 $\theta_{on}\sim\theta_{off}$ 有所滞后。当转速越高时，由于通电区间对应的时间越短，电流波形滞后得就越多。因此，要求通电区间提前的角度应更多。

此种工作方式转速转矩调节范围大，高速、低速均有较好的电动机性能，且不存在两种不同控制方式互相转换的问题，因此，近年来在一些国内外产品中采用。其缺点在于控制方式的实现稍显复杂，同时要求功率开关的工作频率较高，否则斩波噪声比较大。

3. 定角电压斩波控制

这种控制方法与变角度电压斩波控制类似，只是 θ_{on} 和 θ_{off} 不随转速改变。与变角度电压斩波控制相比，这是一种简化的控制方式。θ_{on} 和 θ_{off} 应取兼顾高速、低速运行的中间值，适用的调速范围一般不太大，如 1∶20。其优点是控制方式的实现简单，因此适用于小功率简易型系统，如国内的 SR71 系列、E 系列的产品均采用该控制方式。

10.3.2 启动与制动控制

10.3.2.1 启动控制

1. 启动转矩与启动电流

电动机启动时转子可位于任何角位置，因此了解电动机在各种角位置转矩特性是必要的。电动机在每相绕组通一定电流时的转矩 T 同转角 θ 间的关系称为矩角特性。图 10-26 表示四相电动机的矩角特性。由图可见，为产生正向电动转矩，四相绕组可行的通电区间 A 相为 0～30°，B 相为 15°～45°，C 相为 30°～60°，D 相为 45°～75°。

分析电动机启动特性，应特别提到最小启动转矩 $(T_{ST})_{min}$ 和平均启动转矩 $(T_{ST})_{av}$。为使电动机转子处于任何角位置均能顺利启动，应有 $(T_{ST})_{min}$ 大于负载转矩 T_L，一般有

$$(T_{ST})_{min}\geqslant 1.1T_L \qquad (10\text{-}44)$$

为使电动机有良好的加速性，一应使

$$(T_{ST})_{av}\geqslant 1.5T_L \qquad (10\text{-}45)$$

对确定的电动机，$(T_{ST})_{min}$ 和 $(T_{ST})_{av}$ 与同时通电的相数、θ_{on} 和 θ_{off} 点的选择、相电流有关。

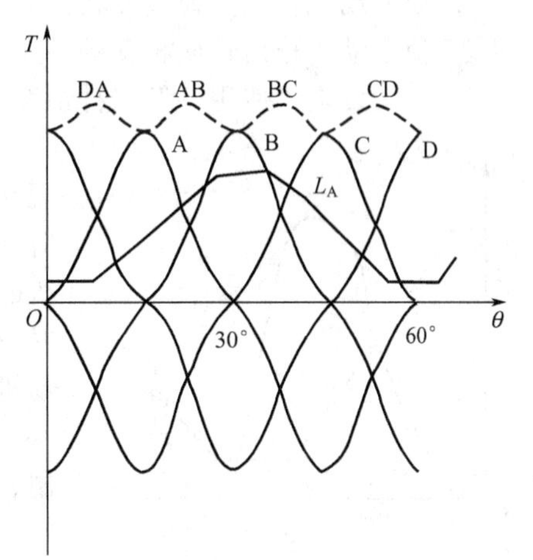

图 10-26 四相电动机矩角特性

当采用一相绕组单独轮流通电启动时，若上述电动机选择各相 θ_{on}、θ_{off} 使通电区间 A 相为 7.5°～22.5°，B 相为 22.5°～37.5°，C 相为 37.5°～52.5°，D 相为 52.5°～67.5°。则电动机的总启动转矩为各相矩角特性的上包络线，最小启动转矩 $(T_{ST})_{min}$ 为两相矩角特性的交点。若矩角特性为正弦曲线，则 $(T_{ST})_{min}$ 为最大启动转矩的 0.707 倍。若 θ_{on}、θ_{off} 不按此选择，则 $(T_{ST})_{min}$ 和 $(T_{ST})_{av}$ 均会减小。

当采用两相绕组同时通电启动时，若选取通电区间 A 相为 0～30°，B 相为 15°～45°，C 相为 30°～60°，D 相为 45°～75°，则电动机的总启动转矩为图 10-26 中虚线所示，最小启动

转矩 $(T_{ST})_{min}$ 为一相单独通电的最大转矩。同理，选取其他 θ_{on} 和 θ_{off} 值，将使 $(T_{ST})_{min}$ 和 $(T_{ST})_{av}$ 减小。

显然，矩角特性和启动转矩还受绕组电流大小的影响。由上面分析可看出，对应同样大小的绕组电流，两相通电较一相通电时 $(T_{ST})_{min}$ 和 $(T_{ST})_{av}$ 明显增大。或者说，对于要求的启动转矩［见式(10-44)和式(10-45)］，采用两相通电比一相通电所需的绕组电流小。

按此法还可分析其他相数的电动机和采用各种通电方式的启动特性。

2. 启动控制方式

电动机由静止开始启动时，由于转速为零，绕组中旋转电动势为零，绕组电流仅由电阻和自感所限，其上升率很快。电流斩波控制方式能有效控制绕组电流的大小，便于调节启动转矩，不会在启动堵转时发生电流突变现象，且启动过程中转矩较平稳，因此是最好的一种启动控制方式。电压斩波控制可借助 PWM 的电压占空比限制过大的启动电流，但由于其受控量是电压而不是电流，为防止电流超过允许值，应结合峰值限流的电流斩波控制方式使用。角度控制方式不适合启动使用，因为导通区间大了会造成过电流，小了又会使转子在有些位置时无法通电，无法启动。

正常的启动过程应当是在启动开始后逐步增大启动转矩，使转子由静止到开始转动，然后逐步加速，直至达到最低稳定运行转速，转入低速运行控制方式。对通用系统，且负载转矩情况不明时，应使启动初始转矩从零逐步增大。过大的启动初始转矩可在负载轻时造成大的转速超调。对一些专用系统，由于负载已确定，为了加快启动过程，可使启动初始转矩与负载的静阻力转矩相近。因此，对一个完善的开关磁阻电动机调速系统，启动初始转矩应是一个用户可调量。

10.3.2.2　制动控制

有三种情况需电动机制动运行。

① 使电动机快速降速或停转。

② 使电动机输出转向相反的转矩，如卷绕恒张力控制系统中退卷电动机。

③ 作为发电机使用。但三种情况下电动机的工作原理是相同的。

由上节内容可知，电动机运行时，只要使绕组电流出现在电感曲线下降段就可制动运行，如图 10-27 所示。此时在 $\theta_{on} \sim \theta_{off}$ 间，电源能量和外部机械能共同转换为电动机磁储能。在 θ_{off} 后的续流段，磁储能和机械能转为电能，并以续流形式向电源回馈。一般情况下，每个通电周期电动机向电源回馈的电能多于吸收的电能。

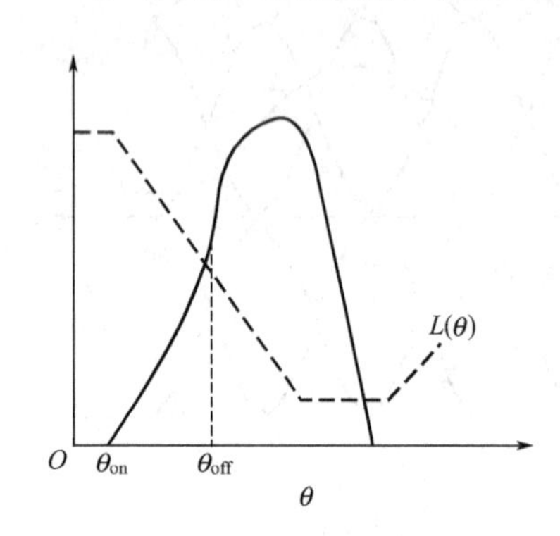

图 10-27　制动运行电流波形

制动运行下可以使用上述所有控制方式，如角度控制、电流斩波控制和电压斩波控制方式及其组合控制方式。由于制动运行时绕组内旋转电动势和外电压共同作用，易产生较大峰值电流，而电流斩波控制方式能起限制电流峰值、平滑电流与转矩的效果，故在制动运行中较多采用。与电动运行相同，通过适当调节可控参数，可以有效控制绕组电流及其相应的转矩，也可以通过优化控制方式使电动机达到和电动工作时相似的输出能力和力能指标。

10.3.3　闭环调速系统的组成

开关磁阻电动机调速系统得到广泛应用，调速系统最主要的特征是以转速值为给定量，并使电动机转速跟随给定量。为了使系统具有良好的调速性能，应构成闭环系统。下面由简到繁介绍三种闭环调速系统，重点介绍系统构成及各部分的功能，其具体实施电路和措施将在下两节讨论。还应指出：开关磁阻电动机除了构成调速系统外，还能构成转矩调节系统、角位移调速系统等其他不同类型的系统，在此不再赘述。

1. 转速单闭环调速系统

转速单闭环调速系统的构成如图 10-28 所示。给定积分器的功能是将转速给定信号 u_g 的突变部分进行积分，使之变成较平缓的变化量，如图 10-29 所示，从而使系统工作更加平稳。为解决平稳性和快速性的矛盾，满足不同用户的要求，积分时间常数应能在一定范围可调（如零点几秒至几秒）。

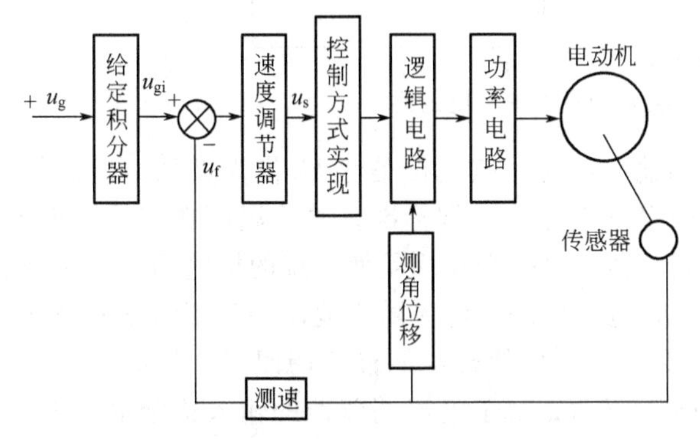

图 10-28　转速单闭环调速系统的构成

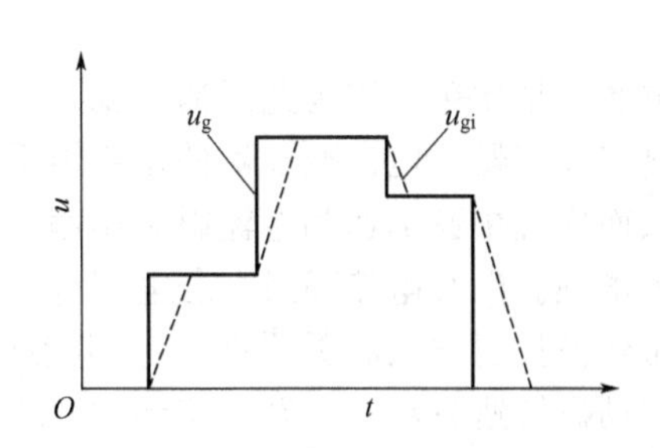

图 10-29　给定积分器工作波形

给定积分器的输出信号 u_{gi} 和电动机转速反馈信号 u_f 相叠加（相减）后，转速信号输入到速度调节器，由此构成转速闭环系统。速度调节器的作用是对转速误差信号按一定规律进行运算，并通过系统的其他部分对电动机调速。最常用的速度调节器是比例积分调节器，起比例运算和快速调节作用，积分部分起转速误差积累和最终消除误差的作用，从而构成转速无差调节系统，其表达式为

$$u_s = k(u_{gi} - u_f) + \frac{k_p}{\tau_1}\int(u_{gi} - u_f)\mathrm{d}t \qquad (10\text{-}46)$$

式中　k_p——调节器的比例系数；

　　　τ_1——积分时间常数。

k_p 和 τ_1 的选择很大程度影响系统的动态性能。虽有不少文献使用经典控制论和现代控制论的手段对其选择进行分析，但由于开关磁阻电动机调速系统特性上的严重非线性及电动机机械负载的复杂性，工厂中该参数最常用的确定方法是实验法，即在初选参数的基础上掌握改变参数时系统动态性能变化趋势，找出满意的参数值。

控制方式实现电路的功能是实现角度控制、电流控制、电压控制，根据速度调节器的输出信号改变控制参数。实际电路中，为了实现所需控制方式，还需要输入诸如角位移、相电流等参考量，这些在图 10-28 中未表示。值得指出的是：有些文献把为实现电流斩波控制引入相电流信号称为电流闭环控制是不对的，因为这里并没有“电流调节”的概念。

逻辑电路综合了角位移信号和控制方式实现信号，输出一个符合电动机相数的并实现调速控制方式的多路信号，如四相角度控制信号。该信号通过功率电路后控制电动机运行。

2. 转速、电流双闭环调速系统

转速、电流双闭环调速系统的构成如图 10-30 所示。对比图 10-28 和图 10-30 可知，这里仅增加了电流调节器和电流检测的闭环反馈环节。电流调节器与速度调节器一样，一般也是采用比例积分调节器。电流调节器的作用有两个，一个是在启动和大范围加速时起电流调

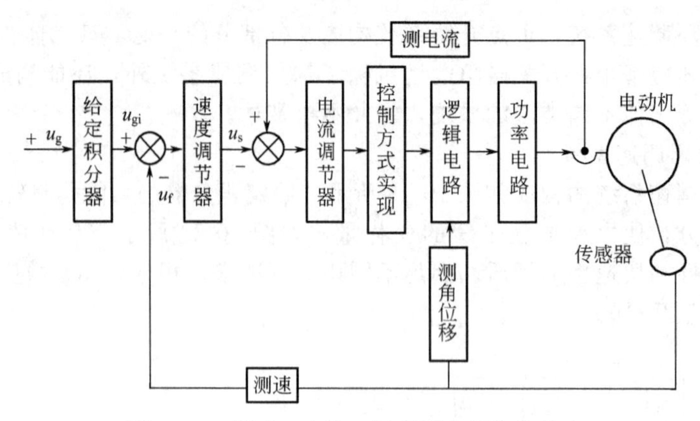

图 10-30　转速、电流双闭环调速系统的构成

节和限幅作用，因为此时速度调节器呈饱和输出状态，其输出信号 U_s 作为极限给定值加到电流调节器，电流调节器的作用结果是使绕组电流迅速达到标准，并使温度在其最大值上，从而实现快速加速和电流限制作用；电流调节器的另一个作用是使系统的抗电网电压扰动能力增强。没有电流环时，若电网电压波动，则电动机绕组电流随之波动（采用角度控制和电压斩波控制方式时更严重），使电动机转速受影响。虽然转速能最终调回来，但影响已反映在动态转速波动上。有电流环时，若电网电压波动，由于电流调节器的输入给定值没变化，其作用是使电流跟踪给定值，使电网电压对绕组电流的影响得到抑制。由此可知，增加电流环，使系统的快速性和稳定性得到改善。

3. 转速、电流双闭环可逆调速系统

可逆调速系统指电动机可实现全部四象限运行，并可在不同转向和工作状态间自动平滑转换。只有可逆调速系统才能应用于位能负载，才能构成转速跟踪（伺服）系统。电动机以正向转速 n_1 运行时，将转速调至反向的 $-n_2$，则电动机由正向电动状态转入正向制动状态，转速由 n_1 迅速下降。当转速降至零时，转入反向电动状态，并反向加速。快速的加速过程往往导致转速超调，此时转速 $|n|>|-n_2|$，电动机转入反向制动，以抑制过大的超调。经超调引起的过渡过程后，电动机转入转速为 $-n_2$ 的反向电动运行的稳态工作状态中。

转速、电流双闭环可逆调速系统的构成如图 10-31 所示，这里转速给定信号是可正可负

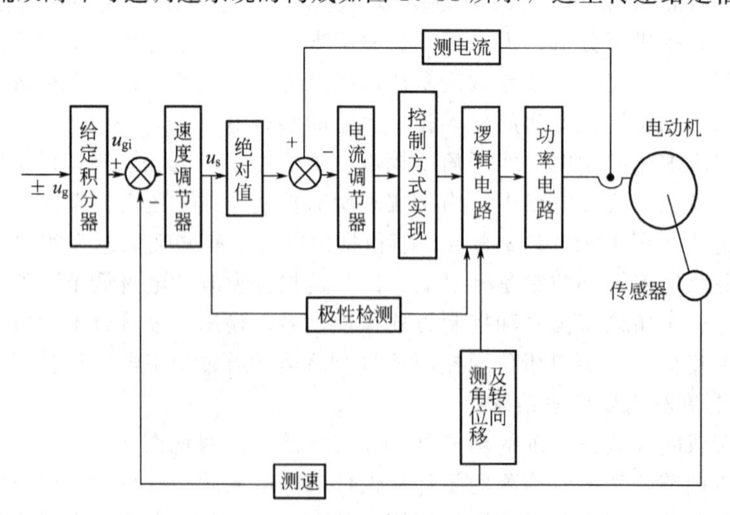

图 10-31　转速、电流双闭环可逆调速系统的构成

的电压信号 u_g，其极性对应电动机的转向，大小对应电动机转速。同样，为适应正反向运行的需要，速度调节器和测速电路也都必须是适应双极性工作的。由于开关磁阻电动机的绕组电流方向是单向的，故电流调节器的工作是单极性的。为了适合这一要求，速度调节器的输出经绝对值处理后再加到电流调节器。

自动实现电动状态和制动状态的转换是实现可逆调速的一个关键。这一功能是由图 10-31中逻辑电路实现的。逻辑电路除具有根据控制方式实现电路和角位移信号功能外，还根据速度调节器和转向信号的极性决定其输出信号的工作逻辑。逻辑电路正确的工作逻辑如表 10-4 所示。

表 10-4　逻辑电路工作逻辑

u_g 极性 / 转向	+	−
+	正向电动	正向制动
−	反向制动	反向电动

10.4 控制器

控制器主要由功率电路和控制电路构成，而介绍功率电路，必然涉及与之相关的功率元件及其推动电路。

10.4.1 功率电路

如前所述，当采用交流电源供电时，功率电路包括整流电路和逆变电路；当采用直流电源供电时，功率电路仅含逆变电路。

10.4.1.1 整流电流

开关磁阻电动机调速系统中，一般采用二极管构成的不可控整流电路。常用的整流电路有单相全波整流电路、三相半波整流电路和三相全波整流电路，如图 10-32 所示。

当电源电压为 3N～380V/220V 时，三种电路的输出直流电压见表 10-5。

一般单相全波整流电路用于小功率开关磁阻电动机调速系统（如 1kW 以下）中，三相全波整流电路用于大功率开关磁阻电动机调速系统中，三相半波整流电路介于两者之间。

图 10-32 中，电解电容器（C_2）用于整流波形的滤波，其容量大小决定了整流电压的平均值和输出电压的纹波大小，同时还影响逆变电路返回续流电流时电压升高的多少。图中的另一个电容器（C_1）主要起高频旁路作用，降低电解电容器高频耗损和整流电路的尖峰电压。

表 10-5　整流电路输出直流电压

电　压	单相全波	三相半波	三相全波
峰值/V	311	311	537
平均值/V	198	257	513

10.4.1.2 逆变电路

图 10-5 给出了三种常用逆变电路示意图。图 10-33 给出了这三种电路构成的实用多相电路，图中，L 为电动机绕组，S 为功率开关，VD 为续流二极管，图中画出了 A 相的电流通路。当 A 相功率开关 S_A 和 S_A'闭合时，A 相绕组正向接至电源，电流如图 10-33 中实线所

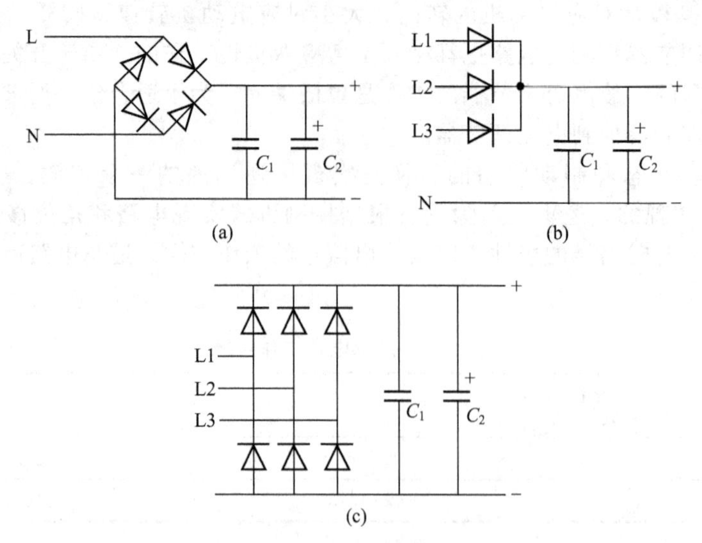

图 10-32　开关磁阻电动机调速系统常用整流电路

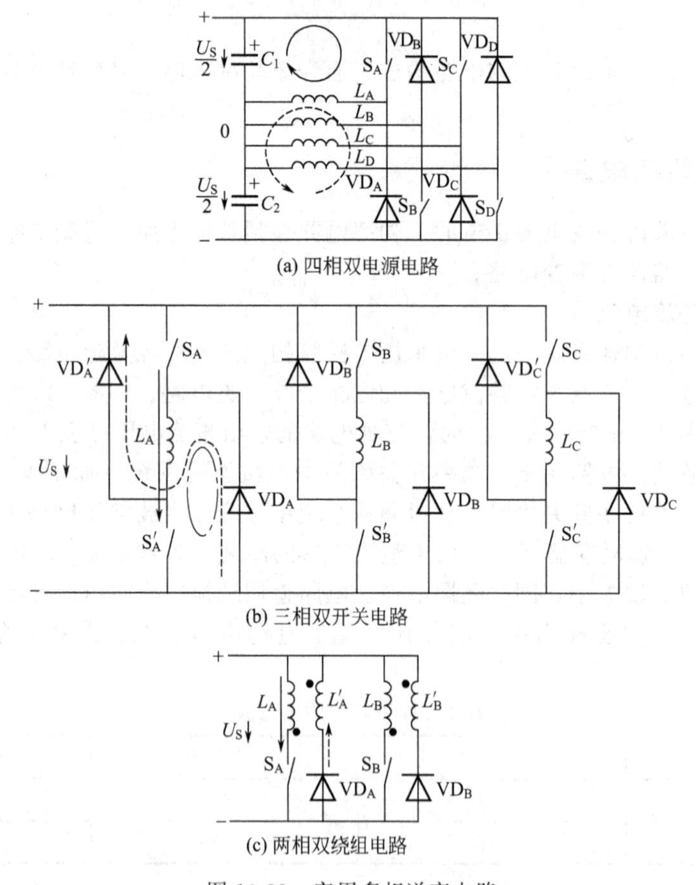

图 10-33　实用多相逆变电路

示；当 S_A 和 S'_A 断开时，续流电流如图 10-33 中虚线所示，绕组反向接至电源，加速续流电流消失。

图 10-33(a) 中，双电源借助两个电容器 C_1 和 C_2 分压而成。A、C 相通时，消耗 C_1 中

的电能，续流电流补充 C_2 中电能；反之，B、D 相通电，消耗 C_2 中的电流，续流电流补充 C_1 中电能。当四相轮流对称工作时，将使 C_1、C_2 电压相等。长时间导通一个相，该电路将无法正常工作。因此，在启动电动机时，通常采用两相同时通电的工作方式。值得指出的是：这里加到绕组正向、反向的均是 C_1、C_2 上的电压，为整流电路输出电压的 1/2，而图 10-33(b)、图 10-33(c) 所示两个电路加到绕组的电压为全部整流电压。

图 10-33(b) 中，每相有两个功率开关，认为两功率开关同时通断，这时加到绕组的是正、负电源电压。若在导通时只关断一只开关，如仅关断 S_A，则续流回路如图 10-33(b) 中点画线所示。绕组为零电压续流。零电压续流在电压斩波控制中很有用，它使电压斩波更加平滑，可降低斩波频率，减小斩波噪声和电磁干扰。图 10-33(a)、图 10-33(c) 所示的两个电路中，一相只有一只功率开关，因此不便实现零压斩波。

图 10-33(c) 中，每相绕组由紧密耦合的主绕组和辅绕组构成，功率开关接通时，电流流过主绕组；关断后，续流电流流过辅绕组。

由于功率开关元件的成本在开关磁阻电动机调速系统成本中占重要比例，为经济安全地选用该元件，了解其能承受的电压、电流是十分重要的。设绕组承受的电压、电流为 u_p 和 i_p，则由图 10-33 可分析三种电路功率开关元件承受的电压 u_v 和电流 i_v（设主辅绕组匝数相同）。

对图 10-33(a)：$u_v=2u_p$，$i_v=i_p$，每相 $u_v i_p=2u_p i_p$

对图 10-33(b)：$u_v=u_p$，$i_v=i_p$，每相 $u_v i_p=2u_p i_p$ (10-47)

对图 10-33(c)：$u_v=2u_p$，$i_v=i_p$，每相 $u_v i_p=2u_p i_p$

以上 u_v、i_v 是选用功率开关的一个依据。当然，实际选用时还必须考虑由开关通断造成的瞬态过电压、过电流，以及在多种因素下的安全裕度。

图 10-33 所示的三种电路中，双绕组电路最简单，但以电动机绕组的复杂为代价，同时功率开关承受的电压较高，因此适用于低压供电系统。双电源电路也较简单，但仅适用于偶数相电动机，此外，保持每相有两个功率开关，电路稍复杂，但可实现零压斩波和续流，各相电路完全独立，使用灵活方便，适用于高性能和较大容量开关磁阻电动机调速系统。

除图 10-33 所示的三种逆变电路外，为了减少功率开关总容量、减少功率开关损耗和改善电动机性能，人们还不断开发了其他许多种不同形式的逆变电路，如公共开关式、LC 谐振式、公共电容式等。由于篇幅关系，这里不再赘述。

有的半导体开关器件也可用作功率开关，如晶闸管、门极关断晶匣管（GTO)、功率晶体管或达林顿晶体管（GTR)、功率场效应管（MOSFET)、和绝缘栅双极晶体管（IGBT)。晶闸管由于需要强迫换相电路，在开关磁阻电动机调速系统中较少采用。GTO 过流能力强，耐压等级高，但控制仍较复杂，因此仅用于大容量高电压场所。GTR 通断、控制均方便，因此曾在国内外开关磁阻电动机调速系统中广泛应用，但逐步被开关速度更快，控制功率更小的 MOSFET 和 IGBT 所代替，MOSFET 主要用于低压场合（如 200V 以下)，而 IGBT 用于较高压场合。目前市场常见的 IGBT 的电压可达 $U_{CES}=1400V$，电流可达 $I_C=600A$，工作频率可达 20kHz，适合各种中小容量开关磁阻电动机调速系统。

10.4.1.3 驱动电路

驱动电路的作用是将控制电路发出的相通断信号转换成符合功率开关元件要求的控制信号，使之安全可靠通断，并能起到强弱电路间的隔离作用。这里仅讨论 MOSFET 和 IGBT 的驱动电路。其对驱动信号的基本要求如下。

① 通态门极电压。$U_{GE}=+15V$。

② 断态门极电压。$U_{GE}=-5\sim10V$。

③ 上升下降时间。$t_p \leqslant 1\mu s$。

④ 门极电阻。按 IGBT 使用手册选取，并实验调整。

由于 MOSFET 和 IGBT 属高速开关元件，对驱动电路要求较高，因此，一般选用专用集成电路。

1. TLP250

为日本东芝产品，全部电路封装在一只八脚双列直插集成块内，体积小，使用方便，可用于驱动 50A 以下 MOSFET 和 IGBT，其主要指标如下。

① 输入电流。$I_F = 5mA$。

② 电源电压。$U_{CC} = 15 \sim 35V$。

③ 输出电流。$I_0 = \pm 0.5A$。

④ 开关时间。$t_p = 0.5\mu s$。

⑤ 隔离电压。2500V（有效值）。

图 10-34 给出了其应用电路。

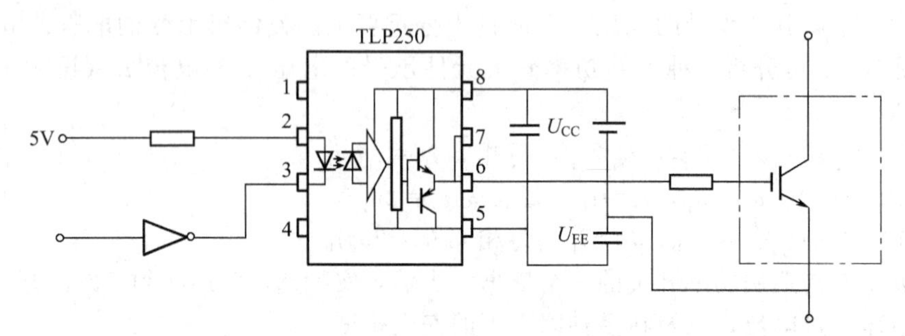

图 10-34　TLP250 的应用电路

2. EXB840/841

EXB840/841 为日本富士公司生产的混合 IC 驱动器，除具有一般驱动功能外，还具有短路保护功能，可用于 400A/600V 或 300A/1200V 以下 IGBT。

10.4.1.4　制动放电电路

当开关磁阻电动机运行时，向功率电路回馈的电能多于从功率电路得到的电能。此时，若采用可逆直流电源供电（如蓄电池、直流发电机等），则多出的电能可流向电源。但若采用图 10-32 所示交流电源供电时，则因整流电路的不可逆特性，多余的电能只能储存于滤波电容器中，若回馈的电能较多，或电动机长时间工作在制动运行状态，则电容器电压会升高至超出允许范围，其直接后果将使功率电路元件损坏。为了防止这一现象发生，应采取必要的限压措施。最理想的措施是使多余的电能返回交流电网，使多余电能得到再利用，但由于实现起来电路较复杂，在中小容量开关磁阻电动机调速系统中，一般使用如图 10-35 所示的制动放电电路。当直流母线电压高于限定值时，功率开关 S 导通，多余的电能泄放到电阻器 R_L 中。

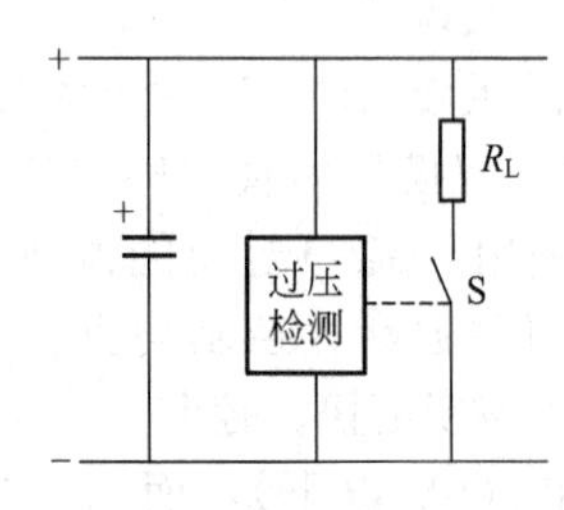

图 10-35　制动放电电路

10.4.2　控制电路

10.4.2.1　结构框图

控制电路的作用是根据使用者的操作要求和系统的实际工作情况对电动机进行调节，使之满足要求的运行工况。根据这一功能要求，给出控制电路的一般结构框图，如图 10-36 所

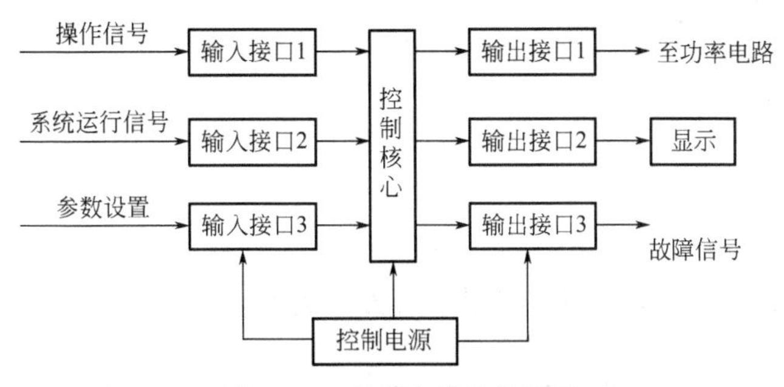

图 10-36　控制电路结构框图

示。图中，处于中心地位的是控制核心，左侧为三组输入信号，右侧为输出信号，下面分别对其介绍。

1. 操作信号

操作信号是系统的使用者向系统发出的运行指令，该指令应包括启动/停止信号、转速信号和转向信号，这些信号可能是模拟信号，也可能是数字信号。信号可以是通过人工操作获得的，如用开关、按钮的开关量操作启停和转向，用电位器的模拟量给定转速。这些信号还可能来自其他各种自动化装置和元件，如控制继电器、PLC、工业控制计算机、自动化仪表等。对不同的信号形式和来源，要求有相应的输入接口电路。

2. 系统运行信号

系统运行信号指本系统运行时控制和自身安全有关的参数的信号。同控制有关的信号一般有电动机转速信号、转子角位移信号、电动机转向信号、绕组电流信号等。其中，转速和绕组电流信号一般用于连续调节，称为反馈信号。同安全有关的信号一般有电源电压信号、输出短路信号、功率元件温度信号、电动机温度信号等。这些信号来自系统内部的传感器及检测电路，其检测方法下面将做介绍。

3. 参数设置

为使系统能适应不同用户的要求，应能通过参数设置改变其基本特性。一个好的调速系统往往有几十个至一百多个可设置的参数，如：速度给定形式（电压、电流、数字、频率等），转矩给定形式（电压、电流、数字、频率等），反馈源（内部电机传感器、外部编码器），转向给定形式（模拟电压极性、面板开关等），制动有无及制动转矩限制，比例、积分、微分参数设置，转速上下限，有无点动及点动速度，转速上下限保护，故障保护后恢复方式，上电自启动有无，升降速时间，多个预置转速，多个不允许运行的转速，转速显示种类（r/min、Hz、相对值、比例值等），操作源（面板、遥控），串行通信参数。参数的设置可以通过面板按键实现，也可以通过数据通信口实现。

4. 控制核心

控制核心接收来自操作信号、系统运行信号和参数设置后，按预定的运算规律进行处理，并输出至功率电路、显示及故障电路几组信号。控制核心一般应具备下列功能。

① 转速调节。将给定转速和电动机实际转速相比较，并按一定规律进行转速调节。工程常用调节规律是比例、积分调节，也可将各种现代控制方式用于开关磁阻电动机调速系统的转速调节，如模糊控制、滑模控制等。

② 给定积分。对给定转速进行积分，使电动机运转更加平稳。

③ 通电逻辑。决定每相通电断电时刻，使电动机能正常连续运行，实现电动制动转换，使电动机保持高效率。

④ 实现所需控制方式。

⑤ 判断是否执行保护及保护的形式。

5. 至功率电路信号

这是使电动机实现各种运行特性的控制信号。

6. 显示

可显示系统运行信息（如转向、转速、电流等）、操作信号信息、参数设置信息及故障情况。显示可通过数码管、发光管、液晶屏等方式实现。

7. 故障信号

系统发生故障后（有时是在将要发生故障时），应向系统使用者或外部自动化装置发出信号，使之及时采取相应措施。

应当指出的是：上面给出了控制电路的一般结构，实际控制电路的构成依使用要求的不同而千差万别，可以远比上述复杂，也可将上述大部分功能块极大简化，甚至取消。也正是由于此原因，这里无法给出控制电路的具体电路形式，将在下一节给出两个实例，介此对控制电路有进一步了解。

10.4.2.2 实施办法

从电路角度分析上述控制电路实现的所有功能，无非是信号传递、数学运算和逻辑运算等。而这些均可通过数字模拟硬件电路和控制计算机实现。由此可知，开关磁阻电动机调速系统的控制电路基本可有硬件电路和单片机两种实施办法，当然还有两者有机结合的方案。

早期开发的开关磁阻电动机调速系统多采用硬件电路方案，如英国 Oulton 第一代产品，其优点是动态调节直接采用模拟量，动态响应快，缺点是电路较复杂，特别是实现较复杂的控制规律更困难，改变系统性能及设置参数的灵活性差，并且稳定性差。可编程逻辑器件的出现为硬件电路方案提供了生机，但其在电路功能和灵活性方面远比不了单片机方案。因此，目前硬件电路方案仅用于一些功能单一的专用开关磁阻电动机调速系统和一些小功率简易型产品中，如国产 SR71、E、DSR21 系列。开发开关磁阻电动机调速系统专用芯片在简化硬件电路和降低成本方面十分有益。

单片机方案的优缺点与硬件电路方案相反，通过使用各式单片机能实现非常多的控制功能，具有很大的使用灵活性，并能具有一些智能功能，但转速调节系统中多采用 MCS51 系列单片机，如 KC 系列，该单片机能实现前述控制电路的几乎所有功能，但计算速度较慢，典型的模拟量采样计算时间为 50ms。这一时间用于通用电动机（转速范围 50～3000r/min，动态响应时间不快于 200ms）的速度环尚属可行，但若转速范围要求较宽，动态响应要求更快及用于电流环则远远满足不了要求。

目前，开关磁阻电动机调速系统中更多采用 16 位单片机，如 6XC196 系列。16 位单片机的典型采样计算时间为 5ms，这一时间用于采样计算仍较困难。一些要求更高的开关磁阻电动机调速系统采用了工作速度更快的数据处理器，如 DSP，它的采样计算时间可方便地达到 1ms 之内。但由于 DSP 不是针对实时控制而设计的，实际使用时，接口电路较复杂。当要求开关磁阻电动机调速系统的功能较复杂，如远程通信、液晶显示功能、较多参数设置功能时，使用一片单片机往往有所不便，此时，采用一片高速单片机和若干低速单片机构成的多单片机控制电路较为合理。

为了综合发挥硬件电路和单片机两种方案的优势，简化控制电路成本，可采用硬件电路和单片机相组合的方案，让硬件电路承担快速调节工作，单片机实现复杂的逻辑、参数设置等功能，国产 H 系列产品采用的就是这个方案。

图 10-36 中，控制电源向控制电路各部分提供稳定的低压工作电源，控制电路能否稳定

可靠工作很大程度取决于控制电源的性能。现代开关磁阻电动机调速系统中，一般采用开关电源为控制电源，其抗干扰能力强，输入电压适应范围宽。

10.4.3 主要参数检测

10.4.3.1 转子角位移检测

实用开关磁阻电动机调速系统的角位移传感器形式很多，其中最常用的是光电式。它的优点是结构简单，位置精度高，但比较怕灰尘，需有密封良好的防尘罩。图 10-37 示出的是四相 8/6 极电动机的光电传感器结构示意图，它主要由装在轴上的齿盘和装在定子端盖上的光电传感元件 GO_1 和 GO_2 组成。光电传感元件由发光二极管和光电晶体管构成，其应用电路如图 10-38 所示。齿盘随轴转动，当齿处于传感元件中时，遮住发光二极管射向光电晶体管的光，输出 U_0（U_{01}、U_{02}间电压）为低电平，反之为高电平。图 10-39 示出了轴连续转动时的传感器输出波形。为了使该波形正确反映转子的实际位置，需准确整定齿盘与轴（或转子片极）的相对位置。

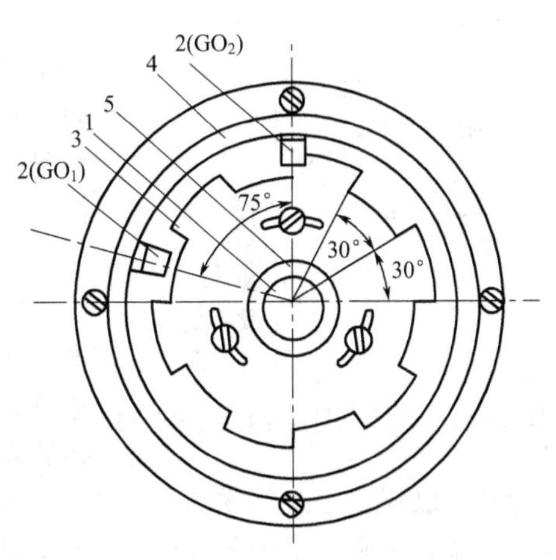

图 10-37 光电传感器结构示意图

1—轴；2—光电传感器；3—光电盘；4—固定环；5—光电座

由图 10-39 示出的波形得到分辨率为 15°的转子角位移信号，该信号可直接用于定角度的电流斩波和电压斩波控制。但角度控制是不行的，因为角度控制的分辨率要求很高，通常为零点几度。这时可利用角度细分电路，将上述以 60°为周期的波形进行倍频（如 512 倍）。以图 10-39 所示波形的跳变沿为参考点，对倍频信号进行计数，可得到分辨率足够高的角位移信号。倍频电路将在下节实例中介绍。

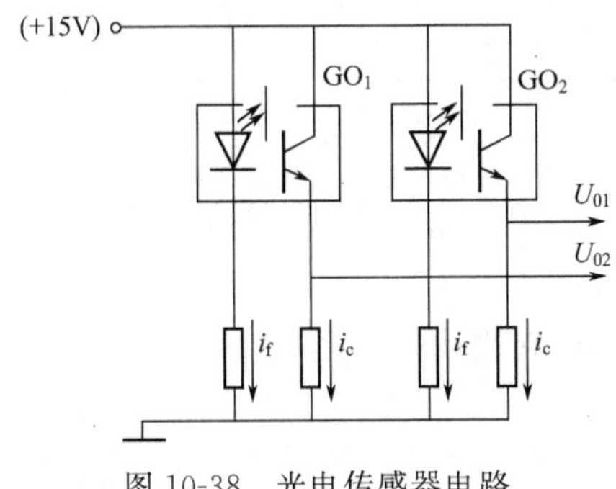

图 10-38 光电传感器电路

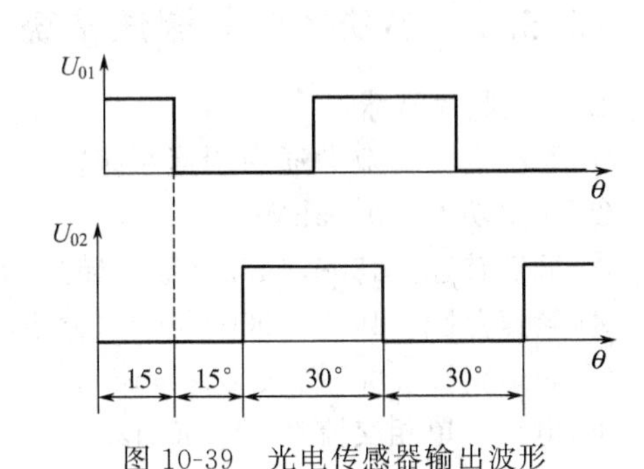

图 10-39 光电传感器输出波形

倍频电路的缺点是动态响应时间同传感器信号频率相关。在电动机转速低时，传感器信号频率降低，倍频电路动态响应时间也变长。因此，在要求开关磁阻电动机调速系统调速范围宽（如 1∶100 以上）或动态响应要求快时，需在电动机轴上加光电编码器，以直接产生高分辨率的脉冲信号。

10.4.3.2 转速检测

实现转速闭环控制，必须准确检测电动机转速，光电传感器输出为方波信号，其信号频率与转速成正比。如图 10-37 所示六齿结构（$f=n'/60=n/10$），当采用单片机控制，或采用数字控制方式时，可以直接读取传感器信号频率或信号周期（也可读取两个传感器信号相邻跳变沿的时间间隔），以计算转速；当采用模拟控制方式时，则需对传感器信号进行频率/电压（f/U）转换，以得到正比于转速的电压信号。

10.4.3.3 电流检测

绕组电流检测为实现电流斩波控制、电流闭环控制和过流保护所必需。开关磁阻电动机调速系统中常用采样电阻器和霍尔电流传感器来检测电流。

（1）采样电阻器

采样电阻器（R）必须低电感、低电阻温度系数，如仪用分流器。将它串入被测电路，则电阻器两端电压降信号就如实反映电流大小及波形。为减小功率损耗，采样电阻器阻值一定要很小，所得电压降信号也是较小的，因此，采样后的隔离放大甚为关键。目前多采用线性光耦传输隔离，基本电路如图10-40所示。

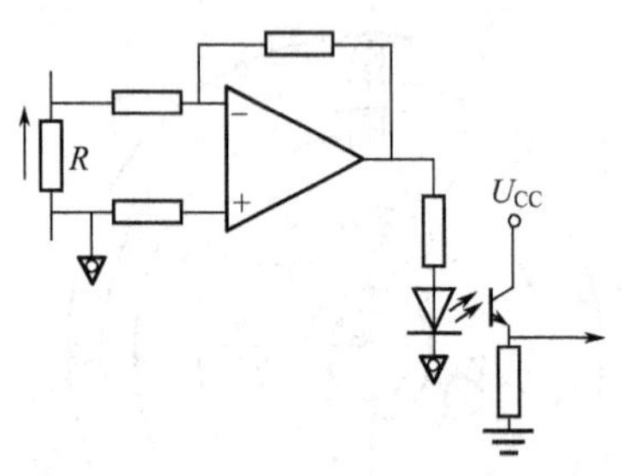

图10-40 采样电阻器电流检测电路

（2）霍尔电流传感器

霍尔元件具有磁敏特性，即载流的霍尔材料在磁场中产生霍尔电势（霍尔电势垂直于电流和磁场）。利用这一原理，专门生产线性霍尔元件，制成霍尔电流传感器。该传感器类似交流电流互感器，被测电流穿过传感器基本闭合的铁芯磁环，生产的磁场作用于霍尔元件而输出正比于电流的电压信号。霍尔电势虽小，但进一步放大和引出十分方便。目前，霍尔电流传感器在线性范围、频带宽度及动态特性等方面性能都相当完美，其电气隔离绝对可靠，是开关磁阻电动机电流检测装置的理想选择。

10.5 设计举例

前面对开关磁阻电动机调速系统的各组成部分进行了介绍。为了使读者对开关磁阻电动机调速系统有一个更全面具体的了解，这里将对两种不同性能结构的实用系统做介绍。

10.5.1 小功率简易调速系统

1. 主要技术要求

① 系统类型。双向通用调速系统。

② 额定功率。0.75kW。

③ 额定转速。1500r/min（额定转矩为4.77N·m）。

④ 转速范围。100～2000r/min（额定转速以下为恒转矩）。

⑤ 转速精度。0.5%（最高转速）。

⑥ 电源。单相交流220V/50Hz。

⑦ 启动转矩。1.2×4.77 N·m。

⑧ 电动机形式。封闭自冷。

2. 电动机

（1）结构选型

考虑到该电动机为双向运行，且启动转矩要求较大，故选择四相8/6极电动机。为满足封闭自冷的要求，并考虑所要求的额定功率与转速，选与笼型感应电动机Y80相同的机座，并使其具有完全相同的外形安装尺寸、绝缘等级及封闭等级。

（2）主要铁芯尺寸

① 按Y80电动机选取。

a. 定子外径 $D_s=120$mm。

b. 定子内径 $D_{si}=75$mm。

c. 铁芯长度 $L=80$mm。

d. 气隙长度 $\delta=0.25$mm。

② 按文献计算。

a. 定子极宽 $b_s=13$mm。

b. 转子极宽 $b_r=13.6$mm。

c. 轭高 $h_s=h_r=8.5$mm。

(3) 绕组数据及电流计算

选择绕组数据后，则可以利用计算机进行磁路计算，在一定控制方式下求出绕组电流和电动机重要性能指标。经计算，选择每相绕组匝数为 170。当相绕组电压为 120V（对应后面所述功率电路和控制方式）时，电动机在额定工作条件下的绕组电流峰值为 8.6A。

3. 控制方式

考虑到电动机容量较小，调速范围不大，为简化控制电路，选择定角电压斩波控制方式。由下面所述功率电路，要求采用两相同时通电，因此选每相通电区间 $\theta_{on}\sim\theta_{off}$ 为 30°。由于是定角控制，θ_{on} 和 θ_{off} 的选择十分重要，它必须兼故启动时和高速时电流波形基本处于电感上升段。同时考虑电动机正反向运行时的对称性，选择通电区间较电感波形上升段提前 7.5°通电，见图 10-41。图 10-41 同时示出了所需传感器的输出波形，按此设计的传感器可直接用于四相通电区间控制。图中，四相电感与传感器波形间的相对位置关系为传感器的设计定位位置提供了依据。

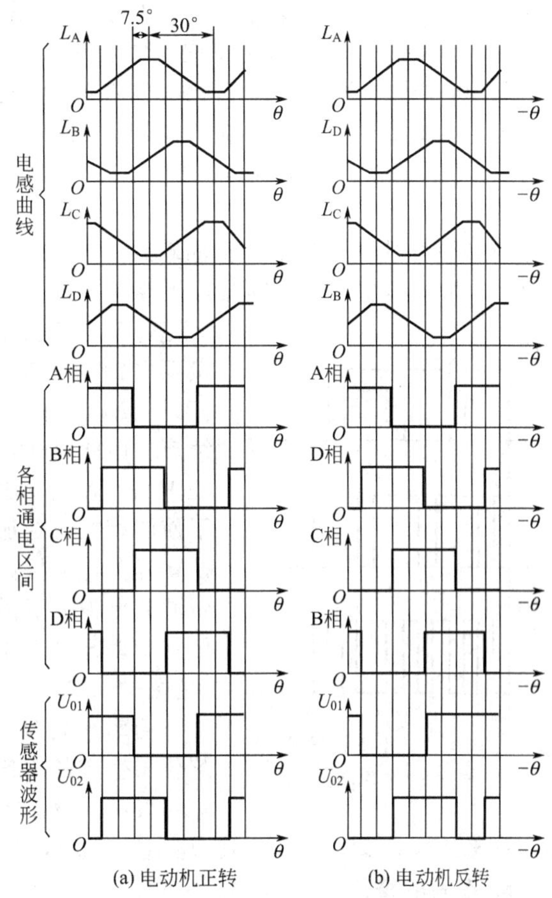

图 10-41 电动机电动运行时的绕组电感曲线、通电区间和传感器波形之间的关系

该系统没有制动要求，因此不必考虑制动时的通电逻辑和制动放电电路。

由于要求设计简易调速系统，对抗扰动和动态响应要求不很高，故选用转速单闭环调速系统。

4. 功率电路

功率电路如图 10-42 所示。根据电源情况，整流电路采用单相全波整流电路。其中，V

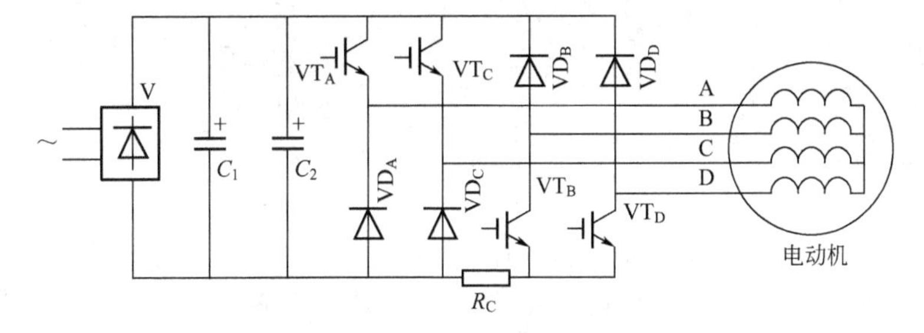

图 10-42 功率电路示意图

为单相电桥，考虑所承受的电压和电流，并考虑安全裕量，选择整流二极管的反向重复峰值电压为$U_{RRM}=1000V$，额定正向平均电流为$I_{0(AV)}=6A$。图中，C_1为电解电容器，容量为$560\mu F/400V$；C_2为聚丙乙烯薄膜电容器，容量为$0.1\mu F/630V$。

图10-42和图10-33(a)虽然电路比较相似，但图10-42所示逆变电路与四相双电源电路有所不同，取消了电容器分压构成的双电源，并将电动机四相绕组中点浮空。这一变化使该电路只能工作在两相同时通电方式，因为任一相绕组电路必须以其他相绕组为通路（如A相电流必须流过B、D相），从而缺少一些控制灵活性。但这一变化也给该电路带来了特有的好处，即可以实现零压续流，提高电压斩波控制性能，例如当A、B相导通时，电源经VT_A、L_A、L_B、VT_B构成通路，绕组L_A、L_B相串联，正向接至电源，此时，若VT_A或VT_B斩波关断，则续流回路VD_A、L_A、L_B、VT_B或V_A、L_A、L_B、VD_B均实现零电压续流。由此可知，仅对上桥臂开关VT_A、VT_C（或下桥臂开关VT_B、VT_D）进行斩波操作便可实现电压斩波控制。但为了使四相电流更加一致和使各相功率开关负荷相同，可使上桥臂开关与下桥臂轮流斩波。这时，在绕组端得到电压U_L的斩波频率为上下桥臂开关$U_上$、$U_下$斩波频率的2倍，即以较低的功率开关工作频率在电动机上得到较高的电压斩波频率（见图10-43）。

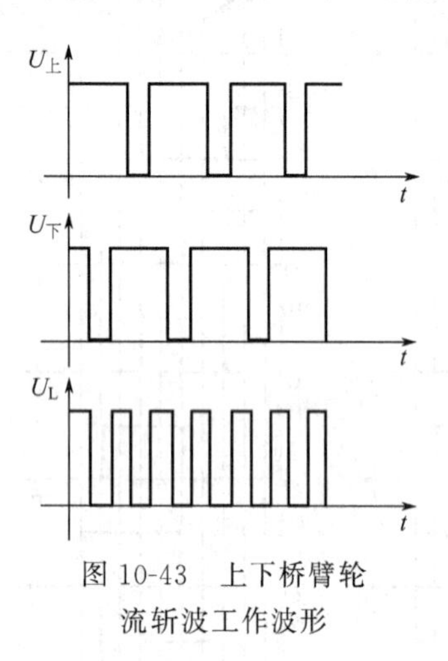

图10-43　上下桥臂轮流斩波工作波形

功率开关VT_A、VT_B、VT_C、VT_D选GT15J101，为东芝公司生产的IGBT，其$U_{CES}=600V$，$I_C=15A$，开关时间$t_{on}=0.8\mu s$，$t_{off}=1.0\mu s$。续流二极管选MOTOROLA公司的超快恢复二极管MUR860，其$U_{RRM}=600V$，$I_{av}=8V$。IGBT的驱动电路选TLP250。

5. 控制电路

(1) 结构框图

该控制电路结构框图如图10-44所示。虽要求为小功率简易型，且在电路设计中已尽量简化，但对比图10-44和图10-36可知，该控制电路在基本构成上仍与图10-36保持相当一致。

(2) 电路描述

这里仅采用十余片集成电路构成图10-44所示控制电路。这些集成电路包括4000系列门电路、普通运算放大器、比较器及少量专用集成电路。全部电路可设计在不超过10cm×10cm的电路板上，其结构相当简单紧凑，因此故障率极低（可做到基本无故障）、成本低廉（不超过100元）。全部电路采用一个12V稳压电源供电。

① 正反向通电逻辑电路。正反向通电逻辑电路实际上是一个将两个传感器信号转换成四相通电信号的译码器。由图10-41可看出这两组信号的表达式为

正向	反向
A相$=U_{01}$	A相$=\overline{U}_{02}$
B相$=U_{02}$	B相$=U_{01}$
C相$=\overline{U}_{01}$	C相$=U_{02}$
D相$=\overline{U}_{02}$	D相$=\overline{U}_{01}$

由1片4584（六施密特反向器）和两片4503（同向三态门）构成的电路可实现上述功能，如图10-45所示。这里，R/F高低电平信号选通正向逻辑的4503(F)或反向逻辑的4503(R)。

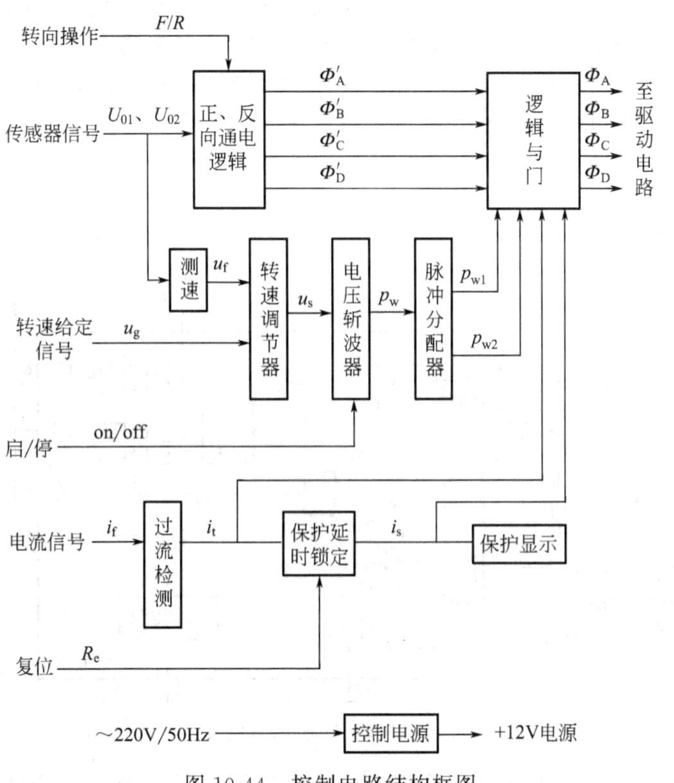

图 10-44　控制电路结构框图

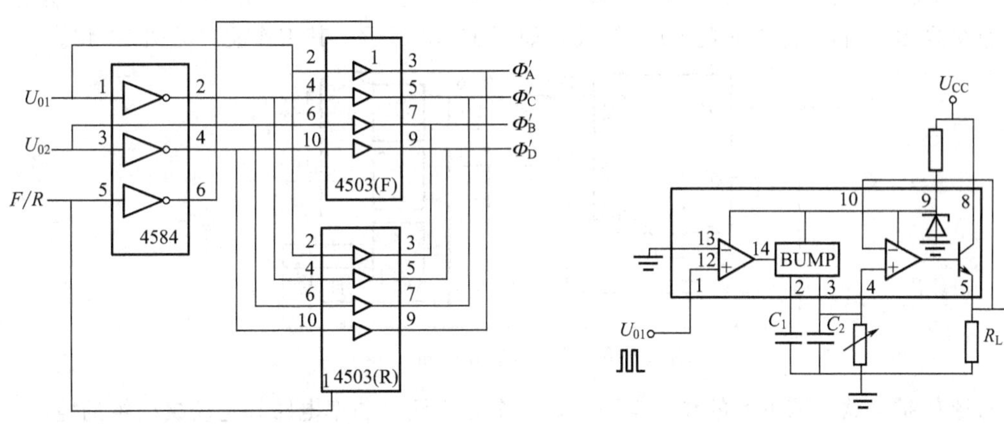

图 10-45　正反转通电逻辑电路

图 10-46　LM2917 及其应用电路

② 测速电路。将传感器脉冲频率信号转换成转速调节器所需电压信号可采用 LM2917 构成的频压转换器，见图 10-46。

当输入信号 U_{01} 状态改变时，定时电容器 C_1 线性充电或放电，其中，泵入电容器的平均电流 $i_{avg}=C_1U_{CC}U_{01}$，而输出电路会非常精确地反映这个流过接地负载电阻 R_1 和积分电容 C_2 的电流 Ki_{avg}（K 为增益常数，典型值为 1.0）。考虑到 $\frac{1}{U_{01}}\leqslant C_1R_L$，那么输出电压（即转速反馈信号 u_f）为

$$U_0=Ki_{avg}R_L=KC_1R_LU_{CC}U_{01}$$

③ 转速调节电路。图 10-44 中的转速调节器、电压斩波器和脉冲分配器三个框属转

速调节电路。其中，转速调节器和电压斩波器由一片TL494为核心构成，见图10-47。图中，A_1 为TL494片内的一个运算放大器，通过外接阻容构成比例积分转速调节器，其比例系数为 R_1/R_0，积分系数为 R_1C_1。转速调节器的输入信号为转速给定信号 u_g 和反馈信号 u_f。该调节器的输出与振荡器的输出经比较器 C_2 比较，产生脉宽调制信号，该信号经放大后可作为电压信号 p_W 输出，斩波频率由振荡器外接电阻电容 R_T 和 C_T 确定。TL494片内的另一比较器 C_1 用于启/停操作，当脚4接高电平（5V）时，可锁定脉冲输出信号。

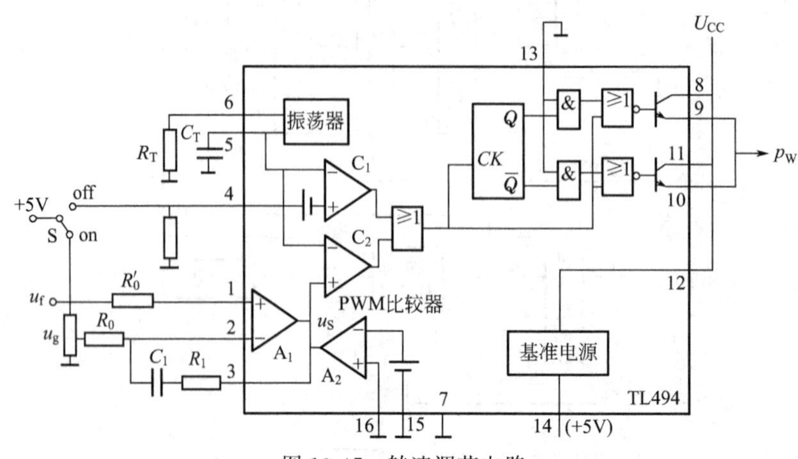

图10-47　转速调节电路

④ 脉冲分配器电路。脉冲分配器用于将电压斩波信号二分频成交替斩波的 p_{W1} 和 p_{W2} 两个信号，分别控制上桥臂开关（A、C相）和下桥臂开关（B、D相）的斩波。该电路由一片D触发器4013和一片与非门4011构成，如图10-48所示，其工作波形见图10-43。

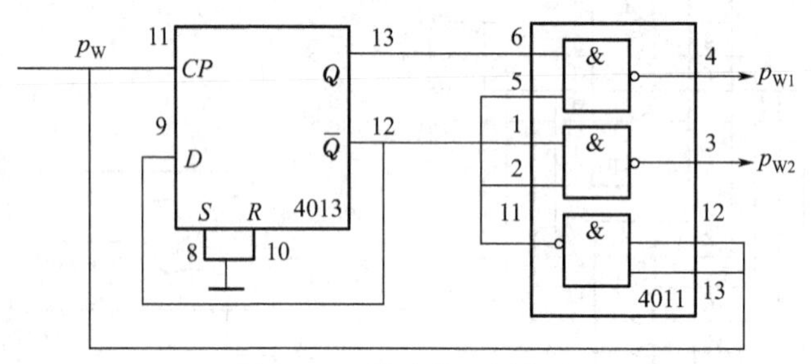

图10-48　脉冲分配器电路

⑤ 过流保护电路。该电路的作用有两个，一个是当流过功率电路和电动机绕组的电流 i 达到预定限值时，暂时关断功率开关，起到限流保护作用，按电动机峰值绕组电流计算，这

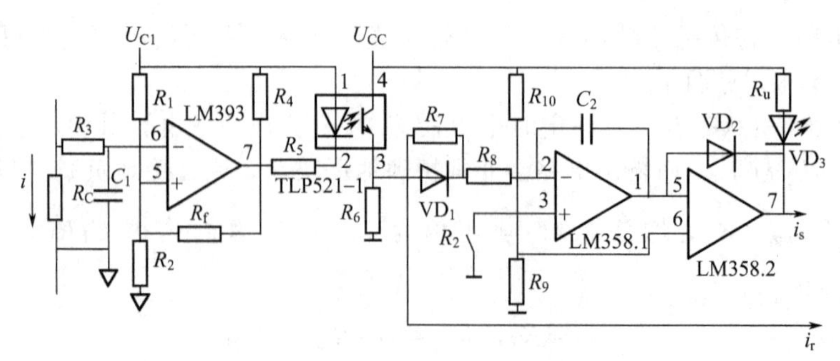

图10-49　过流保护电路

里选极限值为1.3×8.6A；二是当持续发生过流一定时间时，彻底停止电动机运行，并将故障情况显示出来，起到过载和过热保护作用。过流保护电路由过流检测、保护延时锁定和保护显示三个功能模块构成（见图10-44），电路如图10-49所示。图中，R_C 为功率电流检测电阻器，其电压反映功率电路电流的大小。比较器LM393构成过流检测电路。当 R_C 上的电压高于由电阻器 R_1、R_2 分压获得的极限电压值时，比较器输出端7发出负跳变。该信号经光电耦合器TLP358-1构成的积分器。一路输入由运算放大器LM358-1构成的积分器。当过流发生后，LM358-1的输出电压向下积分，连续积分一定时间后，作为比较器的LM358-2的输出由高电平翻转到低电平，信号 i_s 输出，并由发光二极管 VD_3 发光翻转后，经二极管 VD_2 锁定故障状态，直至操作者按动复位按钮 R_e，方重新启动电动机。

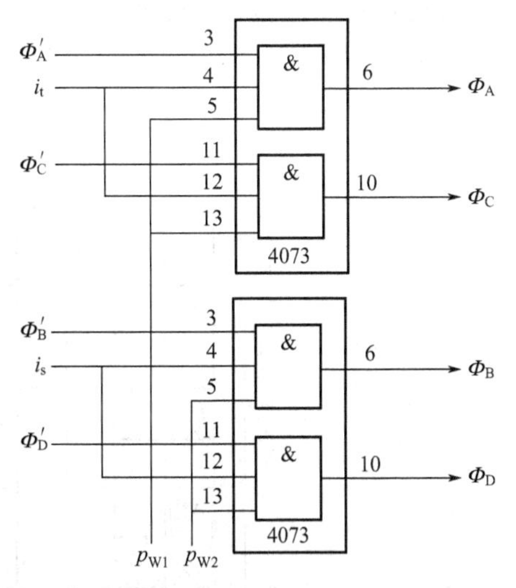

图10-50 逻辑与门电路

⑥ 逻辑与门。逻辑与门的作用是综合上述各电路的信号，输出符合四相通电相序的、具有电压斩波控制调速功能的，并具有过流保护作用的一组信号。逻辑与门电路由两片与门4073构成，见图10-50。

10.5.2 中功率通用调速系统

1. 主要技术要求

① 额定功率。22kW。

② 额定转速。1500r/min（额定转矩为140N·m）。

③ 转速范围。50～2000r/min（额定转速以下为恒转矩）。

④ 转速精度。0.2%（最高速）。

⑤ 电源。三相交流380V/50Hz。

⑥ 双向运行，停车制动。

⑦ 较完善的保护及显示功能。

⑧ 启动转矩。1.5×140N·m。

⑨ 过载能力。120%。

⑩ 电动机形式。封闭自冷。

2. 电动机

① 结构选型。选四相8/6极电动机，Y180机座。

② 主要铁芯尺寸。定子外径 $D_s=290$mm；定子内径 $D_{si}=187$mm；铁芯长度 $L=220$mm；气隙长度 $\delta=0.55$mm；定子极宽 $b_s=31$mm；转子极宽 $b_r=34$mm；轭高 $h_s=h_r=20$mm；每相绕组匝数为66（相电压为260V时，电动机在额定工作条件下的绕组电流峰值为120A）。

3. 控制方式

考虑到电动机容量较大，调速范围也较大，为使电动机在不同转速下均有较好的力能指标和转速输出能力，选择的控制方式为：低速时电流斩波控制，高速时角度控制；低速定义为50～460r/min，高速定义为460～2000r/min。不同控制方式的转换值为480r/min（升速时）或 440r/min（降速时）。

电动机电动运行时的绕组电感曲线、通电区间和传感器波形之间的关系如图 10-51 所示。低速运行时仍两相同时通电，通电区间占据全部电感波形上升段。这使在同样电流下所得平均启动转矩比上述小功率简易调速系统采用提前 7.5°通电区间时提高约 15%。高速运行时，使 θ_{off} 固定在比低速运行时提前 13°处，而 θ_{on} 则是转速调节量，实用的导通角（$\theta_{off}-\theta_{on}$）的调节范围为 0～28°。

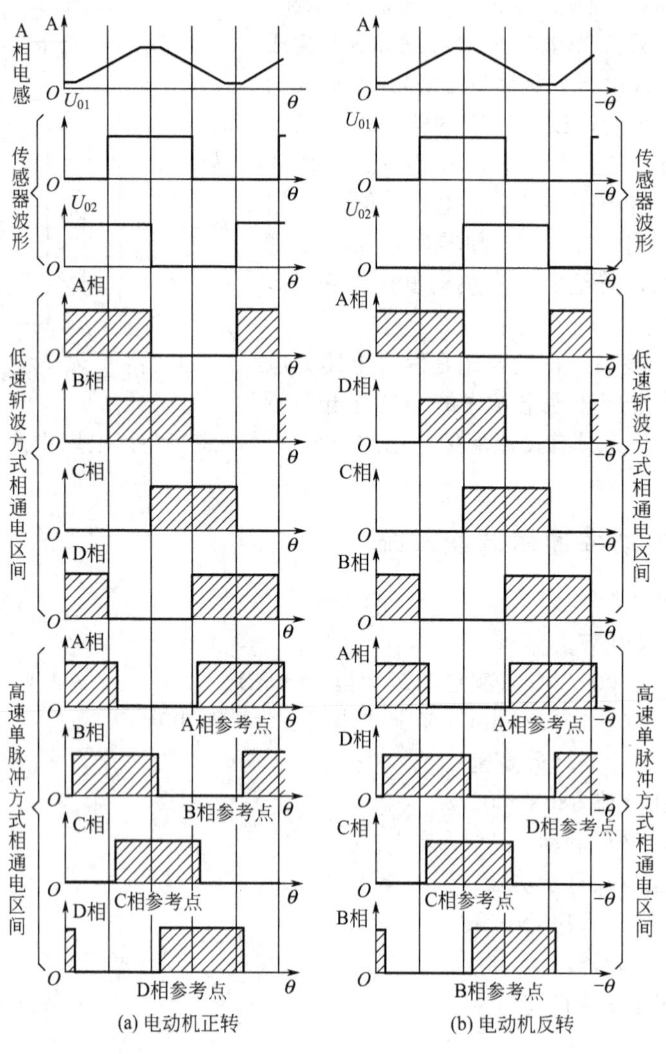

(a) 电动机正转　(b) 电动机反转

图 10-51　电动机电动运行时的绕组电感曲线、通电区间和传感器波形之间的关系

制动控制方式采用定角度电流斩波控制方式；其相导通区间宽为 30°，正好与图 10-51 所示低速斩波方式相反，即占据全部电感波形下降段。此种制动控制方式保证了制动转矩在接近零速时也能比较平稳得变化，但在高速时，电流后沿进入电动区较多，使提高制动转矩受到一定限制。由于对动态转速响应和抗扰动未提出特殊要求，故仍可选用转速单闭环调速系统。

4. 功率电路

根据电源情况，整流电路选用三相全波整流电路，如图 10-32(c) 所示，其中，6 只整流二极管选一只日本富士公司生产的三相全波整流桥 6RI100-160，其额定值 $U_{RRM}=1600V$，

$I_0=100\text{A}$。滤波电解电容器选两只 3900μF/400V 串联，从而构成双电源。

逆变电路采用典型双电源电路，如图 10-32(a) 所示，其中，功率开关元件选用 IXYS 公司出产的 VDI200～VDI12S4 和 VID200～VID12S4 各两只（见图 10-52）。该元件中包括了 IGBT 功率开关和快恢复续流二极管。考虑到电动机过载时电流峰值为 160A，故选该功率元件的额定值为 $I_C=200\text{A}$，$U_{CES}=1200\text{V}$。

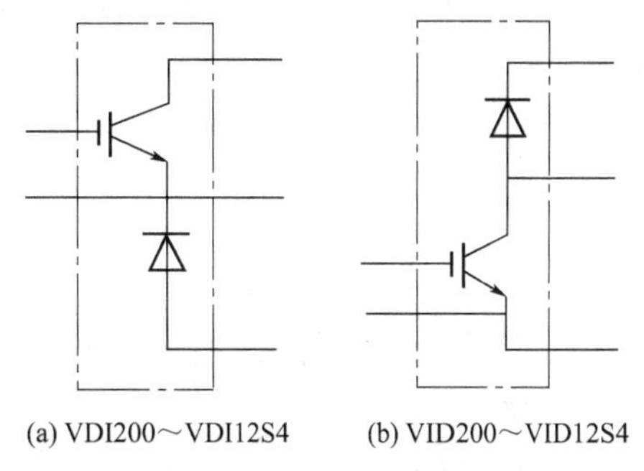

图 10-52　IGBT 结构示意图

驱动电路选择富士公司的 EXB841。

制动放电电路由于带电阻性负载，在按额定功率制动运行时，电流值不超过 40A，故其功率开关元件选 VID50-12，$I_C=50\text{A}$，$U_{CES}=1200\text{V}$。

5. 控制电路

(1) 结构框图

该控制电路是以一片 8751 单片机为控制核心，辅以外围电路构成，如图 10-53 所示。8751 单片机是 Intel 公司八位单片机 MCS-51 系列中的一种，内部资源比较丰富，价格也比较便宜，能够胜任开关磁阻电动机调速系统所要求的转速调节及其他各种功能。特别是具有 4K 字节片上 EPROM，简化了电路硬件，提高了其抗干扰能力。

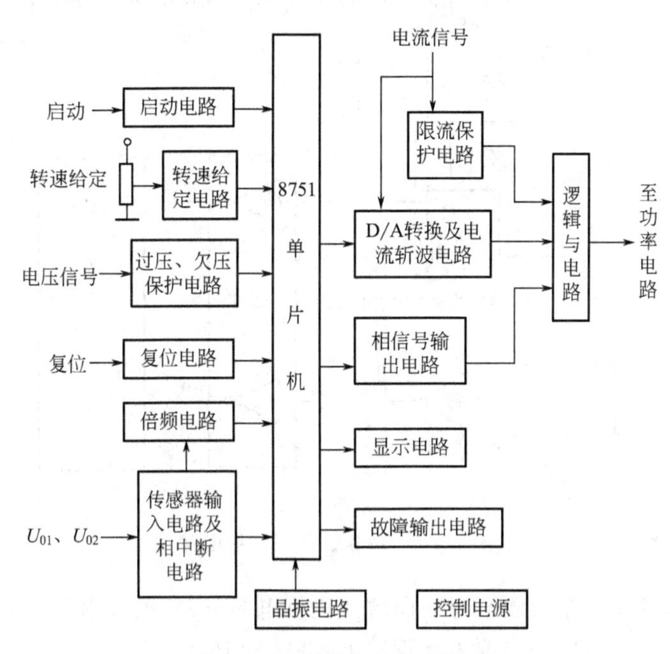

图 10-53　控制电路结构框图

(2) 电路描述

① 启动电路。由于启动电路属用户操作电路，为避免同用户系统连接时引入干扰，造成故障，需用光电耦合隔离。电路如图 10-54 所示，正、反向启动信号经光耦及 4584 整形后输入到单片机 8751。

② 转速给定电路。转速给定电路主要由一 A/D 变换模块 IAD101 组成（见图 10-55），它能将 *VI* 脚输入的模拟转速给定信号变换成 10 位串行数字信号后输入到单片机。IAD101

的$\overline{ST}$脚为变换启动脚，$\overline{DP}$为打入脉冲脚，DB为数据脚，其转换精度为±1LSB，转换时间为180μs。

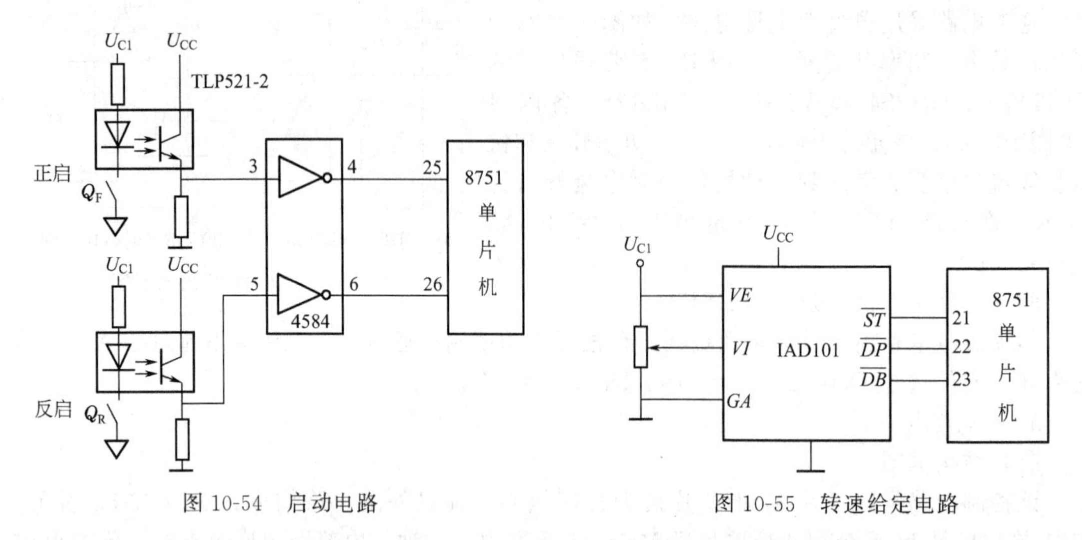

图10-54　启动电路　　　　图10-55　转速给定电路

③ 过压、欠压保护电路。如图10-56所示，过压保护电路的作用是检测功率电路直流侧电压U_S，并在其达到允许极限值（700V）时向单片机发出信号。过压原因可能是电源电压太高或制动放电电路故障。该电路主要由高压稳压管VD和光电耦合器TLP521-1构成。

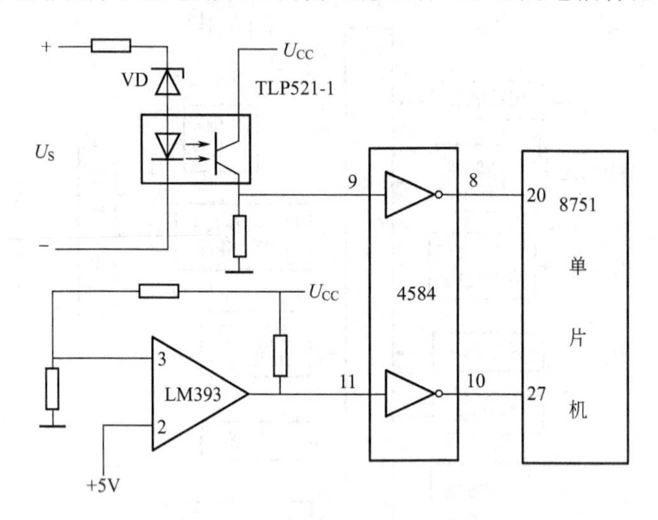

图10-56　过压、欠压保护电路

欠压保护电路的作用是检测电源中向单片机供电的+5V电源电压，并在其低至+4.5V时向单片机发出信号。该电路主要由比较器LM303构成。

过压、欠压发生时，单片机停止电动机运行，并发出故障信号。

④ 复位电路。复位电路的作用是使单片机重新回到初始状态，有上电复位、手动复位和自动复位三种复位功能。手动复位用于各种故障发生后重新启动前的复位，自动复位用于一旦单片机发生程序故障后的复位，电路见图10-57。

⑤ 传感器输入电路及相中断电路。传感器输入电路用于将来自电动机传感器信号U_{01}、U_{02}进行整形和电平变换后送至单片机。相中断电路的作用是在每当任一传感器信号发生跳变（对应电动机15°转角）时，产生一个单片机中断信号，用于单片机计算电动机转速及作

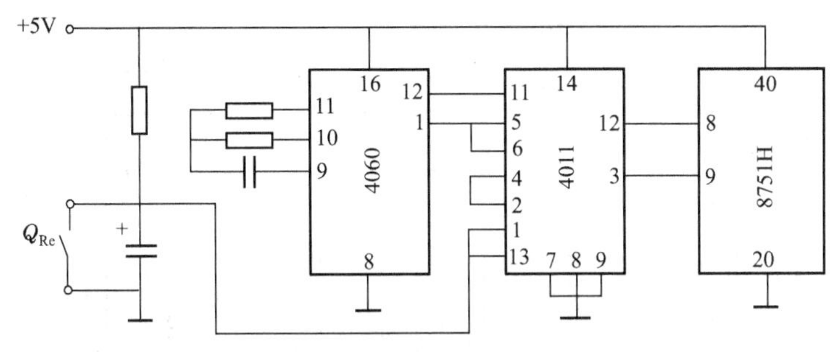

图 10-57 复位电路

为计算角度的参考点。相中断电路如图 10-58 所示，其数值比较器 74HC85 将传感器信号 U_{01}、U_{02}同单片机预测传感器状态相比较，当两者一致时，便在 6 脚输出一脉冲信号，并经 4584 整形后作为中断信号输入到单片机。

⑥ 倍频电路。倍频电路的作用是将传感器信号 512 倍频，从而使单片机实现角度控制所需的角度精确定位。由于传感器信号周期为 60°，故倍频电路每个脉冲对应的角度为 60°/512＝0.117°。倍频电路主要由一片锁相环 4046 和一片计数器 4040 组成，如图 10-59 所示，其输入信号 U_{01} 为传感器信号，输出倍频信号为 T_0。

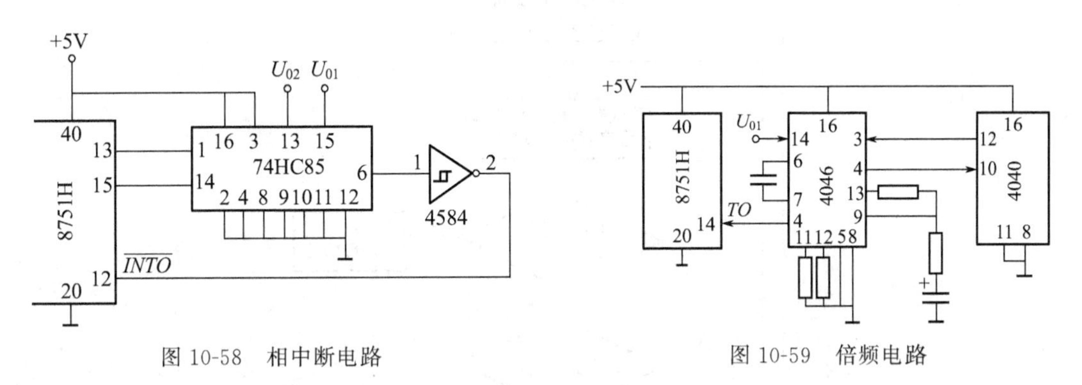

图 10-58 相中断电路

图 10-59 倍频电路

⑦ 限流保护电路。该系统采用两只霍尔电流传感器 DCU200 分别检测 A、C 相和 B、D 相电流。该传感器的输出信号电压与被测电流成正比，并经比较器 LM339 构成过流检测电路。当电流达 160A 时，比较器输出电平由高转低，通过后面逻辑与电路实现限流保护功能。

⑧ D/A 转换及电流斩波电路。该电路用于电流斩波控制方式的运行与调速，如图10-60 所示。8751 根据调速运算结果输出 8 位数字表示的电流斩波幅值信号，经 D/A 转换电路 DAC0832 转换成相应的模拟信号 u_S。两只 DCU200 的输出信号 I_{AC}和 I_{BD}与 u_S 相比较，当 I_{AC}、I_{BD}高于 u_S 时，比较器输出端发生负跳变，触发单稳态触发器 4098 输出一负脉冲，形成斩波关断（见图 10-24 中 T_1）。

⑨ 相信号输出电路。将单片机输出的四相通断信号进行电平转换后输出。

⑩ 显示电路。采用 4 只数码管作为转速数码显示或故障类型显示，采用两只发光管作为电源指示和运行指示。为节省单片机接口，这里采用了四片串行位寄存器 74LS164，每片驱动一只数码管工作。

⑪ 故障输出电路。通过控制继电器触点对外输出故障信号。

（3）控制软件介绍

① 控制软件主程序段（INMAIN）框图如图 10-61 所示。

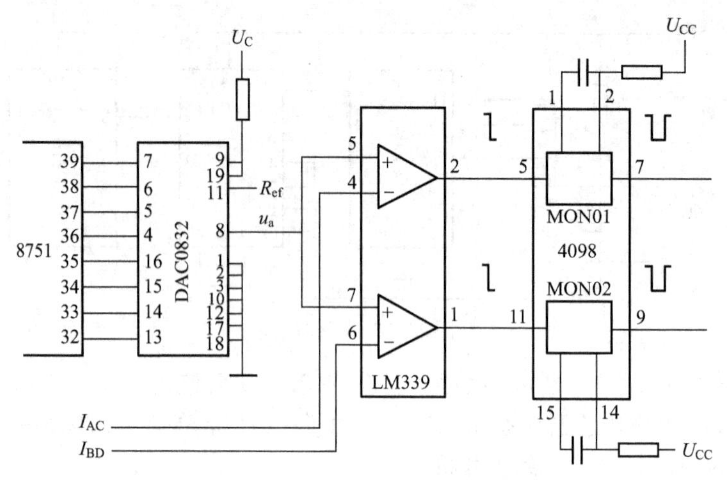

图 10-60 D/A 转换及电流斩波电路

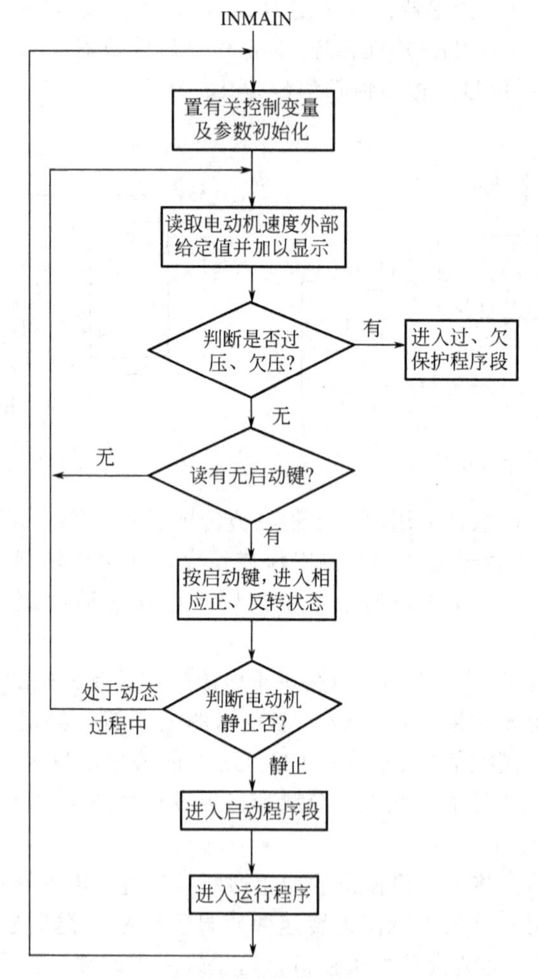

图 10-61 控制软件主程序段（INMAIN）框图

② 控制软件启动程序段（START）框图如图 10-62 所示。

启动程序段的主要作用是启动电动机由静止状态运转到所需的运行速度，此段为电流斩波工作方式。

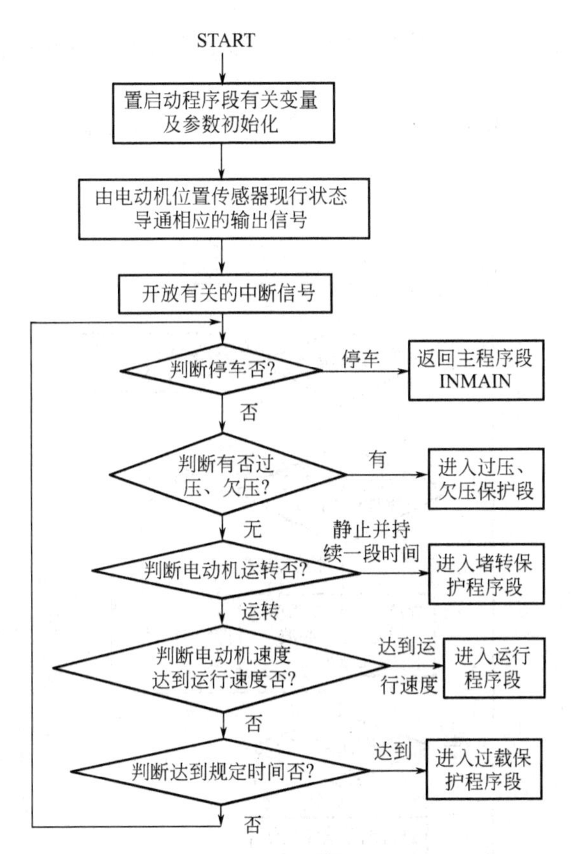

图 10-62　控制软件启动程序段（START）框图

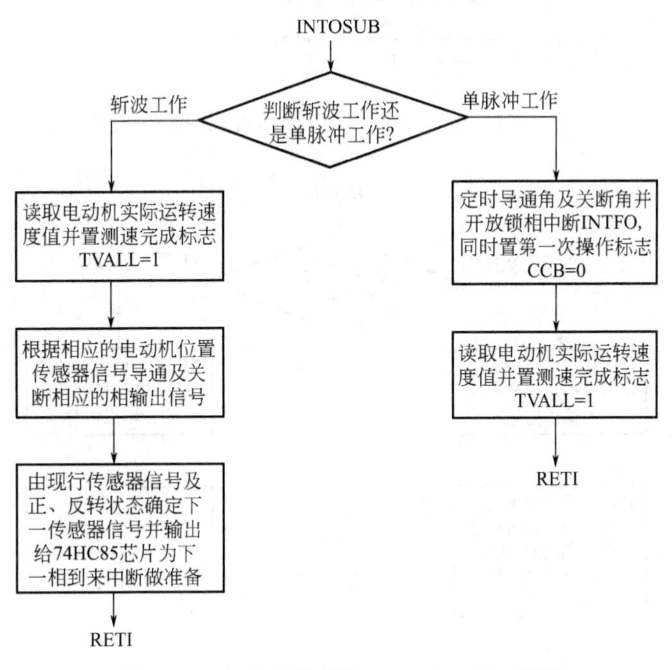

图 10-63　相中断程序段（INTOSUB）框图

③ 相中断程序段（INTOSUB）框图如图 10-63 所示。

相中断程序段的作用是每当位置传感器状态发生变化时产生一中断，从而实现斩波工作方式及单脉冲工作方式的控制，并同时由传感器每个状态发生变化所需的定时时间来计算电动机的实际运转速度。

④ 运行程序段（FBMODULATE） 框图如图10-64所示。

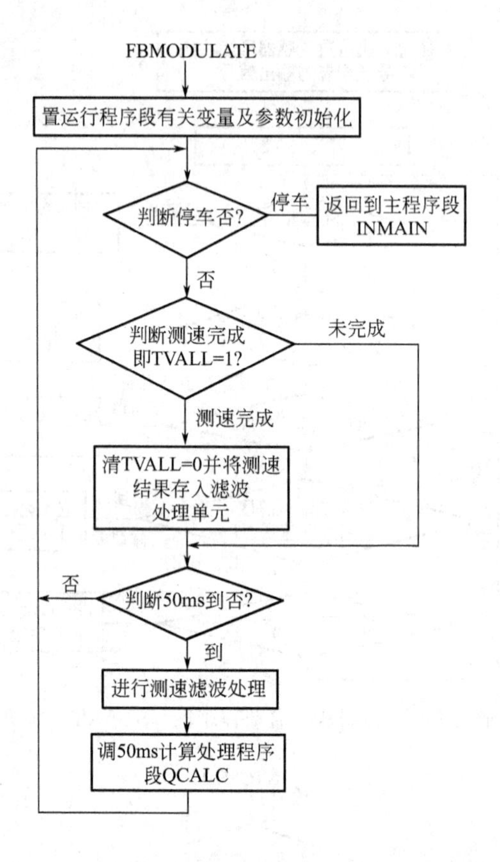

图10-64 运行程序段（FBMODULATE）框图

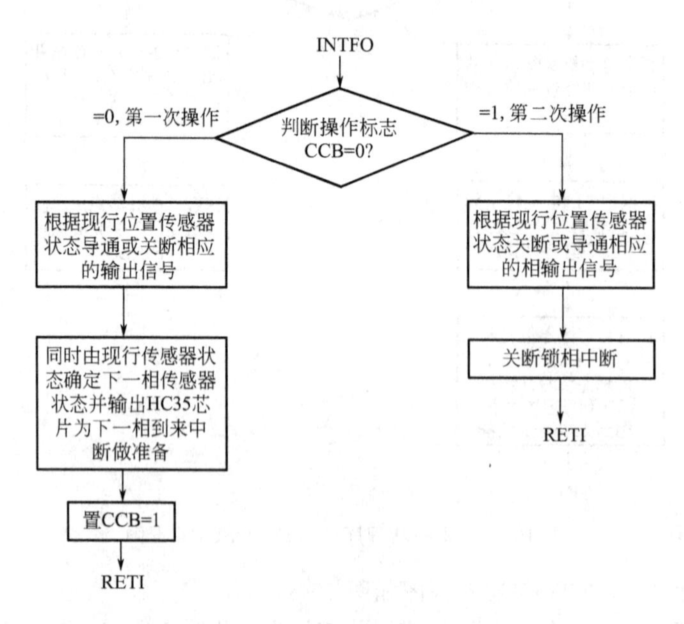

图10-65 单脉冲工作方式下锁相中断子程序段（INTFO）图

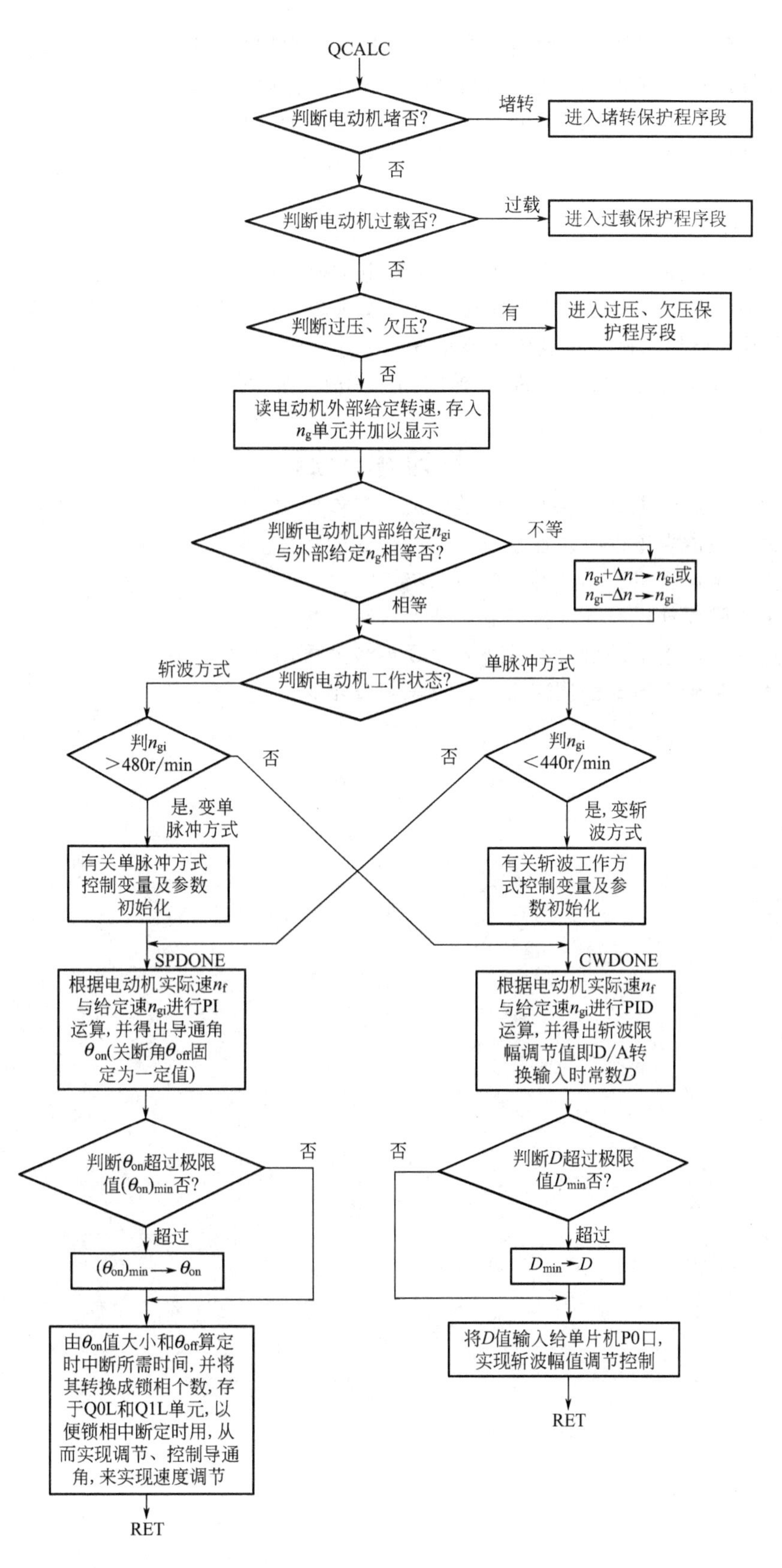

图 10-66　50ms 计算处理子程序段 QCALC 框图

运行程序段的主要作用是控制电动机正常运转并根据外部操作要求及时调整电动机的运转状态，运行过程中有低速斩波工作和高速单脉冲工作两种状态。

⑤ 单脉冲工作方式下锁相中断子程序段（INTFO） 如图 10-65 所示。

此中断子程序段的作用是根据单脉冲工作控制要求实现每个传感器状态周期内（15°角度）完成一次导通和一次关断控制，至于导通角和关断角，则由 QCALC 程序段计算处理。

⑥ 50ms 计算处理程序段（QCALC）。此 QCALC 程序段每 50ms 进行一次，除进行一些保护功能检测并控制外，主要工作有：实现电动机升速时间和电动机降速时间可控；实现电动机速度调节可控；实现斩波处理与控制；实现单脉冲工作处理与控制；实现电动机外部给定速显示及与电机实际运行速同步显示等。

50ms 计算处理子程序段 QCALC 框图如图 10-66 所示。

复习思考题

1. 试述开关磁阻电动机调速系统的组成及工作原理。
2. 试述开关磁阻电动机调速系统的结构与性能特点。
3. 开关磁阻电动机有哪几种？各有何特点？
4. 开关磁阻电动机有哪几种控制方式？各有何特点？
5. 试述开关磁阻电动机调速系统各主要参数的检测方法。
6. 试述开关磁阻电动机调速系统设计思想及步骤。

第11章 变频调速技术的应用

11.1 变频调速技术在工业生产中的应用概况

变频调速技术是电力电子技术、微电子技术、电机控制理论及自动控制技术高度发展的产物。经过20多年的发展，变频调速逐渐成为电气传动的主流，它主要用于控制异步电动机的转速和转矩，不仅扩大了电动机的调速范围，使电动机转速能够从零到高于额定转速的范围内变化，而且具有动态响应快、工作效率高、输出特性好、使用方便等其他调速方案无法比拟的特点，加上交流电动机对环境适应性强、维修简单、价格低、容易实现高速大容量的优势，使得以前调速传动领域占主要地位的直流电动机逐渐被交流电动机变频调速所取代。目前，交流变频调速系统正在以其体积小、重量轻、通用性强、保护功能完善、可靠性高、操作简便等优点，广泛应用于传送带、挤压机、提升机及风机泵类负载；其传动产品的高精度控制及高效能特性在冶金、造纸、石化、空调制冷、供水、建材、印刷及纺织等诸多领域也都获得了广泛的应用。

1. 变频调速技术在钢铁企业中的应用

20世纪80年代中期，我国钢铁企业开始用变频器改造大功率的轧机主传动系统，先后从德国西门子公司引进5套大容量交-交变频器供电的交流同步电动机传动系统，最大容量为9000kW。上海宝山钢铁公司从日本引进的板坯连铸机生产线为全交流化电气传动，其在线传动设备应用变频器的主要场合有大包回转台旋转、结晶器振动、夹送辊、引锭杆卷扬装置、引锭杆输送机、切割机及后辊道、除毛刺辊道、喷印辊道、等待辊道、板坯车走行、板坯车上辊道、AB辊道、局部清理机、移载机、局部清理入侧移载机、局部清理出侧移送机、正面局部清理输出机、背部局部清理输出机、堆垛机用升降台、堆垛机推钢机等。它共使用变频器为280台左右，单机功率为3.7～160kW。另外，武汉钢铁公司、鞍山钢铁公司、首都钢铁公司、南京钢铁厂等也都在各种轧钢机、输送料、供水、通风等设备上使用了变频器，给企业带来了明显的经济效益。

2. 变频调速技术在有色冶金行业中的应用

与钢铁行业相同，有色冶金业中也大量采用变频调速技术进行交流电动机拖动。在镍都冶金厂的卡尔多转炉旋转的过程中，炉料在炉内翻动吹氧及喷重油熔化物料，炉体加料重量为55t，且炉体轴线与水平面工作时的夹角为16°～20°，由4台30kW交流电动机拖动。电动机固定在炉体上，并随炉体一起倾动（装料与出炉），不同的炉期还要求有不同的转速。在这种高温、近火的环境下，直流拖动是不可能的。原机上采用晶闸管交流调速，振动大、噪声大、故障多，无法保证正常生产。1989年该厂采用变频器拖动转炉，一次试车成功，振动小，启动电流小，操作方便，显示了变频器的优越性能。后来该厂又将变频器用于卡尔多转炉的供重油泵、贵金属车间的水泵、球磨机和焙烧炉给料等自控系统中，均取得满意的效果。

3. 变频调速技术在石化行业中的应用

（1）油田、炼油行业

大庆油田采油二厂是我国最早使用GTR变频器的单位之一，采油二厂第一批安装变频器为14台，有的构成闭环系统，均收到较高的节电效果，比未装变频器前每输油1t节油50%左右。新疆克拉玛依油田输油管线上多处输油泵采用变频调速装置，如采油三厂使用了变频调速输油泵后，有功节电为65.78%，无功节电为78.79%，功率因数为0.99。据实际运行数据统计，输油管线采用变频调速输油的节电率为46.83%。

炼油行业对变频器有着广泛的需求，如各类泵、锅炉引风机、送风机、输煤、输水及污水处理系统等，目前许多已采用变频调速系统。

（2）石化、化工行业

石化行业引进设备上使用变频器较多，大部分来自美国、德国、日本、意大利等国家，主要用于抽丝、切片、造粒等生产工艺，替代滑差电动机、整流子电动机等，如兰州化工公司化纤厂在纺丝、烘干系统中使用100台3.7～7.5kW变频器对老设备进行了改造，使丝束的收缩度由原来的59%提高到78.9%，节电率达43%，运行平均电流由原来的12A减少到5.2A，每台变频器年节电为12441kW·h；吉化公司在聚丙烯高强纤维生产线加料泵机、搅拌机、挤出机上采用变频器，均取得满意效果。

化工行业除将变频器用于风机、水泵外，各种工艺生产线、搅拌机、挤塑机、泵也大量采用了变频器调速。

4. 变频调速技术在化纤、纺织、印染行业中的应用

纺织、印染行业除大量风机、水泵外，精纺机、粗纺机、整经机、经编机以及印染设备采用变频调速后，因速度变化平滑，大大提高了纺织产品的产量与质量，节电40%，获得了可观的经济效益。目前，变频器已成为这类企业中不可缺少的调速设备。

5. 变频调速技术在医药行业中的应用

制药行业除风机水泵外，大量的搅拌机、翻动机、离心机等装置均需要无级变速。重庆制药厂、沈阳中药厂、哈尔滨中药厂、合肥制药厂等将变频器用于搅拌机，可按工艺要求随意改变搅拌速度，适时控制产品反应，改善了产品的晶粒状态及外观形貌，提高了产品质量。

6. 变频调速技术在造纸行业中的应用

造纸行业的用电量约占全国发电量的0.1%，其产品既是生产资料又是人民生活的必需品。陈旧的调速方式，如皮带轮调速、整流子电动机调速、电磁离合器调速影响产品质量，采用直流电动机调速又不能适应环境，因此，需要采用变频调速，如丹东造纸厂选用37kW变频器安装在造纸机上，该机原采用晶闸管-直流电动机调速方式，因复卷机周围纸屑、粉尘多，故必须经常清扫，否则纸屑积聚在整流子附近，会因电刷打火而燃烧，严重威胁安全。另外，电刷磨损很快，经常停机换刷会影响生产进度，改为笼型异步电动机变频调速后，调速精度完全满足要求，电动机适应性强，系统要求的检修时间很短，增加了产量，且能节电10%左右。

7. 变频调速技术在烟草行业中的应用

我国卷烟行业中的不少卷烟机，只有低、高挡速度，在由低速向高速转换时，往往将纸拉断，还要重新启动，再由低速向高速切换，影响香烟的产量和质量，即使进口的美国、英国卷烟机也是如此。在采用变频器后，其无级变速和软启动功能使卷烟机获得了完美的性能，如云南昭通卷烟厂用19台15kW变频器改造了19台美国进口格兰特4卷接包联合机组，使该车间日产香烟由400箱增加到600箱，最高日产613箱。每天增产的200箱香烟新

增利税287708元，相当于收回全部19台变频器的投资。

8. 变频调速技术在供水行业中的应用

城市供水关系到工业生产和人民生活，目前自来水行业采用串级调速较多，实际效率只有50%，体积大、故障多。也有的供水设备采用多台电动机不调速切换使用，即在用水高峰启动大功率电动机；在平稳用水时，启动小功率电动机以达到节电要求，但这种切换使用水泵的方法压力波动较大，很难达到工艺要求。如果采用压力检测器、变送器和PID控制器形成压力闭环，对交流电动机进行变频调速，不仅可以获得恒定的水压，而且还可更高效节电。目前的恒压供水设备在技术上是成熟的，且在工业和生活供水方面的应用也获得了可观的经济效益。

9. 变频调速技术在食品饮料、包装行业中的应用

食品饮料、包装行业的各类生产线有大量电动机需要提高调速性能，采用变频器会带来完美的调速效果，如深圳深宝饮料厂饮料生产线上的变极调速柱塞泵，过去常因柱塞泵侧的食用密封橡胶的磨损而影响密封性能，经常要进口食用密封橡胶更换，采用变频调速后，稳定了产品质量。广州啤酒厂、珠海维佳饮料厂、深圳奥林饮料厂等也将变频器应用到各种生产线上，均取得了较好的经济效益。

10. 变频调速技术在建材、陶瓷行业中的应用

建材、陶瓷行业采用传统机械调速、直流调速、滑差电动机、串级调速的场合仍然较多，主要问题是直流电动机、滑差电动机的防尘性能差、故障率高、维修工作量大；而机械调速的用电量大；串级调速的效率低、故障率较高。因此，采用变频调速是最好的选择，如贵州水泥厂的水泥回转窑、珠江水泥厂的圆盘给料机、江门市水泥厂的立窑风机采用了变频调速拖动之后，都解决了各自生产上的难题，提高了产量和质量，避免了在恶劣环境下的电动机检修，节约了大量电能，综合经济效益十分可观。

11. 变频调速技术在机械行业中的应用

机械行业是我国企业最多、分布最广、规模庞大纷杂的基础行业，交流变频调速作为电力拖动的中枢，必将越来越多地应用于机械工业生产中，如电线电缆企业，目前大部分场合仍在使用直流电动机和滑差电动机调速，某家大电缆厂维修直流电动机的工人就有几百名，如果采用交流调速拖动，可靠性得到提高，维修费用将会极大减少。目前，许多机床生产厂将变频调速装置用在自己生产的机床上，以提高产品质量。曾被广泛用于磨床调速的噪声大、占地多的中频发电机组，目前以全部被静止变频器取代。另外，机械行业有大量数控装备，有些高档数控机床的进给轴采用了交流伺服驱动系统，各进给轴都由一套变频器-交流伺服电动机-位置传感器构成闭环，由数控主机进行PID调节运算，程序控制进给量，加工精度很高。

机械行业还有大量民用电梯、卷扬机、行车等设备，非常适合于启动电流小、制动快、可靠性高的变频器＋制动单元进行无级变速，以提高定位精度及平稳性，从而提高设备档次。

12. 变频调速技术在轨道动力机车中的应用

(1) 国外交流传动机车的发展概况

① 德国。1971年德国Henschel公司和BBC公司首先开发出DE2500型交流传动内燃机车，功率为1840kW，从此开始了现代交流机车的时代。自1970年起，交流传动机车的产量逐年增加。以DE2500型机车为先驱的交流传动机车可视为第一代交流传动机车。受当时技术发展的限制，主电路开关元件采用的是关断速度较快的普通晶闸管，控制电路有的还没有采用微机，属于这一代的产品还有荷兰的DE6400、土耳其的ME07、伊朗的ME10等

各型机车。

1989 年，Krupp MaK 公司和 ABB 公司开发出 GTO 晶闸管逆变器的第二代交流传动的 DE1024 型内燃机车（1987 年，世界上出现第一台应用 GTO 元件的交流机车——3200kW 的 Re4/4 型机车，应用 GTO 元件的交流机车称为第二代交流传动机车）；1996 年 11 月，德国 Adtranz 公司和美国 GE 公司合作开发出第一台“蓝虎”系列交流传动内燃机车，功率范围 1640～3280kW，货运机车最高速度为 120km/h，客运机车最高速度为 200km/h 和 240km/h。

② 美国。从 20 世纪 80 年代中期开始，美国 GM 公司便与德国西门子公司合作，共同开发新一代交流传动大功率内燃机车。1993 年，美国伯灵顿北方圣菲铁路（BNSF）一次就向 GM 公司订购 350 台 4000hp(1hp＝745.700W) 的 SD70MAC 型交流传动内燃机车，随后该公司的订货增加到 535 台。这种新型交流传动内燃机车显示出良好的技术经济性能，又适应美国各大铁路公司机车老化而将更新换代的需要。对 GM 公司大批交流传动内燃机车的订货刺激并推动了 GE 公司加速开发自己的大功率交流传动内燃机车。这样，在北美两大机车制造厂家之间便掀起了开发大功率交流传动内燃机车的竞争热潮。直至目前，GM 和 GE 公司的大功率交流传动内燃机车的订货总数估计已超过 3000 台。GM 公司和西门子公司合作，1998 年开始向印度提供 30 台 4000hp 的 GT46MAC 型交流传动内燃机车，同时将对印度进行技术转让，使印度 DLW 工厂能生产这种机车。

（2）我国交流传动机车的发展概况

我国交流传动技术的研究始于 20 世纪 70 年代初，可以说起步不晚，但国际上，20 世纪 80 年代初交流传动机车就已经进入商用化，技术日趋成熟。因此，铁道部主管领导曾指出，我国发展交流传动不要跟在别人后面，先 KK，后 GTO，再 IGBT 一步一步地走老路绕弯子，应跨过 GTO 阶段，直接发展 IGBT 技术，缩短我国与国际上当今先进技术的差距。

到 20 世纪 90 年代，我国由株洲电力机车研究所和铁道部科学研究院共同研制的，功率达 1000kW 的电力牵引交流传动系统获得成功。在此基础上，由株洲电力机车厂、株洲电力机车研究院于 1996 年共同研制的 4 轴 4000kW，我国第一台交流传动电力机车（原形车）诞生。以 AC4000 命名的交流传动机车的研制，标志着我国电力机车进入交流传动时代。中国铁路面对激烈的客运竞争，也不失时机地对交流传动电力机车和动车组进行研发。到 2004 年，已有澳星、九方、天梭号交流传动高速客运机车和 DDJ_1（大白鲨号）、DJJ_1（蓝箭号）、DJF_2（先锋号）、DJF_1（中原之星号）、DJJ_2（中华之星号）等电动车组先后问世，并投入运营。同时，与国外合资研发的大功率货运交流电力机车和 200km/h 以上电动车组从 2006 年起陆续投入运行，标志着我国铁路机车已进入现代高科技领域。

我国也加紧交流传动内燃机车的研制。1999 年 9 月 8 日，我国首台交流传动内燃机车“捷力”型调车内燃机车研制成功，它标志我国机车工业由直流传动向交流传动转换迈出了关键的一步。交流传动内燃机车是以先进的交流传动技术替代传统的直流传动技术的新一代机车，这种交流传动内燃机车比传统的直流传动内燃机车启动牵引力提高了 15%，持续牵引力提高了 20%，是我国 21 世纪铁路机车发展的方向和主流机车。目前，只有美国、德国、日本等少数国家可以生产。1999 年 11 月 30 日，交流传动内燃机车“捷力”型调车内燃机车在山东青岛的南车集团四方机车车辆股份有限公司出厂，标志着我国交流传动内燃机车已进入批量生产阶段。

2000 年 6 月，由大连机车车辆厂和西门子公司合作研制生产的 DF_{4DAC} 型交流传动内燃机车完工，该机车为客货运两用，它的研制成功标志着我国大功率内燃机车跨入了全面实现交流化的新时代。

2002 年，DF_{8CJ}型机车为交流传动重载货运内燃机车，既可满足单机牵引 5000t、最高时速 90km 重载货运的需要，也可满足最大速度 120km/h 的快捷货运需要，是为满足我国铁路货运重载、快捷需求而开发的功率大、速度高、维护工作量少的理想牵引动力设备。机车主传动为交-直-交电传动，机车装用 16V280ZJB 型柴油机，具有功率大、黏着利用率高、牵引力大、恒功速度范围宽、维护方便等优点。机车采用了许多新技术、新结构，如进口 IGBT 交流传动牵引变流器及其控制系统、交流辅机电传动系统、计算机控制系统、交流异步牵引电动机、干式冷却系统、柴油机电子喷射控制系统、承载式燃油箱结构、具有全功率自负荷实验功能的电阻制动系统等。

我国首列时速 300km 的 CRH2 大功率交流传动内燃机车动车组于 2006 年 12 月下线，该动车组由南车集团青岛四方机车车辆厂生产，通过从德、法等国引进先进技术，已成功掌握了 9 项关键技术，制造出具有自主知识产权的动车组产品系列。该动车组经过在北京的测试，目前已经在京津城际铁路和其他国内城市城际铁路运行。

首列国产化 CRH3 大功率交流传动内燃机车动车组于 2008 年 3 月 31 日在唐山下线，该动车组设计时速不低于 350km，率先在京津城际铁路投入运行。2008 年 6 月 24 日，CRH3 高速动车组在京津城际铁路运行试验中，创出世界运营铁路的最高时速 394.3km，从北京到天津只用 25min10s，刷新中国轨道交通运营速度。试验过程中，动车组列车各系统运行正常，列车平稳舒适。这意味着京津城际铁路线桥质量、动车组性能、各系统间的配合已达到世界一流高速铁路标准。

CRH3 在技术方面不同于 CRH2，CRH3 的原型是德国 ICE3，制造商是唐山机车车辆厂和德国西门子公司。唐山机车车辆厂为京津城际铁路制造了 5 列 CRH3。CRH3 不但速度快，而且工艺精湛，在其内部，吧台等豪华设施应有尽有，几乎可以和高档轿车相媲美。

2008 年 7 月 2 日，由中国北车集团大连机车车辆公司与美国 EMD 内燃机车公司联合设计制造的首台和谐 3 型大功率交流传动内燃机车货运机车在大连正式下线。这是北车集团大连机车车辆公司继批量研制和谐 2 型电力机车后，推出的又一款具有世界先进水平的货运机车。

在“十一五”期间，我国不但要开发时速 350km 的动车组，还要完成时速 300～350km 动车组的卧铺车、餐车、行李车等产品的开发，形成自主设计和制造能力，打造中国铁路动车组和大功率机车系列产品。

未来十年将是铁路机车交流传动技术“十年转换”工程的关键时期。交流传动电力机车和内燃机车牵引运载装备将成为牵引动力主流。通过与国外合资研发生产、引进技术，时速 200km/h 及以上交流传动电力机车、内燃机车和动车组要达到产业化，交流传动电力牵引摆式列车技术在工程化上将有所突破，构成具有自我知识产权的摆式列车技术，满足现有线路客运进一步提速的要求。交流传动技术将为我国铁路牵引动力的发展和技术升级换代作出新贡献。

11.2 现代变频器的运行功能

11.2.1 变频器的频率给定方法

早期的变频器使用面板上的电位器调节设定电压，来进行模拟量速度设定，不设键盘。目前产品可以选择使用模拟量接口、数字量接口或键盘任意一种方法进行速度设定，既适用于开环、闭环控制，也适用于网络控制。

变频器的频率给定有三种方法。

1. 面板给定

面板给定利用键盘上的数字增加和减少键配合显示来进行频率的数字量给定和调整。

2. 预置给定

启动前，通过程序预置的方法预置给定频率；启动时，按运行 RUN 键（或正转 FWD 键或反转 REV 键），变频器将自动升速至预置频率。

3. 外接给定

从控制接线端上引入外部电压或电流信号进行频率设定，常用于远程控制。不同的变频器对外接给定信号的规定也不尽相同：外接电压信号主要取值范围有 0～+10V、0～±10V、0～+5V、0～±5V。“±”号表示变频器有反转功能，可以根据给定信号的极性决定电动机的转向。当外接给定信号为电流时，从电流给定信号端输入，多数变频器对外接电流给定信号的取值范围是 4～20mA。

有的变频器还为用户提供了外接辅助给定信号端，用来接入反馈信号或其他辅助控制信号。运行中，辅助给定信号和主控给定信号相叠加，作为时间给定信号。当主控给定信号断开时，辅助给定信号也可代替主控给定信号控制变频器的工作频率。

此外，采用外接给定时，还需根据变频器使用说明书的要求进行给定频率线（给定电压与所对应给定频率的关系曲线）的有关参数设定。

11.2.2 与频率有关的变频器功能

1. 最高频率

根据变频器的工作需要设置的最高工作频率。

2. 基本频率

基本频率变频器调节频率时用作基准的频率。通常取电动机的额定频率。

3. 上限频率与下限频率

根据具体的拖动系统要求，可为变频器设入上限工作频率和下限工作频率。当给定工作频率高于上限频率时，变频器取上限频率工作；而当给定工作频率低于下限频率时，变频器取下限频率工作。

4. 回避频率

变频器拖动的生产机械的振动频率与电动机转速有关，即与变频器的工作频率有关，为了避免在某些转速下机械系统发生共振，必须使变频器“回避”掉可能引起的共振频率，称为回避频率。变频器在整个频率范围内，一般可设入 3 个回避频率。回避频率的设置方法有以下三种。

① 设入回避频率和回避宽度，变频在运行时，工作频率将不进入（跳过）这个区域。

② 只设定回避频率，回避宽度由变频器内定。

③ 设入回避区的起始频率和终止频率。

5. 点动频率

生产机械调试过程中，经常需要对电动机进行点动。变频器可根据生产机械的特点和要求，预先一次性设置一个点动频率，当每次点动时都按照这个较低的预设点动频率来运转，而不必每次设置。

6. 载波频率

SPWM 型变频器的载波频率决定恒幅调宽输出电压的脉冲频率，该频率会使电动机的铁芯振动而发出噪声，为了避免该振动频率与铁芯的固有振荡频率相等而发生共振，变频器为用户提供了可以在一定范围内调整载波频率的功能。此外，当载波频率太高，影响到同一机柜内其他控制设备（如可编程控制器等）的正常工作时，为了减少干扰，也需要向下调载波频率。

11.2.3 变频器的升速和启动功能

1. 升速时间设定

异步电动机在额定频率和额定电压下直接启动时，启动电流可达到额定电流的 4～7 倍。由于变频器频率上升的快慢可以任意设定，故可以将采用变频器供电的电动机的启动电流限制在一定范围内，以获得优异的启动特性。

各种变频器都为用户提供了可在一定范围内任意设定升速时间的功能，短的在几百秒以内，长的可达几千秒。对拖动系统来讲，升速时间长一点可以减少启动电流，减少机械冲击，但过长又浪费时间，惯性大的系统难以加速，启动时间设置应长一些，准确计算拖动系统的升速时间是比较麻烦的。时间调试中，一般把升速时间设置得长一些，观察启动过程的电流情况，再逐渐改变升速时间。

2. 升速方式选择

负载根据性质的不同，可分为恒转矩、恒功率和泵类负载，因此变频器为用户提供的加速方式也不尽相同，主要有三种升速方式可供选择，其升速曲线如图 11-1 所示。

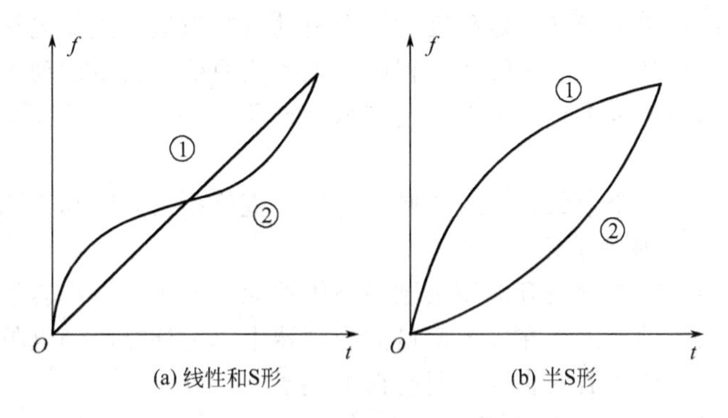

图 11-1 变频器的升速方式

① 线性方式。如图 11-1(a) 中的曲线①所示，在启动过程中，频率与时间成正比例上升，通常情况下都选用线性方式。

② S 形方式，如图 11-1(b) 中的曲线②所示，它适合于皮带运输类负载，避免被输送物体的滑动。

③ 半 S 形方式，如图 11-1(b) 中的曲线①和②所示，曲线①适用于鼓风机和泵类负载；曲线②适用于惯性较大的负载。

各种变频器升速方式的功能设定方法很不一致：有的只可选择方式，具体 S 形参数由变频器内定；有的变频器则能够在限定的参数范围内由用户选择 S 区的大小。

3. 与启动有关的其他功能

① 启动频率。对于惯性较大、静态摩擦转矩也较大的负载，要有一定的冲击力才易于启转，因此，可对变频器设入一个启动频率，使变频器在稍高的频率下启动，以加大启动力矩。

② 启动前的直流制动功能。变频调速系统要求从最低频率开始启动，如果在开始启动

时，电动机就已经有一定的转速，则会由于再生制动引起过电流和过电压，如在尚未停车时就进行第二次启动，或者未加驱动的风机在外界风力作用下的自动转动，都会引起变频器故障。因此，许多变频器具备启动前的直流制动电流制动功能，以保证电动机在完全停住的状态下开始启动。直流制动的主要设定数据有两个：一个是制动电流（对额定电流）的百分数；二是直流制动的时间。

③ 启动锁定功能。这是一种启动联锁功能，只要变频器的输出频率超过联锁频率，电动机就不能再启动。系统要求该联锁频率的大小由用户输入。

④ 暂停升速功能。有的变频器对惯性较大、启动时升速较慢的负载设置了暂停升速功能，先让拖动系统在低速运转一段时间，然后再继续升速。此功能下，用户需设定的参数是升速暂停频率和升速暂停时间。

11.2.4 变频器的降速和制动功能

1. 降速时间与降速方式

变频器的降速时间设定范围与升速时间设定范围相同，设定降速时间时要考虑的主要因素是拖动系统的惯性。惯性越大，则设定降速时间应越长，此外还应考虑系统能承受的冲击。

降速方式和升速方式相同，有线性、S形和半S形可供选择。

2. 直流制动功能

直流制动功能在频率下降到一定程度时，向电动机绕组通入直流电从而迫使交流电动机迅速停车。因为在停车第一阶段的降频过程中，电动机原处于再生制动状态，随着电动机转速的下降，再生制动力矩也下降，可能会出现低速时停不下来的“爬行现象”，所以直流制动是十分必要的。

该功能需要设定的三个参数是：直流制动电压、直流制动时间和直流制动起始频率。

3. 外接制动电阻和制动单元

外接制动电阻即为直流侧泵升电压限制回路中的耗能电阻。在小容量变频器中，一般都接有内接制动电阻和制动单元；在较大容量的变频器中，把外接制动电阻和制动单元作为选配件，需另外购买，而变频器的直流侧留有接线端子。

外接制动电阻可按式(11-1) 选择。

$$R \geqslant 2U_{\mathrm{d}}/I_{\mathrm{N}} \tag{11-1}$$

式中 U_{d}——直流侧电压；

I_{N}——变频器额定电流。

电阻的功率为：

$$P \geqslant (0.3 \sim 0.5)U_{\mathrm{d}}^{2}/R$$

11.2.5 变频器的 U/f 控制功能

1. 单一 U/f 补偿设定线

各种变频器都为用户提供了许多 U/f 设定曲线，由用户根据负载情况进行低频力矩补偿，如图 11-2 所示。

对于恒转矩负载，可选择图 11-2 中的曲线 1 及以上部分；对于风机和泵类负载，由于低速时的阻力矩较小，可选择负补偿的 U/f 曲线如图 11-2 中的曲线 01 和 02 所示。

U/f 曲线选择的原则是：以最低工作频率时能带动负载，尽量减少补偿程度为原则。

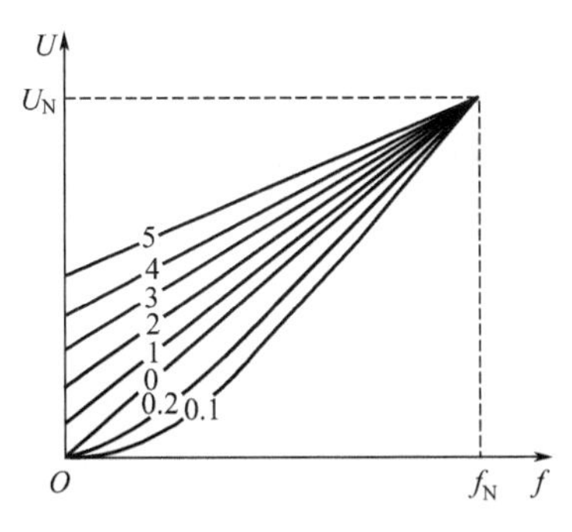

图 11-2　单一 U/f 补偿设定线

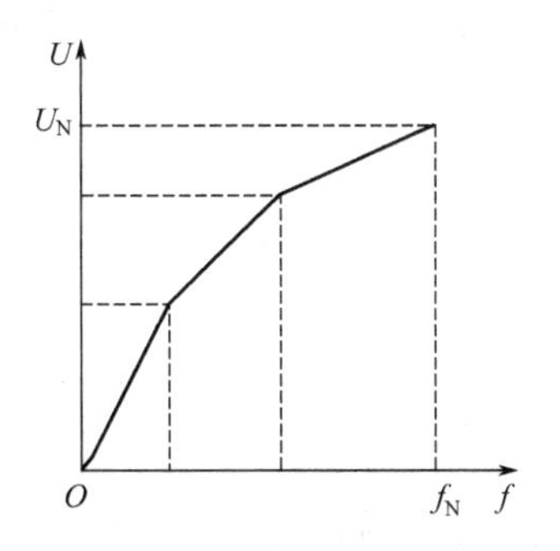

图 11-3　分段 U/f 补偿设定线

2. 分段 U/f 补偿设定线

有的变频器为用户提供有分段 U/f 补偿功能，用户可根据负载转矩的大小控制补偿程度，如图 11-3 所示。

3. 自动 U/f 设定

有的变频器可以根据负载电流的大小自动调整 U/f，对于变动负载，用户可以选用此功能。

11.2.6　变频器的转差补偿、矢量控制、节能运行功能

1. 转差补偿功能

转差补偿是变频器根据负载电流的增加自动适当提高变频器的输出频率，以补偿由于负载增加而引起的转速降低，提高机械特性硬度。实际应用中，用户只需设入在额定负载时的补偿量即可。

2. 矢量控制功能

不少新系列的变频器在不增加售价的情况下都增加了矢量控制功能。其设定方法十分简单，有的只需选择“用”或者“不用”；有的则需设入电动机的容量和极数；也有的还须设定“有反馈”或“无反馈”。使用此功能对系统有如下限制。

① 电动机极数必须在说明书规定的范围内，而以 4 极电动机为最佳。

② 电动机容量与变频器规定的配用电动机容量要相当，最多只能相差一个等级。

③ 一台变频器只能配用一台电动机。

④ 控制线不能过长，一般限定在 30m 以内。

矢量变换控制无反馈时，在电流和磁通计算方面精度稍差，但一般来说，其静态机械特性已相当完美。如果负载对动态性能并无十分严格的要求，那么增加速度反馈不会有更好的效果。

3. 节能运行功能

有的变频器设置了节能运行方式。

① 轻载时自动降低转矩补偿的档次。

② 由用户设入一个节能增益值，轻载时，在设定的转矩补偿线的基础上，按节能增益值降低电压。

还有的变频器设置了更高级的节能运行功能。变频器运行中能够自动搜索最佳工作点，使电动机总是在最佳工作点上进行节能运行。

11.2.7　变频器的往复变速功能和闭环控制功能

1. 往复变速功能

在变频器带动异步电动机做往复变速运动（如卷绕）时，需要电动机的工作频率在一个

设定范围内不停变动，如图 11-4 所示。

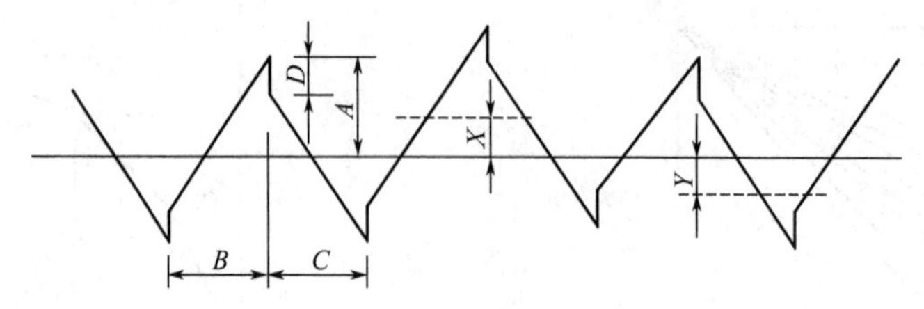

图 11-4　变频器的往复运动

使用往复变速功能时，主要设置如下六个参数。

① 频率变化幅度 A。

② 幅值跳变量 D。

③ 升速时间 B。

④ 降速时间 C。

⑤ 基频上偏置 X。

⑥ 基频下偏置 Y。

以上各设置的意义可参考图 11-4 加以理解。

2. 闭环控制功能

在一些动态性能和控制精度要求不高的系统中，只要从辅助信号输入端引入反馈，就可以构成简单闭环系统，其缺点如下。

① 输出值与给定值有偏差。

② 反馈太弱时，动态过程太慢；太强时，则可能引起输出振荡。

为此，有的变频器已经在内部配置了 PID 控制功能。预置时，应先选择是否采用此功能，然后根据闭环系统的参数设计，分别设定 P、I、D 数值。

11.2.8　外接控制功能和通信功能

1. 变频器的输入控制端子及其功能

各种变频器外接输入控制端子的安排各不相同，符号也不统一。常见变频器的外接控制端大致如图 11-5 所示，功能简述如下。

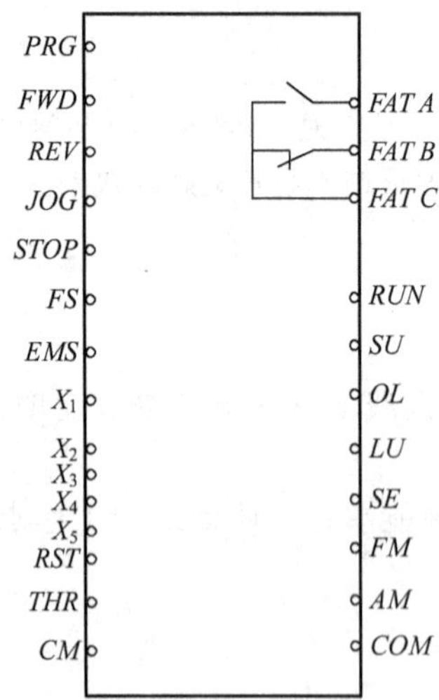

图 11-5　变频器的常用外接控制器

① FWD。正转运行控制端，闭合有效。

② REV。反转运行控制端。

③ $STOP$。停止运行控制端。

④ JOG。点动运行控制端。

⑤ X_1、X_2、X_3。多挡转速控制端。变频器运行前，可以预先设定多挡工作的各挡频率；运行中，由 X_1、X_2 与 X_3 的配合决定换第几挡频率，如 X_1、X_2、X_3 的状态为 000 表示选择第 0 挡速度，001 表示第一挡速度……111 则表示选择第 7 挡速度。

⑥ X_4、X_5。多挡升速（降速）强度控制端。变频器运行中，可以预先设定多挡升（降）速时间数值；运行中，由 X_4 与 X_5 的配合决定速度换挡时变频器的升速（降速）档次。如 X_4、X_5 的状态为 00 表示变频器变速时选择第 0 挡升（降）速时间，01 表示选择第 1 挡升

（降）速时间，10 表示选择第 2 挡升（降）速时间，11 则表示选择第 3 挡升（降）速时间。

⑦ *FS*。自由制动。*FS* 无效时，变频器的停机过程通常是按设定的“降速时间”逐渐降速并停车的；如 *FS* 短接，变频器停机时则采用自由停车，变频器输出端停止输出。

⑧ *EMS*。紧急停机控制端。如生产机械出现异常情况需要紧急停机时，将 *EMS* 端接通，变频器将电动机迅速停住。

⑨ *RST*。复位控制端。变频器因故障而跳闸后，如故障已排除需要重新启动时，应将 *RST* 接通，使变频器能恢复运行。

⑩ *THR*。外接保护控制端。可以将电动机的热继电器常开触点连接于 *THR*，只要故障时 *THR* 接通，即可停掉变频器。此保护端也可以用于其他保护。

由于在实际应用中，给出的固定输入端未必都有用，有些需要的功能又没有设置，所以为了满足用户的不同需要，有些变频器产品只保留了一些必要的输入控制端，其余的控制端的功能由用户根据需要进行选择。用户可以选择的功能有反转、点动、多挡变速、多挡升降速、外部直流制动、自由制动、程序控制等。这样既可以节省接线端子，又能充分满足不同使用场合的需要。

2. 变频器的输出控制端子及其功能

变频器对外输出控制信号大部分是开关量，其输出电路与可编程序类似，对外部不提供电源，只提供触头，当输出有效时，其内部触头闭合。输出电路有内部继电器输出与晶体管集电极输出两种形式。

① *RUN*。运行信号。当变频器处于运行状态时，其内部触头闭合。

② *SU*。频率到达信号。当变频器的输出频率到达某一设定的工作电流限值时，其内部触头闭合。

③ *OL*。过载信号。当变频器的输出电流超过用户设定的工作电流限值时，其内部开关闭合，对外发出过载信号。

④ *LU*。欠电压信号。

⑤ *FAT*。报警信号。当变频器因故障而跳闸时，其内部的开关动作（其中，*FAT A* 为常开，可对外接故障报警红灯或蜂鸣器；*FAT B* 为常闭，对外接绿灯，表示正常工作；而 *FAT C* 为接线公共点）。

除开关量输出端之外，变频器通常都配置有两个测量信号输出端。

① *FM*。频率测量信号输出端。有数字量信号和模拟量信号两种输出形式。

② *AM*。电流测量信号输出端。为模拟量信号。

3. 变频器的通信功能

最先进的变频器还具备完善的通信功能：可以通过串行通信接口连接到操作员接口终端，以监视变频器状态、进行故障/报警汇总运行参数显示及故障诊断，还可以连接打印机，甚至通过通信模块与 PLC 或 SLC 控制器相连接，加入远程 I/O 控制网。

11.2.9 变频器保护、显示功能

1. 过电流保护功能

在电动机堵转、输出侧短路、直流侧短路、升速或降速过快等情况下，变频器均会过电流。最大电流限定值由用户设定，当运行中发生过电流时，变频器会自动降频运行，如升速（降速）过程中出现发生过电流，变频器会暂停变速，加长过渡过程，具有很强的过电流自调整功能。

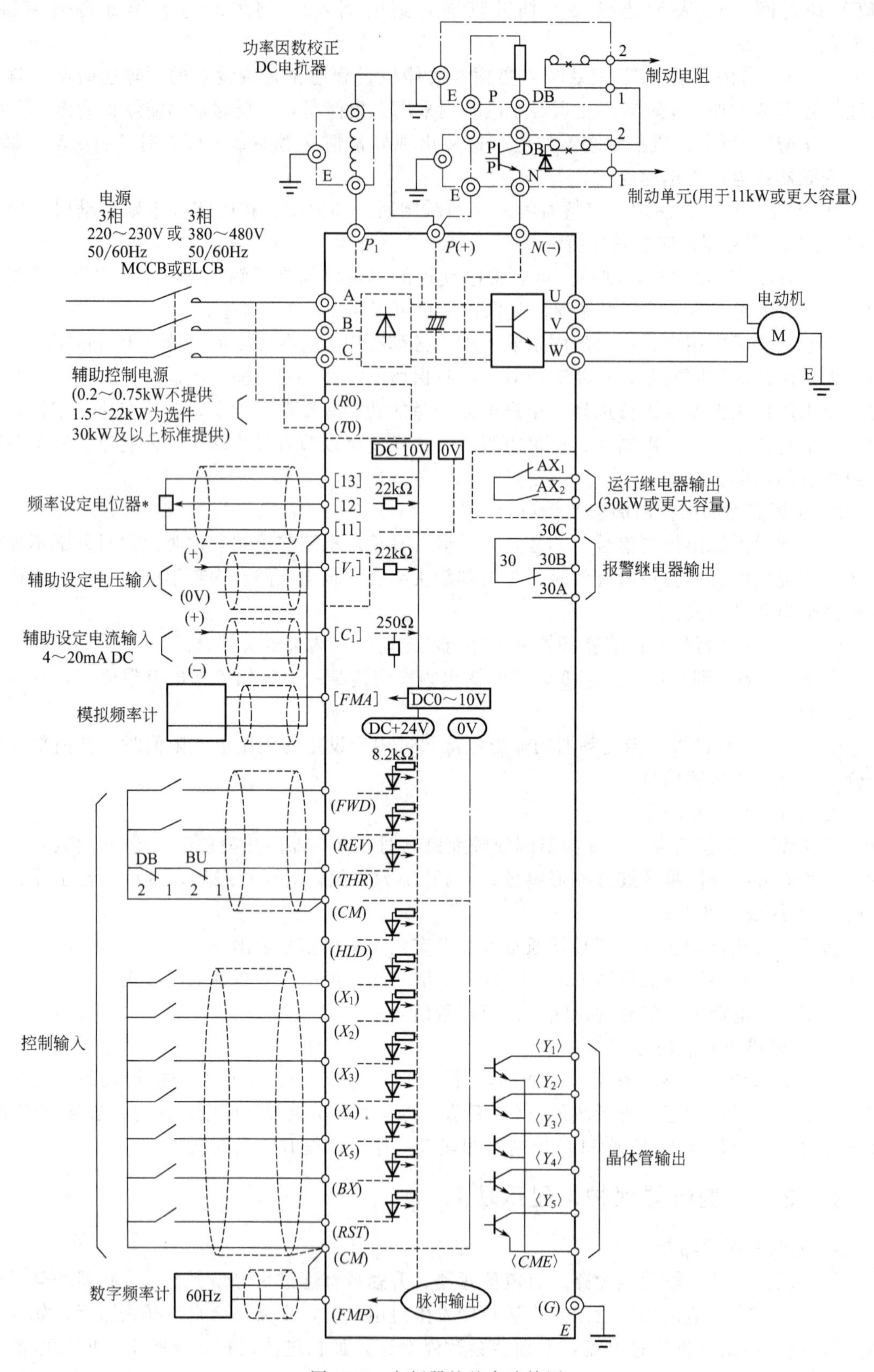

图 11-6　变频器的基本连接图

2. 过载保护功能

变频器具有准确检测电流瞬时值的能力，因此，内部程序可以进行准确的过载温升反时限发热曲线计算，实现类似于热继电器的过载保护功能。

3. 过电压保护功能

变频器的电源电压要求不超过额定输入电压的10%。除电源过电压外，变频器一般有两种过电压：一是泵升电压；二是换相感应过电压。最高泵升电压也由用户设定，如升降速中出现过电压，则变频器将暂停升降速，以进行过电压保护。换相感应过电压则由压敏电阻、阻容吸收电路来保护。

4. 其他保护功能

除了过电流、过电压、过载等保护外，变频器还设置以下保护。

① 风扇运转保护（风扇不转时停掉变频器）。

② 逆变模块散热板的过热保护。

③ 制动电阻过热保护。

④ 负载三相不对称保护。

⑤ 变频器内部出错保护。

⑥ 瞬时停电保护（停电时间较短可恢复再启动）等功能。

5. 故障自处理功能

变频器对一定范围内的故障可以既不报警也不跳闸，先自行处理解决，如果自处理不能抑制故障或出现不能自处理的故障（如紧急停车、外部输入故障），才会跳闸停机并进行故障显示。

6. 变频器的显示功能

变频器一般配置发光二极管显示和液晶显示屏显示，主要显示项目如下。

① 当前运行状态显示。

② 运行数据显示。

③ 预置显示。

④ 输入/输出状态显示。

⑤ 模拟输出数据显示。

⑥ 故障原因及数据显示。

图11-6给出了富士公司FRENIC 5000P9S 400V系列变频器的基本连接图作为外接线参考资料。

11.3 典型变频器产品的技术性能

11.3.1 A-B公司的1336PLUS交流变频器

1336PLUS是节能、灵活性强、易于设置和操作的高性能交流变频器，应用最新的电力电子器件IGBT和PWM技术，紧凑、坚固、安装方便、可靠性高。控制电动机的功率范围为0.37～448kW(0.5～600hp)。

1. 性能特点

可编程参数如下。

① 3突跳频率。

② 双加速/减速曲线。

③ DG 注入制动。

④ 动态制动。

⑤ 转差补偿、负转差补偿。

⑥ 可选故障测试次数和时间。

⑦ 电子式热过载。

⑧ S 曲线加速、减速。

⑨ 载波频率：0.37～3.7kW 为 2～12kHz，5.5～22kW 为 2～8kHz，30～448kW 为 2～6kHz；变频器额定载波频率为 4kHz。

⑩ 标准/用户电压/频率曲线。

⑪ 输出频率为 0～400Hz；输出电压为 0V 至额定电压。

⑫ 第二电流限制。

⑬ 最新故障存储（4 个）。

⑭ 飞速启动（用于纺机等）。

⑮ 自动直流提升。

⑯ 7 预置速度。

⑰ 锁相环。

保护性能如下。

① 过电压/欠电压。

② 过电流。

③ 过热。

④ 驱动输出短路。

⑤ 接地故障。

⑥ 过电流失速。

⑦ 过电压失速。

⑧ 6 种驱动器报警。

⑩ 外部信号。

⑪ 掉电保护。

2. I/O 接口

① 变频器故障触点输出。

② 可编程触点输出。

③ 运行触点输出。

④ 变频器报警触点输出。

⑤ 速度电位计输入（本地、远程）。

⑥ 0～10V DC 模拟量输入，输入阻抗为 100kΩ。

⑦ 4～20mA 模拟量输入，输入阻抗为 250Ω。

⑧ 4～20mA 信号丢失响应。

⑨ 模拟量输入转换。

⑩ 可选择 0～10V DC/0～20 模拟量输出带偏置。

⑪ 脉冲序列输入 5V 方波，125kHz。

⑫ 编码器反馈，单端或差分，125kHz，闭环速度控制（0.1%速度调节）移动式人-机接口，过程参数显示、监控、诊断。内置 SCAN PORT™ 通信协议，RS232/422/485 串行接口。

3. 通信功能

所有功率范围（0.3675～367.5kW）变频器都具有通信能力，通用设计并带有统一的控制接口。

4. 结构特点

分层结构，片状总线减少内部电感，有散热器和红外线检测装置，符合 NEMA 和欧洲标准，可以在全世界通用；有通用 AC/DC 母线；被 G-UL 列为美国和加拿大双重认证，符合 IEC、VDE 和其他国家等标准。

5. 环境要求

① 运行环境温度。IP00，开启式，0～50(32～122℉)；IP20，NEMA1，0～40(32～104℉)；IP65，NEMA4，0～40(32～104℉)。

② 高度。最大 1000m（3300ft），不降低额定值。

③ 相对湿度。5%～95%（无凝结）。

6. 典型应用

① 泵、风机、离心机、水处理系统等。

② 材料处理，如包装机、装瓶生产线、传送带。

③ 挤压机、搅拌机等。

④ 研磨机、制粒机等。

⑤ 精轧辊道、模压机、锯床、装载机、石灰炉窑等。

7. 产品选型

产品的目录号举例如下。

1336S-AQF15	AA	EE	L6	HA1	GM1
额定值（必须指定）	外壳（必须指定）	语言（必须指定）	控制接口（可选）	人机接口（可选）	通信卡（可选）

上述举例为 1.2kW，200～240V，IP20NEMA1 外壳，英语语言模块，AC115V 接口板“1”有效，手持式人-机接口及通信卡。

前三项为必须指定，后三项为可选，但必须至少选其中之一，以便控制 1336PLUS 交流变频器。

11.3.2 A-B 公司的 1557 系列中压变频器

1. 产品规格

① 输入电压。2300V、3300V、4146V、6600V/6900V。

② 功率额定值。300～2240kW、373～2600kW、373～4475kW、1122～7460kW。

③ 输入频率。50/60(1±3%)Hz。

④ 输出电压。0～2300V、0～3300V、0～4160V、0～6600V、0～6900V。

⑤ 逆变器类型。CSI-PWM。

⑥ 输出频率。6～75Hz，不带速度计；2～75Hz，带速度计。

⑦ 输出电流。基于 HP 额定值/kW 额定值。

⑧ 过载额定值。100%不间断控制额定值；115%过载 1min。

⑨ 调度调节。0.5%（不带速度计）；0.1%（带速度计）。

⑩ 环境温度。0～40℃(32～104℉)。

⑪ 高度。0～1000m；不降低额定值。

⑫ 效率。97.5%～98%满载和全速。

⑬ 冷却系统。强制风冷或水冷。

⑭ 外壳。NEMA1 型通风机箱。

2. 标准特征

① 6 脉冲相控桥式整流器。

② 集成 DC 连接电抗器（仅用于空气冷却变频器）。

③ 数字显示输出安培、电压、速度和负载。

④ 与 A-B 公司通信网络兼容。

⑤ MOV（金属氧化物压敏电阻）浪涌保护。

⑥ 光纤绝缘，用于整流器和逆变器设备的启动。

⑦ 全数字控制。

⑧ 不带速度计的矢量控制。

⑨ PANELVIEW550 操作员接口。

⑩ 参数趋势。

⑪ 独立的 4 段斜坡加速/减速。1～3600s 内调节。

⑫ 4 挡可软件调节的跳变速度，并可调节跳变带宽。

⑬ 磁通可软件调节。

⑭ 在线诊断。

⑮ 低压测试方式。

⑯ PWM 波形控制。

⑰ 电子式变频器过载保护。

⑱ 电子式电动机过载保护。

⑲ 飞速启动。

⑳ 电子式反转电路。

㉑ 再生电动机制动。

3. 技术优势

（1）简单、高效的功率结构

1557 系列不是普通的电流型变频器，在低于 180Hz 开关频率下，它采用了门极关断晶闸管器件，易于通断；结合脉宽调制开关方式得到简单、高效的结构（效率高达 97.5%～98%），不像常用的 CSI 驱动器或改进的负载换相逆变器，1557 无需辅助的换相电路或换相电容。

（2）结合了 CSI 和 PWM 的优点

① 内在的过电流保护。

② 内在的电动机再生制动。

③ 无熔断器功率结构。

④ 设计坚固、不无故跳闸。

⑤ 很宽的运行速度范围。

⑥ 低速平稳

（3）其他优点

① 梯形调制可消除电动机在低频运行时的所有谐波。

② 有选择的谐波消除方法和电动机端的电容器可用来消除电动机在高频运行时的主要谐波成分。

③ 有选择的谐波消除方法可消除转矩共振，否则会损坏变频器相关元器件。

④ 无 DV/DT 冲击，不会影响到电动机的绝缘。

⑤ 电动机运行噪声低（电动机噪声实际在变频变压时比全压运行时低）。

⑥ 由于采用了高压功率半导体，元器件数目少。

⑦ 可扩展电动机电缆长度，1557 变频器由于采用了 GTO 晶闸管，并结合正弦电压波形，因此，可扩展电动机电缆的允许长度，而且 1557 变频器还具有 I-R 自动补偿系统，用来解决电动机电缆上的压降。

⑧ 可控制新旧电动机，无需降低额定值。

⑨ 无需专门的变频电动机。

⑩ 无 VFD 引起的谐波转矩。

⑪ 无需升降压变压器。

⑫ 进线电抗器或隔离变压器可加在变频器前面。

4. 通信功能

① 通过双工串行通信链接门上安装的操作员接口终端。

② 串行打印机连接。

③ SCANbus 网络连接。

④ 远程 I/O 到 PLC。

⑤ 人机接口模件（HIM）。

5. 主要应用行业

① 电力行业。锅炉给水泵、引风机、强制鼓风机、压缩机。

② 造纸行业。锅炉引风机、锅炉给水泵、匀浆机、纸浆机、风泵。

③ 输送管道和石化行业。输送管道泵、天然气压缩机、挤压机、搅拌机、盐水泵、锅炉送水泵、排风机、地下井泵。

11.4 变频调速的运行特点和应用实例

11.4.1 变频调速的运行特点

11.4.1.1 启动特点

1. 软启动功能

图 11-7 是交流电动机各种启动方式的电流曲线。考虑变频器启动的负荷曲线可以发现，变频器具有软启动功能，启动时没有启动冲击电流，电流从零开始，随转速升高，电流逐渐上升，不管怎样都不超过变频器的额定电流，因此任何时间启动电动机都没有关系，可节省启动设备。

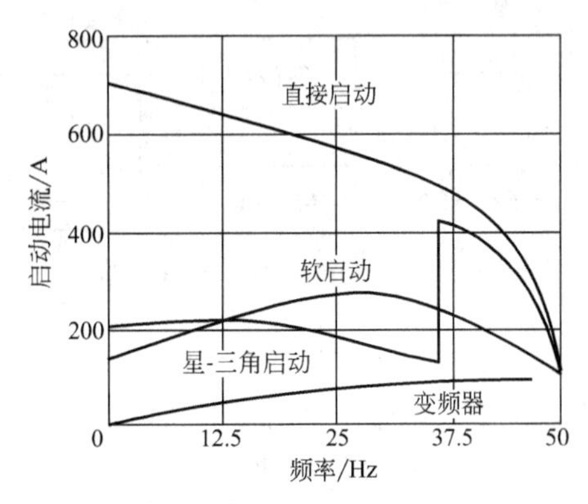

图 11-7 常用启动方式

2. 变频器本身具备很强的保护功能和控制功能

通过对变频器的设定，可以方便地确定保护参数和控制要求，目前广泛使用的变频器属于交-直-交方式，矢量控制，是一种能够适用于各类负载的变频器；有的变频器还带有 PID 调节功能和部分可编程功能，大大方便了用户的使用，并且随着科学技术的不断进步，性价比更能为用户所接受。

3. 瞬停再启动控制

当电网瞬时停电时，电动机自由减速运行；当电网重新上电时，电动机仍然运转。此时变频器在线检测电动机转速，并输出与该转速相一致的交流电压，使电动机转速上升到设定数值，提高系统的可靠性。

自动再启动的控制特性如图 11-8 所示。由于这种控制使变频器的输出频率与电动机的转速相一致，从而使电动机能自动、平滑地恢复到原来的稳定运转状态。具体的要求如下。

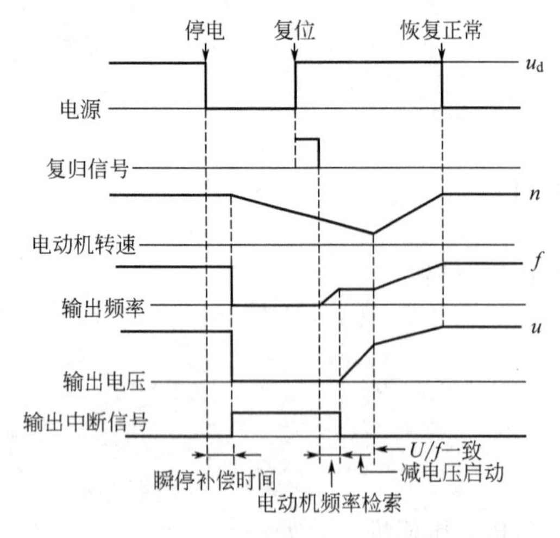

图 11-8　瞬时自动再启动的控制特性

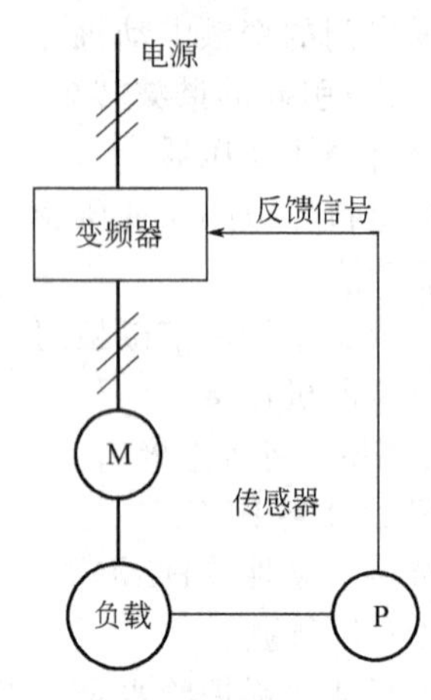

图 11-9　自动变频

① 电源复电后，自动给出再启动信号，调整变频器到初期状态。

② 根据自由停车中电动机的残留电压推算出电动机的角频率 ω，使变频器的输出频率跟踪它。

③ 当电动机的残留电压经过数秒衰减后，再慢慢升高变频器的输出电压，使电动机接入变频器。

11.4.1.2　应用方式

1. 独立单机

有手动或自动两种控制方式。所谓手动控制，就是把变频器简单地接在开关柜和电动机之间，使用外接电位器或控制台调节电动机转速。自动控制通过传感元件将信号进行调节，然后自动跟踪某一频率。图 11-9 是一台水泵自动变频的例子。PID 整定和简单 PLC 编程均由变频器完成。

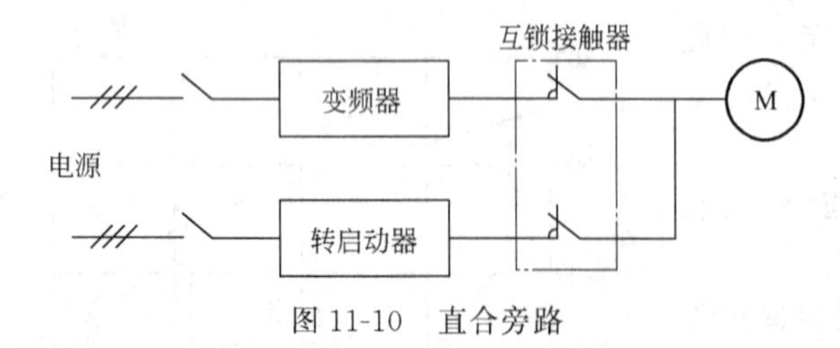

图 11-10　直合旁路

2. 直合旁路

要使变频器发生故障时不影响系统的运行，可在独立单机基础上加一条带软启动器的直合旁路，见图 11-10，对小负荷也可不要软启动器。

3. 并联多机

变频器可以控制多台电动机的并联运行，如图 11-11 所示，它们是同步改变转速的，不必有相同的容量或极数，变频器的额定电流应大于所带电动机满负荷电流之和。

4. 多机循环软启动

一台变频器与数台泵或风机一起使用的典型例子是恒压变量供水系统。当一台泵的流量不够时，从变频状态到工频状态，再软启动另一台泵运行在变频状态，直到达到流量要求，如图 11-12 所示。

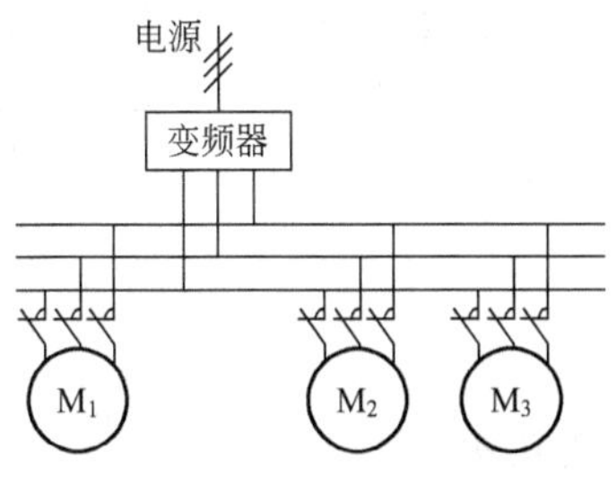

图 11-11　并联多机

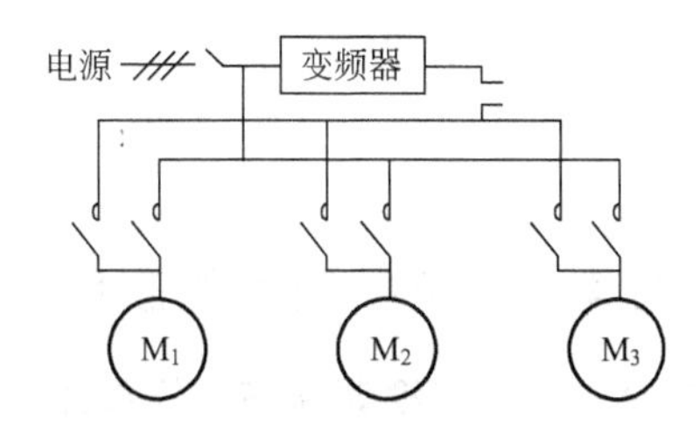

图 11-12　多机循环软启动

11.4.1.3　变频器容量的选择原则

变频器的种类较多，根据负载的特性，可以选择相应的变频器。输出电流是表征变频器输出能力的重要参数。所以，容量选择的基本原则，即所选变频器的额定输出电流必须大于电动机的额定电流。同样，对于电动机来说，不是看其容量的值，而是用其额定电流与变频器的额定输出电流进行比较。另外，由于变频器的过载能力受电流大小和持续时间长短两个因素的限制，为了减少启动容量，只好采用低频低压软启动，电动机的启动转矩要比工频电源直接启动低得多，引入变频器后能否启动恒转负载和飞轮转矩大的负载，便成了选择变频器时值得研究的另一问题。所以，选择变频器容量时，除了要考虑变频器和电动机的特性外，还必须考虑负载的性质和启动要求。根据上述原则，连续运转的风机泵类负载所需的变频器容量 P_0 必须满足如下三点。

① 变频器容量必须大于负载所要求的输出功率，即

$$P_0 \geqslant \frac{kP_D}{\eta\cos\varphi}$$

② 变频器容量不能低于电动机容量，即

$$P_0 > k\sqrt{3}U_M I_M \times 10^{-3}$$

③ 变频器电流 I_0 应大于电动机额定电流，即

$$I_0 \geqslant kI_M$$

启动时，变频器容量应满足式(11-2)。

$$P_0 \geqslant \frac{kn}{973\eta\cos\varphi}\left(T_L + \frac{GD^2 n}{375t_A}\right) \tag{11-2}$$

式中　GD^2——电动机轴端换算，kg・m^2；

t_A——加速时间，s；

k——电流波形补偿系数，1.05～1.0；

T_L——负载转矩，kg・m；

η——电动机的效率，通常取 0.85；

$\cos\varphi$——电动机的功率因数，通常取 0.75；

P_D——负载所要求的电动机输出功率，kW；

I_M——电动机的额定电流，A；

U_M——电动机额定电压，V；

n——电动机的额定转速，r/min。

11.4.1.4　应用注意事项

由于变频器的更新换代速度很快，故选择时要注意选用新开发的产品，同时要根据负载

的性质决定是选择恒转矩恒功率负载还是二次方负载。现在可选的变频器厂家有很多，如ABB、东方、惠丰、森兰、三菱、西门子、施耐德、安川、台达、台安等。故在选择时应根据系统的配置要求选择性价比较优越的。由于变频器的一般功能设置得较多，故在设置后应利用本身的锁定功能将设置参数锁上，以免无意中改变设置参数。变频器运行出错时通常会有提示，可根据提示检查错误，排除后再复位开机。至于安装等问题，各种变频器均有要求，可参照说明。

11.4.2 变频调速的应用实例

11.4.2.1 变频调速在风机泵类负载调速方面的应用实例

1. 风机泵类负载变频调速的一般问题

（1）风机泵类负载变频调速节能运行的意义

据统计，1995年我国风机、水泵设备装机总功率达到1.6亿kW，年耗电量为3200亿kW·h，约占全国电力消耗总量的1/3。

在风机运行中应用变频调速，其节电率一般为20%～60%，投资回收期为1～3年。这种调速方法不仅节电效果显著，而且对于满足生产工艺的要求、保证产品的质量也能起到重要的作用，其经济效益十分显著。

1995～1997年间，仅我国风机、水泵变频调速技术改造投入资金就达到35亿元，改造总容量为100万kW，平均回收期为2年。

因此，大力推广风机变频调速节能运行不仅是当前企业节能降耗的重要手段，而且一定是实现经济增长方式转变的必然要求。

（2）风机泵类负载变频调速的节能原理

风机水泵的特点是其负载转矩与转速的二次方成正比，其轴功率与转速的三次方成正比。因此，将电动机定速运转、用挡板阀门调节风量、流量的方法，改用根据风量、流量需要调节电动机的转速，可获得节能的效果。图11-13所示为鼓风机风量-功率的运行特性曲线。

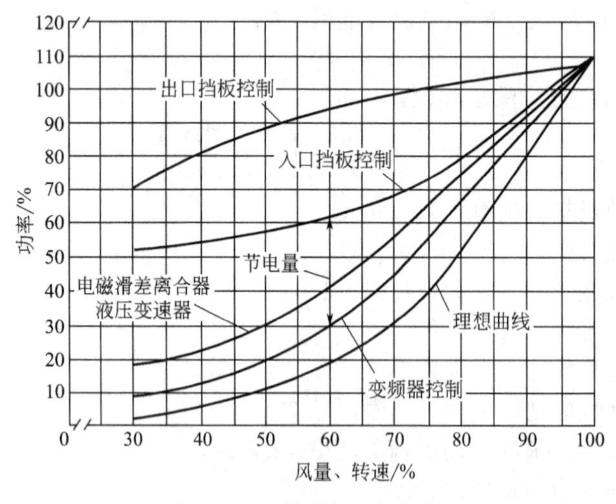

图11-13 鼓风机运行特性

① 挡板控制与速度控制的区别。电动机以定速运转，调节风机风量的典型方法是采用挡板控制。根据挡板在风道中的安装位置可分为出口挡板控制和入口挡板控制。用出口挡板控制时，从图11-13示出的出口挡板控制 Q-P 曲线可以看出，当使用该方法控制风量时，随

着风量的减少，轴输出功率减少不多，挡板关小则风阻增大，从节能的观点来看，不适于风量控制。用入口挡板控制时，从图 11-13 示出的入口挡板控制 Q-P 曲线可以看出，该方法随着风量的减少，轴输出功率大体与风量成比例下降。

与挡板控制相比，转速控制的节电效果更明显。如图 11-13 中的理想曲线表示应用效率为 100%的调速装置进行转速控制时所需的功率。实际上，不同的调速方法，其效率是不同的。各类曲线与理想曲线的差距表示调速装置本身的损耗。由图 11-13 可见，用电磁转差离合器调速时，效率比较低；变频调速由于效率高，更接近理想曲线。变频调速时效率和容量、频率的关系如图 11-14 和图 11-15 所示。在图 11-14 中，容量的减少使总效率降低，主要是电动机效率的降低造成的，变频器本身的效率与容量的关系不大。图 11-15 中，总效率在低速区效率的降低也是电动机的缘故，如能采用高效节能型电动机，则可使总效率提高。

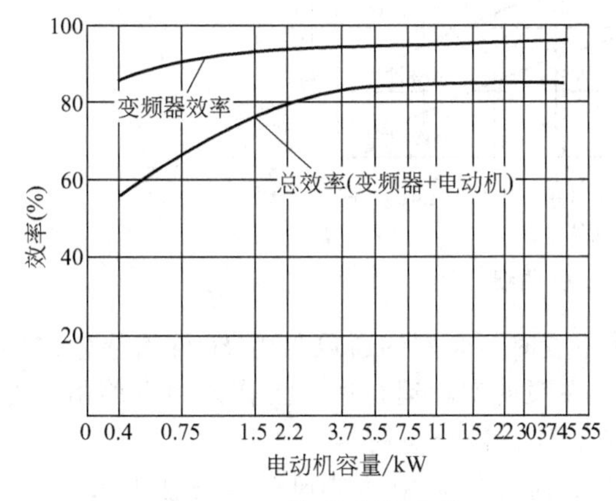

图 11-14 效率-容量曲线

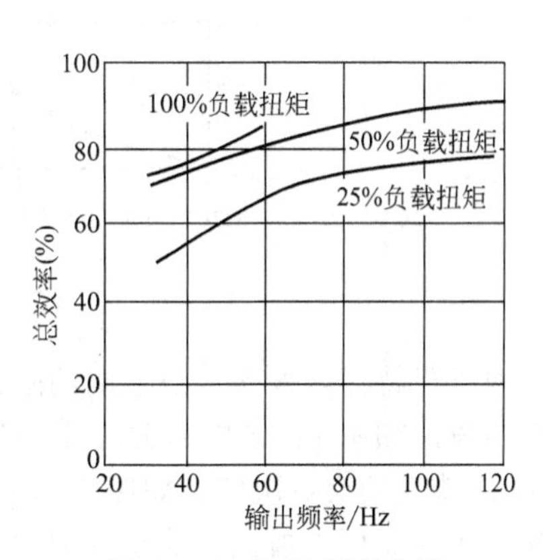

图 11-15 效率-频率曲线

② 阀门控制与速度控制的区别。在研究泵的变频调速节能原理之前，先了解一下泵的机械特性。泵的转速在某一范围内变化时，流量、总扬程、轴功率有下列关系。

$$\frac{Q}{Q_o}=\frac{n}{n_0}$$

$$\frac{H}{H_o}=\left(\frac{n}{n_0}\right)^2 \tag{11-3}$$

$$\frac{P}{P_o}=\left(\frac{n}{n_0}\right)^3$$

式中 n_0——基准（额定）转速；

n——运行转速；

Q——n_0时的流量；

Q_o——n 时的流量；

H_o——n_0时的扬程；

H——n 时的扬程；

P_o——n_0时的功率；

P——n 时的功率。

从式(11-3) 可以看出，对于风机泵类负载，如果风机或泵的转速超过额定转速，则将使电动机严重过载，这无论对电动机、风机还是泵本身，都是不利的，故风机泵类负载禁止在额定转速以上运行。

对于风机来说，其工作特性主要由 H-Q 曲线来描述。H-Q 曲线表示当转速恒定时，扬程 H 和流量 Q 之间关系的特性，如图 11-16 中的 100％特性曲线、90％特性曲线、80％特性曲线、70％特性曲线所示。

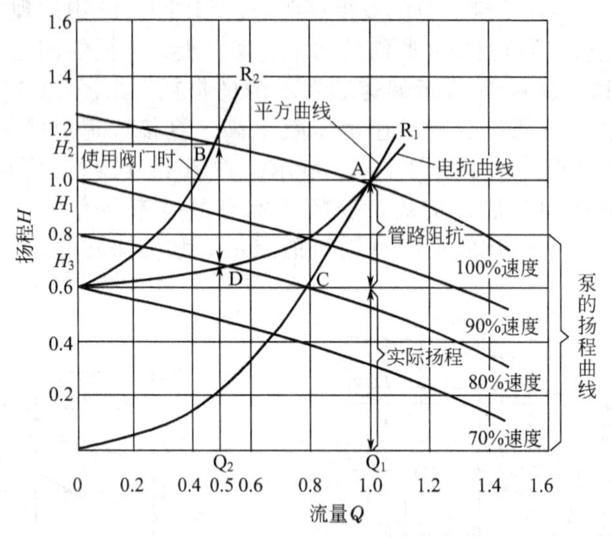

图 11-16　泵的 H-Q 曲线

管网风阻特性曲线表示当管网的阻力 R 保持不变时，管网的通风阻力 H 与风量 Q 之间的关系曲线，如图 11-16 中的 R_1、R_2 曲线所示。在泵的实际运行中，工作点由管路阻抗曲线与 H-Q 特性的交点决定，如图 11-16 中的 A 点、B 点和 D 点所示。

从图 11-16 可以看出：当流量从 1.0 变为 0.5 时，如果用调节风门的方法调节风量，由于泵的转速没有变化，则管网阻力增加，即管网阻力曲线从 R_1 曲线变为 R_2 曲线，则系统的工作点从 A 点转到 B 点。从图 11-16 看出，此时尽管风量减少了，但风压却增加了，又由于轴输出功率 P_{s2} 与 BH_20Q_2 面积成正比，它与在 A 点工作时的轴输出功率 P_{s1}，即 AH_10Q_1 相比减少不多。当流量从 1.0 变为 0.5 时，如果用调速的方法调节风量，管网阻力曲线不变，系统的工作点从 A 点转到 D 点，而过 D 点的泵的 H-Q 曲线是 80％的特性曲线，此时轴输出功率 P_{s3} 即 DH_30Q_2 面积呈正比。从图看出，在满足同样风量的情况下，风压 H_3 明显降低，而电动机轴输出功率却显著下降，所节约的电能与 AH_10Q_1 面积和 DH_30Q_2 面积之差成正比。由此可见，用调速方法来调节风量的经济效益是十分显著的。

(3) 风机泵类负载对变频器提出的要求

对于风机泵类负载，只要求节能运转，故从投资方面考虑希望价格便宜。另一方面，某些风机泵类又是企业的重要设备，希望它能高可靠性地连续运转，故需要有从工频电源到变频器及从变频器到工频电源的自动切换功能、瞬时停电再启动功能等。

① 工频电源到变频器的切换控制。由鼓风机的运行特性看，在高风量区（90％～100％风量），用挡板控制和变频调速相比消耗功率相差无几，风量越低则用变频调速消耗的功率越小。由于最大风量时用工频电源使电动机运转其功率比变频时高，故高风量区一般采用工频切换到变频运行的自动控制环节。由于风机切断电源后减速特别慢，从电动机切离工频电源到电动机残留电压衰减需数秒时间。为实现平滑无冲击的切换，防止切换时的过电变频器由低电压逐步升到规定的电压，切换控制过程如图 11-17 所示。

② 变频器到工频电源的切换控制。

a. 非同步切换方式。如负载允许切换，可用比电动机容量小的变频器进行拖动，电动机从变频器切出后，再接入工频电源。为了防止投入时生产过电流，可采用启动电抗器等。这种方式的优点是变频器容量小，但切换时有较大的冲击电流，不能用于切换频率高的场合。

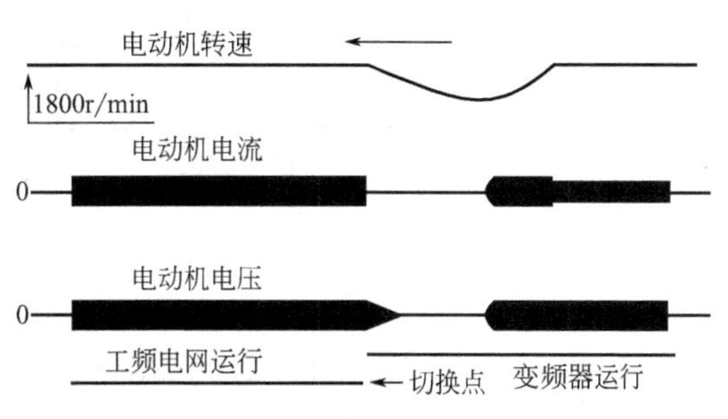

图 11-17　工频电源到变频器的切换

b. 同步切换方式。同步切换方式将变频器频率升高至工频，当变频器输出电压的频率、相位和幅值与电网电压的频率、相位和幅值相一致时，将电动机由变频器切换到工频电网。与非同步切换方式相比，变频器容量增大，并与电动机容量相当。但切换时冲击电流小。

(4) 风机泵类负载用的 U/f 模式

风机泵类负载称为减转矩负载，即随着转矩的降低，负载转矩大体上与转速的二次方成比的减少，故变频器最好选用减转矩负载的 U/f 模式，如图 11-18 所示。由于该模式的电压补偿值大，使电动机输入电流减小，与恒转矩负载的 U/f 模式相比，可以提高电动机和变频器的效率。图 11-19 示出了在两种不同 U/f 模式下效率的差别。

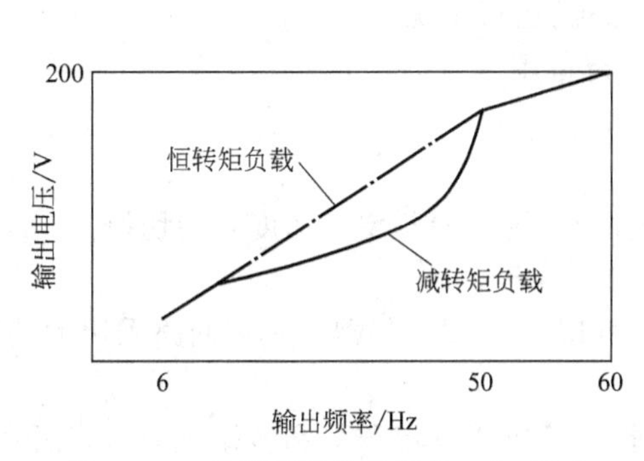

图 11-18　风机泵类负载用的 U/f 模式

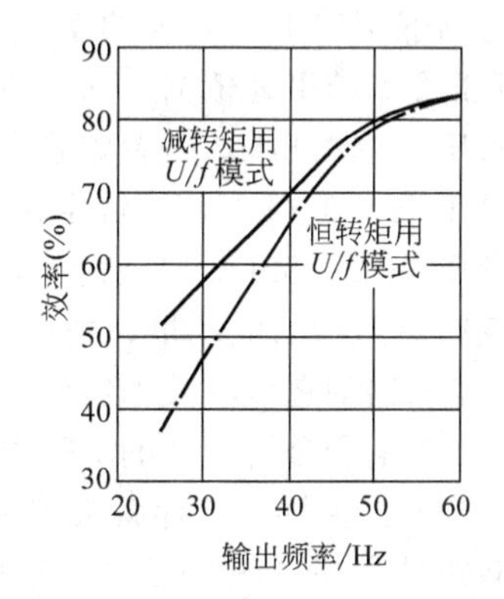

图 11-19　不同 U/f 模式下的效率

2. 变频器在轧钢厂供水系统的应用

根据生产工艺的要求，轧钢厂在生产过程中随时要补充软水作为工业冷却水。过去采用改变阀门的方法来调节水的流量和压力（扬程），现将变频器接入供水控制系统中，根据工艺所需的流量和压力来调节电动机的转速，以控制流量和压力，达到节能的目的。

(1) 工艺对控制提出的要求

供水系统如图 11-20 所示，共装有 3 台水泵，每台电动机容量为 75kW，其中两台工作，一台备用。具体要求如下。

① 3 台水泵分别可以调速和定速运行，变频器只能作一台电动机的变频电源，故各台电动机的启动、停止必须相互联锁，用逻辑电路控制，以保证可靠切换。

② 两台水泵工作时，一台由工频供电，另一台由变频器供电，两台的运行也必须有互锁控制。

③ 当电动机由变频切换至工频电网运行时，必须延时 5s 进行定速运行后接触器才自动合闸，以防止操作过电压。

④ 当电动机由工频切换至变频器运行时，必须延时 10s 后接触器才自动闭合，以防止

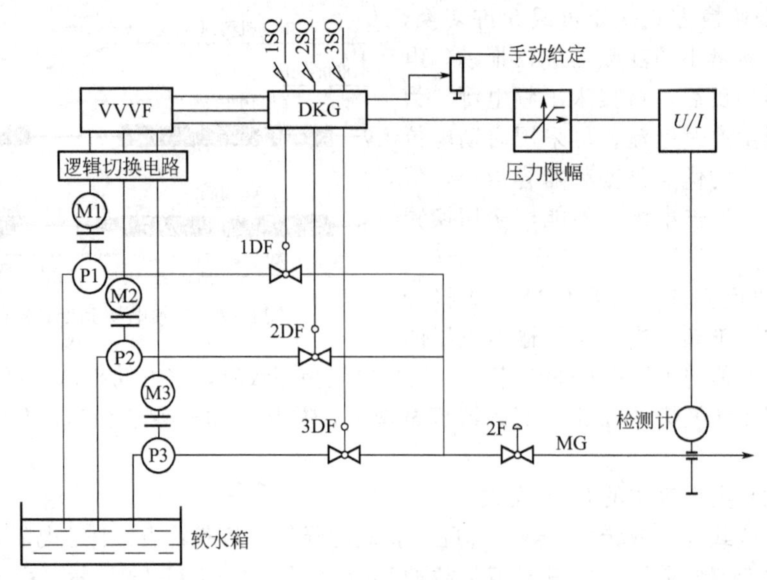

图 11-20　软水供水系统

电动机高速运转产生的感应电动势损坏电力电子器件。

⑤ 为确保上述工艺要求的实现，控制、保护、检测单元全集中于一个控制柜内。3 台水泵以管压检测结果为依据，通过逻辑判断决定水泵的运行工况。

① 管压 $H \geqslant 0.8$Pa，一台定速，一台变速，一台备用。

② 管压 $H \leqslant 0.64$Pa，一台定速或变速，两台备用。

③ 管压 $H \leqslant 0.52$Pa，一台变速，两台备用。

④ 变频器运行的电动机，由压力信号的大小进行 3 种不同频率（速度）的切换。

(2) 变频器的选型与技术特性

选用日本富士公司生产的 FREIC5000 系列 SPWM 电压型变频器，其主回路采用大功率晶体管（GTR）模块，单片微机控制。

① 转矩特性（见图 11-21）。变频器设有 16 种 U/f 模式设定开关和转矩提升设定开关，可提供 16 种不同的后提升曲线，以获得所需的转矩特性。图 11-21 中的 0、1 曲线专供水泵使用。

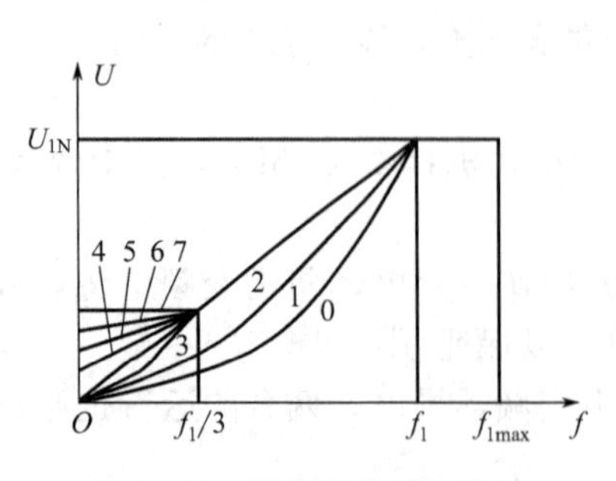

图 11-21　变频器的转矩特性

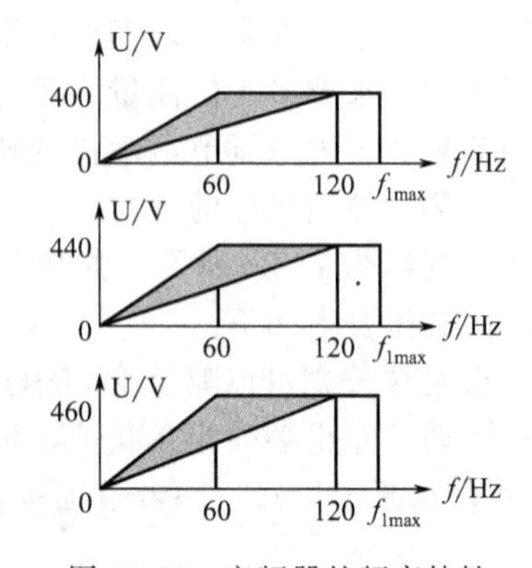

图 11-22　变频器的频率特性

② 频率特性（见图 11-22）。变频器提供 3 挡 12 种不同频率变化和相应输出电压的范围，以满足不同调速范围的需求，一般最低输出频率为 1Hz，最高输出频率为 240Hz。此

外，还应按工艺要求设定最高频率、基频、上下限频率等。U/f 一旦确定下来，检测回路即对变频器的输出频率进行测量，并在 LED 上显示。

③ 加/减速特性（见图 11-23）。针对负载的不同惯量，设定加/减速时间。选择合适的加速时间可实现电动机的软启动，启动电流被限制在 1.5 倍额定电流之内。水泵、电动机加/减速时间选择为 0.2～20s 即可。

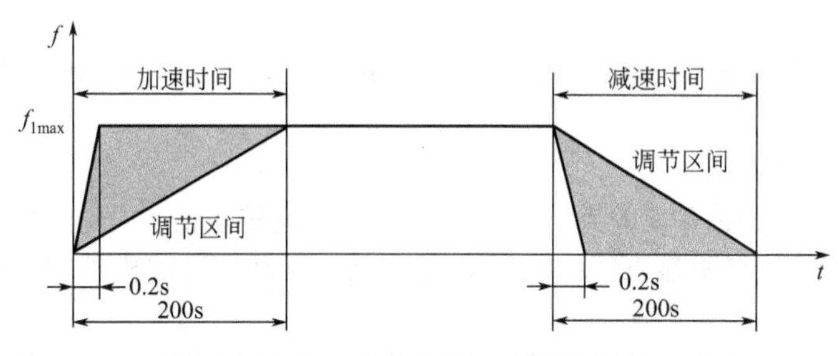

图 11-23 变频器的加/减速特性

④ 制动特性。借助变频器的保护功能齐全，从而保证并提高了节能装置的可靠性。此外，变频器设有故障显示，便于分析和排除故障。

(3) 变频器的接线

图 11-24 是变频器供水系统接线示意图，现将其特点归纳如下。

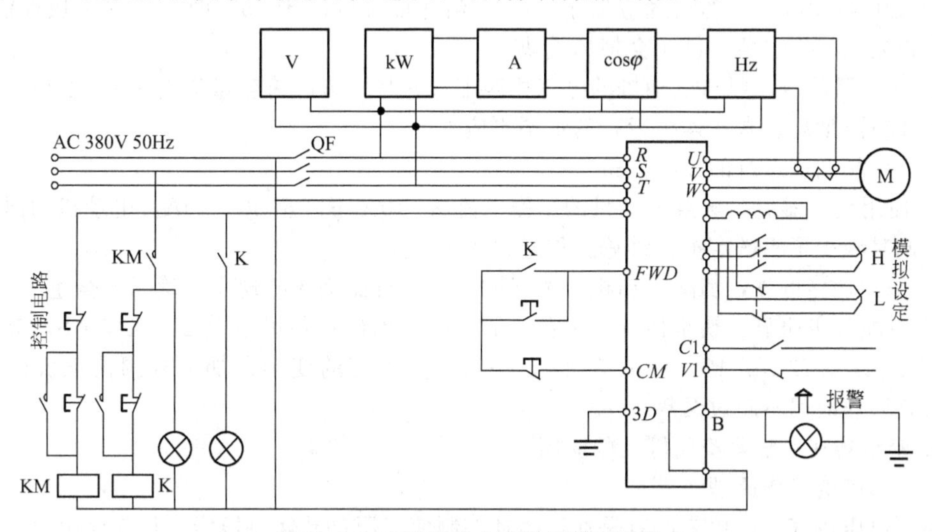

图 11-24 变频器供水系统接线示意图

① 变频器电源的连接（R、S、T）相序与电动机的转向无关，一般通过电动机端的连接（U、V、W）来改变电动机的转向。特别应注意电源端与电动机端不能接反，否则会烧坏变频器。

② 接触器 KM、电源自动开关 QF 的型号、容量应恰当选择。

③ 变频器控制柜上装有电压（V）、功率（kW）、电流（A）、功率因数（cosφ）、频率（Hz）等模拟电表，便于对电动机进行监控。

④ 控制端 *FWD*、*CM*、*C*1、*V*1 等连接的控制继电器，应选用灵敏度高的微型继电器。

⑤ 频率设定可以手动，也可以根据压力、流量的大小自动切换。

⑥ 装有电抗线圈 DK 是为了改善系统的功率因数。

⑦ 设有事故报警电路，一旦变频器发生故障，就有声光报警。

⑧ 3台电动机均要安装独立的过载保护。

（4）运行与操作

① 变频器调试完毕即可投入运行，操作简便。从发出指令到变频器开动延时1～2s，即可显示频率值。

② 电动机的启动特性得到改善，使启动电流小于1.5倍额定电流，实现电动机的软启动，启动时间为10～20s。

③ 保护功能齐全，发生事故时首先是变频器跳闸，备用工频电源和备用泵立即自行启动。

（5）使用注意事项

① 水泵转速调节范围不宜太大，通常应不低于额定转速的50%。当转速低于50%额定转速时，水泵本身的效率明显下降。在调频时，应避开泵机组的机械共振频率，否则将会损坏泵机组。

② 由SPWM变频器驱动异步电动机时，因高次谐波的影响会产生噪声，在变频器和电动机之间装设补偿器（为总阻抗的3%～4%）可使噪声降低5～10dB。

③ 由SPWM变频器驱动异步电动机时，电动机的电流比工频供电时大5%左右。电动机低速运行时，冷却风扇的能力下降，使电动机的温度升高。应采取措施限制负载或减少运行时间。

④ 变频器周围环境的温度应低于35℃。当环境温度高于35℃时，功率模块性能变差，尤其是长期运行的水泵，可能会损坏模块。

⑤ 变频器的容量要与电动机的电流相匹配，并且可考虑将容量提高1～2个档次。尤其是工作环境温度高、常年连续运行的水泵更应如此。

（6）变频调速运行的经济分析

① 使用变频器后，水泵电动机的工作电流从110A下降至60～90A，电动机的温升明显下降，同时减少了机械磨损，维修工作量也大大减少。

② 保护功能可靠，消除电动机因过载或单相运行而烧坏的现象，确保安全生产。

③ 节能效果明显。初步估计，一台75kW的电动机一年可节电24.7kW·h，节省电费5.4万元[以0.22元/(kW·h）来计]。一台与其配套的变频器加上外围设备价格为8万元，投资回收时间不超过两年。

3. 变频器在立窑罗茨风机上的应用

（1）系统的工作原理

所谓恒压供气，简单来讲就是通过闭环控制使气压自动保持恒定。依交流电动机变频调速原理，风机转速n正比于供电频率f_1，当用气量一般时，变频器控制相应的风机正常工作；当用气量一旦增加时，变频器将输出频率增加以保持压力恒定，并投入其他风机运行以进一步满足用气量的增加；反之，当用气量减少时，可停运相应风机及降低运行风机的频率来保持压力的恒定。闭环控制通过PID调节器将压力传感器检测到的出口压力信息转换成电信号和用户预定信号（正比于用户所要求的恒定值）进行比较、处理，得到的频率信号控制变频器的输出频率，从而控制风机的转速和出气量。

（2）系统的构成

恒压供气系统由压力传感器、PID调节器、可编程序控制器（PLC）、变频调速器、电控单元及多台风机构成，系统框图如图11-25所示。其中，PID调节器还将压力上下限信息提供给PLC；PLC实现变频器的启制动和故障处理以及各种电气控制；电控单元由低压电器具体实现过载等保护和通断电控制，变频器则完成风机的驱动。系统依用气量的变化随时

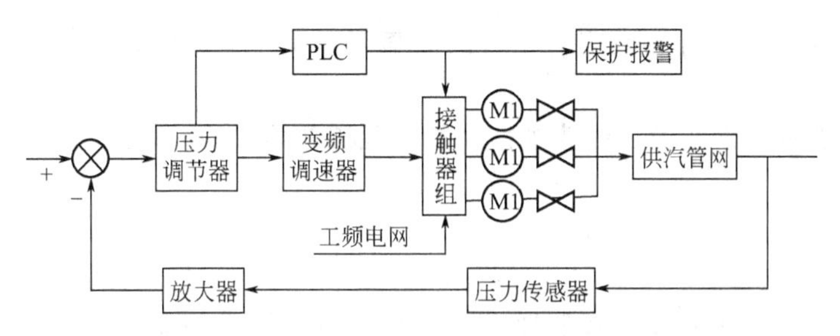

图 11-25　变频器恒压供气控制系统框图

调节风机的启停和转速，从而实现用气量的调节，保持管口出口处的压力误差在一定范围内，实现恒压变流量控制。

(3) 系统运行原理

系统开始工作时，供气管道内气压为零，在PLC控制下，变频器开始运行，第一台风机 M_1 启动，随着运行频率的增加，管道气压不断升高，接近气压设定值时，在系统调节作用下，M_1 工作在调速状态，气压恒定在设定值。当用气量增加、气压减少时，通过系统调节，变频器输出增至工频50Hz时，气压仍低于设定值，PLC发出指令，M_1 切换工频启动运行，同时又使第二台风机 M_2 接入变频器并启动运行，在系统调节下变频器输出频率不断增加，直至管道压力达到设定值。如果流量继续增加，通过系统调节，变频器输出频率达到工频50Hz，PLC又发出指令，使 M_2 切换至工频运行，而第三台风机 M_3 接入变频器并启动运行，直至使管道压力达到设定值。当 M_3 投入运行，且变频器输出频率达到工频50Hz时，压力仍未达到设定值，PLC就会发出警报。

系统运行时，随着用气量的下降，气压升高，通过自动调节，变频器输出频率降低，气压即可回落；当变频器输出频率减少到启动频率 f_s 时，气压仍高于设定值，PLC发出指令，接在变频器上运行的第三台风机 M_3 被切除，第二台风机 M_2 由电网切换至变频器，通过系统调节，变频器输出频率从50Hz继续下降，使压力重新达到设定值。同样，当流量继续下降、气压继续升高时，PLC使变频器接至第一台风机 M_1 运行，通过系统调节，使气压降至设定值。

(4) 软件设计

PLC软件设计采用梯形于语言，实现各种逻辑顺序控制、风压闭环控制等，程序框图如图11-26所示。在软件设计过程中，利用PLC定时中断功能完成数据采样、数字滤波、PID运算及控制输出。

变频调速装置安装投入运行后，实际运行工况在以下三方面有明显改善。

① 节能降耗。以2台45kW风机为例，其每天输出功率仅相当于2台风机以额定功率连续运转8h，以每天两班、每年按340天计，年节约电能为244kW·h，按0.5元/kW·h计算，全年节约电费为12.24万元，一年即可收回全部投入，经济效益显著。

② 噪声由80dB降至30dB。

③ 风量（压力）控制自动化，降低了劳动强

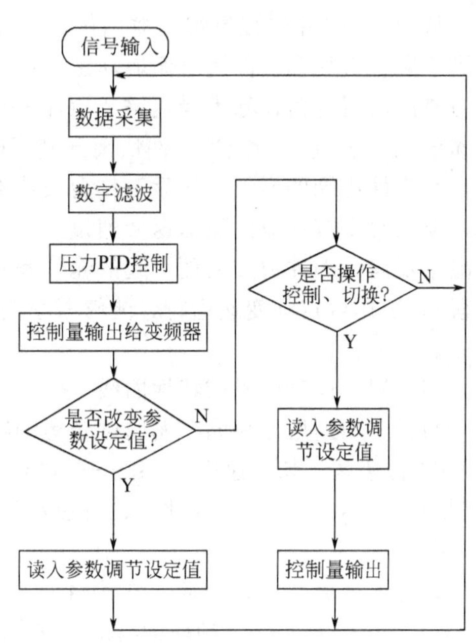

图 11-26　PLC程序框图

度，设备故障率降低，运行参数直观，可同时显示压力、频率、转速、电压、电流等运行参数。

11.4.2.2　变频调速在龙门刨床主拖动特点及工艺要求的应用实例

1. 龙门刨床的主拖动特点及工艺要求

龙门刨床主要用于加工比较大的机器零件，特别适用于刨削各种大件的水平面、垂直面、斜面和机床的导轨面。龙门刨床有足够的刚度，既能对零件进行粗加工，也能进行精加工，其应用非常广泛，具有多种控制要求。在机床电力拖动控制系统中，具有一定的典型意义。

(1) 刨台主拖动特点

龙门刨床的刨削过程是工件与刨刀做相对运动的过程。为了刨削工件，工作台与工件需频繁进行往复运动，工件的切削加工仅在工作行程内进行，而返回行程只做空运转。在切削过程中没有进给运动，只在工作台返回形成转到工作行程的期间内刀架才位移一定的距离。

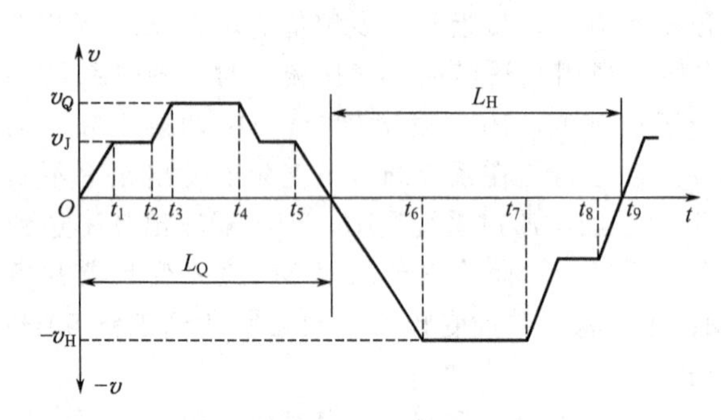

图 11-27　龙门刨床的运行速度图

国产A系列龙门刨床的运行速度图如图11-27所示。龙门刨床的工件安装于工作台上，主运动是工作台及工件的纵向往复运动。主运动的拖动特点如下。

各时间段的工况，$0\sim t_1$：工作台前进启动阶段，即升速阶段；$t_1\sim t_2$：刀具慢速切入阶段；$t_2\sim t_3$：加速至稳定工作速度阶段；$t_3\sim t_4$：恒速刨削阶段；$t_4\sim t_5$：减速退去工作阶段；$t_5\sim t_6$：反接制动到后退升速阶段；$t_6\sim t_7$：恒速后退阶段；$t_7\sim t_8$：后退件速阶段；$t_8\sim t_9$：后退反接制动阶段。

图11-27中，L_Q 为工作行程长度；L_H 为返回行程长度；v_J、v_Q、v_H 分别为慢速切入速度、切削速度和返回速度（均匀线速度）。

从图11-27中可以看出，龙门刨床工作台的行程速度是变速的。工件先慢速接近刨刀，是为了防止刀具和工件撞击而崩坏工件；同时，也为了减小刀具在进入时所承受的冲击，延长刀具的使用寿命，称为慢速进入（$t_1\sim t_2$ 段）。刨刀切入工件后，工件加速到所要求的切削速度 v_Q($t_3\sim t_4$ 段)。当工件快离开刨刀时，又降低速度直到离开刨刀（$t_4\sim t_5$ 段），是为了防止工件边缘的崩裂。然后工作台快速返回，在换向前先变为慢速，再换向。为提高生产率，返回时直接加速到高速返回速度 v_H($t_6\sim t_7$ 段)。返回行程再反向到工作速度之前，为了减小反向时因冲力过大而引起的越位和对传动机构的冲击，还要求有一个减速过程（$t_7\sim t_8$ 段），工作台这样变速运行，能够减小刨刀与工件的冲击，保护刨刀，并有利于工作台的换向。

(2) 刨刀运动的机械特性曲线

与很多切削机床相同，龙门刨台运动特性分两种情况。

① 低速区。切削速度 $v_Q\leqslant 25$m/min，此时刨台的运动速度较低，龙门刨床允许的最大切削力与8000kg相同。因此，在低速加工区，电动机为恒转矩输出。

② 高速区。切削速度 $v_Q>25$m/min，此时切削力受机械结构的强度限制，允许的最大切削力与速度成反比。因此，在高速区，电动机为恒功率输出。如果速度高于25m/min，而切削力仍为8000kg，则横梁与立柱之间的应力也将增加，立柱将会遭到破坏。因此，最高速度时的最大切削力是由机械结构的强度决定的。

由此可知，主拖动调速系统的负载性质如图 11-28 所示。图中，F_m 表示最大切削力；v_1 表示最小切削速度；P_{m1} 表示最大切削功率。另外，v_2 为对应于最大转矩时的最高速度，称为计算速度。在 $v_1 \sim v_2$ 范围内，要求恒转矩调速；而在 $v_2 \sim v_3$ 范围内，则要求恒功率调速。如果在整个调速范围内均采用具有恒转矩性质的调压调速，则所需的电动机功率 P_{m2} 将是负载所需的最大切削功率 P_{m1} 的 v_3/v_2 倍。当 $v_3=90$m/min、$v_2=25$m/min 时，$P_{m2}/P_{m1}=3.6$。显然，单纯采用调压调速的发方案是不合理的。为了克服上述方案的缺点，A 系列龙门刨床的主传动采用了机电联合调速方案，即采用机械传动比为 2∶1 的齿轮变速与直流电动机的调压调速配合。其中，齿轮变速具有恒功率调速特性。这时，恒转矩调速范围可缩小至 $v_1 \sim v_3/2$ 所需要的电动机功率 P_{m3} 负载所需的最大切削功率的 $[v_3/(2v_2)]$ 倍，即 $P_{m2}/P_{m1}=90/(2\times25)=1.8$。

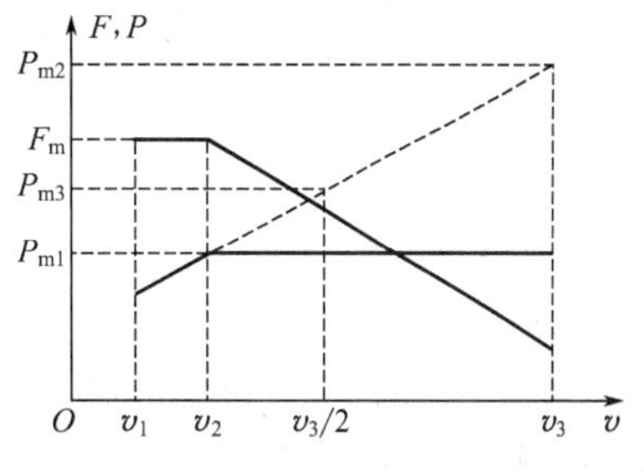

图 11-28　主拖动调速系统的负载性质

可见，机电联合调速与单纯调压调速相比，电动机的设计功率可缩小一半。不过，因为机电联合调速与生产机械的调速要求仍不完全匹配，所以，电动机的功率仍比负载所需的最大功率大了 0.8 倍。显而易见，A 系列龙门刨床直流电动机的功率并没有得到充分利用。如采用交流变频调速拖动系统，则可以通过灵活预置恒转矩与恒功率调速的转换点，使调速系统的特性更好地满足龙门刨床主拖动负载的调速特性要求，进而降低主拖动电动机的设计功率。为了充分利用电动机的容量，同时满足负载对电动机的要求，龙门刨床主拖动电动机运行时的机械特性应与负载机械特性配合，即电动机机械特性应靠近并位于负载机械特性之上。

（3）变频调速机械特性与负载的适应性

从电动机交流调速理论可知，若采用变频调速，在频率低于额定频率时，电动机调速具有恒转矩输出特性；而在高于额定频率区，电动机电压不能升高，具有恒功率输出特性。比较可知，采用变频调速时，电动机的机械特性曲线刚好与刨台运动所对应的特性曲线相符。因此，适宜于采用变频调速对龙门刨床主运动系统进行改造，并使电动机的工作频率适当提高至额定频率以上。

2. 龙门刨床采用变频调速时的性能要求与技术方案

（1）主拖动对控制系统的要求

根据龙门刨床的生产工艺特点，对自动控制系统提出如下要求。

① 调速范围宽。龙门刨床工作时，即要求其能适应不同的刀具，又要求其具有经济的切削速度，因此调速范围一定要宽，一般不低于 10∶1，最好为无级调速，例如，A 系列龙门刨床调速范围为 20∶1（最高速度为 90m/min，最低速度为 4.5m/min）。现代的刨磨联合机床为了提高生产率和加工质量以及降低能耗，调速范围要求更宽，目前已达 40∶1 以上。

② 静差度小。为了提高加工精度，要求工作台的速度不随切削量的变化而变动。一般要求静差度小于 10%，采用变频调速，静差度可小于 3%。同时，系统的机械特性应具有下垂特性。

③ 具有较高的刨削速度（高速一般不低于 75m/min）和足够的切削力。

④ 在低速范围内，切削力基本保持恒定。

⑤ 能单独调整工作行程与返回行程的速度，且返回速度高于工作速度。

⑥ 工作台的运行速度能自动调整。在刀具切入与切出工件时，自动地减速。

⑦ 工作台运行方向应迅速而平滑地改变，动态品质要好。

⑧ 操作简单，节省辅助工时，工作台要有可靠的半自动往复循环。调速时不必停车。

⑨ 工作台反向时应迅速、平稳、冲击小。

⑩ 传动效率高，耗电量小。工作噪声要符合环境保护的要求。

⑪ 系统简单，安全可靠，易于修理和维护。

⑫ 可接入计算机集成制造系统（CIMS）。

（2）工作台主拖动技术方案

用变频器驱动一台 45kW 的异步电动机，代替 A-F-M 系统中的机组，实现无级调速。工作台换向制动采用能量回馈装置，制动速度快，能量又回馈给电网。

3. 龙门刨插变频调速系统的设计

（1）主拖动系统的电动机容量

龙门刨床主拖动系统的电动机容量的选择是由刨床的最大出力决定的，即由工作台最大牵引力与计算速度决定。

负载所需要的切削功率（kW）为

$$P_e=\frac{F_m v_g}{K_1 K_2 \eta}$$

式中 F_m——最大牵引力；

v_g——计算速度，m/min；

K_1——功率变化系数；

K_2——允许过负荷系数；

η——传动机械效率。

为了满足龙门刨床工作台频繁换向及负载剧烈变化、转速的动态响应和机械特性硬度的要求，主拖动控制采用异步电动机。

在工程应用中，一般情况下，近似认为异步电动机转矩为

$$T_m=K_m \phi_m^2 \omega_s \tag{11-4}$$

$K_m=K_T N_1 K_{N1}/(\sqrt{2r'_2})=$常数。

由式(11-4) 可以看出：在 ω_s 很小的范围内，只要维持气隙磁通恒定，电动机转矩就与转差频率成正比。

由于通用型变频器已具有电压/频率（U/f）等于常数的功能，电动机的气隙磁通基本保持不变，因此控制 ω_s 就实现了最佳控制转矩的目的。对于高性能变频器，可以不采用转差调节器闭环控制方案，而用开环控制即可。只是在调整其参数时，应根据电动机实际负载的情况认真调整转差补偿、转矩补偿功能及速度传感器等相关参数。

（2）回馈能量的计算与电路结构

在变频器拖动的龙门刨床的往复运动过程中，当龙门刨床减速反向时，电动机将处于再生发电制动状态。传动系统中所储存的机械能经异步电动机转换成电能，并通过续流二极管反馈至逆变器，则可将逆变器直流母线上的过电压能量迅速吸收并逆变为交流电返回电网。这既节约了电能又提高了制动的快速性，是较理想的制动方法。

最大回馈能量的计算步骤和方法如下。

① 确定减速曲线。设转速由 n_1 降至 n_2 要求在 t_d 时间内完成。

② 计算所需制动转矩（km·g）为

$$T_B=\frac{GD^2(n_1-n_2)}{375t_d}-T_L$$

$$GD_{\Sigma}^{2}=GD_{d}^{2}+\frac{364(G_{1}+G_{2})v_{g}^{2}}{n_{1}^{2}\times 60^{2}}$$

式中　GD_{Σ}^{2}——折算到传动轴的总飞轮力矩，km·g²；

GD_{d}^{2}——交流电动机的飞轮力矩，km·g²；

G_1——最大加工工件的质量，kg；

G_2——工作台的质量，kg；

v_g——工作台的计算速度，m/min；

n_1——电动机的运行速度，r/min；

n_2——电动机减速后的速度，r/min；

T_L——负载转矩，km·g；

t_d——减速时间，s。

该系统采用一套59kV·A电压型交-直-交变频器。当电动机停车时，负载的能量将转化为电能，通过变频器中逆变器的续流二极管向直流电容充电，引起直流电压升高。为了限制这种电压上升，附加能量回馈装置，即由自关断器件组成DC/AC交流装置，这种装置把直流电容上的过电压能量通过一定的控制方式逆变为交流电返回电网，使直流母线电压保持一恒定的数值。在此逆变装置中，逆变电流的大小首先必须满足能量逆变功率的要求，如果系统的逆变功率小于电动机在再生状态下的反馈功率，则直流母线上的电压将继续升高。因此，逆变器逆变回电网的功率应大于或等于电动机处于再生状态时的最大反馈功率。由于电网电压是一定的，所以，需要的逆变功率决定于回馈电流。同时，为防止冲击电流过大，也必须限制逆变电流，其工作原理图如图11-29所示。

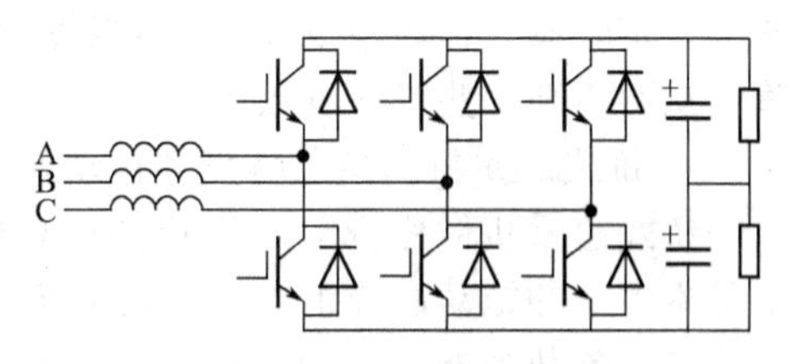

图11-29　能量逆变电路原理图

11.4.2.3　MM440变频器在桥式起重机中的应用实例

1. MM440变频器简介

MM440变频器是西门子M4系列矢量型变频器的一种，用于控制三相交流电动机的转速。控制部分采用微处理器，并使用IGBT作为功率输出器件。因此，它们具有很高的运行可靠性和功能的多样性。其脉冲宽度调制的开关频率是可选的，因而降低了电动机运行的噪声。全面而完善的保护功能为变频器和电动机提供了良好的保护。它的恒转矩功率可达220kW，变力矩可达250kW，是真正意义上的矢量控制，75kW以下包括75kW变频器内部均集成了制动单元。

MM440变频器具有非常强的过载能力，恒力矩方式下过载能力为200%额定电流，持续时间为3s，150%额定电流，持续时间为60s，过载间隔时间为5min，内部集成了高性能PID控制器（参数自动整定）、3组参数的设置数据，各组数据之间可以相互切换，允许切换电动机。当生产机械的驱动电动机不同时，可切换设定值通道，也就是说，一台变频器可以为两个生产过程交替使用，实现柔性化生产。MM440变频器内置了制动单元实现能耗制动，还有完善的详细的状态信息和集成信息功能，变频器的信息都会通过详细的状态信息和集成信息功能输出。在U/f控制方式下，MM440变频器的输出频率可达0～650Hz；在矢量控制方式下，可达200Hz。MM440变频器具有磁通监控的完整电动机模型识别功能，使得变频器在低频和反转时也有优良的力矩输出特性。MM440变频器具有电动机识别程序，监测电动机的全部电抗，实现可靠的闭环控制，还有闭环力矩控制功能，从而实现主/从控制方式。

该变频器的抱闸制动控制功能，可以实现对位能负载或提升类负载的控制，其直流制动/复合制动控制功能可以实现变频器的准确定位。直流制动功能既可以通过外部的 L 端子或 OFF1 命令来激活，也可以通过频率达到某个值的信号来激活。直流制动控制功能的能量主要消耗在电动机里面，制动力矩比较大，能消耗掉 30%～40%的回馈制动能量。复合制动在直流制动的基础上加了 OFF1 命令，回馈的能量可达 50%～60%。动力制动，外加制动单元，即制动电阻，有很好的制动力矩，通过选择制动电阻可实现 100%的能量回馈。

直流最大控制器功能也叫 VDC-MAX 功能，如果没有 VDC-MAX 控制器，若发生 DC 过电压，电动机将不受控制自由停车。采用 VDC-MAX 控制器电动机可实现安全减速停车，不会出现过电压跳闸，而无需制动单元。

MM440 变频器是第 4 代变频器，它们最大的特点是采用了西门子变频器的 BICO 技术，通过 BICO 技术可以实现变频器内部互联，可灵活设置变频器的输出、输入、I/O 端子。MM440 变频器中集成了自由功能块，如加法器、减法器、乘法器、除法器、与门、或门、非门、定时器、计数器以及 RS 触发器等，用户可以运用这些自由功能块来实现一些逻辑运算，从而实现一些 PLC 功能。

2. 桥式起重机的负载特点和拖动要求

桥式起重机俗称行车，是工矿企业中应用得十分广泛的一种起重机械。其运行机构由 3 个基本独立的拖动系统组成，即大车拖动系统、小车拖动系统、吊钩拖动系统。

(1) 负载特点

各拖动系统的负载转矩 T_L 都与阻力 F_L 和回路半径 R_L 的乘积成正比，即

$$T_L = F_L R_L \tag{11-5}$$

在吊钩拖动系统中，F_L 为被吊物和吊物的重力。由式(11-5) 可知，负载转矩 T_L 的大小与转速无关，因而具有恒转矩的特点。

(2) 吊钩对拖动系统的要求

① 在全调速范围内，电动机的有效转矩应是恒转矩。

② 启动时，除上述负载转矩 T_L 外，还必须克服静摩擦力，所以拖动系统应有足够大的启动转矩。

③ 下降时，除空钩和极轻负载外，在大多数情况下，重物都是依靠自身的重力而下降的。为了克服重物因重力加速度而不断加速，电动机必须产生足够的制动转矩，使重物在所需转速下平稳下降。

④ 重物在空中停住的前后不能发生溜钩。原拖动系统大多采用绕线转子异步电动机；在电动机的转子回路内串入 5 段或 7 段电阻，由接触器控制串入电阻的大小，从而调整电动机的转速；采用电磁制动器进行机械制动。

3. 对调速系统的主要技术要求

① 主、副起升机构的调速比为 1∶10。

② 系统四象限的整个范围内，从空载到满载，必须做到工作正常、运行平稳。各机构正、反向工作的转换时间应小于 2s。

③ 起升机构在不同负载下，各挡转速在切换时无冲击现象；额定载荷时，各挡位切换的溜钩距离不得超过额定上升转速的 1/65。

④ 起升机构应保证能起吊 1.25 倍额定载荷的重物，能在空中停住，且不溜钩。

⑤ 起升机构从全速运行到完全停住的制动时间不大于 2s。

4. 变频调速系统的构成

起重机变频调速系统的构成框图如图 11-30 所示。

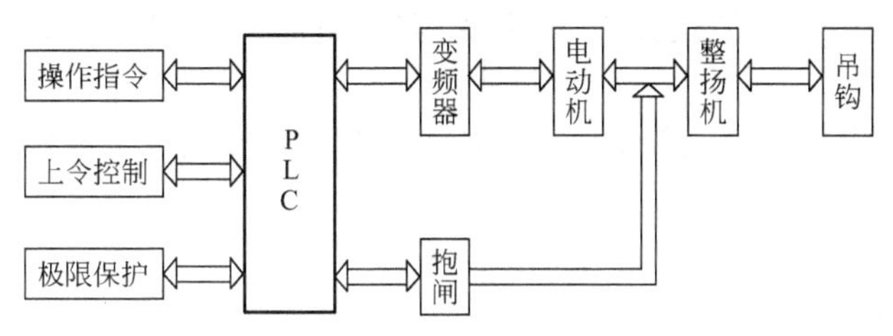

图 11-30　起重机变频调速系统构成框图

在起重机变频调速系统中，由于要求较高，系统应选用变频专用的笼型转子异步电动机；具有矢量控制功能的 MM440 变频器；再生制动、直流制动和电磁机械制动相结合的方法进行制动。首先，通过变频调速系统的再生制动和直流制动把运动中的吊钩的转速迅速而准确地降为 0（使它们停住）。而对于吊钩来说，常需要重物在半空中停留一段时间（如重物在空中平移时），而变频调速系统虽然能使重物停住，但因容易受到外界因素的干扰，可靠性较差，因此，必须采用电磁制动器进行机械制动。

5. 起重机的变频调速控制特性

在桥式起重机控制系统中，需要引起注意的是关于防止溜钩的控制。在电磁制动器抱住之前和松开之后的瞬间，极易发生重物由停住状态下滑的现象，称为溜钩。防止溜钩的控制需要注意的关键问题如下。

① 电磁制动器在通电到松闸（或从断电到抱住）之间需要的时间约为 0.6s（视型号和大小而定），因此，变频器如过早停止输出，将容易溜钩。

② 变频器必须避免在电磁制动器抱住的情况下输出较高频率，以免发生过电流而跳闸的误动作。为此，具体的控制方法如下。

(1) 重物停止的控制过程

① 设定一个停止起始频率 f_{BS}。当变频器的工作频率下降到 f_{BS}时，变频器将输出一个频率到达信号，发出制动电磁铁断电指令，启动抱闸动作。

② 设定一个 f_{BS}的维持时间 t_{BB}。t_{BB}应略大于制动电磁铁从开始释放到完全抱住所需的时间。

③ 变频器使工作频率下降至 0。

(2) 重物升降的控制过程

① 设定一个升降起始频率 f_{RD}。当变频器的工作频率上升到 f_{RD}时，将暂停上升。为了确保当制动电磁铁松开后，变频器能控制住重物的升降而不会溜钩，所以，在工作频率到达 f_{RD}的同时，变频器将开始检测电流，并设定检测电流持续时间为 t_{RC}。

② 当变频器确认已经有足够大的输出电流时，将发出一个松开指令，使制动电磁铁开始通电。

③ 设定一个 f_{RD}维持时间 t_{RD}。t_{RD}应略大于制动电磁铁从通电到完全松开所需要的时间。

④ 变频器将工作频率上升至所需的值。

(3) 变频调速系统的制动单元和制动电阻

该系统对于重物下降时电动机再生的电能采取在变频器直流回路内接入制动单元和制动电阻的方式来消耗掉。针对桥式起重机的起升机构启、制动频繁，要求制动转矩较大，以及下降时处于制动状态的持续时间较长等特点，变频器用于起重机时应注意以下问题。

① 制动单元应加大几个档次，以便允许有较大的制动电流，缩短制动过程。

② 制动电阻的额定功率应加大一倍。该系统中，西门子 MM440 变频器还具有零速

下的全转矩控制功能，故只需通过 PLC 和变频器之间信号的适当配合即可圆满解决溜钩问题。

当桥式起重机采用变频调速系统后，工作可靠性显著提高，节能效果十分可观，既简化了传动链，又明显提高了调速质量。

11.4.2.4　变频调速在铁道机车中的应用实例

1. 机车交流传动控制系统

对于铁路牵引，要求传动系统按照一定的控制方式（如恒力矩和恒功率）运行，同时又不断迅速加速或减速。为了保证机车牵引系统有较高的静态控制精度和动态稳定性，机车上通常采用闭环控制系统。

在任何一个传动系统中，速度和转矩通常被认为是两个重要的被调量。系统欲调节和控制转矩，有两种方法：一种是由与转矩相关联的其他物理量（如电压、定子电流和转差频率）作为给定信号，并检测这些量的实际值作为反馈信号，来有效控制电动机的转矩；另一种利用检测的或计算的转矩作为反馈信号，与给定的转矩进行比较，产生转矩调节器的输入信号，来直接控制传动系统的转矩。前者已广泛用在各种交流传动机车和动车车组上；后者又称直接转矩控制，它是迄今最佳的控制方法，直接转矩控制系统已经在机车上采用。

(1) 转差频率控制的交流传动系统

目前，在铁路牵引的交流传动系统中，大多采用脉宽调制（PWM）逆变器。这种逆变器特点在于：当控制系统给定电压 U_1 和频率 f_1 时，PWM 信号生成单元控制逆变器的输出，总能保证电动机气隙磁通 $\Phi \propto U_1/f_1$ 接近恒值，这就满足了关于恒磁通控制的要求。

根据 $T=f(f_2)$，转矩 T 只取决于 f_2 的值，如果系统能合适地控制 f_2 以及 f_2 随 f_1 的变化规律，就能使电动机按照要求的运行方式控制力矩。

如图 11-31 所示的系统控制结构已经在一些机车和动车组上采用。从基本特征来看，它是一种由电压型逆变器供电并具有电流反馈和转差闭环的双闭环控制系统。从司机送出的给定转矩 T^* 信号一路通过 f_2 函数发生器产生给定的转差频率 $f_2{}^*$，它与反馈的转速信号 f_R 相加得 $f_1=f_2{}^*+f_R$（牵引）或相减得 $f_1=f_R-f_2{}^*$（再生制动），确定了逆变器输出电压的频率。考虑到恒转矩启动对磁通（$\Phi=E_1/f_1\approx U_1/f_1$）的要求，系统中设置了一个电压函数发生器，其函数关系为 $U_1=U_{10}+\Delta U_1$，U_0 是考虑零速度附近对定子绕组压降的补偿。给定转矩信号的另一路经过电流函数发生器转换成电流给定信号 $I_1{}^*$，与实际测得的电流比较后，经电流调节器得偏差信号 ΔU_1，和 U_{10} 合成后得电压控制差信号 U_1。

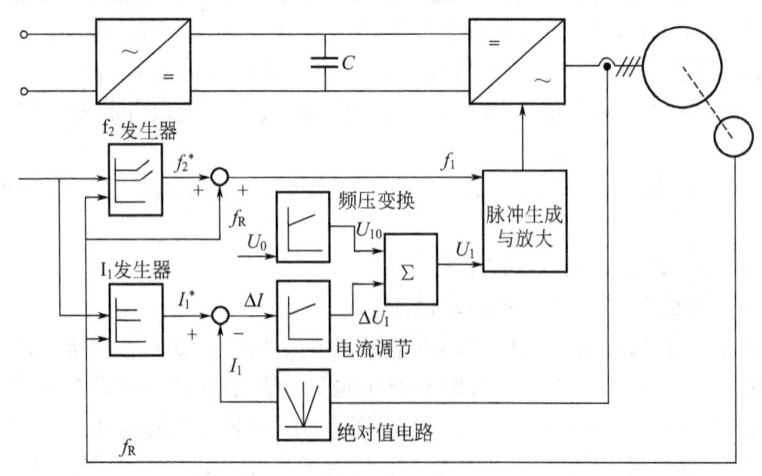

图 11-31　转差频率控制系统结构图

取 $U_1=U_{10}+\Delta U_1$，其中 ΔU_1 反映电流反馈控制的影响。当实际电流小于给定电流时，U_1 增加；反之，U_1 减小。在 U_1 的组成中，U_{10}所占的比重大，可以保证电压和频率按线性关系调节。

转差频率控制除应用于电压型逆变器传动系统外，还较多地用于电流型逆变器传动系统。电流型转差频率控制的运行方式与电压型相同，即从零速度到额定速度为恒转矩运行区，超过额定速度，电动机端电压保持恒定，进入恒功运行区。电动机以恒转矩运行的先决条件是磁通恒定，或者说需要励磁电流 I_m 恒定。但 I_m 不是一个独立变量，而由式(11-6)所决定。

$$I=I_m-I'_2 \tag{11-6}$$

根据电动机基本理论有

$$I_m=\frac{E_1}{jx_m}\text{和 } I'_2=\frac{E_1}{R'_2/s+jx'_2}$$

这样可得在所有频率下定子电流 I_1 与转差频率 f_2 的关系

$$I_1=I_m\sqrt{\frac{R'_2+f_2^2[2\pi(L'_2+L_m)]^2}{R'_2+f_2^2(2\pi L)^2}} \tag{11-7}$$

式(11-7) 就是在恒定 I_m（恒磁通）条件下转差频率 f_2 和调节电流 I_1 的函数关系式。

图 11-32 示出的是采用转差闭环控制的电流型异步电机传动系统。在该系统中，由于电流反馈取自中间直流回路，又因为 I_d 与 I_1 成正比，所以 I_d 和 f_2 之间存在与 I_1 和 f_2 之间类似的函数关系。

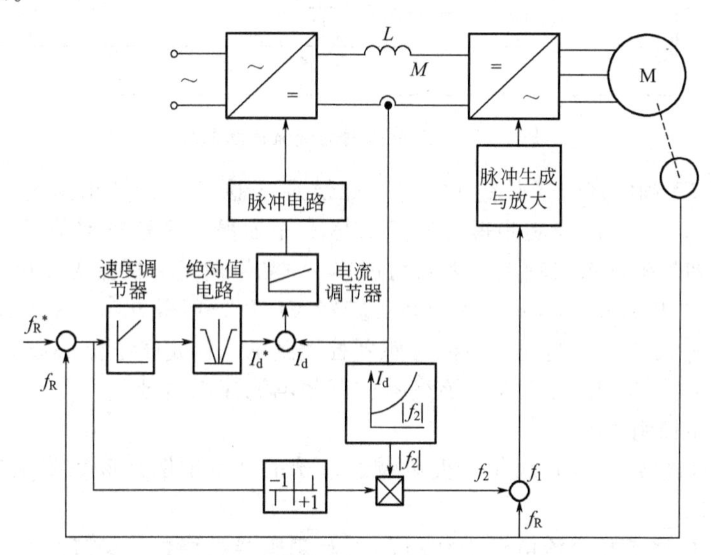

图 11-32 转差频率控制的电流源逆变器传动系统

在系统结构图中，转速偏差信号经速度调节器和绝对值电路处理，产生电流给定信号。电流反馈信号的一路用作追踪，并经电流调节器后去控制系统电流；另一路由 f_2 函数发生器得出转差频率绝对值，由 f_2 加转速反馈信号，得频率控制信号 f_1。另外，当转速偏差信号为正时，转差频率值为正，系统处于牵引状态；反之，转差频率值为负，系统处于制动状态。

（2）矢量控制的交流传动系统

以交流电动机作为系统的传动单元，关键是电磁力矩的产生与控制，前述的转差频率控制系统就是根据电压（或电流）和转差来控制电磁力矩的。但转差频率控制的变频系统，其控制方式是建立在异步电动机稳态数学模型的基础上的，其动态性能不够理想。随着现代控制理论及控制技术的发展，一种模仿直流电动机控制的矢量控制系统取得了重大的进展，并已在许多变频调速系统、铁路干线机车（西班牙 S252 机车）和高速动车（德国 ICE 动车）上得到应用。

在图 11-33 所示的矢量控制的交流传动系统中，通过转速传感器将电动机的实际转差角频率信号 ω 检测出来，与给定转差角频率信号 ω^* 进行比较，转度偏差信号 $\Delta\omega$ 经速度调节器 SR 产生力矩给定值 T^*，而转速信号 ω 送到磁通函数发生器 ΦF，该发生器在基速以下提供恒定的转子磁化电流给定值（恒力矩运行区），在超过基速后实现磁场削弱（恒功率运行区）。

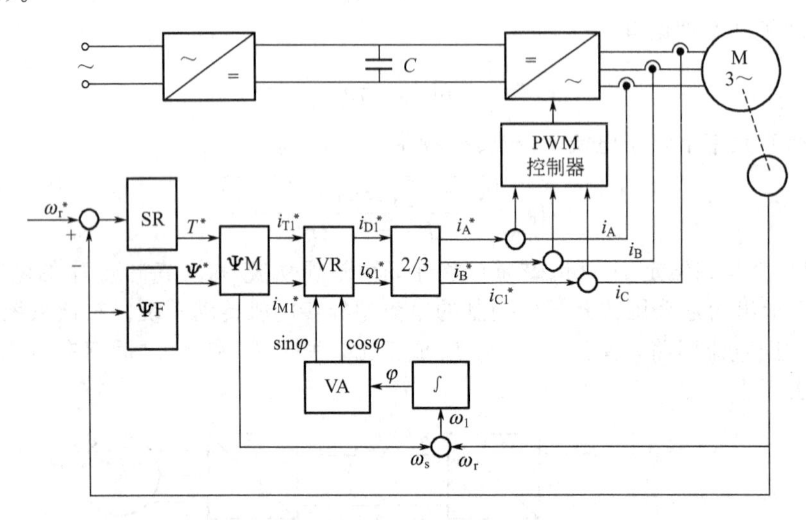

图 11-33 矢量控制的交流传动系统

由给定力矩 T^* 和给定转子磁链 Ψ^* 通过磁链观察器 ΨM 计算出给定电流 $i_{T1}{}^*$、$i_{M1}{}^*$ 和给定转差角频率 ω^*。ω^* 与实测得的转速信号 ω 相加得定子角频率信号 ω_1，经积分得到同步旋转坐标系和静坐标系（轴系）之间角位移 φ。利用向量分析器 VA 可得 $\sin\varphi$ 和 $\cos\varphi$。

把 $i_{T1}{}^*$、$i_{M1}{}^*$ 和 $\sin\varphi$、$\cos\varphi$ 送入向量旋转器 VR 后，可得 $i_{D1}{}^*$、$i_{Q1}{}^*$，再经 2/3 坐标变换，得 $i_A{}^*$、$i_B{}^*$、$i_C{}^*$，与通过电流互感器检测到的三相定子电流 i_A、i_B、i_C 进行比较，偏差信号 Δi_A、Δi_B、Δi_C 作为 PWM 逆变器的三相电流控制信号。

（3）直接转矩控制系统

图 11-34 为直接转矩控制交-直-交变频调速系统的基本框图。该系统主要由主电路和控制系统两部分组成。

① 主电路。电网单相交流电经主断路器送入变压器主绕组，经降压从二次侧输出单相频率不变的交流电，经整流器整流成直流电，再由逆变器转变为频率可调的三相交流电，输送给三相异步牵引电动机。

② 控制系统。三相异步牵引电动机经 3/2 变换，转变为两相交流电动机，由电流互感器检测出两相电流 $i_{\alpha1}$ 和 $i_{\beta1}$，由电压互感器检测出两相电压 $u_{\alpha1}$ 和 $u_{\beta1}$，一起送入定子磁链模型，输出磁链 $\Psi_{\alpha1}$ 和 $\Psi_{\beta1}$，再合成为定子磁链 Ψ_1，与给定定子磁链 Ψ_1^* 进行比较，输出差值信号 $\Delta\Psi_1$，经磁链滞环调节后送入开关状态选择。$i_{\alpha1}$、$i_{\beta1}$ 和 $\Psi_{\alpha1}$、$\Psi_{\beta1}$ 经转矩模型输出转矩 T。给定转差角频率 ω^* 与经过转速传感器 TG 检测出来的转子实际转差角频率 ω 进行比较，输出的转速度偏差 $\Delta\omega$，经转速调节器转变为转矩给定信号 T^*，T^* 与 T 进行比较，输出转矩差值信号 ΔT，经转矩滞环调节后送入开关状态选择。最后由开关状态

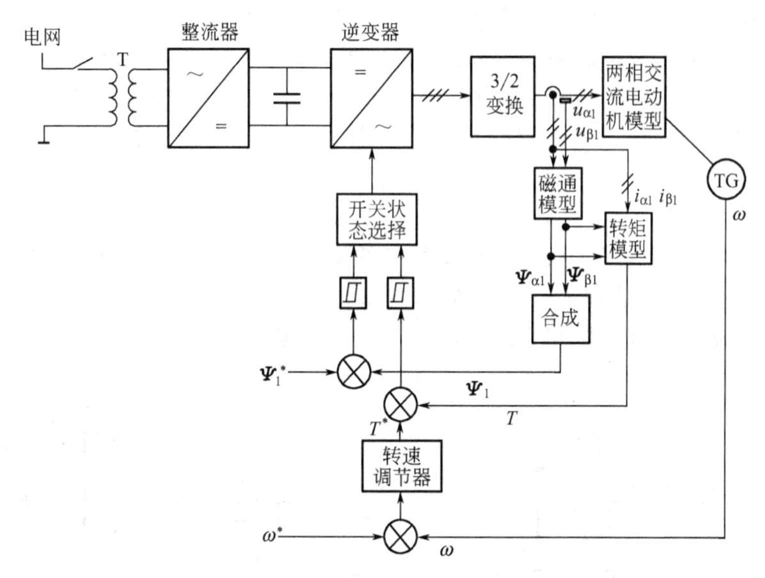

图 11-34　直接转矩控制交-直-交变频调速系统框图

选择去控制逆变器中功率开关的导通状态，通过调节电压矢量的大小达到调节牵引电动机转速的目的。

直接转矩控制的核心思想是通过不同时刻给出不同的电压矢量来控制定子按一定幅值的正六边形磁链轨迹运行并控制其旋转速度（参阅有关资料），在机车控制级的控制下，即可按直接转矩控制的思想控制牵引电动机的输出力矩，使机车获得预期的牵引特性。

目前，直接转矩控制已成功地用于奥地利的 1822 型和瑞士的 460 型电力机车上。国产 DF_{8BJ}、DF_{8CJ} 交流传动内燃机车也采用了直接转矩控制方式。

（4）控制系统实例——DF_{8BJ} 型交流内燃机车的控制系统

① 交-直-交牵引传动控制系统主电路。DF_{8BJ} 型内燃机车交-直-交牵引传动系统主电路框图如图 11-35 所示。柴油机拖动一台双绕组牵引发电机，输出 850～2030V 的三相交流电压，分别给两台主变流器供电。主变流器内整流器将交流电压变换成 1140～2600V 的中间直流电压，给逆变器供电。逆变器将中间直流电压逆变成频率为 0.5～190Hz、线电压有效值为 0～2028V 的三相调频调幅交流电压，向 1 个转向架上 3 台牵引电动机并联供电。逆变

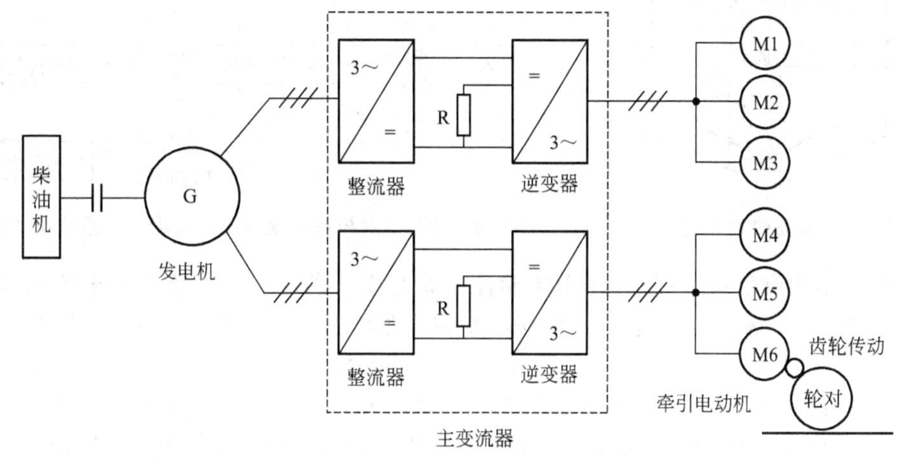

图 11-35　牵引传动系统主电路框图

器中间直流回路由直流支撑电容、制动斩波器、制动电阻等构成。

② 交-直-交牵引传动控制系统。DF_{8BJ}型内燃机车交-直-交牵引传动控制系统是一个多微机控制系统，由机车控制级和传动控制级组成。机车微机是控制系统的主控设备，负责管理及协调各子部件的工作，完成牵引或制动特性控制、机车逻辑控制和中间直流电压控制（通过控制发电机励磁电流）等功能。中间直流电压控制和牵引特性控制框图如图 11-36 所示，在牵引特性控制环节中，函数发生器根据柴油机转速计算得到直流功率给定值，直流回路功率闭环控制牵引力给定，从而实现柴油机的恒功率控制。机车微机与传动控制微机之间通过 LonWork 网络进行数据通信。机车微机将工况和牵引力/制动力指令传送给传动控制级微机，并从传动控制级微机获取逆变器状态和机车速度等信号。

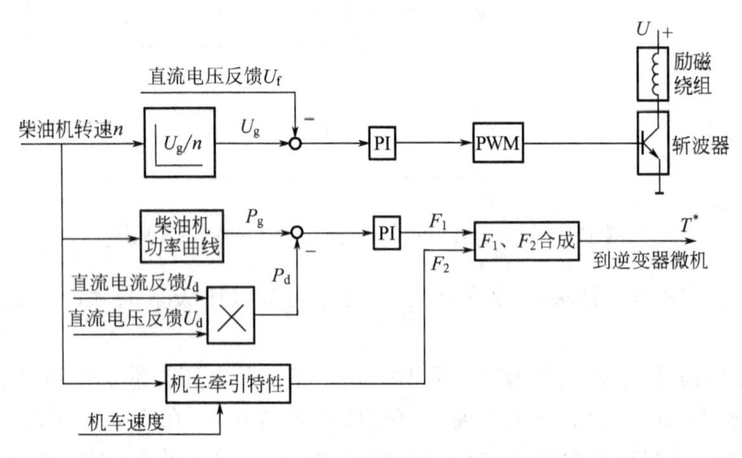

图 11-36 中间直流电压控制和牵引特性控制框图

传动控制级实质就是逆变器-异步牵引电动机的控制系统，电动机控制策略为直接转矩控制，如图 11-37 所示。当转矩给定值上升时，磁链空间矢量的动态轨迹为 ABE，而不是稳定轨迹 ACD，磁链角度快速增大，电磁转矩也快速增大；当转矩给定值下降时，可插如零电压空间矢量或增大磁链空间矢量的动态轨迹，使电磁转矩也快速下降。

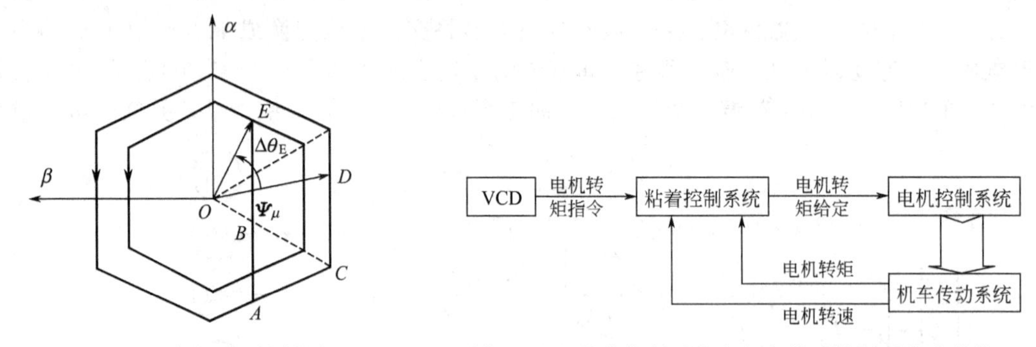

图 11-37 动态弱磁控制图

图 11-38 黏着控制系统在机车传动控制系统中的位置

在 DF_{8BJ}型内燃机车交-直-交牵引传动控制系统中，黏着控制系统是机车传动控制系统的一部分，如图 11-38 所示，它的主要作用是在线路状态变化不定的情况下，通过对电动机速度和电动机转矩等信息的采集、分析和处理，结合由机车控制单元（VCU）电动机转矩指令和传动控制单元（DCU）的 SBC 生成的电动机牵引/制动特性包络线取小值得出的电动机转矩指令，向电动机控制系统发出合适的电动机转矩给定值，使机车能够以线路当前最大的黏着系数运行，从而获得最大的黏着利用率。

复习思考题

1. 变频器的频率给定有几种方法？分析各方法的优缺点。
2. 变频器的基本参数有几种？
3. 变频器的升速时间怎样确定？
4. 变频器有几种升速方式？分析各方式的应用范围。
5. 变频器为什么要采用直流制动功能？
6. 变频器具有哪几种保护功能？
7. 分析变频调速的运行特点。
8. 怎样选择合适的变频器？
9. 分析变频器在风机泵类负载调速中的节能原理。
10. 什么情况下使用转矩提升功能？
11. 试述转差频率控制的交流传动系统原理。
12. 试述矢量控制的交流传动系统原理。
13. 试述直接转矩控制的交流传动系统原理。

参 考 文 献

[1] 王志良．电力电子新器件及其应用技术．北京：国防工业出版社，1995.
[2] 刘可安，谭雪谦，马健．DF8BJ内燃机车交流传动控制系统．机车电传动，2003，(4)：22-24.
[3] 罗仁俊，刘连根．DF8BJ内燃机车交直交牵引传动系统．机车电传动，2004，(2)：9-11.
[4] 张劲松，刘连根．DF8CJ内燃机车交直交电传动系统．机车电传动，2003，(4)：18-21.
[5] 刘竞成．交流调速系统．上海：上海交通大学出版社，1984.
[6] [日] 上山直彦．现代交流调速．吴铁坚译．北京：水利电力出版社，1984.
[7] 徐银泉．交流调速系统及其应用．北京：纺织工业出版社，1990.
[8] 姜泓，赵洪恕．交流调速系统．武汉：华中理工大学出版社，1990.
[9] 朱震莲．现代交流调速系统．西安：西北工业大学出版社，1994.
[10] 佟纯厚．近代交流调速．北京：冶金工业出版社，1995.
[11] 李华德．交流调速控制系统．北京：电子工业出版社，2004.
[12] 陈伯时，陈敏逊．交流调速系统．第2版．北京：机械工业出版社，2006.
[13] 冯垛生．交流调速系统．北京：机械工业出版社，2008.
[14] 宋中书，常晓玲．交流调速系统．第2版．北京：机械工业出版社，2009.
[15] 鲍维千，杜怡．铁路机务．成都：西南交通大学出版社，1998.
[16] 张中央等．机车新技术．成都：西南交通大学出版社，2008.
[17] 徐安．城市轨道交通电力牵引．北京：中国铁道出版社，2002.
[18] 冯江华，陈高华．大功率交流传动系统．机车电传动，2003，(5)：46-50.
[19] 胡崇岳．现代交流调速技术．北京：机械工业出版社，2005.
[20] 刘松．电力拖动自动控制系统．北京：清华大学出版社，2006.
[21] 高培庆．“中华之星”动力车用JD128异步牵引电动机．机车电传动，2003，(5)：67-70，74.
[22] 高培庆．AC4000交流传动电力机车用异步牵引电动机．机车电传动，1997，(1)：13-17.
[23] 高培庆，陈红生．DJ2型交流传动客运电力机车用JD121异步牵引电动机．机车电传动，2001，(5)：11-13.